建筑施工特种作业人员考核培训系列丛书

建筑起重机械作业

本书编委会　编

中国铁道出版社

2011年·北京

内 容 简 介

本书以国家建筑安全生产法律法规和特种作业安全技术标准规范为依据，详尽阐述了从事建筑起重机械作业应掌握的专业基础知识和专业基础理论，有助于读者提高建筑起重机械类作业操作技能。

图书在版编目(CIP)数据

建筑起重机械作业/《建筑起重机械作业》编委会编.
北京：中国铁道出版社，2010.7 (2011.2 重印)
(建筑施工特种作业人员考核培训系列丛书)
ISBN 978-7-113-10286-9
Ⅰ.建… Ⅱ.建… Ⅲ.建筑机械：起重机械—操作—技术培训—教材 Ⅳ.TH210.7

中国版本图书馆CIP数据核字(2009)第127870号

书 名： 建筑施工特种作业人员考核培训系列丛书
建筑起重机械作业
作 者： 本书编委会 编

责任编辑： 江新锡 **电话：** 010-51873018 **电子信箱：** jxinxi@sohu.com
编辑助理： 黄艳梅
封面设计： 薛小卉
责任校对： 张玉华
责任印制： 李 佳

出版发行： 中国铁道出版社（100054，北京市宣武区右安门西街8号）
网 址： http://www.tdpress.com
印 刷： 北京鑫正大印刷有限公司
版 次： 2010年7月第1版 2011年2月第2次印刷
开 本： 787mm×1 092mm 1/16 印张：26.25 字数：640千
书 号： ISBN 978-7-113-10286-9/TU·1046
定 价： 55.00元

《建筑起重机械作业》编委会

主　　任：边春友　梁　军

副 主 任：冯长锁

委　　员：方永山　曹学潮　张双群　李路坤

主　　编：孙冬至　时玉军

副 主 编：袁玉贵　那建兴　苑丽华

编写人员：那建兴　苑丽华　张喜敬　潘红亚
古慧春　田占稳　王国胜　张　锐
吕家骥　范丽霞　刘庆余　周宗满
张艳斌　李卫锋　张国栋　于洪友
武丽生　闫寿丰　颜翠巧　梁有军

审　　核：陈玮明　张　韧　王红彬　崔宝淑
赵建平　郝春红　孙学艺　崔建立
路彦兴　张卫东　李占国　谷进宝
范良义　孙占堂　李晓英　周　欣
纪　薇　吴永伟　苏国枫　施文虎
范　腾

前　言

为认真贯彻"安全第一，预防为主"的方针，提高建筑施工特种作业人员的素质，防止和减少建筑施工安全事故，通过安全技术理论知识和安全操作技能考核，确保取得《建筑施工特种作业操作资格证书》人员具备独立从事相应特种作业能力，落实住房和城乡建设部《建筑施工特种作业人员管理规范》和《关于建筑施工特种作业人员考核工作的实施意见》，我们依据国家建筑安全生产法律法规和特种作业安全技术规范标准，组织编写了建筑施工特种作业人员考核培训系列丛书，包括：《建筑电工》、《建筑架子工》（高处作业吊篮安装拆卸工）、《建筑起重机械作业》、《建筑施工特种作业安全生产基本知识》等专业技术书籍。

本书以普及安全生产知识，增强特种作业人员安全意识和自我保护能力，提高施工现场安全管理水平为出发点，系统地介绍了建筑施工特种作业人员应掌握的知识点，希望通过我们的努力，达到掌握相关操作技能，提高专业技术水平的目的。本书在编写过程中，得到了河北亿安工程技术有限公司等单位的大力协助，在此表示感谢。

由于编写时间仓促，编者水平有限，书中难免有疏漏和不当之处，敬请批评指正。

编　者

2010 年 6 月

目　录

专业基础知识

专业技术理论

第一篇　建筑起重信号司索工

第二篇　建筑起重机械司机(塔式起重机)

第三篇　建筑起重机械司机(施工升降机)

第四篇　建筑起重机械司机(物料提升机)

专业基础知识

第一章　力学基础知识

第一节　力的概念及性质

所谓力，就是物体间的相互作用，这种作用使物体的运动状态发生改变或使物体产生变形。力是通过物体间相互作用所产生的效果体现出来的，物体间的相互作用有两种：即直接作用（如人用手提水）和间接作用（如地心对地球上各种物体的引力作用等）。

应力是一种内力，当物体由于外因（受力、湿度变化等）而变形时，在物体内各部分之间产生相互作用以抵抗这种外因的作用，并力图使物体从变形后的位置回复到变形前的位置，在物体所考察的截面某一点单位面积上的内力称为应力。应力会随着外力的增加而增长，对于某一种材料，应力的增长是有限度的，超过这一限度，材料就要破坏，应力可能达到的这个限度称为该种材料的极限应力。材料要想安全使用，在使用时其内的应力应低于它的极限应力，否则材料就会在使用时发生破坏。

摩擦力是指当两个互相作用的物体发生相对运动或有相对运动趋势时，在两物体的接触面之间会产生阻碍它们相对运动的作用力。物体之间产生摩擦力必须要具备以下四个条：两物体相互接触；两物体相互挤压，发生形变，有压力；两物体发生相对运动或相对运动趋势；两物体间接触面粗糙。四个条件缺一不可。

物体在力的作用下将产生两种效果，一种是物体运动状态发生改变，称其为力的外效应；另一种是物体的形状发生变化，称为是力的内效应。

一、力的单位和力的三要素

1. 力的单位　国际单位为牛顿(N)。

2. 力的三要素　力的大小、方向和力的作用点称为力的三要素。

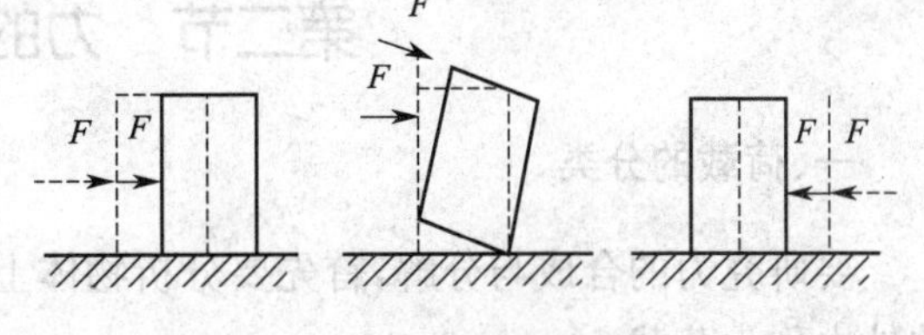

图 1—1　力的作用

例如用手推一物体，如图 1—1 所示，若力的大小不同，或施加力的作用点不同，或施力的方向不同都会对物体产生不同的作用效果。由此可见，力的大小表示物体间相互作用的强弱程度，力的方向包含力的方位和指向，力的作用点表示力对物体作用的位置。力的三要素中任何一种改变都将会改变力对物体的作用效果。

力是具有大小和方向的物理量，这种量叫做矢量，在图中通常用带箭头的线段来表示。线段的长度表示力的大小，箭头所指的方向表示力的方向，线段的起点或终点画在力的作用点上。

100N

F=400N

A　　B

图 1—2　力的矢量图

如图 1—2 所示从力的作用点 A 点起，沿着力的方向画一条与力的大小成比例的线段 AB（例如用 1 cm长的线段表示 100 N 的力，那么 400 N 就用4 cm的线段表示），再在线段末端 B 画出箭头表示力的方向。

二、力的基本性质

1. 作用力与反作用力原理

力是物体之间的相互作用。两个物体间的作用力和反作用力总是同时存在而且大小相等，方向相反，沿同一直线分别作用在两个物体上。由此说明，一个物体受到力的作用，必定有另一个物体对它施加这种作用，同时施力物体也受到了力的作用。这就是力的作用与反作用原理。

作用力与反作用力是分别作用在两个物体上的，不能互相抵消。

如图 1—3 中，绳索下端吊有一重物，绳索给重物的作用力为 T，重力给绳索的反作用力为 T'，T 和 T' 等值、反向、共线且分别作用于两个物体上。

2. 二力平衡规则

一个物体上作用两个力使物体保持平衡时，这两个力必须是大小相等，方向相反，作用在同一直线上。这就是二力平衡定律。例如，用手提着一桶水保持不动，如图 1—4 所示，桶受到向下的重力 W 和手给予的提力 T，W 和 T 构成一对平衡力。

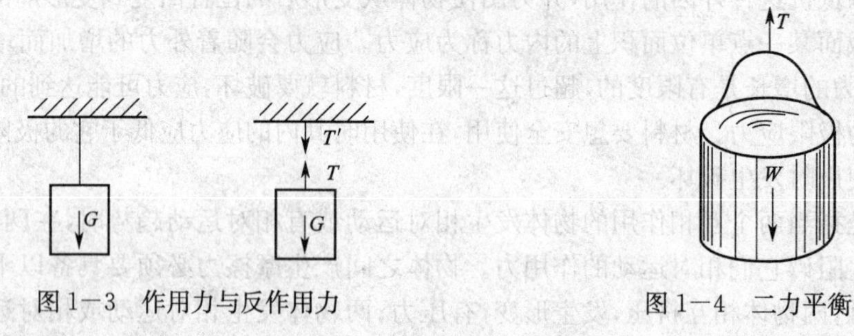

图 1—3　作用力与反作用力　　图 1—4　二力平衡

物体平衡时，作用力的合力一定等于零，否则物体就会发生运动。同时二力平衡中的两个力必须是作用在同一物体上，这要和作用力与反作用力区分开来。

第二节　力的合成与分解

一、荷载的分类

要研究力的合成与分解，首先要分析物体上受到哪些力的作用。工程上把作用在结构上的外力称为荷载。

荷载根据其作用可分为永久荷载、可变荷载和偶然荷载三大类。

永久荷载是指长期作用在物体上的不变荷载。例如构件的自重，在构件使用期间，经计算或查阅有关资料得知，不会随时间而改变。

可变荷载是指物体在使用期间，其大小随时间发生变化，且其变化值与平均值相比是不可忽略的荷载。如楼面使用荷载、施工荷载、风荷载、雪荷载等。

偶然荷载是指在物体使用期不一定出现，一旦出现，往往力量很大，且持续时间较短的荷载。如爆炸力、撞击力、地震力等。

二、合力与分力

作用在同一物体上的力，如果可以用一个力来代替而不改变对构件的作用效果，这个力称为力系的合力，力系中各个力则称做合力的分力。由于力是矢量，所以力的合成和分解都应遵循矢量加减的法则——平行四边形法则。

1. 力的合成

作用于物体上同一点的两个力，可以合成为一个合力，由分力计算合力的过程称为力的合成。合力也作用于该点上。合力的大小和方向由这两个为临边所构成的平行四边形的对角线确定。如图 1－5 所示。合力 $R=F_1+F_2$，由平行四边形对边相等，也可将此法简化为三角形法则，如图(b)中各分力首尾相接，由第一个分力始点指向最后一个分力的终点就得合力 R。

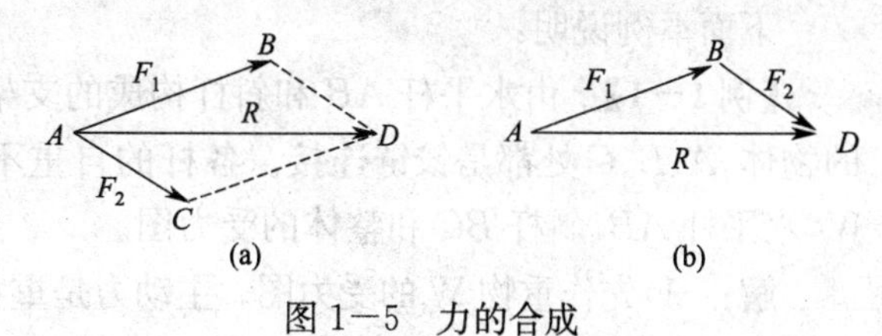

图 1－5　力的合成

2. 力的分解

由合力计算分力的过程称为力的分解。力的分解是力的合成的逆运算，分力与合力仍然遵循平行四边形法则。但是一根对角线可以作出许多平行四边形，所以一个合力分解时，可以得到许多结果。要得到唯一的解答，就必须给出其他限制条件：给出两个分力的方向或者给出一个分力的大小及方向。工程上经常需要将一个力沿直角坐标分解为两个力，即给出了两个分力的方向。这样便能得到两个分力的大小(图 1－6)。如果知道力 R 与 x 轴的夹角 α，两个分力的大小为

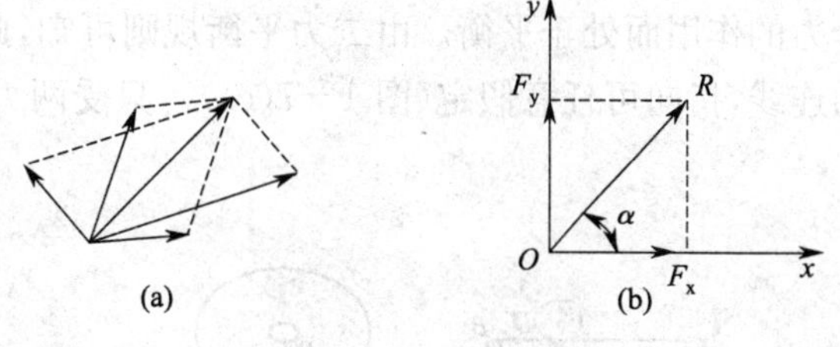

图 1－6　力的分解

$$F_x=\pm R\cos\alpha$$

$$F_y=\pm R\sin\alpha$$

如果力的方向与坐标轴方向一致，取正值，反之取负值。

三、物体的受力分析

为了分析某一物体的受力情况，往往把该物体从与它相联系的周围物体中分离出来，分清作用在物体上哪些是主动力，哪些是约束力，并用力的矢量表示出来，这样才能确定主动力与约束力之间的关系。这种分析就称为物体的受力分析。简明地表示物体受力情况的图称为受力图。画物体的受力图是对物体进行静力分析的关键，必须反复练习，熟练掌握。

画受力图的步骤及注意事项如下：

1. 明确研究对象，把与研究对象有联系的物体或约束全部去掉，单独画出所研究对象。

2. 先画可能引起物体运动的主动力，即荷载。

3. 根据约束性质确定约束反力方式和方向。如果约束反力方向不易直接判定时，可以暂设方向。

4. 注意二力平衡原理和作用力与反作用力的应用。

四、杆件的受力特点

如果在杆件两端受到一对沿着杆件轴线，且大小相等，方向相反的外力作用时，杆件将发生轴向的拉伸或压缩变形。在工程实际中，有很多产生拉(压)变形的杆件，如桁架结构中的杆件，吊桥及斜拉桥中的拉索，单立柱式桥墩，千斤顶的顶杆，房屋中的柱子及起重机的吊索等。

杆件的受力特点是：作用在杆件上的外力(或外力的合力)的作用线与杆轴线重合，使杆件

沿轴向发生伸长或缩短，即主要变形是长度的改变。

当两个外力相互背离杆件时，杆件受拉而伸长，称为轴向拉伸。当两个外力相互指向杆件时，杆件受压而缩短，称为轴向压缩。因此，拉伸与压缩变形是受力杆件中最简单、最基本的变形形式。

下面举例说明：

【例 1—1】 由水平杆 AB 和斜杆构成的支架，如图 1—7 所示。在 AB 杆上放置一重为 P 的物体，A、B、C 处都是铰链连接。各杆的自重不计，各接触面都是光滑的。试分别画出重物 W，水平杆 AB、斜杆 BC 和整体的受力图。

解： 1)先作重物 W 的受力图。主动力是重物的重力 P，约束反力是 N_D。(图 1—7(b))。

2)再作斜杆 BC 的受力图。BC 杆的两端是铰链连接，约束反力的方向本来是不定的，但因杆中间不受任何力的作用，且杆的自重也忽略不计，所以斜杆 BC 只在两端受到 R_b 和 R_c 两个力的作用而处于平衡。由二力平衡规则可知，此两力的作用线必定沿两铰链的中心 B 和 C 的连线，指向可任意假定(图 1—7(c))。只受两力作用而平衡的杆件称为二力杆。

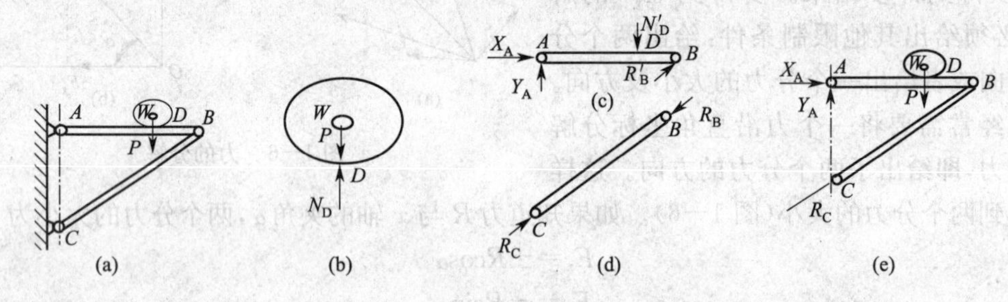

图 1—7 支架

3)作水平杆 A 的受力图。A 处为铰链约束，其反力可用 X_a 和 Y_b 表示，而 D 和 B 处的约束反力 N_d 和 N_d'、R_b 和 R_b'分别是作用力和反作用力的关系(图 1—7(c)、(d))。

4)最后作整体的受力图。其受力图如图 1—7(e)所示。此时不必将 B、D 处作用的力画出，因为对整个支架来说，这些力相互抵消，并不影响平衡。

第三节 力矩和力偶

一、力 矩

力矩是力对物体的转动效应的体现。在生产实践中，人们利用各式各样的杠杆，如撬动物体的撬杠、称东西用的秤等，都是力使物体转动的典型例子。

以扳手拧螺帽为例说明力的转动效应。如图1—8所示，矩中心 O 是物体的转动中心。力臂 L 为矩心 O 到力 F 作用线的垂直距离。实践表明转动效应与力 F 的大小成正比，还与力臂 L 成正比，与力的方向有关。所以引进力矩这一物理量来度量力对物体的转动效应。

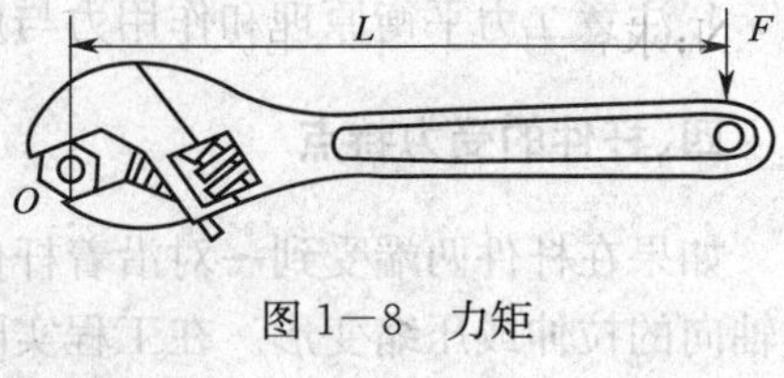

图1—8 力矩

力矩＝力×力臂。通常规定正号表示逆时针转向，负号表示顺时针方向，力对矩心 O 点的矩简称为力矩。力矩的单位为牛顿·米或千牛顿·米。

二、力矩的平衡

力矩平衡的条件是:两个力矩大小相等,且顺时针力矩之和等于逆时针力矩之和。力矩平衡的例子很多,如起重吊装中经常使用的平衡梁,就是典型例子。

【例 1—2】 图 1—9 所示为用一根撬棍找正卷扬机。已知 ac 长为 4 000 mm,cb 长为 150 mm,卷扬机的重力为 50 kN,请问在 a 点要加多大的力 F 才能从凸处将卷扬机的一头撬起来?

解:计算时考虑到是将卷扬机的一头撬起来,所以撬杠上 b 点所受的阻力为 25 kN。

$$F=\frac{25\ \text{kN}\times 150\ \text{mm}}{4\ 000\ \text{mm}}\approx 0.94(\text{kN})$$

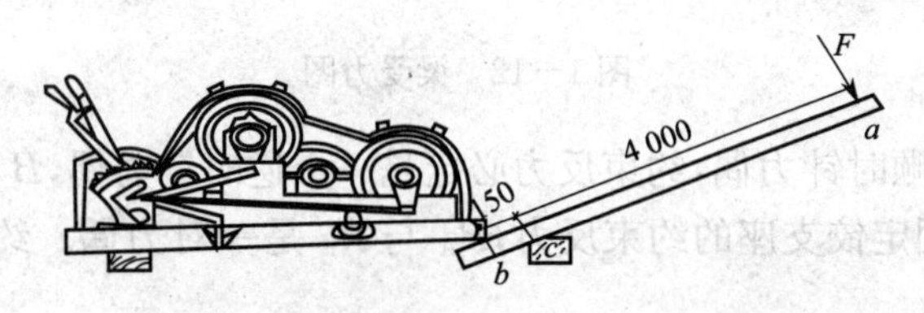

图 1—9 撬棍找正卷扬机(单位:mm)

三、力 偶

如图 1—10 所示,木工用麻花钻钻孔时,两手加在钻把上的大小相等、方向相反、不共线的两个平行力,在力学上称为力偶。力偶是反映了力对物体转动效果的另一度量,常用(F、F')表示,单位为牛顿·米。

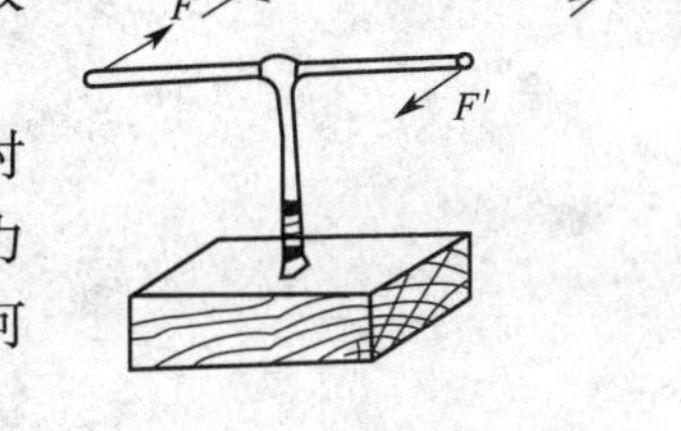

图 1—10 力偶

力偶的性质:1. 力偶可以在作用面内任意搬动,不改变它对物体的转动效果;2. 在力偶矩不变的情况下,可以调整力偶的力及力偶臂的大小,不改变力偶对物体的转动效果;3. 力偶在任何轴上的投影等于零。

力偶的作用效果也取决于三个要素:即力偶矩的大小、力偶的转向和力偶的作用平面。力偶所在的平面称为力偶作用面,两个反力之间的距离称为力偶臂。力偶的大小用力偶中的一个力与力偶臂的乘积来表示。

四、力偶的合成

合力偶的力偶矩等于作用在同一平面上的各个分力偶矩的代数和。

【例 1—3】 在图 1—11 中,一物体受三对平行力作用,$P_1=P_1'=10$ kN,$P_2=P_2'=20$ kN,$P_3=P_3'=30$ kN;求合力偶的力偶矩。

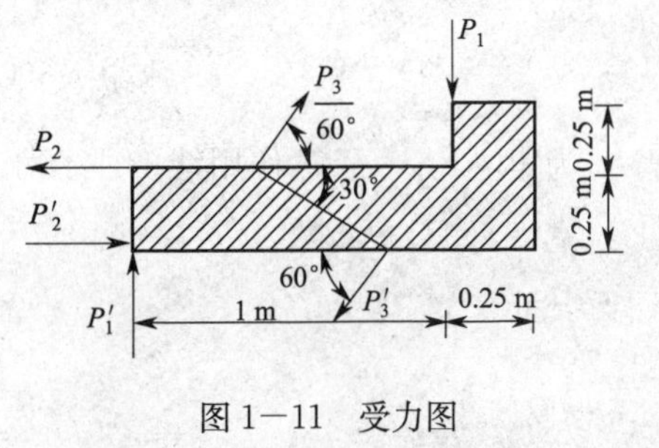

图 1—11 受力图

解:$M=m_1+m_2+m_3$

$=P_1d_1+P_2d_2+P_3d_3$

$=-10*1+20*0.25-30*0.25/\sin 30$

$=-20$ kN·m

(负值说明合力偶是顺时针)。

五、平面力偶系的平衡

平面力偶系的平衡条件是合力偶的力偶矩为零。

【例 1－4】 在图 1－12 中，梁 AB 受一力偶作用力偶矩 m＝20 kN·m，梁长 l＝5 m，α＝30°，自重不计，求支座 AB 的反力。

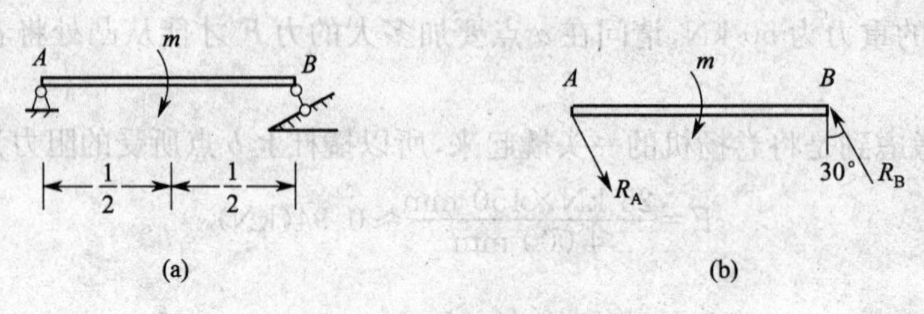

图 1－12 梁受力图

解：主动力是一个顺时针力偶，约束反力必定是一个逆时针力偶，B 是活动铰支座，约束反力沿链杆方向，R_A 是固定铰支座的约束反力，R_A 与 R_B 是一对力偶。约束反力的实际指向与假设指向相同。

$$\sum m=0 \quad R_B l\cos\alpha - m=0$$

$$R_B=\frac{m}{l\cdot\cos\alpha}=\frac{20}{5\cdot\cos30^\circ}=4.62\ \text{kN}$$

$$R_A=R_B=4.62\ \text{kN}$$

第二章　机械基础知识

机械是机器和机构的总称，是指把如热能、电能等其他能量转换成机械能，并利用机械能完成某些工作的装置。

第一节　机械图的基本常识

起重机械特种作业人员要掌握机械的操作、维修、保养等必备的专业技术，就必须看懂起重机械的有关图纸，了解构成起重机械的各零部件之间的装配关系。下面就简单介绍看图的基本方法（投影分析法），对机械图的基本常识有初步的了解。

一、建立物体的三面投影体

每个人看一件物体都能从上、下、左、右、前、后六个位置看到物体的六个方面，但是要表达物体的形状，通常采用相互垂直的三个平面进行投影，从而得到物体的三面投影体，得到三个识图，即主视图 V（反映了物体的高度和长度）、俯视图 H（反映了物体的长度和宽度）和左视图 W（反映了物体的宽度和高度），如图 2－1 所示。

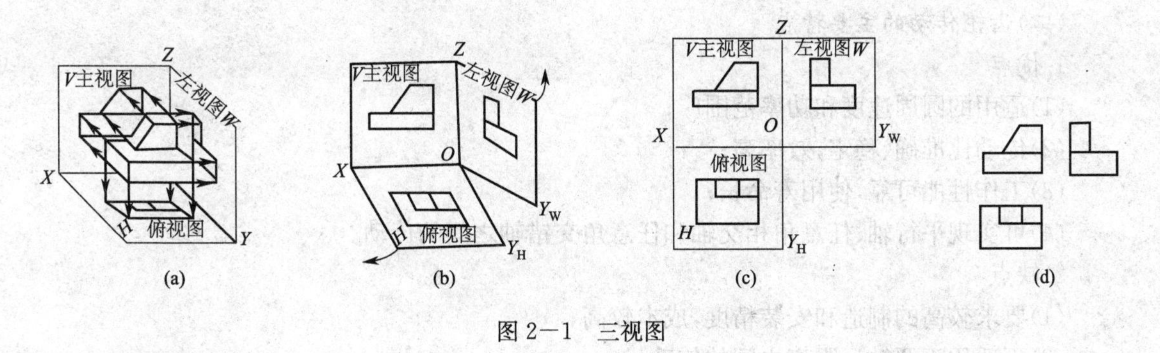

图 2－1　三视图

二、分析投影

一般主视图能够较多的表达物体的形态特征，因此要先读懂主视图。根据主视图的特点，了解各部分相互位置关系，然后联系俯视图、左视图的投影关系，就可以绘出物体的基本组合形体。

三、读剖视图

剖视图就是假想用剖切平面剖开机件，然后将剖开的一部分拿走，露出要表达的图形，从而了解机件内部结构的方法。

根据剖切后的投影方向，按剖切位置线分析机件是在哪一部位剖切的，从而想象其内部结构关系。

四、识读零件图

从零件图的标题栏中了解零件的概况，分析图形的表达重点，根据零件的基本组合形体和结构位置关系，想象零件的整体形状，分析定形尺寸和定位尺寸。

五、识读装配图

分析零件的传动关系，从动力系统开始，步步深入，逐步分析其工作原理，想象整个机器的工作情况。

第二节　机械传动基础知识

机械传动部分主要是进行传递运动和动力，把动力部分的高速转动转化为工作部分所需求的运动。常用的机械传动主要有齿轮传动、蜗轮蜗杆传动、带传动、链传动、液压传动等。

一、齿轮传动

齿轮传动是机械传动中最主要、应用最广泛的一种传动。它是依靠主动齿轮依次拨动从动齿轮来实现的，可以用于空间任意两轴间的传动，以及改变运动速度和形式。

(一)齿轮传动的分类

齿轮传动的类型较多，按照两齿轮传动时的相对运动为平面运动和空间运动的不同特点，可分为平面齿轮传动和空间齿轮传动两大类。

(二)齿轮传动的主要特点

1. 优点

(1)适用的圆周速度和功率范围广；

(2)传动比准确、稳定，效率高；

(3)工作性能可靠，使用寿命长；

(4)可实现平行轴、任意角相交轴和任意角交错轴之间的传动。

2. 缺点

(1)要求较高的制造和安装精度，成本较高；

(2)不适用于两轴远距离之间的传动。

二、蜗轮蜗杆传动

蜗轮蜗杆传动是用于传递空间互相垂直而不相交的两轴间的运动和动力。如蜗轮蜗杆减速器。

(一)蜗轮蜗杆传动的特点

1. 优点

(1)传动比大；

(2)结构尺寸紧凑。

2. 缺点

(1)轴向力大，易发热，效率低；

(2)只能单向传动。

（二）蜗轮蜗杆传动的主要参数

模数、压力角、蜗轮分度圆、蜗杆分度圆、导程、蜗轮齿数、蜗杆头数、传动比等。

三、带传动

带传动是通过中间挠性件（带）传递运动和动力，如工程中常见的皮带传动。带传动一般是由主动轮、从动轮和张紧在两轮上的环形带组成。当主动轮回转时，依靠带与轮之间的摩擦力拖动从动轮一起回转，从而传递一定的运动和动力。

（一）带传动的分类

带传动按带横截面形状可分为平带、V带和特殊带三大类。

（二）带传动的特点

1.优点

(1)适用于两轴中心距较大的传动；

(2)带具有良好的挠性，可缓和冲击，吸收振动；

(3)过载时带与带轮之间会出现打滑，打滑虽使传动失效，但可防止损坏其他部件；

(4)结构简单，成本低廉。

2.缺点

(1)传动的外廓尺寸较大；

(2)需张紧装置；

(3)由于滑动，不能保证固定不变的传动比；

(4)带的寿命较短；

(5)传动效率较低。

四、链传动

链传动是由装在平行轴上的主、从动链轮和绕在链轮上的环形链条所组成，以链条作中间挠性件，靠链条与链轮轮齿的啮合来传递运动和动力。

（一）链传动的分类

链传动按结构的不同主要分为滚子链和齿形链。

（二）链传动特点

1.链传动与带传动相比的主要特点

(1)没有弹性滑动和打滑，能保持准确的传动比；

(2)所需张紧力较小，作用在轴上的压力也较小；

(3)结构紧凑；

(4)能在温度较高、有油污等恶劣环境条件下工作。

2.链传动与齿轮传动相比的主要特点

(1)制造和安装精度要求较低；

(2)中心距较大时，其传动结构简单；

(3)瞬时链速和瞬时传动比不是常数，传动平稳性较差。

五、液压传动

液体传动以液体为工作介质，包括液压传动和液力传动。

液压传动是以液体的压力能进行能量传递、转换和控制的一种传动形式。

液压传动的组成和特点详见第三章内容。

1.动力装置:将机械能转换为液压能。如液压泵。

2.执行装置:包括将液压能转换为机械能的液压执行器,输出旋转运动的液压马达和输出直线运动的液压缸。

3.控制装置:控制液体的压力、流量和方向的各种液压阀。

4.辅助装置:包括储存液体的液压箱,输送液体的管路和接头,保证液体清洁的过滤器,控制液体温度的冷却器,储存能量的蓄能器和起密封作用的密封件等。

5.工作介质:液压油,是动力传递的载体。

六、轮 系

将主动轴的转速变换为从动轴的多种转速,获得很大的传动比,由一系列相互啮合的齿轮组成的齿轮传动系统称为轮系。

1.轮系分为定轴轮系、周转轮系和复合轮系三种类型。定轴轮系传动时,每个齿轮的几何轴线都是固定的;周转轮系传动时,至少有一个齿轮的几何轴线绕另一个齿轮的几何轴线转动;复合轮系既含有定轴齿轮系,又含有周转齿轮系,或者含有多个周转齿轮系的传动。

2.轮系的主要特点

(1)适用于相距较远的两轴之间的传动;

(2)可作为变速器实现变速传动;

(3)可获得较大的传动比;

(4)实现运动的合成与分解。

第三节　常用机械传动件

在机械设备中,轴、键、联轴器和离合器是最常见的传动件,用于支承、固定旋转零件和传递扭矩。

一、轴

轴是机器中重要零件之一,用于支承回转零件、传递运动和动力。

1.轴的分类和特点

按承受载荷的不同,轴可分为转轴、传动轴和心轴。

按轴线的形状不同,轴可分为直轴、曲轴和挠性钢丝轴。

2.轴的材料

轴的材料通常采用碳素钢和合金钢,在碳素钢中常采用中碳钢;对于一般性的或受力较小的轴,常采用碳素结构钢;对于有特殊要求的轴,常采用合金钢。

二、键

键主要用作轴和轴上零件之间的轴向固定以传递扭矩,如减速器中齿轮与轴的联结。有些键还可实现轴上零件的轴向固定或轴向移动。

键的分类:键分为平键、半圆键、楔向键、切向键和花键等。

三、联轴器与离合器

联轴器和离合器主要用于轴与轴或轴与其他旋转零件之间的联结，使其一起回转并传递转矩和运动。

(一)联轴器的分类和特点

联轴器分刚性和弹性两大类。

1.刚性联轴器由刚性传力件组成，分为固定式和可移式两类。

固定式刚性联轴器不能补偿两轴的相对位移，可移式刚性联轴器能补偿两轴的相对位移。

2.弹性联轴器包含弹性元件，能补偿两轴的相对位移，并有吸收振动和缓和冲击的能力。

(二)离合器的分类

离合器主要用于在机械运转中随时将主、从动轴结合或分离。

离合器主要分为牙嵌式和摩擦式两类，此外，还有电磁离合器和自动离合器。

(三)联轴器和离合器的区别

用联轴器联结的两根轴，只有在机器停止工作后，经过拆卸才能把它们分离。如汽轮机与发电机的联结。

用离合器联结的两根轴在机器工作中就能方便地使它们分离或结合。如汽车发动机与变速器的联结。

第三章　液压传动知识

液压传动系统是指工作介质为液体，以液体压力来进行传递能量的传动系统。液压系统具有调速性能好，换向冲击小，升降平稳，无爬升和缓慢下降现象等优点，因此，在起重机械中应用较为广泛。

第一节　液压传动系统的特点与组成

一、液压传动系统的特点

(一)优　点

1. 元件单位重量传递的功率大、结构简单、布局灵活，便于和其他传动方式联用，易实现远距离操纵和自动控制；

2. 速度、扭矩、功率均可无级调节，能迅速换向和变速，调速范围宽，动作快速。

3. 元件自润滑性好，能实现系统的过载保护与保压，使用寿命长，元件易实现系列化、标准化、通用化。

(二)缺　点

1. 速比不如机械传动准确，传动效率较低；

2. 对介质的质量、过滤、冷却、密封要求较高；

3. 对元件的制造精度、安装、调试和维护要求较高。

二、液压传动系统的组成

液压传动系统由动力部分、控制部分、执行部分和辅助部分四部分组成。

(一)动力部分

油泵是液压系统中动力部分的主要液压元件。它是能量转换装置，其工作原理是：通过油泵把电动机输出的机械能转换为液体的压力能，推动整个液压系统工作从而实现机构的运转。

液压系统常用的油泵有齿轮泵、柱塞泵、叶片泵、转子泵和螺旋泵等，建筑起重机械中经常采用的油泵主要是齿轮泵，还有柱塞泵等。

1. 齿轮泵是由装在壳体的一对齿轮所组成。根据需要齿轮泵设计有二联或三联油泵，各泵有单独或共同的吸油口及单独的排油口，分别给液压系统中各机构供压力油，以实现相应的动作。

2. 柱塞泵它有轴向柱塞泵和径向柱塞泵之分。这种油泵的主要组成部分有柱塞、柱塞缸、泵体、压盘、斜盘、传动油及配油盘等。

(二)控制部分

液压系统中的控制部分主要由不同功能的各种阀类的组成，这些阀类的作用是用来控制和调节液压系统中油液流动的方向、压力和流量，以满足工作机构性能的要求。根据用途和工作特点之不同，阀类可分为如下三种类型，即方向控制阀、压力控制阀和流量控制阀。以下以汽车起重机液压系统控制部分采用的各种阀类为例一一介绍。

1. 方向控制阀

方向控制阀有单向阀和换向阀等，其中换向阀也称分配阀。汽车起重机常采用的控制方向阀为换向阀，属于控制元件，它的作用是改变液压的流动方向，控制起重机各工作机构的运动，多个换向阀组合在一起称为多联阀，起重机下车常用二联阀操纵下车支腿，上车常用四联阀，操纵上车的起升、变幅、伸缩、回转机构。换向阀主要由阀芯和阀体两种基本零件组成，改变阀芯在阀体内的位置，油液的流动通路就发生变化，工作机构的运动状态也随之改变。

2. 压力控制阀

压力控制阀有平衡阀、溢流阀、减压阀、顺序阀和压力继电器等。汽车起重机常采用的控制压力阀为平衡阀和溢流阀。

平衡阀是保证起重机安全作业不可缺少的重要元件，由主阀芯、主弹簧、导控活塞、单向阀、阀体、端盖等组成，通过调整端盖上的调节螺钉来改变平衡阀的控制压力。它安装在起升机构、变幅机构、伸缩机构的液压系统中，防止工作机构在负载作用下产生超速运动，并保证负载可靠地停留在空中。

溢流阀是液压系统的安全保护装置，当系统压力高于调定压力时，导阀开启少量回油。由于阻尼作用，主阀下方压力大于上方压力，主阀上移开启，大量回油，使压力降至调定值，从而可限制系统的最高压力或使系统的压力保持恒定，转动调节螺钉即可调整系统工作压力的大小。起重机使用的溢流阀是先导式溢流阀。

3. 流量控制阀

流量控制阀有节流阀、调速阀和温度补偿调速阀等，它主要由阀体、柱塞和两个单向阀组成，柱塞可左右移动，打开单向阀。汽车起重机常采用的控制流量阀为液压锁，液压锁又叫做液控单向阀，是控制元件。它安装在支腿液压系统中，能使支腿油缸活塞杆在任意位置停留并锁紧，支承起重机，也可以防止液压管路破裂可能发生的危险。

（三）工作执行部分

液压传动系统的工作执行部分主要是靠油缸和液压马达（又称油马达）来完成，油缸和液压马达都是能量转换装置，统称液动机。以下以汽车起重机常用油缸和液压马达为例作简要介绍。

1. 油缸

油缸是执行元件，它将压力能转变为活塞杆直线运动的机械能，推动机构运动，变幅机构、伸缩机构支腿等均靠油缸带动。油缸是由缸筒、活塞、活塞杆、缸盖、导向套、密封圈等组成。

2. 液压马达

液压马达又称油马达，是执行元件。它将压力能转变为机械能，驱动起升机构和回转机构运转。油马达与油泵互为可逆元件，构造基本相同，有些柱塞马达与柱塞泵则完全相同，可互换使用。起重机上常用的油马达有齿轮式马达和柱塞式马达。轴向柱塞式油马达因其容积效率高、微动性能好，在起升机构中最为常用。

（四）辅助部分

液压系统的辅助部分是由液压油箱、油管、密封圈、滤油器和蓄能器等组成。它们分别起储存油液、传导液流、密封油压、保持油液清洁、保持系统压力、吸收冲击压力和油泵的脉冲压力等作用。

第二节　液压系统的基本回路

液压系统的基本回路主要有调压回路、卸荷回路、限速回路、锁紧回路、制动回路等。

一、调压回路

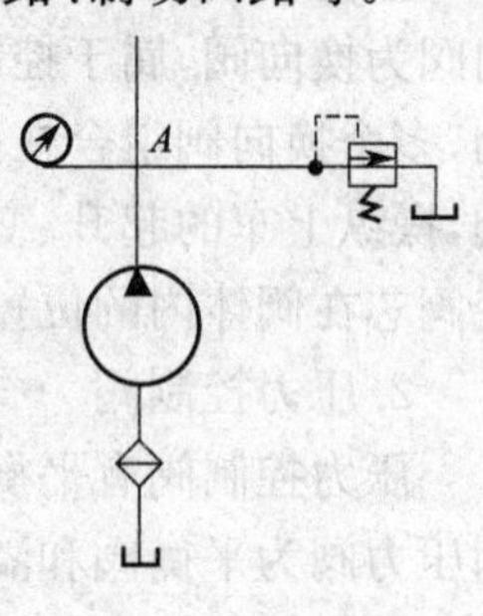

图 3－1　调压回路

调压回路的作用是限定系统的最高压力，防止系统的工作超载，该回路对整个系统起安全保护作用。

常用的主油路调压回路是用溢流阀来调整压力的，如图 3－1 所示，由于系统压力在油泵的出口处较高，所以溢流阀设在油泵出油口侧的旁通油路上，油泵排出的油液到达 A 点后，一路去系统，一路去溢流阀，这两路是并联的，当系统的负载增大油压升高并超过溢流阀的调定压力时，溢流阀开启回油，直至油压下降到调定值上。

二、卸荷回路

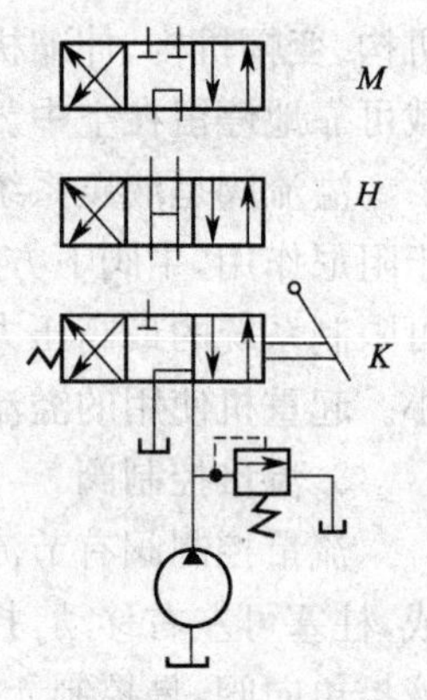

图 3－2　卸荷回路

卸荷回路的工作原理是当执行机构暂不工作时，应使油泵输出的油液在极低的压力下流回油箱，减少功率消耗，实现卸荷功能。如图 3－2所示是利用滑阀机三位四通换向阀阀芯处于中间位置，这时进油口与回路口相通，油液流回油箱卸荷，图中 M、H、K 型滑阀机都能实现卸荷。

三、限速回路

限速回路又称为平衡回路，由于载荷与自重的重力作用，有产生超速的趋势，运用限速回路可靠地控制其下降速度。如图 3－3 所示为常见的限速回路。主要应用在起重机械的起升马达、变幅油缸及伸缩油缸的缓慢下降过程中。

当吊钩起升时，压力油经右侧平衡阀的单向阀通过，油路畅通，当吊钩下降时，左侧通油，但右侧平衡阀回油通路封闭，马达不能转动。只有当左侧进油压力达到开启压力，通过控制油路打开平衡阀芯形成回油通路，马达才能转动使重物下降。如在重力作用下马达发生超速运转，则造成进油路供油不足，油压降低，使平衡阀芯开口关小，回油阻力增大，从而限定重物的下降速度。

四、锁紧回路

起重机执行机构经常需要在某个位置保持不动，如支腿、变幅与伸缩油缸等，这样必须把执行元件的进口油路可靠地锁紧，否则便会发生“坠臂”或“软腿”危险，除用平衡阀锁紧外，还有如图 3－4 所示的液控单向阀锁紧。它用于起重机支腿回路中。

当换向阀处于中间位置，即支腿处于收缩状态或外伸支承起重机作业状态时，油缸上下腔被液压锁的单向阀封闭锁紧，支腿不会发生外伸或收缩现象，当支腿需外伸（收缩）时，液压油经单向阀进入油缸的上（下）腔，并同时作用于单向阀的控制活塞打开另一单向阀，允许油缸伸出（缩回）。

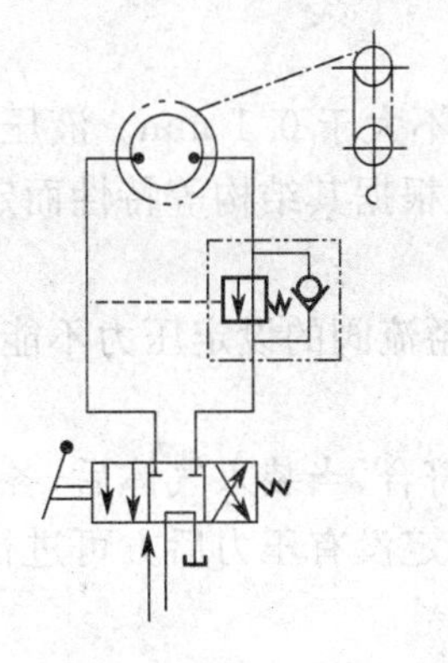

图 3—3　限速回路

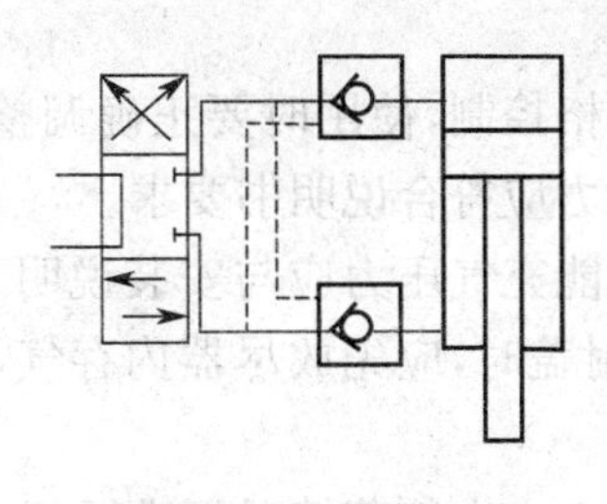

图 3—4　锁紧回路

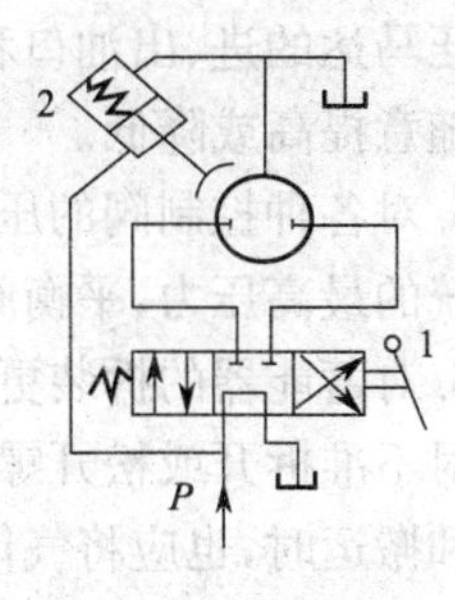

图 3—5　制动回路

五、制动回路

如图 3—5 所示为常闭式制动回路，起升机构工作时，扳动换向阀，压力油一路进入油马达，另一路进入制动器油缸推动活塞压缩弹簧实现松闸。

第三节　液压系统的使用

一、液压传动系统的使用要求

1.选用液压油必须符合设计技术要求。一般对液压油的基本要求是：酸值低，对机件无腐蚀作用，也不会引起密封件的变形膨胀；要有适当的黏度，良好的润滑性和化学稳定性；满足安全防火要求，不含有容易产生气体的杂质，燃点高，凝固点低。

2.在使用过程中，要定期检查油质，液压油必须保持清洁，发现劣化严重时应及时更换。严防机械杂质和水分混入油中。当油中混入水分超过限度时就应换油，因为油中混入水分后，将使油液逐步乳化，失去原有的优良润滑性能，并加速油液劣化，增加酸值和沉淀物，对金属起腐蚀作用。油中若混入机械杂质，对液压系统危害更大。因此，更换的新油要先经过沉淀 24 h，只用其上部 90％的油，加入时要用 120 网目以上的滤网过滤。如采用钢管作输油管时，必须在油中浸泡 24 h，使其内壁生成不活泼的薄膜后方可安装。

3.要严格控制油温。液压油在运转中温度一般不得超过 60℃，如温度过高（超过 80℃），油液将早期劣化，润滑性能变差，一些密封件也易老化，元件的密封效率也将降低。因此，当油温超过 80℃时，应停止运转，待降温后再起动。冬季低温时，应先预热后再起动，油温达到 30℃以上才能工作。

二、液压系统各种元件正确使用

1.应有良好的过滤器或其他防止液压油污染的措施。如配管和液压缸的容量很大时，不仅要加入足够数量的油，而且要在油泵启动后，油箱必须保持正常油面，切勿使滤油器露出油面。

2.液压系统的冷却器、压力表等必须正常。油箱上的空气滤清器的网目，一般应在 100～200 目以上，其通油面积必须大于吸油管面积的两倍。

3.管路必须连接牢靠严密，不进气、不漏油。弯管的弯曲半径不能过小，一般钢管的弯曲半径应大于管径的三倍。

4. 对液压泵和液压马达采用挠性联轴器驱动时，其不同心度应不大于 0.1 mm。液压泵和液压马达的进、出油口和旋转方向都有标明，不得反接。其转速是根据其结构等特性而定，不得随意提高或降低。

5. 对各种控制阀的压力，必须严格控制，使用时要正确调整，如溢流阀的设定压力不能超过系统的最高压力，平衡阀的开启压力应符合说明书要求。

6. 对蓄能器的拆装更应注意，蓄能充气压力应与安装说明书相符合，当装入气体后，各部分绝对不准拆开或松开螺钉。拆开封盖时，应先放尽器内存气，在确定没有压力后方可进行。移动和搬运时，也应将气体放尽。

7. 当需拆除液压系统各元件时，务必在卸荷情况下进行，以免油液喷出伤人。

第四章　电工基础知识

电能的应用范围是及其广泛的，建筑起重机械的正常运行必须装备有相应的配套电气设备，才能实现对各个机构动作的控制。其主要特点是各个工作机构均采用独立驱动系统，通过一整套的保护控制装置进行驱动。

第一节　电工学基本常识

一、电工基础知识

1. 电流　电荷的定向流动称为电流，习惯上规定正电荷运动的方向作为电流的方向，法定计量单位制中电流的单位是安培(A)。

电流的计算：$I=U/R$

式中　I——电流强度(A)；

U——电压(V)；

R——电阻(Ω)。

2. 电流强度　指单位时间内通过导线横截面的电荷量多少，电流强度简称电流，表示为：

$$I=g/t$$

3. 电阻　导体对电流的阻碍作用称为电阻，用符号 R 表示。电阻的单位为欧姆。用符号 Ω 表示，电阻的大小与导体的材料、几何形状和温度有关。

4. 电阻率(在 20℃时)　把 1 m 长，截面积为 1 mm^2 的导体所具有的电阻值称为该导体的电阻率，电阻率用 p 表示，其单位为 Ω/mm^2。

5. 电源　凡能把其它形式的能量转换为电能的装置均称为电源，如电池是将化学能转换为电能，而发电机是将机械能转换为电能。

6. 电压　在电场中两点之间的电势差(又称电位差)叫做电压。表示电场力把单位正电荷从电场中的一点移到另一点所做的功，从能量方面表示了电场力做功的能力，其方向为电动势的方向。电源加在电路两端的电压称为电源的端电压。电压的单位为伏特，简称伏，用符号 V 表示。

7. 电动势　把单位正电荷从电源负极内部移到正极时所做的功称为电源的电动势，是用来衡量电源内部非电场力对正电荷作功的能力。电动势的方向是由负极经电源内部指向正极。

8. 电功　电流通过导体所做的功称为电功，用 W 表示，电功的大小表示电能转化为其它形式能量的多少，在数值上等于加在导体两端电压 U、流经导体的电流 I 和通电时间 t 三者之乘积。

电功计算：$W=UIt$

式中　W——电功(J)；

I——电流强度(A)；

U——端电压(V)；

t——通电时间(s)。

9. 电功率　单位时间内电场力所做功的大小称为电功率,用 P 表示。

电功率的计算：

$$P=w/t=IU$$

式中　P——电功率(W)。

$$1\ \mathrm{W}=1\ \mathrm{J/s}=1\ \mathrm{A}\times1\ \mathrm{V}=1\ \mathrm{VA}$$

$$1\ \mathrm{kW}=1\ 000\ \mathrm{W}$$

10. 电路　电路就是电流所流经的路径。在电动机中,当合上刀闸开关时,电动机立即就转动起来,这是因为电动机通过刀闸开关与电源接成了电流的通路,并将电能转换成为机械能。

二、直流电基础知识

直流电是指在电路中电流流动的方向不随时间而改变的电动势。

三、交流电基础知识

1. 交流电　交流电是指大小和方向都随时间作周期性变化的电流,也就是说,交流电是变电动势、交变电压和交变电流的总称。通有交流电的电路,称为交流电路。交流电的电流、电流强度计算、表示与直流电相同。

2. 周期　正弦交流电变化一周所需的时间称为正弦交流电的周期,用字母 T 表示,单位是秒,用字母 s 表示。

3. 频率　正弦交流电每秒钟变化的次数称为频率,用字母 f 表示,其单位为赫兹,简称赫,用字母 Hz 表示。如果有交流电在 1 秒钟内变化了一次,我们就称该交流电的频率是 1 赫兹。

4. 周期和频率的关系:根据周期和频率的定义可知,周期和频率互为倒数。

我们日常用的市电,其频率为 50 Hz,即每秒 50 周,周期为 0.02 s。周期和频率都是描述交流电随时间变化快慢程度的物理量。

5. 三相交流电　三相交流电是由三相交流发电机产生的。目前的电力系统都是三相系统。所谓三相系统是由三个频率和有效值都相同,而相位互差 120°的正弦电势组成的供电体系。或者说一个发电机同时发出峰值相等,频率相同,相位彼此相差 $2/3\pi$ 的三个交流电,称为三相交流电。三相电的每一相,就是一路交流电。

6. 三相电源的接法

发电机都有三个绕组,三相绕组通常是接成星形或三角形向负载供电的,下面分别讨论这两种连接方式的供电特点。

(1)电源的星形连接

将电源的三相绕组的末端 U_2、V_2、W_2 连成一节点,而始端 U_1、V_1、W_1 分别用导线引出接负载。这种连接方式叫做星形连接,或称 Y 连接,如图4－1所示。

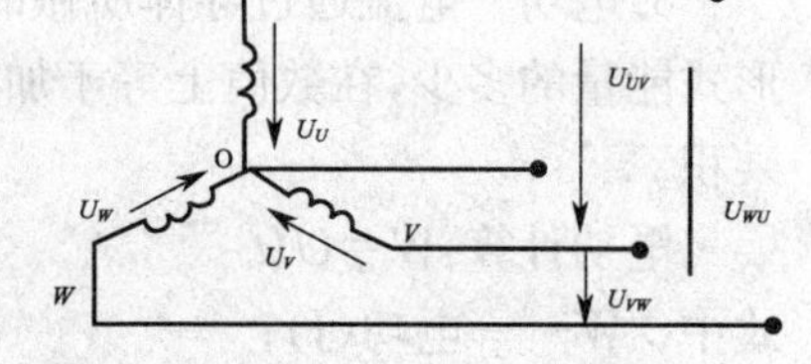

图 4－1　三相电源的星形接法

从绕组始端 U_1、V_1、W_1 引出的三根导线称为端线,通常也叫火线。

三相绕组末端所联成的公共点叫做电源的中性点,简称中点,在电路中用 O 表示。有些电源从中性点引出一根导线,叫做中性线或称零线。当中性线接地时，又叫地线。

由三根火线和一根零线所组成的供电方式叫做三相四线制，常用于低压配电系统，星形连接的电源，也可不引出中性线，由三根火线供电，称为三相三线制，多用于高压输电。

星形连接的电源中可以获得两种电压，即相电压和线电压。线电压为线路上任意两火线之间的电压。相电压为每相绕组两端的电压，即火线与零线之间的电压。

(2)电源的三角形连接。

将电源的三相绕组，依次首尾相连构成闭合回路，再自首端U_1、V_1、W_1引出导线接负载，这种连接叫做三角形连接，或称为△连接，如图4－2所示。

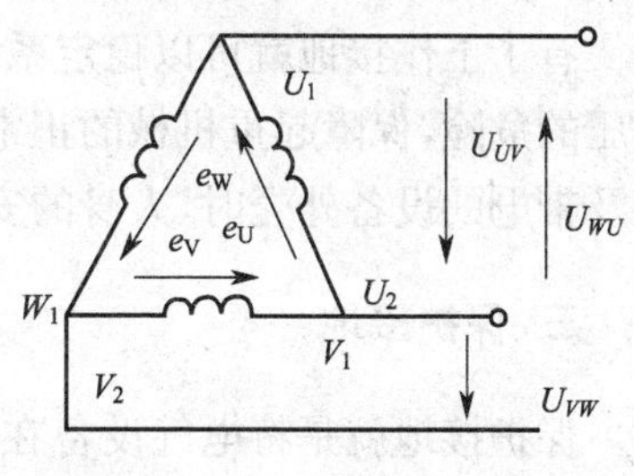

图4－2　电源的三角形连接

电源为三角形连接时，线电压等于相电压，即$U_{线}=U_{相}$。把发电机绕组接成三角形，在三个绕组构成的回路中总电势为零。因此在该回路中不会产生环流。当一相绕组接反时，回路电势不再为零。由于发动机绕组的阻抗很小，会产生很大的环流，可能烧电机。

四、安全电压的基本知识

安全电压是为防止触电事故而采用的安全措施，主要防止因触电造成的人身伤害。防止触电事故可以有许多措施，采用安全电压只是其中的一种，并应遵守安全电压规定。

安全电压的数值是与人体可以承受的安全电源电流及人体电阻有关，各国对安全电压的规定也不完全相同。我国《安全电压》标准对安全电压的定义是："为防止触电事故而采用的由特定电源供电的电压系列。这个电压系列的上限值，在任何情况下，两导体间或一导体与地之间均不超过交流(50～500 Hz)有效值50 V"。

安全电压不是单指一个值，而是一个系列。即42 V、36 V、24 V、12 V、6 V、需要根据环境条件、操作人员条件、使用方式、供电方式、线路状况等多种因素来选择安全电压等级。当作业人员在金属容器、金属构架、特别潮湿等特别危险作业场所时，其安全电压应降到12 V以下。

第二节　电气安全的一般常识

建筑起重机械中应用的电气一般属于工程电气，工程电气的安装应按设计图纸、在专业电工指导下进行，在安装过程中基本不带电。电气安装后，按电气规定和设计要求进行检验和试运行，确认符合规定后，才可使用。

一、配电箱的要求

由于建筑施工现场情况多变，相应的施工用电变化有时也很大，一般以三级配电为宜。即在总配电箱下设分配电箱，分配电箱下设开关箱，开关箱是最末一级，以下是起重机械用电。这样配电层次清楚，便于管理。

施工现场的配电箱，是配电系统中电源与用电设备之间的中枢环节，非常重要；开关箱是配电系统的末端环节，上接电源下接用电设备，人员接触操纵频繁，因此对电箱的制作、安装、使用、维护以及电气元件的选用要严格符合规定要求。

二、工作接地

工作接地就是为电气的正常运行所需要而进行的接地，它可以保证起重机械的正常可靠运行。

一般施工现场采用三相四线制，四根线兼作动力和照明用，把变压器的中性点直接与大地相接。接地就是电力系统的工作接地。

有了工作接地就可以稳定系统的电位，限制系统对地电压不超过某一范围，减少高压窜入低压的危险，保障起重机械的正常运行。但这种工作接地不能保障人体触电时的安全，当人体触及带电的设备外壳时，人身的安全问题要靠保护接地或保护接零等措施去解决。

三、保护接地

保护接地就是将电气设备在正常运行时，不带电的金属部分与大地相接，以保护人身安全，这种保护接地措施适用于中性点不接地的电网中。

当采用保护接地后，由于人体电阻与保护接地电阻并联，这时漏电电流流经金属外壳后，同时经过人体和接地。由于人体电阻远远大于保护接地电阻，大量电流流经保护接地，只有很少电流经过人体，这样，人体所受的电压降就很小，危险也就小多了。

四、保护接零

保护接零就是把电气设备在正常情况下不带电的金属部分与电网中的零线连接起来，保护接零普遍采用在三相四线制变压器中性点直接接地的系统中。

有了这种接零保护后，当电机中的一相带电部分发生碰壳时，该相电流通过设备的金属外壳，形成该相对零线的单相短路，这时的短路电流很大，会迅速将熔断器的保险烧断，从而断开电源，消除危险。

第三节　常用电气元件

建筑工程机械中常用的电气元器件主要有变压器、空气开关、交流接触器、热继电器以及断相与相序保护继电器等。

一、变 压 器

变压器是一种通过电磁感应作用将一定数值的电压、电流、阻抗的交流电转换成同频率的另一数值的电压、电流、阻抗的交流电的静止电机。

变压器的原理为：当在原边接入电压为 U_1 的电源时，在封闭铁芯内将产生磁通，而磁通又会使副边线圈内产生感应电压 U_2、U_3。当变压器空载时，原边电压与副边电压之比和原副边的线圈匝数多少有关，且满足下式：$U_1 : U_2 : U_3 = n_1 : n_2 : n_3$。

二、空气开关

空气开关主要由操作机构、触点、保护装置（各种脱扣器）、灭弧系统等组成。图 4—3 是几种常见的空气开关。

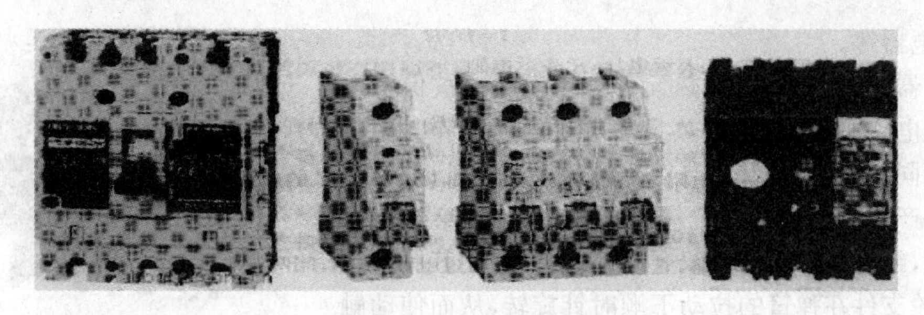

图 4－3　常见的空气开关

空气开关的工作原理：自动空气开关的主触头是靠操作机构手动或电动合闸的。主触头闭合后，自由脱扣机构将主触头锁在合闸位置上。过电流脱扣器的线圈和热脱扣器的热元件与主动电路串联；欠压脱扣器的线圈与主电路并联。当电路发生短路或严重过载时，过电流脱扣器的衔铁被吸合，使自由脱扣机构动作；当电路过载时，热脱扣器的热元件产生的热量增加，加热双金属片，使之向上弯曲，推动自由脱扣机构动作。当电路欠压时，欠压脱扣器的衔铁释放，也使自由脱扣机构动作。分励脱扣器则作为远距离控制用，在正常工作时，其线圈是断电的，在需要距离控制时，按下起动按钮，使线圈通电，衔铁带动自由脱扣机构动作，使主触点断开。

三、交流接触器

交流接触器是一种用来频繁接通或断开主电路及大功率控制电路的自动切换电器，主要由四部分组成，即触头、灭弧装置、铁芯、线圈（见图 4－4）。

图 4－4　交流接触器

交流接触器的工作原理：当按下按钮时，线圈通电，静铁芯被磁化，并把动铁芯吸上，带动轴旋转使触头闭合，从而接通电路；当放开按钮时过程与上述相反，在弹簧作用下，使电路断开。当接触器带有辅助触头时，只要将一组常闭辅助触头与按钮并联，就可实现接触器的自锁（即松开按钮，接触器线圈仍然吸合，主电路不断开）。接触器作为控制电路通断的切换器，与刀开关和转换开关相比，不仅有远距离操纵、低压控制的功能，而且有失压与欠压保护的功能。

四、继 电 器

继电器是根据被控制对象的温度变化而控制电流通断，即利用电流的热效应而动作的电器。它主要用于电动机的过载保护如图 4－5 所示。常用的继电器有时间继电器、过电流继电器、热继电器等。

图 4—5　继电器

继电器的结构原理：发热元件直接串联在被保护的电机的主电路中，它产生的热量随电流的大小和时间的长短而不同，用这些热量加热双金属片。当电机过载时，发热元件产生的热量使双金属片向左弯曲，双金属片推动绝缘杆，绝缘杆带动另一双金属片向左转，使其脱开绝缘杆，凸轮支件在弹簧的拉动下顺时针旋转，从而使动触头与静触头断开，电动机得到保护。

五、断相与相序保护继电器

断相与相序保护继电器可在三相交流电动机以及不可逆转传动设备中分别做断相与相序保护。

普通的热继电器适用于三相同时出现过载电流的情况，若三相中有一相断线时，因为断线那一相的双金属片不弯曲而使热继电器不能及时动作，故不能起到保护作用。这时就需要使用带断相保护的热继电器，当电流为额定值时，三个热元件均正常发热，其端部均向左弯曲，推动上、下导板同时左移，但达不到动作位置，继电器不会动作；当电流过载达到整定值时，双金属片弯曲较大，把导板和杠杆推到动作位置，继电器动作，使动断触点立即打开。当一相(设 A 相)断路时，A 相(右侧)的双金属片逐渐冷却降温，其端部向右移动，推动上导板向右移动；而另外两相双金属片温度上升，使端部向左移动，推动下导板继续向左移动，产生差动作用，使杠杆扭转，继电器动作，起到断相保护作用，达到保护电机的目的。

第四节　三相交流电动机

电动机是利用电磁感应原理工作的机械，是一种将电能转换成机械能并输出机械转矩的动力设备，它应用广泛，种类繁多，具有结构简单、坚固耐用、运行可靠、维护方便、启动容易、成本较低等优点，但也有调速困难、功率因数偏低等缺点。

一、电动机的分类

电动机一般可分为直流电动机和交流电动机两大类。

交流电动机按使用的电源相数分为单相电动机和三相电动机，其中三相电动机又可分为同步和异步两种。目前广泛应用的是异步电动机。异步电动机按转子结构分线绕式和鼠笼式两种。

二、三相异步电动机的基本结构

三相异步电动机的结构由定子(固定部分)、转子(转动部分)和附件组成。

(一)定　子

定子是电动机静止不动的部分。定子由定子铁芯、定子绕组和机座三部分组成。定子的主要作用是产生旋转磁场。

1. 定子铁芯一般是用内圆上冲有均匀分布槽口的 0.35～0.5 mm 厚的硅钢片叠成的，定子绕组嵌放在槽口内，整个铁芯压入机座内。

2.定子绕组是用电磁线绕制成的三相对称绕组。各相绕组彼此独立，按互差120°的电角度嵌入定子槽内，并与铁芯绝缘。定子绕组可接成星形或三角形。

3.机座一般用铸铁或铸钢制成，用于固定定子铁芯和绕组，并通过前后端盖支撑转轴。机座表面的散热筋还能提高散热效果，机座上还有接线盒，盒内六个接线柱分别与三相定子绕组的六个起端和末端相连。

(二)转　　子

转子是电动机的旋转部分。它由转轴、转子铁芯和转子绕组三部分组成。

1.转轴用于支撑转子铁芯和绕组，传递输出机械转矩。

2.转子铁芯是把相互绝缘的外圆上冲有均匀槽口的硅钢片压装在转轴上的圆柱体。这些槽口(又叫导线槽)内将嵌放转子绕组。

3.转子绕组是在导线槽内嵌放铜条，铜条两端分别焊接在两个铜环(又称短路环)上，绕组形状与密闭的鼠笼相似。目前100 kW以下的鼠笼式电动机的转子绕组常用熔化的铝浇注在导线槽内并连同短路环、风扇一起铸成一个整体，称为铸铝转子。

三、铭牌数据

每台电动机的外壳上都附有一块铭牌，上面有这台电动机的基本数据。铭牌数据的含义如下：

1.型号

例如：Y160L—4。

Y——表示(笼型)异步电动机；160——表示机座中心高为160 mm；L——表示长机座(S表示短机座，M表示中机座)；4——表示4极电动机。

2.额定电压

指电动机定子绕组应加的线电压有效值，即电动机的额定电压。

3.额定频率

指电动机所用交流电源的频率，我国电力系统规定为50 Hz。

4.额定功率

指在额定电压、额定频率下满载运行时电动机轴上输出的机械功率，即额定功率。

5.额定电流

指电动机在额定运行(UP在额定电压、额定频率下输出额定功率)时定子绕组的线电流有效值，即额定电流。

6.接法

指电动机在额定电压下，三相定子绕组应采用的联接方法。

7.绝缘等级

电动机按所用绝缘材料允许的最高温度来分级的。目前一般电动机采用较多的是E级绝缘和B级绝缘。

四、三相异步电动机的特性

1.机械特性：电源电压一定时，异步电动机的转速n与电磁转矩T的关系称为机械特性。电动机的电磁转矩与电压平方成正比。

2.工作特性：电源电压和频率为额定值时，电动机定子电流I_1、转速n、电磁转矩T_2、定子

功率因数 $\cos\varphi_1$、效率 η 与电动机输出机械功率 P_2 之间的关系，称为电动机的工作特性。工作特性可以用相应的曲线来表示，如图 4－6 所示。

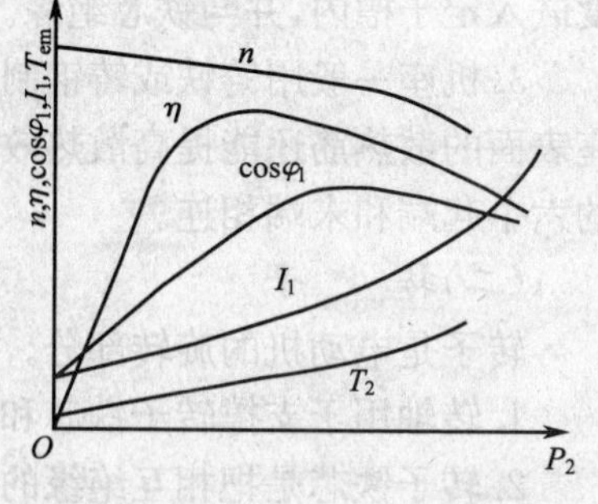

图 4－6　异步电动机的工作特性

五、三相异步电动机的使用保养

电动机运行前，应检查电动机各部分装配情况，正确配置所用的低压断路器、接触器、熔断器和热继电器等控制电器和保护电器。按电动机铭牌要求接线，一般电动机允许电压波动为额定电压的±10%，三相电压之差不得大于±5%；允许各相电流不平衡值不得超过±10%。测量绝缘电阻、绕组绝缘电阻应符合要求，人工转动电动机转动部分，应灵活无卡阻。

定期对电动机进行检修和保养是确保电动机安全运行的重要工作。电动机应经常清除外部灰尘和油污，监听有无异常杂音，并定期更换润滑油，保持主体完整、零附件齐全、无损坏以及周围环境的清洁。

进行巡回检查和及时排除任何不正常现象，在巡视检查中要注意电动机的温升、气味及振动情况，从而可减少事故次数和修理停歇台时，提高电机运行效率。

第五章　钢结构基础知识

钢结构具有强度高,可靠又轻巧,容易加工成满足各种不同要求的构件形式,还便于拆装和多次重复使用,比较经济实用,因此,在建筑起重机械中应用较多。

第一节　钢结构材料

钢材虽是性能很好的材料,但如果使用不当,也可能造成损失,因此为保证建筑起重机械承重结构的承载能力和防止在一定条件下出现脆性破坏,应根据结构的重要性、荷载特征、结构形式、应力状态、连接方法、钢材厚度和工作环境等因素综合考虑,选用合适的钢材。

钢是铁和碳的合金。碳在钢中含量的多少对钢材的性能影响极大。钢的含碳量增大,能够提高它的强度,却降低它的塑性、韧性和可焊性。因此,在建筑起重机械中大多采用低碳钢。

低碳钢和高碳钢性能上的差别,从拉力试验得出的拉伸图中(图 5－1)就可以看得很清楚。从图 5－1 中可以看出:高碳钢在拉断前的最大荷载比低碳钢大很多,但相应的伸长却比低碳钢小很多。这就是说,高碳钢的强度高而塑性差;拉断是突然的,呈脆性破坏。低碳钢在拉断前则有一个相当长的变形过程,用这种钢来建造结构,往往在破坏前有明显的征兆,能及时采取适当的措施来防止。高碳钢不仅拉断时比较突然,而且可焊性又差,不能用作钢结构。中碳钢虽然不像高碳钢那样脆,但可焊性不够好,也不应采用。

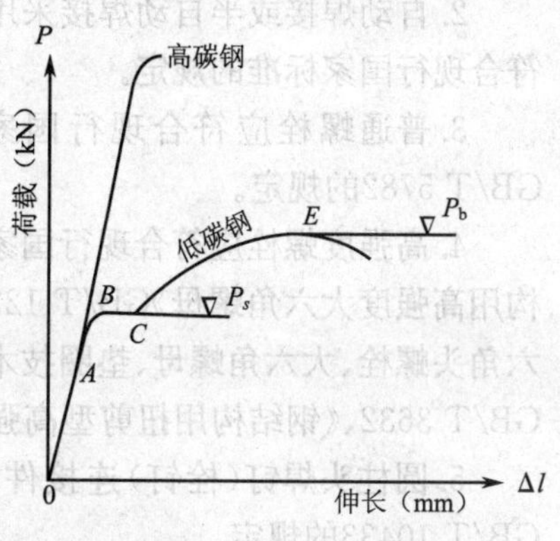

图 5－1　钢材的拉伸图

第二节　钢结构的连接

一、钢结构连接方法

钢结构的连接方法,一般有三种,即铆接、焊接和螺栓连接。

1. 铆接是一种十分费工又费钢材的连接方法,目前极少采用。但铆接的受力性能最可靠,所以在少数极为重要的钢结构中仍然采用。譬如,起重量在 100 t 以上而且工作很繁重的钢吊车梁,仍有时采用铆接结构。

2. 焊接是最省工省料的连接方法,在钢结构的连接中应用最广。目前主要采用电弧焊。电弧焊是利用电弧所发出的高温来熔化焊件和焊条以形成焊缝的。常用的电弧焊可分手工焊、自动焊和半自动焊三种。为了防止焊接时正在熔化的钢水与空气接触而影响焊缝的质量,用于手工焊的焊条外面要涂上一层焊药,以阻止空气与钢水的接触,并使焊缝的化学成分得到改善。

3. 普通螺栓的连接，既便于安装也便于拆卸，分为普通螺栓连接与高强螺栓连接两种，一般的钢结构中多采用普通螺栓连接。

普通螺栓是用普通 3 号钢制作的，强度不高，拧紧螺栓时不能施很大的力量，连接中各螺栓受力的分配也很不均匀，在反复的动力荷载作用下很易松动。所以，普通螺栓连接适用于一般工程连接。

在建筑起重机械的拼装中多采用高强度螺栓。这种螺栓采用强度较高的 40 硼钢或 45 号钢制作，加工后经热处理以提高材料的强度，并使螺栓保持良好的塑性。这种高强度螺栓的成本较高，安装时要用力矩扳手来拧紧螺帽，以便在螺栓杆中产生很高的预拉力，使被连接的部件相互夹得很紧。这样，在外力作用下可以通过部件之间的摩擦力来传递连接的内力。高强度螺栓杆所能负担的力量不仅远比普通螺栓大，而且在动力荷载作用下也不致松动。

二、钢结构的连接材料的要求

1. 手工焊接采用的焊条，应符合现行国家标准《碳钢焊条》GB/T 5117 或《低合金钢焊条》GB/T 5118 的规定。选择的焊条型号应与主体金属力学性能相适应。对直接承受动力荷载或振动荷载且需要验算疲劳的结构，宜采用低氢型焊条。

2. 自动焊接或半自动焊接采用的焊丝和相应的焊剂应与主体金属力学性能相适应，并应符合现行国家标准的规定。

3. 普通螺栓应符合现行国家标准《六角头螺栓 C 级》GB/T 5780 和《六角头螺栓》GB/T 5782的规定。

4. 高强度螺栓应符合现行国家标准《钢结构用高强度大六角头螺栓))GB/T 1228、《钢结构用高强度大六角螺母》GB/T 1229、《钢结构用高强度垫圈》GB/T 1230、《钢结构用高强度大六角头螺栓、大六角螺母、垫圈技术条件》GB/T 1231 或《钢结构用扭剪型高强度螺栓连接副》GB/T 3632、《钢结构用扭剪型高强度螺栓连接副技术条件》GB/T 3633 的规定。

5. 圆柱头焊钉（栓钉）连接件的材料应符合现行国家标准电弧螺栓焊用《圆柱头焊钉》GB/T 10433的规定。

6. 铆钉应采用现行国家标准《标准件用碳素钢热轧圆钢》GB/T 715 中规定的 BL2 或 BL3 号钢制成。

第六章　起重吊装基本知识

在建筑工程施工中，随着建筑起重机械的广泛应用，体力劳动强度大大地减轻，劳动生产率得到了提高。但是由于起重机械在搬运物料时，是以间歇、重复的方式工作，其吊具的起升、下降、回转，工作范围较大，危险因素增加，因而安全作业十分重要。

第一节　吊具、索具的通用安全规定

按行业习惯，我们把用于起重吊运作业的刚性取物装置称为吊具，把系结物品的挠性工具称为索具或吊索。

吊具可直接吊取物品，如吊钩、抓斗、夹钳、吸盘、专用吊具等。吊具在一般使用条件下，垂直悬挂时允许承受物品的最大质量称为额定起重量。

索具是吊运物品时，系结勾挂在物品上具有挠性的组合取物装置。它是由高强度挠性件(钢丝绳、起重环链、人造纤维带)配以端部环、钩、卸扣等组合而成。索具吊索可分为单肢、双肢、三肢、四肢使用。索具的极限工作载荷是以单肢吊索在一般使用条件下，垂直悬挂时允许承受物品的最大质量。除垂直悬挂使用外，索具吊点与物品间均存在着夹角，使索具受力产生变化，在特定吊挂方式下允许承受的最大质量，称为索具的最大安全工作载荷。

吊具、索具是直接承受起重载荷的构件，其产品的质量直接关系到安全生产，因此应遵守以下安全规定。

一、吊具、索具的购置

外购置的吊具、索具必须是专业厂按国家标准规定生产、检验、具有合格证和维护、保养说明书的产品。在产品明显处必须有不易磨损的额定起重量、生产编号、制造日期、生产厂名等标志。使用单位应根据说明书和使用环境特点编制安全使用规程和维护保养制度。

二、材　　料

制造吊具、索具用的材料及外购零部件，必须具有材质单、生产制造厂合格证等技术证明文件。否则应进行检验，查明性能后方可使用。

三、吊具、索具的载荷验证

自制、改造、修复和新购置的吊具、索具，应在空载运行、试验合格的基础上，按规定的试验载荷、试验方法试验合格后方可投入使用。

1. 静载试验

静载试验载荷：

吊具取额定起重量的 1.25 倍(起重电磁铁为最大吸力)。吊索取单肢、分肢极限工作载荷的 2 倍。

试验方法：试验载荷应逐渐加上去，起升至离地面100～200 mm高处，悬空时间不得少于10 min。卸载后进行目测检查。试验如此重复三次后，若结构未出现裂纹、永久变形，连接处未出现异常松动或损坏，即认为静载试验合格。

2. 动载试验

动载试验载荷：

吊具取额定起重量的1.1倍(起重电磁铁取额定起重量)。吊索取单肢、分肢极限工作载荷的1.25倍。

试验方法：试验时，必须把加速度、减速度和速度限制在该吊索具正常工作范围内，按实际工作循环连续工作1 h，若各项指标、各限位开关及安全保护装置动作准确，结构部件无损坏，各项参数达到技术性能指标要求，即认为动载试验合格。

第二节　起重机械的使用

一、起重机械的分类、使用特点及基本参数

在建筑工程施工中，起重吊装技术是一项极为重要的技术。一个大型设备的吊装，往往是制约整个工程进度，影响工程项目经济和安全性的关键因素。

(一)起重机械的分类

起重机械主要按用途和构造特征进行分类。按主要用途分，有通用起重机械、建筑起重机械、冶金起重机械、港口起重机械、铁路起重机械和造船起重机械等。按构造特征分，有桥式起重机械和臂架式起重机械；旋转式起重机械和非旋转式起重机械；固定式起重机械和运行式起重机械。

起重机械分类如图6—1所示。

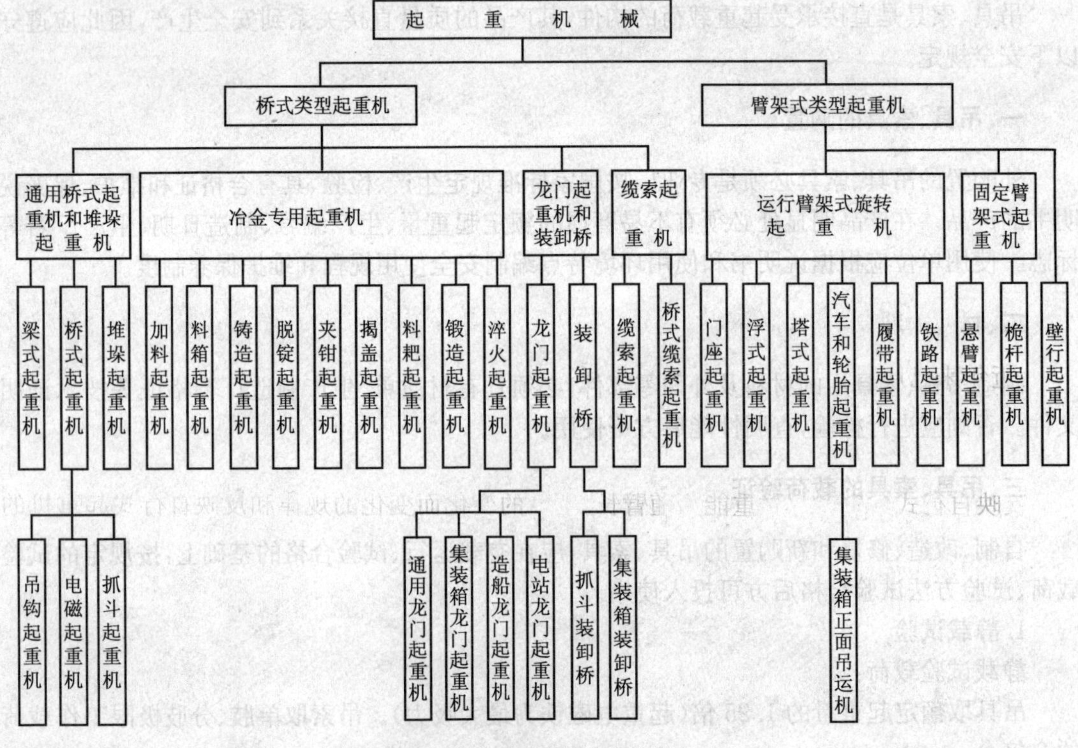

图6—1　起重机基本分类

建筑施工中常用的起重机械有:塔式起重机、移动式起重机(包括汽车起重机、轮胎起重机、履带起重机)、施工升降机、物料提升机、装修吊篮等。

(二)起重机械使用特点

常用的起重机有自行式起重机、塔式起重机,它们的特点和适用范围各不相同。

1.自行式起重机

(1)特点:起重量大,机动性好,可以方便地转移场地,适用范围广,但对道路、场地要求较高,台班费高和幅度利用率低。

(2)适用范围:适用于单件大、中型设备、构件的吊装。

2.塔式起重机

(1)特点:吊装速度快,幅度利用率高,台班费低。但起重量一般不大,并需要安装和拆卸。

(2)适用范围:适用于在某一范围内数量多,而每一单件重量较小的吊装。

(三)起重机的基本参数

主要有额定起重量、最大幅度、最大起升高度和工作速度等,这些参数是制定吊装技术方案的重要依据。

二、自行式起重机的选用

自行式起重机是工程建设中最常用的起重机之一,掌握其性能和要求,正确地使用和维护,对安全的吊装具有重要意义。

(一)自行式起重机的使用特点

1.汽车式起重机

吊装时,靠支腿将起重机支撑在地面上。该起重机具有较大的机动性,其行走速度更快,可达到 60 km/h,不破坏公路路面。但不可在 360°范围内进行吊装作业,其吊装区域受到限制,对基础要求也更高。

2.履带式起重机

一般大吨位起重机较多采用履带式,其对基础的要求也相对较低,并可在一定程度上带载行走。但其行走速度较慢,履带会破坏公路路面。转移场地需要用平板拖车运输。较大的履带式起重机,转移场地时需拆卸、运输、安装。

3.轮胎式起重机

起重机装于专用底盘上,其行走机构为轮胎,吊装作业的支撑为支腿,其特点介于前二者之间,近年来已用得较少。

(二)自行式起重机的特性曲线

1.特性曲线表

反映自行式起重机的起重能力随臂长、幅度的变化而变化的规律和反映自行式起重机的最大起升高度随臂长、幅度变化而变化的规律的曲线称为起重机的特性曲线。一些大型起重机,为了更方便,其特性曲线往往被量化成表格形式,称为特性曲线表。

2.起重机特性曲线

自行式起重机的特性曲线规定了起重机在各种工作状态下允许吊装的载荷,反映了起重机在各种工作状态下能够达到的最大起升高度,是正确选择和正确使用起重机的依据。

每台起重机都有其自身的特性曲线,不能换用,即使起重机型号相同也不允许。

(三)自行式起重机的选用

自行式起重机的选用必须依照其特性曲线进行,选择步骤是:

1. 根据被吊装设备或构件的就位位置、现场具体情况等确定起重机的站车位置。站车位置一旦确定,其幅度也就确定了。

2. 根据被吊装设备或构件的就位高度、设备尺寸、吊索高度等和站车位置(幅度),由起重机的特性曲线,确定其臂长。

3. 根据上述已确定的幅度、臂长,由起重机的特性曲线,确定起重机能够吊装的载荷。

4. 如果起重机能够吊装的载荷大于被吊装设备或构件的重量,则起重机选择合格,否则重选。

(四)自行式起重机的基础处理

吊装前必须对基础进行试验和验收,按规定对基础进行沉降预压试验。在复杂地基上吊装重型设备,应请专业人员对基础进行专门设计,验收时同样要进行沉降预压试验。

第三节 起重吊装方案

一、确定起重吊装方案的依据

起重吊装的方案是依据一定的基本参数来确定的。

1. 被吊运重物的重量。一般情况下可依据重物说明书、标牌、货物单来确定或根据材质和物体几何形状用计算的方法确定。

2. 被吊运物的重心位置及绑扎。确定物体的重心要考虑到重物的形状和内部结构,既要了解外部形状尺寸,也要了解其内部结构。了解重物的形状、体积、结构的目的是要确定其重心位置,正确地选择吊点及绑扎方法,保证重物不受损坏和吊运安全。例如,机床设备机床头部重尾部轻,重心偏向床头一端;大型电器设备箱,其重量轻,体积大,是薄板箱体结构,吊运时经不起挤压。

3. 起重吊装作业现场的环境。现场环境对确定起重吊装作业方案和吊装作业安全有直接影响。现场环境是指作业地点进出道路是否畅通,地面土质坚硬程度,吊装设备、厂房的高低宽窄尺寸,地面和空间是否有障碍物,吊运司索指挥人员是否有安全的工作位置,现场是否达到规定的亮度。

二、起重吊装方案的组成

起重吊装方案由三个方面组成:

1. 起重吊装物体重量、重心的确定。说明起重吊装物体的重量是根据什么条件确定的;在简图上标示出物体重心位置,并说明是采用什么方法确定的;说明所吊物体的几何形状。

2. 作业现场的布置。重物吊运路线及吊运指定位置和重物降落点,标出司索指挥人员的安全位置。

3. 吊点、绑扎方法及起重设备的配备。说明吊点依据什么选择的,为什么要采用此种绑扎方法,起重设备的额定起重量与吊运物重量有多少余量,并说明起升高度和运行的范围。

三、确定起重吊装方案

根据作业现场的环境、重物吊运路线、吊运指定位置和起重物重量、重心、重物状况、重物降落点,起重物吊点是否平衡,配备起重设备是否满足需要,进行分析计算,正确制定起重吊装方案,达到安全起吊和就位的目的。

第四节　起重吊装的安全技术

一、起重吊装时绳索的受力计算

物体在起重吊装时绳索在载荷作用下不仅承受拉伸，还同时承受弯曲、剪切和挤压等综合作用，受力是比较复杂的。当多根绳索起吊一个物体时，绳索分支间的夹角大小对其受力影响颇大，下面就绳索和分支角度对其受力影响作简要分析。

1. 使用单根绳索吊装时的受力

在起重吊运过程中，起重绳索通常是绕过滑轮或卷筒来起吊重物的，此时绳索必然同时承受拉伸、弯曲和挤压作用。实验证明：当滑轮直径 D 小于绳索直径 d 的 6 倍时，绳索的承载能力就会降低，且随着比值 D/d 的减小其承载能力急剧减小，如图 6－2 所示。

绳扣的承载能力随弯曲程度的变化状况可用折减承载系数 K 来确定（见图 6－3）。

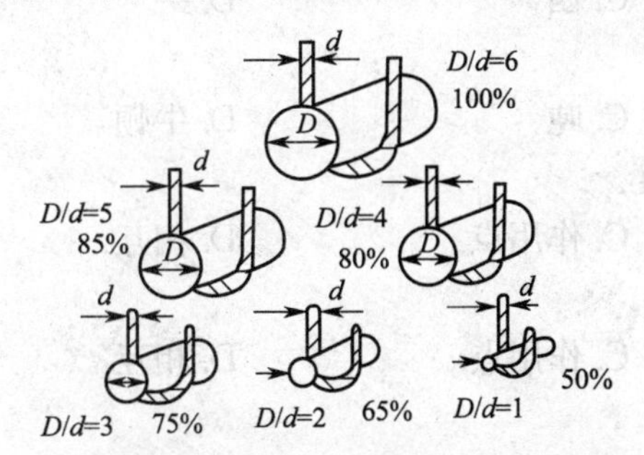

图 6－2　绳索弯曲程度对其承载能力影响示意图

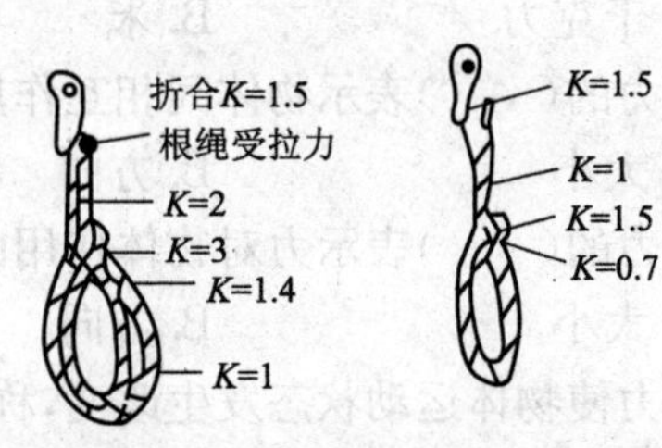

图 6－3　绳扣弯曲程度对其承载能力影响示意图

2. 多根绳索起吊时的受力计算

多根绳索起吊同一物体时，每根分支绳的拉力大小（在受力均布的情况下）与分支绳和水平面构成的夹角大小有直接关系（见图 6－4）。

经常用下式计算每根分支绳的拉力

$$S=\frac{G}{n\sin\alpha}=\frac{G}{n}K$$

式中　G——被起吊物体的重量，N 或 kN；

n——起吊绳索的分支数；

α——每根绳索与水平面的夹角。

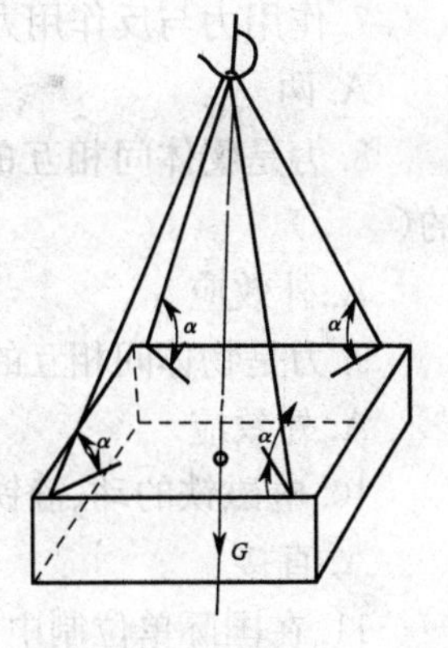

图 6－4　多根绳起吊同一物体示意图

二、起重吊装中的安全技术要求

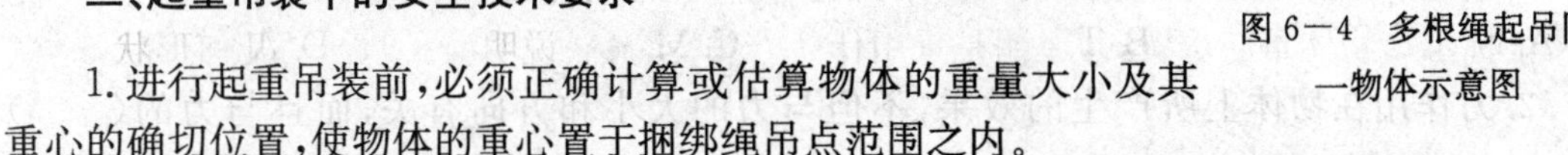

1. 进行起重吊装前，必须正确计算或估算物体的重量大小及其重心的确切位置，使物体的重心置于捆绑绳吊点范围之内。

2. 在选用绳索时，严格检查捆绑绳索的规格，并保证有足够的长度。

3. 捆绑时，捆绑绳与被吊物体间必须靠紧，不得有间隙，以防止起吊时重物对绳索及起重机的冲击。捆绑必须牢靠，在捆绑绳与金褪体间应垫木块等防滑材料，以防吊运过程中吊物移动和滑脱。

4. 当被吊物具有边角尖棱时，为防止捆绑绳被割断，必须保证绳不与边棱接触，可采取措施在绳与被吊物体间垫厚木块，以确保吊运安全。

5. 捆绑完毕后应试吊，在确认物体捆绑牢靠，平衡稳定后可进行吊运。

6. 卸载重物时，也应在确认吊物放置稳妥后才可落钩卸掉重物。

第七章　起重作业专业基础知识复习题

一、单项选择题

1. 力是物体间的(　　)作用。

A. 机械　　B. 物理　　C. 相互　　D. 电磁

2. 物体间的相互作用有(　　)种。

A. 两　　B. 三　　C. 四　　D. 一

3. 力的国际单位为(　　)。

A. 千克力　　B. 米　　C. 吨　　D. 牛顿

4. 力的(　　)表示物体间相互作用的强弱程度。

A. 大小　　B. 方向　　C. 作用点　　D. 相互

5. 力的(　　)表示力对物体作用的位置。

A. 大小　　B. 方向　　C. 作用点　　D. 相互

6. 力使物体运动状态发生改变,称其为(　　)。

A. 力的外效应　　B. 力的内效应

7. 作用力与反作用力是分别作用在(　　)个物体上的。

A. 两　　B. 三　　C. 四　　D. 一

8. 力是物体间相互的机械作用,这种作用会使物体的机械运动状态发生变化,称为力的(　　)。

A. 外效应　　B. 内效应　　C. 电磁效应

9. 力是物体间相互的机械作用,这种作用会使物体产生变形,称为力的(　　)。

A. 外效应　　B. 内效应　　C. 电磁效应

10. 电磁铁的动、静铁心间的磁力作用是属于物体间相互的机械作用的(　　)作用。

A. 直接　　B. 间接

11. 在国际单位制中,力的单位是牛顿,简称“牛”,国际符号是(　　)。

A. N　　B. T　　C. M　　D. A

12. 力作用在物体上所产生的效果,不但与力的大小和方向有关,而且与力的(　　)有关。

A. 作用点　　B. 作用方式　　C. 施力者　　D. 受力者

13. 力的大小,方向和作用点称为力的三要素,改变三要素中任何一个时,力对物体的作用效果会(　　)。

A. 不变　　B. 改变　　C. 不确定

14. 用手推一物体,着力的大小不同,施力的作用点不同或施力方向不同,会对物体产生(　　)的作用效果。

A. 相同　　B. 不同　　C. 不确定

15. 在力学中，把具有大小和(　　)的量称为矢量。

A. 方向　　B. 单位　　C. 作用点

16. 物体(刚体)在两个力的作用下保持平衡的条件是:这两个力的大小相等，方向(　　)，且作用在同一条直线上。

A. 相同　　B. 相反　　C. 不确定

17. 作用力与反作用力是作用在(　　)相互作用的物体上。

A. 同一个　　B. 两个　　C. 三个　　D. 四个

18. 两物体间的作用力与反作用力，大小相等，方向(　　)。

A. 相同　　B. 相反

19. 两物体间的作用力与反作用力是沿(　　)作用线，分别作用在两个物体上。

A. 同一条　　B. 不同　　C. 两条平行　　D. 两条交叉

20. 两物体间的作用力与反作用力，大小相等，方向相反，因此(　　)将作用力与反作用力看成一个平衡力系。

A. 不能　　B. 可以　　C. 不确定

21. 几个力达成平衡的条件是:它们的合力(　　)零。

A. 不等于　　B. 等于　　C. 大于　　D. 小于

22. 永久荷载是指长期作用在物体上的不变荷载，例如(　　)。

A. 构件的自重　　B. 撞击力　　C. 地震力　　D. 施工荷载

23. 力的合成或分解都应遵循矢量加减的法则，即(　　)法则。

A. 正方形　　B. 平行四边形　　C. 三角形　　D. 梯形

24. 作用在物体上某一点的两个力，(　　)合成一个合力。

A. 可以　　B. 不可以

25. 求几个已知力的合力的方法叫做力的(　　)。

A. 分解　　B. 合成　　C. 相加

26. 作用在同一直线上各力的合力，其大小等于各力的(　　)。

A. 代数和　　B. 代数差

27. 求两个互成角度共点力的合力，其方法有图解法和(　　)计算法。

A. 三角函数　　B. 代数

28. 求两个互成角度的共点力的合力，可用这两个力的有向线段为邻边作平行四边形，其(　　)就表示合力的大小和方向。

A. 对角线　　B. 高度

29. 一个已知力作用在物体上产生的效果，(　　)用两个或两个以上同时作用的力来代替。

A. 不可　　B. 可以

30. 将物体放在斜面上，物体的重力可(　　)为物体沿斜面的下滑力和垂直于斜面的正压力。

A. 分解　　B. 假定　　C. 合成

31. 在两个或两个以上力系的作用下，物体保持(　　)或做匀速直线运动状态，这种情况叫做力的平衡。

A. 静止　　B. 加速运动　　C. 自由落体

32. 物体转动的效应与力、力臂大小成(　　)比。

A. 正　　B. 反

33. 力与力臂的乘积，称之为(　　)。

A. 力系　　B. 力矩　　C. 力偶

34. 用正负号表示力矩在平面上的转动方向，一般规定为力使物体绕矩心逆时针方向旋转为(　　)。

A. 正　　B. 负

35. 力矩的国际单位为(　　)，国际符号为 N · m。

A. 牛顿 · 米　　B. 公斤 · 米　　C. 千牛 · 米　　D. 克 · 米

36. 规定力矩正号表示(　　)转向。

A. 逆时针　　B. 顺时针

37. 力偶的作用效果也取决于三个要素：即力偶矩的大小、力偶的转向和(　　)。

A. 力偶的作用平面　　B. 力偶的作用点　　C. 力偶的大小　　D. 力的方向

38. 合力偶的力偶矩等于作用在同一平面上的各个分力偶矩的(　　)。

A. 乘积　　B. 代数和　　C. 矢量和

39. 平面力偶系的平衡条件是合力偶的力偶矩(　　)。

A. 为零　　B. 不为零　　C. 不确定

40. 力偶的大小用力偶中的一个力与力偶臂的(　　)来表示。

A. 乘积　　B. 代数和　　C. 矢量和

41. 力偶的国际单位为(　　)，国际符号为 N · m。

A. 牛顿 · 米　　B. 公斤 · 米　　C. 千牛 · 米　　D. 克 · 米

42. 机械是(　　)和机构的总称。

A. 机器　　B. 设备　　C. 机床　　D. 电机

43. 一般(　　)能够较多的表达物体的形态特征。

A. 主视图　　B. 俯视图　　C. 左视图

44. (　　)就是假想用剖切平面剖开机件，然后将剖开的一部分拿走，露出要表达的图形，从而了解机件内部结构的方法。

A. 剖视图　　B. 装配图　　C. 零件图

45. 从(　　)的标题栏中了解零件的概况。

A. 剖视图　　B. 装配图　　C. 零件图

46. 机械是机器和机构的总称，是指把其他能量转换成(　　)。

A. 热能　　B. 电能　　C. 动能　　D. 势能

47. (　　)是机械传动中最主要、应用最广泛的一种传动。

A. 齿轮传动　　B. 蜗轮蜗杆传动

C. 带传动　　D. 液压传动和链传动

48. (　　)传动是依靠主动齿轮依次拨动从动齿轮来实现的，它可以用于空间任意两轴间的传动，以及改变运动速度和形式。

A. 齿轮传动　　B. 蜗轮蜗杆传动

C. 带传动　　D. 液压传动和链传动

49. 蜗轮蜗杆传动是用于传递(　　)的运动和动力。

A. 空间任意两轴间　　B. 空间互相垂直而不相交的两轴间

50.(　　)是通过中间挠性件(带)传递运动和动力的。

A. 带传动　　B. 齿轮传动

C. 带传动　　D. 液压传动和链传动

51.(　　)依靠带与轮之间的摩擦力拖动从动轮一起回转,从而传递一定的运动和动力。

A. 带传动　　B. 齿轮传动

C. 带传动　　D. 液压传动和链传动

52. 链传动是靠链条与链轮轮齿的(　　)来传递运动和动力。

A. 啮合　　B. 摩擦

53. 液体传动以(　　)为工作介质,包括液压传动和液力传动。

A. 液体　　B. 固体　　C. 气体

54.(　　)将机械能转换为液压能。

A. 执行装置　　B. 控制装置　　C. 动力装置　　D. 辅助装置

55.(　　)是控制液体的压力、流量和方向的各种液压阀。

A. 执行装置　　B. 控制装置　　C. 动力装置　　D. 辅助装置

56. 轮系将主动轴的转速变换为从动轴的(　　)转速。

A. 多种　　B. 单种

57.(　　)传动时,每个齿轮的几何轴线都是固定的。

A. 定轴轮系　　B. 周转轮系

58.(　　)传动时至少有一个齿轮的几何轴线绕另一个齿轮的几何轴线转动。

A. 定轴轮系　　B. 周转轮系

59. 带传动是通过中间挠性件(带)传递运动和动力,适用于两轴中心距(　　)的传动。

A. 交叉　　B. 较大　　C. 垂直　　D. 对称

60. 在各种传动系统中,其中(　　)不能保证固定不变的传动比。

A. 齿轮传动　　B. 蜗轮蜗杆传动　　C. 带传动　　D. 链传动

61. 蜗轮蜗杆传动是用于传递空间互相(　　)而不相交的两轴间的运动和动力。

A. 垂直　　B. 重叠　　C. 平行　　D. 交错

62. 由一系列互相(　　)的齿轮组成的齿轮传动系统称为轮系。

A. 运动　　B. 垂直　　C. 平行　　D. 啮合

63. 通过工作介质能量传递的传动方式有(　　)。

A. 齿轮传动　　B. 蜗轮蜗杆传动　　C. 带传动　　D. 液压传动

64.(　　)是机器中重要零件之一,用于支承回转零件和传递运动和动力。

A. 轴　　B. 键　　C. 联轴器　　D. 离合器

65. 轴的材料通常采用碳素钢和合金钢,在碳素钢中常采用(　　)。

A. 低碳钢　　B. 中碳钢　　C. 高碳钢

66. 对于不重要或受力较小的轴,常采用(　　)。

A. 中碳钢　　B. 碳素结构钢　　C. 合金钢　　D. 低碳钢

67. 对于有特殊要求的轴,常采用(　　)。

A. 中碳钢　　B. 碳素结构钢　　C. 合金钢　　D. 低碳钢

68.(　　)主要用作轴和轴上零件之间的轴向固定以传递扭矩。

A. 轴　　B. 键　　C. 联轴器　　D. 离合器

69. 用(　　)联结的两根轴在机器工作中就能方便地使它们分离或结合。

A. 离合器　　B. 联轴器　　C. 齿轮　　D. 键

70. 用(　　)联结的两根轴，只有在机器停止工作后，经过拆卸才能把它们分离。

A. 离合器　　B. 联轴器　　C. 齿轮　　D. 键

71. 汽轮机与发电机的联结是用(　　)。

A. 离合器　　B. 联轴器　　C. 齿轮　　D. 键

72. 刚性联轴器由刚性传力件组成，分为(　　)两类。

A. 固定式和可移式　　B. 牙嵌式和摩擦式。

73. 在机械设备中，轴、键、联轴器和离合器是最常见的传动件，用于支持、固定(　　)零件和传递扭矩。

A. 平移　　B. 旋转　　C. 摩擦　　D. 箱体

74. 联轴器和离合器主要用于轴与轴或轴与其他旋转零件之间的联结，使其一起(　　)并传递转矩和运动。

A. 紧固　　B. 回转　　C. 摩擦　　D. 滑移

75. 键主要用作轴和轴上零件之间的轴向固定以传递(　　)。

A. 弯矩　　B. 运动　　C. 转矩　　D. 扭矩

76. (　　)系统是指工作介质为液体，以液体压力来进行传递能量的传动系统。

A. 液压传动　　B. 气压传动　　C. 齿轮传动　　D. 带传动

77. 液压传动系统元件单位重量传递的功率大，结构简单，布局灵活，便于和其他传动方式联用，易实现远距离操纵和(　　)。

A. 自动控制　　B. 人工控制　　C. 机械控制　　D. 气压控制

78. 液压传动系统的优点之一是(　　)。

A. 速比不如机械传动准确，传动效率较低

B. 对介质的质量、过滤、冷却、密封要求较高

C. 对元件的制造精度、安装、调试和维护要求较高

D. 速度、扭矩、功率均可无级调节，能迅速换向和变速，调速范围宽，动作快速

79. (　　)是液压系统中动力部分的主要液压元件。

A. 油缸　　B. 液压阀　　C. 柱塞　　D. 油泵

80. (　　)有轴向柱塞泵和径向柱塞泵之分。

A. 齿轮泵　　B. 柱塞泵　　C. 叶片泵　　D. 转子泵

81. 建筑起重机械中经常采用的油泵主要是(　　)，还有柱塞泵。

A. 齿轮泵　　B. 螺栓泵　　C. 叶片泵　　D. 转子泵

82. 液压系统中的(　　)主要由不同功能的各种阀类的组成。

A. 动力部分　　B. 控制部分　　C. 执行部分　　D. 辅助部分

83. (　　)的作用是改变液压的流动方向，控制起重机各工作机构的运动。

A. 方向控制阀　　B. 压力控制阀　　C. 流量控制阀　　D. 换向阀

84. (　　)是保证起重机安全作业不可缺少的重要元件，其构造由主阀芯、主弹簧、导控活塞、单向阀、阀体、端盖等组成。

A. 平衡阀　　B. 溢流阀　　C. 减压阀

D. 顺序阀　　E. 压力继电器

85. 液压传动系统的(　　)主要是靠油缸和液压马达(又称油马达)来完成。

A. 动力部分　　B. 控制部分　　C. 执行部分　　D. 辅助部分

86. 液压系统的(　　)是由液压油箱、油管、密封圈、滤油器和蓄能器等组成。

A. 动力部分　　B. 控制部分　　C. 执行部分　　D. 辅助部分

87. 作用是限定系统的最高压力,防止系统的工作超载。

A. 调压回路　　B. 卸荷回路　　C. 限速回路

D. 锁紧回路　　E. 制动回路

88. (　　)对整个系统起安全保护作用。

A. 调压回路　　B. 卸荷回路　　C. 限速回路　　D. 制动回路

89. (　　)的工作原理是当执行机构暂不工作时,应使油泵输出的油液在极低的压力下流回油箱,减少功率消耗。

A. 调压回路　　B. 卸荷回路　　C. 限速回路　　D. 制动回路

90. 由于载荷与自重的重力作用,有产生超速的趋势,运用(　　)可靠地控制其下降速度。

A. 调压回路　　B. 卸荷回路　　C. 限速回路　　D. 制动回路

91. (　　)可以使起重机执行机构经常需要在某个位置保持不动。

A. 调压回路　　B. 锁紧回路　　C. 限速回路　　D. 制动回路

92. 液压传动系统在使用过程中,更换的新油要先经过沉淀 24 h,只用其上部 90%的油,加入时要用(　　)网目以上的滤网过滤。

A. 100　　B. 90　　C. 120　　D. 150

93. 如采用钢管作输油管时,必须在油中浸泡(　　)小时,使其内壁生成不活泼的薄膜后方可安装。

A. 8　　B. 12　　C. 24　　D. 36

94. 液压油在运转中温度一般不得超过(　　),如温度过高,油液将早期劣化,润滑性能变差,一些密封件也易老化,元件的密封效率也将降低。

A. 60℃　　B. 40℃　　C. 80℃　　D. 70℃

95. 当油温超过(　　)时,应停止运转,待降温后再起动。

A. 60℃　　B. 40℃　　C. 80℃　　D. 70℃

96. 冬季低温时,应先预热后再起动,油温达到(　　)以上才能工作。

A. 30℃　　B. 40℃　　C. 50℃　　D. 70℃

97. 弯管的弯曲半径不能过小,一般钢管的弯曲半径应大于管径的(　　)倍。

A. 二　　B. 三　　C. 四　　D. 五

98. 习惯上规定(　　)电荷运动的方向作为电流的方向。

A. 正　　B. 负

99. 法定计量单位制中电流的单位是(　　)。

A. 欧姆　　B. 焦耳　　C. 伏特　　D. 安培

100. 导体对(　　)的阻碍作用称为电阻。

A. 电压　　B. 电动势　　C. 能量　　D. 电流

101. 电阻的单位为(　　)。

A. 安培　　B. 伏特　　C. 焦耳　　D. 欧姆

102. 电阻的单位用符号(　　)表示。

A. A　　B. V　　C. Ω　　D. m

103. 电阻率用(　　)表示。

A. p　　B. V　　C. A　　D. Ω

104. 在电场中两点之间的电势差叫做(　　)。

A. 电压　　B. 电阻　　C. 电流　　D. 电能

105. 电压的单位为(　　)。

A. 安培　　B. 伏特　　C. 焦耳　　D. 欧姆

106. 电压表示电场力把单位(　　)从电场中的一点移到另一点所做的功。

A. 正电荷　　B. 负电荷

107. (　　)是指在电路中电流流动的方向不随时间而改变。

A. 直流电　　B. 交流电

108. 正弦交流电的周期,用字母(　)表示。

A. p　　B. T　　C. A　　D. Ω

109. 三相系统是由三个频率和有效值都相同,而相位互差(　　)的正弦电势组成的供电体系。

A. 120°　　B. 150°　　C. 180°　　D. 90°

110. 一个发电机同时发出峰值相等,频率相同,相位彼此相差(　　)的三个交流电,称为三相交流电。

A. $2/3\pi$　　B. $3/2\pi$　　C. π　　D. 2π

111. 三相四线制常用于(　　)。

A. 低压配电系统　　B. 高压配电系统

112. (　　)为线路上任意两火线之间的电压。

A. 线电压　　B. 相电压

113. (　　)为每相绕组两端的电压,即火线与零线之间的电压。

A. 线电压　　B. 相电压

114. 由于建筑施工现场情况多变,相应的施工用电变化有时也很大,一般以(　　)配电为宜。

A. 三级　　B. 四级　　C. 五级　　D. 二级

115. 施工现场的(　　),是配电系统中电源与用电设备之间的中枢环节,非常重要。

A. 配电箱　　B. 开关箱　　C. 总配电箱

116. (　　)是配电系统的末端环节,其上接电源下接用电设备,人员接触操纵频繁。

A. 配电箱　　B. 开关箱　　C. 总配电箱

117. (　　)就是为电气的正常运行所需要而进行的接地,它可以保证起重机械的正常可靠运行。

A. 工作接地　　B. 保护接地　　C. 保护接零　　D. 工作接零

118. (　　)就是将电气设备在正常运行时,不带电的金属部分与大地相接,以保护人身安全,这种保护接地措施适用于中性点不接地的电网中。

A. 工作接地　　B. 保护接地　　C. 保护接零　　D. 工作接零

119. (　　)就是把电气设备在正常情况下不带电的金属部分与电网中的零线连接起来。

A. 工作接地　　B. 保护接地　　C. 保护接零　　D. 工作接零

120. 保护接零普遍采用在三相四线制变压器中性点(　　)的系统中。

A. 直接接地　　B. 不直接接地

121. (　　)是一种用来频繁接通或断开主电路及大功率控制电路的自动切换电器。

A. 变压器　　B. 空气开关　　C. 交流接触器　　D. 热继电器

122. (　　)一种通过电磁感应作用将一定数值的电压、电流、阻抗的交流电转换成同频率的另一数值的电压、电流、阻抗的交流电的静止电机。

A. 变压器　　B. 空气开关　　C. 交流接触器　　D. 热继电器

123. (　　)是根据被控制对象的温度变化而控制电流通断的继电器，即利用电流的热效应而动作的电器。

A. 变压器　　B. 空气开关　　C. 交流接触器　　D. 热继电器

124. (　　)主要用于电动机的过载保护。

A. 变压器　　B. 空气开关　　C. 交流接触器　　D. 热继电器

125. 电动机应用广泛，种类繁多，具有结构简单、坚固耐用、成本较低等优点，但也有调速困难和(　　)等缺点。

A. 运行可靠　　B. 功率因数偏低　　C. 维护方便　　D. 启动容易

126. 转轴用于支撑转子铁芯和绕组，传递输出机械(　　)。

A. 扭矩　　B. 弯矩　　C. 转矩　　D. 功

127. 电动机的电磁转矩与电压平方成(　　)。

A. 正比　　B. 反比

128. 一般电动机允许电压波动为额定电压的(　　)。

A. ±10%　　B. ±5%　　C. ±15%　　D. ±25%

129. 一般电动机允许三相电压之差不得大于(　　)。

A. 10%　　B. 5%　　C. 3%　　D. 2%

130. (　　)是铁和碳的合金。

A. 钢　　B. 铜　　C. 铅

131. 在建筑起重机械中大多采用(　　)。

A. 低碳钢　　B. 中碳钢　　C. 高碳钢

132. (　　)是一种十分费工又费钢材的连接方法。

A. 焊接　　B. 铆接　　C. 螺栓连接　　D. 绑扎

133. (　　)是最省工省料的连接方法，在钢结构的连接中应用最广。

A. 铆接　　B. 螺纹连接　　C. 焊接

134. 普通螺栓的连接，分为普通螺栓连接与高强螺栓连接两种，一般的钢结构中多采用(　　)。

A. 普通螺栓连接　　B. 高强螺栓连接

135. 在建筑起重机械的拼装中多采用(　　)。

A. 普通螺栓连接　　B. 高强螺栓连接

136. 高强度螺栓的成本较高，安装时要用(　　)来拧紧螺帽，以便在螺栓杆中产生很高的预拉力，使被连接的部件相互夹得很紧。

A. 普通扳手　　B. 力矩扳手

137.(　　)杆所能负担的力量不仅远比普通螺栓大,而且在动力荷载作用下也不致松动。

A. 普通螺栓　　B. 高强螺栓

138. 起重作业是一项技术性(　　),危险性大,多工种联合作业的特殊工种作业。

A. 强　　B. 差　　C. 一般

139. 正确地制定起重作业方案是为了达到安全起吊和(　　)的目的。

A. 就位　　B. 操作

140. 起重作业方案是依据一定的(　　)和条件来确定的。

A. 起吊对象　　B. 基本参数

141. 制定起重作业方案时,被吊物的重量一般可依据说明书、标牌或货物单确定,也可(　　)来确定。

A. 根据经验　　B. 用计算方法

142. 被吊物重心位置及绑扎方法的确定不但要了解被吊物外部形状尺寸,也要了解内部(　　)。

A. 结构　　B. 尺寸　　C. 形状　　D. 性质

143. 了解重物的形状、体积、结构的目的是为了确定重心位置和正确选择吊挂点及(　　)方法。

A. 绑扎　　B. 运输　　C. 形状　　D. 性质

144. 起重作业的现场环境对确定起重作业(　　)和吊装作业安全有直接影响。

A. 方案　　B. 顺序

145. 了解起重作业现场时,必须了解厂房的高低宽窄尺寸及地面和(　　)是否有障碍物。

A. 地下　　B. 空间

146. 作业地点进出道路是否(　　)也是起重作业现场问题必须考虑的内容之一。

A. 畅通　　B. 宽度足够

147. 起重作业现场的地面土质(　　)程度对制定作业方案有很大关系。

A. 坚硬　　B. 清洁　　C. 颗粒　　D. 性质

148. 起重作业施工现场的布置应尽量(　　)吊运距离与装卸次数。

A. 增加　　B. 减少　　C. 不变

149. 起重作业施工现场布置应考虑设备的运输、拼装、(　　)位置。

A. 安装　　B. 吊运　　C. 构造　　D. 性能

150. 起重作业施工现场的布置必须考虑施工的安全和司索、指挥人员的安全位置及与周围物体的(　　)距离。

A. 安全　　B. 相对

151. 应根据吊运物件的(　　)及物件越过障碍物总高度,合理配备起重设备最大起升高度,以满足吊运高度的要求。

A. 高度　　B. 重量　　C. 密度　　D. 形状

152. 起重作业所配备的起重设备其起重能力必须大于起吊物件的重量并有(　　)余量。

A. 很大的　　B. 一定的　　C. 很小

153. 起重作业应根据吊运物件的结构及(　　)要求配备起重设备。

A. 特殊　　B. 一般

154. 按行业习惯,我们把用于起重吊运作业的刚性取物装置称为(　　)。

A. 吊具　　B. 索具　　C. 吊索　　D. 吊钩

155. 按行业习惯，我们把系结物品的挠性工具称为(　　)或吊索。

A. 吊具　　B. 索具　　C. 吊环　　D. 吊钩

156. (　　)是吊运物品时，系结勾挂在物品上具有挠性的组合取物装置。

A. 吊具　　B. 索具　　C. 吊环　　D. 吊钩

157. (　　)是由高强度挠性件(钢丝绳、起重环链、人造纤维带)配以端部环、钩、卸扣等组合而成。

A. 吊具　　B. 索具　　C. 吊环　　D. 吊钩

158. 吊索的极限工作载荷是以(　　)在一般使用条件下，垂直悬挂时允许承受物品的最大质量。

A. 单肢吊索　　B. 两肢吊索　　C. 三肢吊索　　D. 多肢吊索

159. 做静载试验载荷时，吊具取额定起重量的(　　)(起重电磁铁为最大吸力)。

A. 1.5 倍　　B. 2 倍　　C. 1.25 倍　　D. 2.5 倍

160. 做静载试验载荷时，吊索取单肢、分肢极限工作载荷的(　　)倍。

A. 1.5 倍　　B. 2 倍　　C. 1.25 倍　　D. 2.5 倍

161. 做静载试验载荷时，试验载荷应逐渐加上去，起升至离地面(　　)高处，悬空时间不得少于 10 min。

A. 100～200 mm　　B. 150～250 mm　　C. 200～300 mm　　D. 300～400 mm

162. 做动载试验时，动载试验载荷：吊具取额定起重量的(　　)(起重电磁铁取额定起重量)。

A. 1.1 倍　　B. 1.5 倍　　C. 1.25 倍　　D. 2.5 倍

163. 做动载试验时，动载试验载荷：吊索取单肢、分肢极限工作载荷的(　　)倍。

A. 1.1　　B. 1.5　　C. 1.25　　D. 2.5

164. 做动载试验时，必须把加速度、减速度和速度限制在该吊索具正常工作范围内，按实际工作循环连续工作(　　)h，若各项指标、各限位开关及安全保护装置动作准确，结构部件无损坏，各项参数达到技术性能指标要求，即认为动载试验合格。

A. 1　　B. 1.5　　C. 2.5　　D. 2

165. 做静载试验载荷时，试验载荷应逐渐加上去，起升至离地面(　　)高处，悬空时间不得少于(　　)。

A. 1 h　　B. 10 min　　C. 5 min　　D. 30 min

166. 起重机的基本参数主要有额定起重量、最大幅度、最大起升高度和工作速度等，这些参数是制定(　　)的重要依据。

A. 吊装技术方案　　B. 吊装就位程序　　C. 工作人员

167. 汽车式起重机不可在(　　)范围内进行吊装作业，其吊装区域受到限制，对基础要求也更高。

A. 120°　　B. 180°　　C. 240°　　D. 360°

168. 自行式起重机的(　　)规定了起重机在各种工作状态下允许吊装的载荷，反映了起重机在各种工作状态下能够达到的最大起升高度，是正确选择和正确使用起重机的依据。

A. 型号　　B. 特性曲线　　C. 臂长　　D. 起重力矩

169. (　　)具有较大的机动性，其行走速度更快，可达到 60 km/h，不破坏公路路面。但不可在 360°范围内进行吊装作业。

A. 汽车式起重机　　B. 履带式起重机
C. 轮胎式起重机　　D. 塔式起重机

170. 自行式起重机的特性曲线反映了起重机在各种工作状态下能够达到的最大(　　)，是正确选择和正确使用起重机的依据。
A. 旋转角度　　B. 起升高度　　C. 起升幅度　　D. 起重力矩

171. 自行式起重机的选用必须依照其(　　)进行。
A. 旋转角度　　B. 起升高度　　C. 特性曲线　　D. 起重力矩

172. 只有起重机能够吊装的载荷(　　)被吊装设备或构件的重量，则起重机选择合格。
A. 小于　　B. 等于　　C. 大于

173. 当滑轮直径 D 小于绳索直径 d 的(　　)倍时，绳索的承载能力就会降低，且随着比值 D/d 的减小而使其承载能力急剧减小。
A. 4　　B. 5　　C. 6　　D. 8

174. 进行起重吊装前，必须正确计算或估算物体的重量大小及其重心的确切位置，使物体的重心置于捆绑绳吊点范围(　　)。
A. 之外　　B. 之内

175. 在选用绳索时，应严格检查捆绑绳索的规格，并保证有足够的(　　)。
A. 粗　　B. 长度　　C. 宽度　　D. 坚硬

176. 机床设备机床头部重尾部轻，重心偏向(　　)一端。
A. 床尾　　B. 床头　　C. 中间

177. 确定物体的重心要考虑到重物的形状和内部结构，不仅要了解外部形状尺寸，还要了解其(　　)。
A. 内部结构　　B. 用途　　C. 停放位置　　D. 性质

178. 了解重物的形状、体积、结构的目的是要确定其(　　)，正确地选择吊点及绑扎方法，保证重物不受损坏和吊运安全。
A. 内部结构　　B. 用途　　C. 停放位置　　D. 重心位置

179. 在工业和民用建筑工程中，(　　)是一种能同时完成垂直升降和水平移动的机械。
A. 起重机械　　B. 运输机械　　C. 施工机械　　D. 搬运机械

180. 起重机械的(　　)是其性能特征和技术经济指标重要表征，是进行起重机的设计和选型的主要技术依据。
A. 技术参数　　B. 性能参数　　C. 价格　　D. 型号

181. 对于建筑施工用起重机械，(　　)是它的综合起重能力参数，它全面反映了起重机械的起重能力。
A. 额定起重量　　B. 起重力矩　　C. 起升高度　　D. 幅度

182. 起重机允许吊起的重物或物料的最大重量称为起重机的(　　)。
A. 额定起重量　　B. 起重力矩　　C. 起升高度　　D. 幅度

183. 起重机的(　　)是指吊具的最高工作位置与起重机的水准地平面之间的垂直距离。
A. 额定起重量　　B. 起重力矩　　C. 起升高度　　D. 幅度

184. 起重机械的(　　)是指当起重机置于水平场地时，空载吊具垂直中心线至回转中心线之间的水平距离。
A. 额定起重量　　B. 起重力矩　　C. 起升高度　　D. 幅度

185. 每台起重机都有其自身的(　　)，不能换用，即使起重机型号相同也不允许。

A. 额定起重量　　B. 起重力矩　　C. 起升高度　　D. 特性曲线

186. 根据被吊装设备或构件的就位位置、现场具体情况等确定起重机的站车位置，站车位置一旦确定，其(　　)也就确定了。

A. 额定起重量　　B. 起重力矩　　C. 起升高度　　D. 幅度

二、多项选择题

1. 物体间的相互作用有(　　)。

A. 直接作用　　B. 间接作用　　C. 电磁作用

2. 力的(　　)称为力的三要素。

A. 大小　　B. 方向　　C. 作用点　　D. 尺度

3. 力是具有(　　)的物理量。

A. 大小　　B. 方向　　C. 位置　　D. 能量

4. 物体间的作用力和反作用力总是(　　)。

A. 大小相等　　B. 方向相反

C. 沿同一直线　　D. 作用在两个物体上

5. 二力平衡定律是指：一个物体上作用两个力使物体保持平衡时，两个力必须是(　　)。

A. 大小相等　　B. 方向相反

C. 作用在同一直线上　　D. 作用在两个物体上

6. 荷载根据其作用可分为(　　)三大类。

A. 永久荷载　　B. 可变荷载　　C. 偶然荷载　　D. 风载荷

7. 可变荷载是指物体在使用期间，其大小随时间发生变化，且其变化值与平均值相比是不可忽略的荷载，如(　　)。

A. 楼面使用荷载　　B. 施工荷载　　C. 风荷载　　D. 雪荷载

8. 偶然荷载是指在物体使用期不一定出现，一旦出现，往往力量很大，且持续时间较短的荷载。如(　　)。

A. 爆炸力　　B. 撞击力　　C. 地震力　　D. 风荷载

9. 在工程实际中，有很多产生拉(压)变形的杆件，如(　　)等。

A. 桁架结构中的杆件　　B. 吊桥及斜拉桥中的拉索

C. 起重机的吊索　　D. 房屋中的柱子

10. 在工程实际中，有很多产生拉(压)变形的杆件，如(　　)等。

A. 房屋中的柱子　　B. 起重机的吊索

C. 千斤顶的顶杆　　D. 单立柱式桥墩

11. 在生产实践中，人们利用各式各样的杠杆，如(　　)都是力使物体转动的典型例子。

A. 撬动物体的撬杠　　B. 秤东西用的称

C. 扳手拧螺帽　　D. 起重吊装中经常使用的平衡梁

12. 实践表明力矩与(　　)有关。

A. 力的大小　　B. 力臂　　C. 力的方向　　D. 力的作用点

13. 力矩平衡的条件是(　　)。

A. 两个力矩大小相等　　B. 顺时针力矩之和等于逆时针力矩之和

14.(　　)在力学上称为力偶。

A. 相等　　B. 方向相反

C. 不共线的两个平行力　　D. 作用在同一直线上

15. 力偶的性质:(　　)。

A. 力偶可以在作用面内任意搬动,不改变它对物体的转动效果

B. 在力偶矩不变的情况下,可以调整力偶的力及力偶臂的大小,不改变力偶对物体的转动效果

C. 力偶在任何轴上的投影等于零

16. 主视图反映了物体的(　　)。

A. 高度　　B. 长度　　C. 宽度

17. 俯视图反映了物体的(　　)。

A. 高度　　B. 长度　　C. 宽度

18. 左视图反映了物体的(　　)。

A. 高度　　B. 长度　　C. 宽度

19. 常用的机械传动主要有(　　)。

A. 齿轮传动　　B. 蜗轮蜗杆传动

C. 带传动　　D. 液压传动和链传动

20. 齿轮传动的优点(　　)。

A. 结构尺寸紧凑

B. 传动比准确、稳定,效率高

C. 适用的圆周速度和功率范围广

D. 可实现平行轴、任意角相交轴和任意角交错轴之间的传动

21. 齿轮传动缺点(　　)。

A. 要求较高的制造和安装精度,成本较高　　B. 不适用于两轴远距离之间的传动

C. 轴向力大,易发热,效率低　　D. 只能单向传动

22. 蜗轮蜗杆传动的优点(　　)。

A. 结构尺寸紧凑　　B. 工作性能可靠,使用寿命长

C. 传动比大　　D. 适用的圆周速度和功率范围广

23. 蜗轮蜗杆传动的缺点(　　)。

A. 适用于两轴远距离之间的传动　　B. 只能单向传动

C. 要求较高的制造和安装精度,成本较高　　D. 轴向力大,易发热,效率低

24. 蜗轮蜗杆传动的主要参数有(　　)。

A. 压力角　　B. 传动比　　C. 蜗轮齿数　　D. 模数

25. 带传动一般是由(　　)组成。

A. 主动轮　　B. 从动轮

C. 绕在链轮上的环形链条　　D. 张紧在两轮上的环形带

26. 带传动按带横截面形状可分为(　　)。

A. 平带　　B. V 带　　C. 齿形带　　D. 特殊带

27.(　　)联轴器和离合器主要用于轴与轴或轴与其他旋转零件之间的联结,使其一起回转并传递转矩和运动。

A. 离合器　　　　B. 联轴器

28. 带传动的优点(　　)。

A. 适用于两轴中心距较大的传动

B. 带具有良好的挠性,可缓和冲击,吸收振动

C. 过载时带与带轮之间会出现打滑,打滑虽使传动失效,但可防止损坏其他部件

D. 结构简单,成本低廉

29. 带传动的缺点(　　)。

A. 传动的外廓尺寸较大　　　　B. 需张紧装置

C. 由于滑动,不能保证固定不变的传动比　　　　D. 带的寿命较短

E. 传动效率较低

30. 链传动按结构的不同主要分为(　　)。

A. 滚子链　　B. 齿形链　　C. 平链　　D. 特殊链

31. 链传动与带传动相比的主要特点(　　)。

A. 没有弹性滑动和打滑,能保持准确的传动比

B. 所需张紧力较小,作用在轴上的压力也较小

C. 结构紧凑

D. 能在温度较高、有油污等恶劣环境条件下工作

32. 链传动与齿轮传动相比的主要特点(　　)。

A. 制造和安装精度要求较低

B. 中心距较大时,其传动结构简单

C. 瞬时链速和瞬时传动比不是常数,传动平稳性较差

D. 没有弹性滑动和打滑,能保持准确的传动比

33. 液压传动的组成(　　)。

A. 执行装置　　B. 控制装置　　C. 动力装置　　D. 辅助装置

34. 辅助装置包括(　　)。

A. 液压箱　　B. 管路和接头　　C. 过滤器　　D. 封件

35. 轮系的主要特点(　　)。

A. 适用于相距较远的两轴之间的传动　　　　B. 可作为变速器实现变速传动

C. 可获得较大的传动比　　　　D. 实现运动的合成与分解

36. 在机械设备中(　　)是最常见的传动件。

A. 轴　　B. 键　　C. 联轴器　　D. 离合器

37. 按承受载荷的不同,轴可分为(　　)。

A. 转轴　　B. 传动轴　　C. 心轴　　D. 曲轴

38. 按轴线的形状不同,轴可分为(　　)。

A. 直轴　　B. 挠性钢丝轴　　C. 传动轴　　D. 曲轴

39. 键分为(　　)和花键等。

A. 平键　　B. 半圆键　　C. 楔向键　　D. 切向键

40. 离合器主要分为(　　)。

A. 牙嵌式　　B. 摩擦式　　C. 电磁式　　D. 自动式

41. 联轴器和离合器主要用于轴与轴或轴与其他旋转零件之间的联结,使其一起回转并传

递(　　)。

A. 转矩　　B. 运动　　C. 弯矩　　D. 扭矩

42. 轴是机器中重要零件之一，用于支承回转零件和传递(　　)。

A. 运动　　B. 动力　　C. 弯矩　　D. 转矩

43. 液压系统具有(　　)优点。

A. 调速性能好　　B. 换向冲击小

C. 升降平稳　　D. 无爬升和缓慢下降现象

44. 液压传动系统的优点(　　)。

A. 元件单位重量传递的功率大，结构简单，布局灵活，便于和其他传动方式联用，易实现远距离操纵和自动控制

B. 速度、扭矩、功率均可无级调节，能迅速换向和变速，调速范围宽，动作快速

C. 元件自润滑性好，能实现系统的过载保护与保压，使用寿命长，元件易实现系列化、标准化、通用化

D. 对元件的制造精度、安装、调试和维护要求较高

45. 液压传动系统的缺点是(　　)。

A. 速比不如机械传动准确，传动效率较低

B. 对介质的质量、过滤、冷却、密封要求较高

C. 对元件的制造精度、安装、调试和维护要求较高

D. 速度、扭矩、功率均可无级调节，能迅速换向和变速，调速范围宽，动作快速

46. 液压传动系统由(　　)四部分组成。

A. 动力部分　　B. 控制部分　　C. 执行部分　　D. 辅助部分

47. 液压系统常用的油泵有(　　)等。

A. 齿轮泵　　B. 柱塞泵　　C. 叶片泵

D. 转子泵　　E 螺栓泵

48. 柱塞泵它有(　　)柱塞泵之分。

A. 轴向　　B. 径向　　C. 二联　　D. 三联

49. 根据用途和工作特点之不同，阀类可分为如下三种类型，即(　　)。

A. 方向控制阀　　B. 压力控制阀　　C. 流量控制阀　　D. 换向阀

50. 压力控制阀有(　　)等。

A. 平衡阀　　B. 溢流阀　　C. 减压阀　　D. 顺序阀

E. 压力继电器　　F. 换向阀

51. 方向控制阀有(　　)等。

A. 平衡阀　　B. 溢流阀　　C. 单向阀　　D. 换向阀

52. 汽车起重机常采用的控制压力阀为(　　)。

A. 平衡阀　　B. 溢流阀　　C. 减压阀

D. 顺序阀　　E. 压力继电器

53. 液压系统的基本回路主要有(　　)等。

A. 调压回路　　B. 卸荷回路　　C. 限速回路

D. 锁紧回路　　E. 制动回路

54. 常见的限速回路。主要应用在起重机械的(　　)缓慢下降过程中。

A. 起升马达　　B. 变幅油缸　　C. 伸缩油缸

55. 一般对液压油的基本要求是:(　　)

A. 要有适当的粘度　　B. 酸值低

C. 满足安全防火要求　　D. 燃点高,凝固点低

56. 液压传动系统的使用要求(　　)。

A. 选用液压油必须符合设计技术要求

B. 在使用过程中,要定期检查油质,液压油必须保持清洁,发现劣化严重时应及时要换

C. 要严格控制油温

57. 电阻的大小与导体的(　　)有关。

A. 材料　　B. 几何形状　　C. 位置　　D. 密度

58. 交流电是(　　)的总称。

A. 变电动势　　B. 交变电压　　C. 交变电流　　D. 电阻

59. 星形连接的电源中可以获得两种电压,即(　　)。

A. 相电压　　B. 线电压

60. 安全电压不是单指一个值,而是一个系列。即(　　)。

A. 42 V　　B. 36 V　　C. 24 V

D. 12 V　　E. 6 V

61. 建筑工程机械中常用的电气元器件主要有(　　)以及断相与相序保护继电器等。

A. 变压器　　B. 空气开关　　C. 交流接触器　　D. 热继电器

62. 空气开关主要由(　　)组成。

A. 操作机构　　B. 触点

C. 保护装置(各种脱扣器)　　D. 灭弧系统

63. 交流接触器作为控制电路通断的切换器,与刀开关和转换开关相比,具有(　　)优点。

A. 远距离操纵　　B. 低压控制　　C. 失压保护　　D. 欠压保护

64. 电动机应用广泛,种类繁多,具有(　　)等优点。

A. 结构简单　　B. 坚固耐用　　C. 运行可靠

D. 维护方便　　E. 启动容易　　F. 成本较低

65. 三相异步电动机的结构由(　　)组成。

A. 定子(固定部分)　　B. 转子(转动部分)　　C. 附件　　D. 铁芯

66. 定子由(　　)三部分组成。

A. 定子铁芯　　B. 定子绕组　　C. 机座　　D. 转子

67. 转子由(　　)三部分组成。

A. 转轴　　B. 转子铁芯　　C. 机座　　D. 转子绕组

68. 为保证建筑起重机械承重结构的承载能力和防止在一定条件下出现脆性破坏,应根据结构的(　　)以及连接方法、钢材厚度和工作环境等因素综合考虑,选用合适的钢材牌号和材性。

A. 重要性　　B. 荷载特征　　C. 结构形式　　D. 应力状态

69. 钢的含碳量增大,能够提高它的强度,却降低它的(　　)。

A. 塑性　　B. 韧性　　C. 可焊性　　D. 硬度

70. 钢结构的连接方法,一般有三种,即(　　)。

A. 焊接　　B. 铆接　　C. 螺栓连接　　D. 绑扎

71. 常用的电弧焊可分(　　)三种。

A. 手工焊　　B. 自动焊　　C. 压弧焊　　D. 半自动焊

72. 目前我国对起重机械大多习惯按(　　)进行分类。

A. 主要用途　　B. 构造特征　　C. 性能　　D. 生产厂家

73. 一般在建筑施工中常用的起重机械有(　　)等。

A. 塔式起重机　　B. 移动式起重机　　C. 施工升降机

D. 物料提升机　　E 装修吊篮

74. 常用的移动式起重机有(　　)。

A. 汽车起重机　　B. 轮胎起重机

C. 履带起重机　　D. 塔式起重机

75. 按主要用途分类,起重机械有(　　)和造船起重机械等等。

A. 通用起重机械　　B. 建筑起重机械　　C. 冶金起重机械

D. 港口起重机械　　E. 铁路起重机械

76. 按构造特征分类,起重机械有(　　)。

A. 桥式起重机械　　B. 臂架式起重机械

C. 旋转式起重机械　　D. 非旋转式起重机械

77. 起重机的主要技术性能参数包括(　　)工作速度等。

A. 额定起重量　　B. 起重力矩　　C. 起升高度　　D. 幅度

78. 外购置的吊具、索具在产品明显处必须有不易磨损的(　　)等标志。

A. 额定起重量　　B. 生产编号　　C. 制造日期　　D. 生产厂名

79. 吊具、索具的使用单位应根据说明书和使用环境特点编制(　　)。

A. 安全使用规程　　B. 操作规程　　C. 维护保养制度　　D. 安全规定

80. 进行吊具、索具的静载荷试验时,若结构未出现(　　)即认为静载荷试验合格。

A. 裂纹　　B. 永久变形

C. 连接处出现异常松动　　D. 连接处出现异损坏

81. 常用的自行式起重机有(　　)。

A. 汽车式起重机　　B. 履带式起重机

C. 轮胎式起重机　　D. 塔式起重机

82. 起重机的特性曲线反映起重能力随(　　)变化而变化的规律。

A. 臂长　　B. 幅度

C. 起重力矩　　D. 起重机自重

83. 起重吊装的方案是依据一定的基本参数来确定的。主要依据有(　　)。

A. 被吊运重物的重量　　B. 被吊运物的重心位置及绑扎

C. 起重作业现场的环境　　D. 起重机的型号

84. 了解重物(　　)的目的是要确定其重心位置,正确地选择吊点及绑扎方法,保证重物不受损坏和吊运安全。

A. 形状　　B. 体积　　C. 结构　　D. 密度

85. 现场环境对确定(　　)有直接影响。

A. 起重作业方案　　B. 吊装作业安全　　C. 吊装就位　　D. 吊装质量

86. 起重方案由(　　)组成。

A. 起重物体的重量、重心位置、几何形状　　B. 作业现场的布置

C. 吊点及绑扎方法及起重设备的配备　　D. 施工单位

87. 在起重吊运过程中,起重绳索通常是绕过滑轮或卷筒来起吊重物的,此时绳索必然同时承受(　　)作用。

A. 拉伸　　B. 弯曲　　C. 挤压　　D. 扭转

88. 吊索可分为(　　)使用。

A. 单肢　　B. 双肢　　C. 三肢　　D. 四肢

89. 吊具可直接吊取物品,如(　　)、夹钳、吸盘、专用吊具等。

A. 起重环链　　B. 吊钩

C. 抓斗　　D. 人造纤维带

90. 外购置的吊具、索具要求(　　)。

A. 必须是专业厂按国家标准规定生产、检验

B. 必须具有合格证和维护、保养说明书的产品

C. 产品明显处必须有不易磨损的额定起重量、生产编号、制造日期、生产厂名等标志

D. 使用单位应根据说明书和使用环境特点编制安全使用规程和维护保养制度

91. 制造吊具、索具用的材料及外购零部件,必须具有(　　)。

A. 材质单　　B. 生产制造厂合格证

C. 保养说明书　　D. 的额定起重量

92. 自制、改造、修复和新购置的吊具、索具,应进行(　　)。

A. 静载试验　　B. 动载试验

C. 空载试验　　D. 额定载荷试验

93. 自行式起重机的选用必须依照其特性曲线进行,选择步骤是:(　　)。

A. 根据被吊装设备或构件的就位位置、现场具体情况等确定起重机的站车位置,站车位置一旦确定,其幅度也就确定了

B. 根据被吊装设备或构件的就位高度、设备尺寸、吊索高度等和站车位置(幅度),由起重机的特性曲线,确定其臂长

C. 根据上述已确定的幅度、臂长,由起重机的特性曲线,确定起重机能够吊装的载荷

D. 如果起重机能够吊装的载荷大于被吊装设备或构件的重量,则起重机选择合格,否则重选

94. 起重吊装时绳索的受力计算包括(　　)。

A. 使用单根绳索吊装时的受力　　B. 多根绳索起吊时的受力计算

C. 起重吊装中的安全技术要求　　D. 起重吊装方案的确定

95. 确定起重方案的依据主要有(　　)。

A. 起重作业现场的环境　　B. 被吊运重物的重量

C. 被吊运物的重心位置及绑扎　　D. 起重机的额定载重量

三、判断题

1. 力是物体间的相互作用。　　(　　)

2. 力的国际单位为千克。　　(　　)

3. 力的大小表示物体间相互作用的强弱程度。 ( )

4. 力的三要素中任何一种改变都不会改变力对物体的作用效果。 ( )

5. 力的作用点表示力对物体作用的位置。 ( )

6. 力使物体运动状态发生改变，称其为力的外效应。 ( )

7. 力使物体的形状发生变化，则称为是力的外效应。 ( )

8. 两个物体受到力的作用，必定有另一个物体对它施加这种作用。 ( )

9. 物体平衡时，作用力的合力一定不等于零。 ( )

10. 力使物体运动状态发生改变，称其为力的外效应。 ( )

11. 力使物体的形状发生变化，则称为是力的内效应。 ( )

12. 在国际单位制中，力的单位是牛顿，简称“牛”，国际符号是“N”。 ( )

13. 力作用在物体上所产生的效果与力的大小和方向有关，与力的作用点无关。 ( )

14. 改变力的三要素中任何一个时，力对物体的作用效果也随之改变。 ( )

15. 力的大小不同，作用点相同，作用力的方向也相同，分别作用在两个相同物体上，其作用力对物体产生的作用效果不同。 ( )

16. 力的大小相同，作用点也相同，力的作用方向不同，分别作用在两个相同物体上，其作用力对物体产生的作用效果相同。 ( )

17. 力的大小相同，施力方向也相同，只是作用点不同，对同样物体产生的作用效果相同。 ( )

18. 在力学中，把具有大小和方向的量称为矢量。 ( )

19. 物体(刚体)在两个力作用下保持平衡的条件是：这两个力的大小相等，方向相反，且作用在同一条直线上。 ( )

20. 作用力与反作用力是分别作用在两个相互作用的物体上，作用力与反作用力相互抵消。 ( )

21. 作用力与反作用力大小相等，方向相反可看成一平衡力系。 ( )

22. 作用在物体上某一点的两个力，可以合成一个合力。 ( )

23. 永久荷载是指长期作用在物体上的不变荷载。 ( )

24. 可变荷载是指物体在使用期间，其大小随时间发生变化，且其变化值与平均值相比是可以忽略的荷载。 ( )

25. 偶然荷载是指在物体使用期不一定出现，一旦出现，往往力量很大，且持续时间较短的荷载。 ( )

26. 作用与物体上的同一点的两个力，可以合成为一个合力，由分力计算合力的过程称为力的合成。 ( )

27. 几个力达成平衡的条件是它们的合力不等于零。 ( )

28. 求几个已知力的合力的方法叫做力的分解。 ( )

29. 作用在同一直线上各力的合力，其大小可将各力相加，不必考虑力的方向。 ( )

30. 用平行四边形法求两个互成角度的共点力的合力，这种方法属图解法。 ( )

31. 力的分解是力的合成的逆运算。 ( )

32. 一个已知力作用在物体上产生的效果是不可用其他两个同时作用的力来代替的。 ( )

33. 力的分解同样可用平行四边形法则，把一个已知力分解成两个分力。 ( )

34. 可以利用三角函数公式求一个已知力的两个分力大小(已知分力方向)。（　　）
35. 力的作用可以改变物体的运动状态,但不能改变物体的形状。（　　）
36. 力可使物体发生转动。（　　）
37. 物体转动的效应与力、力臂大小成正比。（　　）
38. 物体转动的轴心到力的作用线的距离称为力臂。（　　）
39. 力与力臂的乘积为力矩。（　　）
40. 力矩的国际单位为牛顿,简称“牛”。（　　）
41. 力矩的大小与力的大小成正比,与力臂成反比。（　　）
42. 力矩的作用可以使物体产生转动,但不能使物体发生变形。（　　）
43. 转动效应与力 F 的大小成正比,还与力臂 L 成正比。（　　）
44. 力对矩心 O 点的矩简称为力矩。（　　）
45. 力矩平衡的条件是:两个力矩大小相等,且顺时针力矩之和等于逆时针力矩之和。（　　）
46. 力偶是反映了力对物体的转动效果另一度量。（　　）
47. 大小相等、方向相反、不共线的两个平行力,在力学上称为力偶。（　　）
48. 机械是机器和机构的总称。（　　）
49. 要表达物体的形状,通常采用相互垂直的三个平面,进行投影,从而得到物体的三面投影体。（　　）
50. 主视图 V 反映了物体的宽度和长度。（　　）
51. 俯视图 H 反映了物体的长度和宽度。（　　）
52. 左视图 W 反映了物体的长度和高度。（　　）
53. 齿轮传动是机械传动中最主要、应用最广泛的一种传动。（　　）
54. 齿轮传动是依靠主动齿轮依次拨动从动齿轮来实现的,它可以用于空间任意两轴间的传动,以及改变运动速度和形式。（　　）
55. 齿轮传动可将其分为平面齿轮传动和空间齿轮传动两大类。（　　）
56. 齿轮传动是通过中间挠性件(带)传递运动和动力。（　　）
57. 带传动一般是由主动轮、从动轮和张紧在两轮上的环形带组成。（　　）
58. 链传动依靠带与轮之间的摩擦力拖动从动轮一起回转,从而传递一定的运动和动力。（　　）
59. 链传动是靠链条与链轮轮齿的啮合来传递运动和动力。（　　）
60. 液体传动以液体为工作介质,包括液压传动和液力传动。（　　）
61. 液压传动是以液体的压力能进行能量传递、转换和控制的一种传动形式。（　　）
62. 动力装置将机械能转换为液压能。（　　）
63. 控制装置是控制液体的压力、流量和方向的各种液压阀。（　　）
64. 轮系将主动轴的转速变换为从动轴的多种转速,获得很大的传动比,由一系列相互啮合的齿轮组成的齿轮传动系统。（　　）
65. 轮系分为定轴轮系和周转轮系两种类型。（　　）
66. 周转轮系传动时,每个齿轮的几何轴线都是固定的。（　　）
67. 定轴轮系传动时至少有一个齿轮的几何轴线绕另一个齿轮的几何轴线转动。（　　）
68. 在机械设备中传动件用于支持、固定旋转零件和传递扭矩。（　　）

69. 键是机器中重要零件之一，用于支承回转零件和传递运动和动力。（　）

70. 轴的材料通常采用碳素钢和合金钢。（　）

71. 键主要用作轴和轴上零件之间的周向固定以传递扭矩。（　）

72. 固定式刚性联轴器不能补偿两轴的相对位移。（　）

73. 固定式刚性联轴器能补偿两轴的相对位移。（　）

74. 用离合器联结的两根轴在机器工作中就能方便地使它们分离或结合。（　）

75. 离合器主要用于在机械运转中随时将主、从动轴结合或分离。（　）

76. 用离合器联结的两根轴，只有在机器停止工作后，经过拆卸才能把它们分离。（　）

77. 用联轴器联结的两根轴在机器工作中就能方便地使它们分离或结合。如汽轮机与发电机的联结。（　）

78. 弹性联轴器包含弹性元件，能补偿两轴的相对位移，并有吸收振动和缓和冲击的能力。（　）

79. 液压传动系统是指工作介质为液体，以液体压力来进行传递能量的传动系统。（　）

80. 液压传动系统元件单位重量传递的功率大，结构简单，布局灵活，便于和其他传动方式联用，易实现远距离操纵和自动控制。（　）

81. 油泵是液压传动系统的能量转换装置。（　）

82. 油泵的工作原理是通过油泵把电动机输出的机械能转换为液体的压力能，推动整个液压系统工作从而实现机构的运转。（　）

83. 柱塞泵是由装在壳体的一对齿轮所组成。（　）

84. 柱塞泵根据需要设计有二联或三联油泵，各泵有单独或共同的吸油口及单独的排油口，分别给液压系统中各机构供压力油，以实现相应的动作。（　）

85. 控制部分各种阀类的作用是用来控制和调节液压系统中油液流动的方向、压力和流量，以满足工作机构性能的要求。（　）

86. 换向阀的作用是改变液压的流动方向，控制起重机各工作机构的运动。（　）

87. 方向控制阀主要由阀芯和阀体两种基本零件组成。（　）

88. 改变阀芯在阀体内的位置，油液的流动通路就发生变化，工作机构的运动状态也随之改变。（　）

89. 平衡阀是通过调整端盖上的调节螺钉来改变平衡阀的控制压力。（　）

90. 溢流阀是液压系统的安全保护装置，当系统压力高于调定压力时，导阀开启少量回油。（　）

91. 流量控制阀有节流阀、调速阀和温度补偿调速阀等，它主要由阀体、柱塞和两个单向阀组成。（　）

92. 油缸是执行元件，它将压力能转变为活塞杆直线运动的机械能，推动机构运动。（　）

93. 液压马达将压力能转变为机械能，驱动起升机构和回转机构运转。（　）

94. 液压系统的辅助部分是由液压油箱、油管、密封圈、滤油器和蓄能器等组成。（　）

95. 调压回路的作用是限定系统的最高压力，防止系统的工作超载。（　）

96. 调压回路对整个系统起安全保护作用。（　）

97. 卸荷回路的工作原理是当执行机构暂不工作时，应使油泵输出的油液在极低的压力下流回油箱，减少功率消耗，实现卸荷功能。（　）

98. 在使用过程中，要定期检查油质，液压油必须保持清洁，发现劣化严重时应及时更换。（ ）

99. 液压传动系统，在使用过程中要严防机械杂质和水分混入油中。（ ）

100. 液压传动系统在使用过程中，更换的新油要先经过沉淀 8 h，只用其上部 90%的油，加入时要用 120 网目以上的滤网过滤。（ ）

101. 液压油在运转中温度一般不得超过 70℃，如温度过高(超过 80℃)，油液将早期劣化，润滑性能变差，一些密封件也易老化，元件的密封效率也将降低。（ ）

102. 冬季低温时，应先预热后再起动，油温达到 30℃以上才能工作。（ ）

103. 弯管的弯曲半径不能过小，一般钢管的弯曲半径应大于管径的三倍。（ ）

104. 对蓄能器的拆装更应注意，蓄能充气压力应与安装说明书相符合，当装入气体后，各部分绝对不准拆开或松开螺钉。（ ）

105. 对蓄能器的移动和搬运时，也应将气体放尽。（ ）

106. 当需拆除液压系统各元件时，务必在卸荷情况下进行，以免油液喷出伤人。（ ）

107. 电能的应用范围是及其广泛的，建筑起重机械的正常运行必须装备有相应的配套电气设备，才能实现对各个机构动作的控制。（ ）

108. 电能主要特点是各个工作机构均采用独立驱动系统，通过一整套的保护控制装置进行驱动。（ ）

109. 习惯上规定负电荷运动的方向作为电流的方向。（ ）

110. 法定计量单位制中电流的单位是安培。（ ）

111. 电流强度是指单位时间内通过导线横截面的电荷量多少。（ ）

112. 电流的计算公式是：$I=U/R$。（ ）

113. 导体对电流的阻碍作用称为电阻。（ ）

114. 电阻的大小与导体的材料和几何形状无关。（ ）

115. 把 1 m 长，截面积为 1 mm^2 的导体所具有的电阻值称为该导体的电阻率。（ ）

116. 电阻率的单位为 Ω/mm^2。（ ）

117. 凡能把其它形式的能量转换为电能的装置均称为电源。（ ）

118. 在电场中两点之间的电势差叫做电压。（ ）

119. 电流的单位为伏特。（ ）

120. 电压表示电场力把单位正电荷从电场中的一点移到另一点所做的功。（ ）

121. 电压从能量方面表示了电场力做功的能力，其方向为电动势的方向。（ ）

122. 把单位正电荷从电源负极内部移到正极时所做的功称为电源的电动势。（ ）

123. 电动势是用来衡量电源内部非电场力对正电荷作功的能力。（ ）

124. 电动势的方向是由负极经电源内部指向正极。（ ）

125. 电压通过导体所做的功称为电功，用 W 表示。（ ）

126. 电功计算：$W=Uit$。（ ）

127. 单位时间内电场力所做功的大小称为电功率，用 P 表示。（ ）

128. 交流电是指大小和方向都随时间作周期性变化的电流。（ ）

129. 交流电的电流、电流强度计算与表示与直流电相同。（ ）

130. 正弦交流电变化一周所需的时间称为正弦交流电的周期。（ ）

131. 正弦交流电的周期，用字母 T 表示，单位是分。（ ）

132. 周期和频率的定义可知，周期和频率互为倒数。 ( )

133. 三相系统是由三个频率和有效值都相同，而相位互差 150°的正弦电势组成的供电体系。 ( )

134. 一个发电机同时发出峰值相等，频率相同，相位彼此相差 $2/3\pi$ 的三个交流电，称为三相交流电。 ( )

135. 发电机都有三个绕组，三相绕组通常是接成星形或三角形向负载供电的。 ( )

136. 三相绕组末端所联成的公共点叫做电源的中性点。 ( )

137. 电源从中性点引出一根导线，叫做中性线或称零线。 ( )

138. 由三根火线和一根零线所组成的供电方式叫做三相四线制。 ( )

139. 三角形连接的电源中可以获得两种电压，即相电压和线电压。 ( )

140. 电源为三角形连接时，线电压等于相电压。 ( )

141. 电源为三角形连接时，在三个绕组构成的回路中总电势为零。 ( )

142. 建筑起重机械中应用的电气一般属于工程电气，工程电气有图纸、有设计图，由专业电工指导并安装，在安装过程中基本不带电。 ( )

143. 开关箱是配电系统的末端环节，其上接电源下接用电设备，人员接触操纵频繁。 ( )

144. 保护接地就是为电气的正常运行所需要而进行的接地，它可以保证起重机械的正常可靠运行。 ( )

145. 一般施工现场采用三相四线制，这四根线兼作动力和照明用，把变压器的中性点直接与大地相接，这个接地就是电力系统的工作接地。 ( )

146. 保护接地就是将电气设备在正常运行时，不带电的金属部分与大地相接，以保护人身安全，这种保护接地措施适用于中性点不接地的电网中。 ( )

147. 保护接零就是把电气设备在正常情况下不带电的金属部分与电网中的零线连接起来。 ( )

148. 工作接零普遍采用在三相四线制变压器中性点直接接地的系统中。 ( )

149. 有了这种接零保护后，当电机中的一相带电部分发生碰壳时，该相电流通过设备的金属外壳，形成该相对零线的单相短路，这时的短路电流很大，会迅速将熔断器的保险烧断，从而断开电源消除危险。 ( )

150. 变压器是一种通过电磁感应作用将一定数值的电压、电流、阻抗的交流电转换成同频率的另一数值的电压、电流、阻抗的交流电的静止电机。 ( )

151. 自动空气开关的主触头是靠操作机构手动或电动合闸的。 ( )

152. 空气开关是一种用来频繁接通或断开主电路及大功率控制电路的自动切换电器。 ( )

153. 热继电器是根据被控制对象的温度变化而控制电流通断的继电器，即利用电流的热效应而动作的电器。 ( )

154. 交流接触器主要用于电动机的过载保护。 ( )

155. 断相与相序保护继电器可在三相交流电动机以及不可逆转传动设备中分别做断相与相序保护。 ( )

156. 电动机是利用电磁感应原理工作的机械，是一种将电能转换成机械能并输出机械转矩的动力设备。 ( )

157. 电动机一般可分为直流电动机和交流电动机两大类。（ ）

158. 异步电动机按转子结构分线绕式和鼠笼式两种。（ ）

159. 交流电动机按使用的电源相数分为单相电动机和三相电动机。（ ）

160. 转子是电动机静止不动的部分。（ ）

161. 转子的主要作用是产生旋转磁场。（ ）

162. 转子是电动机的旋转部分。（ ）

163. 转轴用于支撑转子铁芯和绕组，传递输出机械转矩。（ ）

164. 电源电压一定时，异步电动机的转速 n 与电磁转矩 T 的关系称为机械特性。（ ）

165. 测量绝缘电阻，绕组绝缘电阻应符合要求，人工转动电动机转动部分，应灵活无卡阻。（ ）

166. 电动机应经常清除外部灰尘和油污，监听有无异常杂音，并定期更换润滑油，保持主体完整、零附件齐全、无损坏以及周围环境的清洁。（ ）

167. 一般电动机允许各相电流不平衡值不得超过5%。（ ）

168. 碳在钢中含量的多少，对钢材的性能影响极大。（ ）

169. 在建筑起重机械中大多采用中碳钢。（ ）

170. 高碳钢在拉断前的最大荷载比低碳钢大很多，但相应的伸长却比低碳钢小很多。（ ）

171. 低碳钢的强度高而塑性差；拉断是突然的，呈脆性破坏。（ ）

172. 高碳钢不仅拉断时比较突然，而且可焊性又差，不能用作钢结构。（ ）

173. 焊接是最省工省料的连接方法，在钢结构的连接中应用最广。（ ）

174. 电弧焊是利用电弧所发出的高温来熔化焊件和焊条以形成焊缝的。（ ）

175. 在建筑起重机械的拼装中多采用了普通螺栓。（ ）

176. 一般的钢结构中多采用高强螺栓连接。（ ）

177. 高强度螺栓杆所能负担的力量不仅远比普通螺栓大，而且在动力荷载作用下也不致松动。（ ）

178. 起重工作是一项技术性稍差，危险性较大，多工种配合的特殊工种作业。（ ）

179. 正确制定起重作业方案的目的是为达到安全起吊和就位。（ ）

180. 重物的质量、重心、重物状况与正确制定起重方案关系重大，重物的吊运路线及重物降落点与制定方案无关。（ ）

181. 作业现场环境是起重工作制定作业方案的重要依据。（ ）

182. 制定起重作业方案时，重物的重量只有依据重物的说明书、标牌和货物单来确定。（ ）

183. 起重作业的方案是依据一定基本参数和条件来确定的。（ ）

184. 了解重物的形状、体积、结构的目的是为了确定其重心位置，与绑扎方法无关。（ ）

185. 重物的形状、外部的尺寸及结构是确定被吊物重心位置及绑扎方法的依据，重物内部结构无关紧要。（ ）

186. 现场作业环境对确定起重作业方案有直接影响，对吊装作业安全并无直接影响。（ ）

187. 制定起重作业方案时，厂房的高低、宽窄尺寸；地面与空间有无障碍物是考虑现场环

境的重要因素之一。 ( )

188.起重作业现场环境对确定起重作业方案和吊装作业安全有直接影响。 ( )

189.起重作业施工现场的布置应尽量减少吊运距离，增多装卸次数。 ( )

190.起重作业的现场布置与使用的起重设备、作业的安全性有密切的联系，与作业的方法关系不大。 ( )

191.整个起重作业现场布置必须考虑施工的安全和司索、指挥人员的安全位置及与周围物体的安全距离。 ( )

192.起重作业现场布置应考虑到现场是否有充足的照度。 ( )

193.按行业习惯，我们把用于起重吊运作业的刚性取物装置称为吊具。 ( )

194.按行业习惯，我们把系结物品的挠性工具称为吊具。 ( )

195.吊具在一般使用条件下，允许承受物品的最大质量称为额定起重量。 ( )

196.吊具是吊运物品时，系结勾挂在物品上具有挠性的组合取物装置。 ( )

197.吊索是由高强度挠性件(钢丝绳、起重环链、人造纤维带)配以端部环、钩、卸扣等组合而成。 ( )

198.吊索的极限工作载荷是以单肢吊索在一般使用条件下，垂直悬挂时允许承受物品的最大质量。 ( )

199.除垂直悬挂使用外，吊索吊点与物品间均存在着夹角，使吊索受力产生变化，在特定吊挂方式下允许承受的最大质量，称为吊索的最大安全工作载荷。 ( )

200.吊具、索具是直接承受起重载荷的构件，其产品的质量直接关系到安全生产。 ( )

201.制造吊具、索具用的材料及外购零部件，必须具有材质单、生产制造厂合格证等技术证明文件。 ( )

202.静载试验时，吊具取额定起重量的2倍(起重电磁铁为最大吸力)。 ( )

203.静载试验时，吊索取单肢、分肢极限工作载荷的1.25倍。 ( )

204.静载试验时，试验载荷应逐渐加上去，起升至离地面100～200 mm高处，悬空时间不得少于10 min。 ( )

205.静载试验时，卸载后进行目测检查。试验如此重复三次后，若结构未出现裂纹、永久变形、连接处未出现异常松动或损坏，即认为静载试验合格。 ( )

206.动载试验时，吊具取额定起重量的1.1倍(起重电磁铁取额定起重量)。 ( )

207.动载试验时，吊索取单肢、分肢极限工作载荷的1.1倍。 ( )

208.起重机的基本参数主要有额定起重量、最大幅度、最大起升高度和工作速度等，这些参数是制定吊装技术方案的重要依据。 ( )

209.汽车式起重机具有较大的机动性，其行走速度更快，可达到60 km/h，不破坏公路路面。可在360°范围内进行吊装作业，其吊装区域受到限制，对基础要求也更高。 ( )

210.一般大吨位起重机较多采用履带式，其对基础的要求也相对较低。并可在一定程度上带载行走。 ( )

211.反映自行式起重机的起重能力随臂长、幅度的变化而变化的规律和反映自行式起重机的最大起升高度随臂长、幅度变化而变化的规律的曲线称为起重机的特性曲线。 ( )

212.自行式起重机的特性曲线规定了起重机在各种工作状态下允许吊装的载荷。 ( )

213.自行式起重机的特性曲线反映了起重机在各种工作状态下能够达到的最大起重力矩，是正确选择和正确使用起重机的依据。 ( )

214. 型号相同的起重机允许换用特性曲线。 (　　)

215. 根据被吊装设备或构件的就位位置、现场具体情况等确定起重机的站车位置，站车位置一旦确定，其幅度也就确定了。 (　　)

216. 根据被吊装设备或构件的就位高度、设备尺寸、吊索高度等和站车位置(幅度)，由起重机的特性曲线，确定其臂长。 (　　)

217. 吊装前必须对基础进行试验和验收，按规定对基础进行沉降预压试验。 (　　)

218. 在复杂地基上吊装重型设备，应请专业人员对基础进行专门设计，验收时同样要进行沉降预压试验。 (　　)

219. 确定物体的重心要考虑到重物的形状和内部结构，只了解外部形状尺寸，不必了解其内部结构。 (　　)

220. 了解重物的形状、体积、结构的目的是要确定其重心位置，正确地选择吊点及绑扎方法，保证重物不受损坏和吊运安全。 (　　)

221. 机床设备机床头部重尾部轻，重心偏向床尾一端。 (　　)

222. 大型电器设备箱，其重量轻，体积大，是薄板箱体结构，吊运时经不起挤压等。 (　　)

223. 现场环境对确定起重作业方案和吊装作业安全有直接影响。 (　　)

224. 物体在起重吊装时绳索在载荷作用下不仅承受拉伸，还同时承受弯曲，剪切和挤压等综合作用，受力是比较复杂的。 (　　)

225. 当滑轮直径 D 小于绳索直径 d 的 6 倍时，绳索的承载能力就会降低，且随着比值 D/d 的减小而使其承载能力急剧减小。 (　　)

226. 在起重吊运过程中，起重绳索通常是绕过滑轮或卷筒来起吊重物的，此时绳索必然同时承受拉伸、弯曲作用。 (　　)

227. 进行起重吊装前，必须正确计算或估算物体的重量大小及其重心的确切位置，使物体的重心置于捆绑绳吊点范围之内。 (　　)

228. 在选用绳索时，严格检查捆绑绳索的规格，并保证有足够的长度。 (　　)

229. 捆绑时，捆绑绳与被吊物体间不必靠紧，可以有间隙。 (　　)

230. 捆绑必须牢靠，在捆绑绳与金褪体间应垫木块等防滑材料，以防吊运过程中吊物移动和滑脱。 (　　)

231. 当被吊物具有边角尖棱时，为防止捆绑绳被割断，必须保证绳不与边棱接触，可采取措施在绳与被吊物体间垫厚木块，以确保吊运安全。 (　　)

232. 捆绑完毕后应试吊，在确认物体捆绑牢靠，平衡稳定后可进行吊运。 (　　)

233. 卸载重物时，也应在确认吊物放置稳妥后才可落钩卸掉重物。 (　　)

234. 在工业和民用建筑工程中，起重机械是一种能同时完成垂直升降和水平移动的机械。 (　　)

235. 目前在中国对起重机械的分类，大多习惯按主要用途和构造特征进行分类。 (　　)

236. 在工业和民用建筑工程中，起重机械主要用来吊装工业和民用建筑的构件，进行设备安装和吊运各种建筑材料。 (　　)

237. 起重机械的技术参数是其性能特征和技术经济指标重要表征，是进行起重机的设计和选型的主要技术依据。 (　　)

238. 起重机的取物装置本身的重量(除吊钩组以外)，一般不包括在额定起重量之中。 (　　)

239. 对于幅度可变的起重机，根据幅度规定起重机械的额定起重量。（ ）

240. 额定起重力矩是指额定起重量与幅度的乘积。（ ）

241. 汽车式起重机行走速度较慢，履带会破坏公路路面。转移场地需要用平板拖车运输。较大的履带式起重机，转移场地时需拆卸、运输、安装。（ ）

242. 履带式起重机具有较大的机动性，其行走速度更快，可达到 60 km/h，不破坏公路路面。（ ）

243. 自行式起重机是工程建设中最常用的起重机之一，掌握其性能和要求，正确地使用和维护，对安全的吊装具有重要意义。（ ）

244. 汽车式起重机具有较大的机动性，但不可在 360°范围内进行吊装作业，其吊装区域受到限制，对基础要求也更高。（ ）

245. 一般大吨位起重机较多采用履带式起重机，其对基础的要求也相对较低。（ ）

246. 每台起重机都有其自身的特性曲线，不能换用，即使起重机型号相同也不允许。（ ）

247. 根据被吊装设备或构件的就位高度、设备尺寸、吊索高度等和站车位置(幅度)，由起重机的特性曲线，确定其型号。（ ）

248. 在自行式起重机的选用时，根据已确定的幅度、臂长，由起重机的特性曲线，确定起重机能够吊装的载荷。（ ）

249. 当由起重机的特性曲线确定起重机能够吊装的载荷等于被吊装设备或构件的重量，则起重机选择合格。（ ）

250. 了解重物的形状、体积、结构的目的是要确定其重心位置，正确地选择吊点及绑扎方法，保证重物不受损坏和吊运安全。（ ）

四、复习题答案

(一)单项选择题

1. C	2. A	3. D	4. A	5. C
6. A	7. A	8. A	9. B	10. B
11. A	12. A	13. B	14. B	15. A
16. B	17. B	18. B	19. A	20. A
21. B	22. A	23. B	24. A	25. B
26. A	27. A	28. A	29. B	30. A
31. A	32. A	33. B	34. A	35. A
36. A	37. A	38. C	39. A	40. A
41. A	42. A	43. A	44. A	45. C
46. A	47. A	48. A	49. B	50. A
51. A	52. A	53. A	54. C	55. B
56. A	57. A	58. B	59. B	60. C
61. A	62. D	63. D	64. A	65. B
66. B	67. C	68. B	69. A	70. B
71. B	72. A	73. B	74. B	75. D

76. A	77. A	78. D	79. D	80. B
81. A	82. B	83. A	84. A	85. C
86. D	87. A	88. B	89. B	90. C
91. D	92. C	93. C	94. A	95. C
96. A	97. B	98. A	99. D	100. D
101. D	102. C	103. A	104. A	105. B
106. A	107. A	108. B	109. A	110. A
111. A	112. A	113. B	114. A	115. C
116. B	117. A	118. B	119. A	120. A
121. C	122. A	123. D	124. D	125. B
126. C	127. A	128. B	129. A	130. A
131. A	132. B	133. C	134. A	135. B
136. B	137. B	138. A	139. A	140. B
141. B	142. A	143. A	144. A	145. B
146. A	147. A	148. B	149. B	150. A
151. A	152. B	153. A	154. A	155. B
156. B	157. B	158. A	159. C	160. B
161. A	162. A	163. C	164. A	165. B
166. A	167. D	168. B	169. A	170. B
171. C	172. C	173. C	174. B	175. B
176. B	177. A	178. D	179. A	180. A
181. A	182. A	183. C	184. D	185. D
186. D				

(二)多项选择题

1. AB	2. ABC	3. AB	4. ABCD	5. ABC
6. ABC	7. ABCD	8. ABCD	9. ABCD	10. ABCD
11. ABCD	12. ABC	13. AB	14. ABC	15. ABC
16. AB	17. BC	18. AC	19. ABCD	20. BCD
21. AB	22. AC	23. BD	24. ABCD	25. ABD
26. ABD	27. AB	28. ABCD	29. ABCDE	30. AB
31. ABCD	32. ABC	33. ABCD	34. ABCD	35. ABCD
36. ABCD	37. ABC	38. ABD	39. ABCD	40. AB
41. AB	42. AB	43. ABCD	44. ABC	45. ABC
46. ABCD	47. ABCDE	48. CD	49. AB	50. ABCDE
51. CD	52. AB	53. ABCD	54. ABC	55. ABCD
56. ABC	57. AB	58. ABC	59. AB	60. ACDE
61. ABCD	62. ABCD	63. ABCD	64. ABCDEF	65. ABC
66. ABC	67. ABD	68. ABCD	69. ABC	70. ABC
71. ABC	72. AB	73. ABCD	74. ABC	75. ABCDE

76. AB	77. ABCD	78. ABCD	79. AC	80. ABCD
81. ABC	82. AB	83. ABC	84. ABC	85. AB
86. ABC	87. ABC	88. ABC	89. BC	90. ABCD
91. AB	92. AB	93. ABCD	94. AB	95. ABC

(三)判断题

1. √	2. ×	3. √	4. ×	5. √
6. √	7. √	8. √	9. ×	10. √
11. √	12. √	13. ×	14. √	15. √
16. ×	17. ×	18. √	19. √	20. ×
21. √	22. √	23. √	24. ×	25. √
26. √	27. ×	28. ×	29. ×	30. √
31. √	32. ×	33. √	34. √	35. ×
36. √	37. √	38. ×	39. √	40. √
41. ×	42. ×	43. √	44. √	45. √
46. √	47. √	48. √	49. √	50. ×
51. √	52. ×	53. √	54. √	55. √
56. ×	57. √	58. ×	59. √	60. √
61. √	62. √	63. √	64. √	65. ×
66. ×	67. ×	68. √	69. ×	70. √
71. √	72. √	73. ×	74. √	75. √
76. ×	77. ×	78. √	79. √	80. √
81. √	82. √	83. ×	84. ×	85. √
86. ×	87. ×	88. √	89. √	90. √
91. √	92. √	93. √	94. √	95. √
96. √	97. √	98. √	99. √	100. ×
101. ×	102. √	103. √	104. √	105. √
106. √	107. √	108. √	109. ×	110. √
111. √	112. √	113. √	114. ×	115. √
116. √	117. √	118. √	119. ×	120. √
121. √	122. √	123. √	124. √	125. ×
126. √	127. √	128. √	129. √	130. √
131. ×	132. √	133. ×	134. √	135. √
136. √	137. √	138. √	139. ×	140. √
141. ×	142. √	143. ×	144. √	145. √
146. ×	147. ×	148. √	149. √	150. √
151. √	152. ×	153. √	154. ×	155. √
156. √	157. √	158. √	159. √	160. ×
161. ×	162. √	163. √	164. √	165. √
166. √	167. ×	168. √	169. ×	170. √

171. ×	172. √	173. √	174. √	175. ×
176. ×	177. √	178. ×	179. √	180. ×
181. √	182. ×	183. √	184. ×	185. ×
186. ×	187. √	188. √	189. ×	190. ×
191. √	192. √	193. √	194. ×	195. ×
196. ×	197. √	198. √	199. √	200. √
201. √	202. ×	203. ×	204. √	205. √
206. √	207. ×	208. √	209. ×	210. √
211. √	212. √	213. ×	214. ×	215. √
216. √	217. √	218. √	219. ×	220. √
221. ×	222. √	223. √	224. √	225. √
226. ×	227. √	228. √	229. ×	230. √
231. √	232. √	233. √	234. √	235. √
236. √	237. √	238. ×	239. √	240. √
241. ×	242. ×	243. √	244. √	245. √
246. √	247. ×	248. √	249. ×	250. √

专业技术理论

第一篇　建筑起重信号司索工

建筑起重信号工是指在起重作业中，负责发出各种起重信号指令的作业人员。

建筑起重司索工是指在起重作业中，从事对物体进行绑扎、挂钩摘钩卸载等作业人员。

第一章　常用起重机械的分类、主要技术参数、基本构造及其工作原理

起重吊装就是把所要安装的构件或设备，从地面起吊(或推举)到空中，再放到构件或设备预定安装的位置上的过程。

第一节　起重机械的分类

在工业和民用建筑工程中，起重机械是一种能同时完成垂直升降和水平移动的机械。它主要用来吊装工业和民用建筑的构件、安装和吊运各种起重机械在减轻劳动强度、提高生产效率、降低建筑成本、加快建设速度等方面起着极为重要的作用。

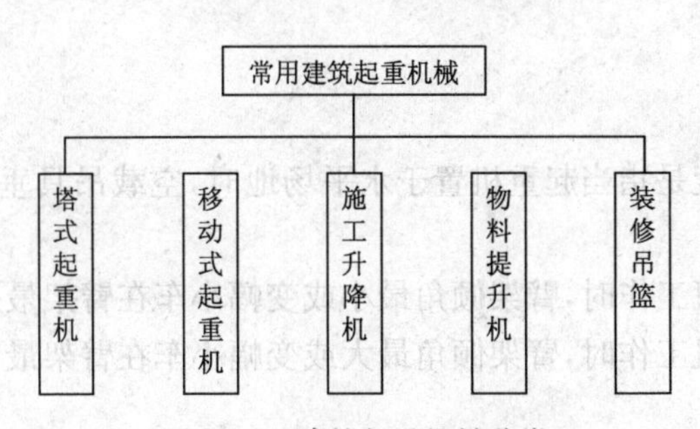

图 1—1　建筑起重机械分类

建筑施工中常用的起重机械有：塔式起重机、移动式起重机(包括汽车起重机、轮胎起重机、履带起重机)、施工升降机、物料提升机、装修吊篮等。

第二节　起重机械的基本参数

起重机械的技术参数是其性能特征和技术经济指标重要表征，是进行起重机的设计和选型的主要技术依据。

起重机的主要技术性能参数包括额定起重量、起重力矩、起升高度、幅度、工作速度、起重机总重等。对于建筑施工用起重机械，起重力矩是它的综合起重能力参数，该参数全面反映了起重机械的起重能力。

一、额定起重量

起重机允许吊起的重物或物料的最大重量称为起重机的额定起重量。

起重机取物装置本身的重量(除吊钩组以外)，一般应包括在额定起重量之中。如抓斗、起重电磁铁、挂梁、翻钢机以及各种辅助吊具的重量。

对于幅度可变的起重机，应根据幅度规定起重机械的额定起重量。

二、起重力矩

起重量与幅度的乘积称为起重力矩。

额定起重力矩是指额定起重量与幅度的乘积。

三、起升高度

起重机的起升高度是指吊具的最高工作位置与起重机的水准地平面之间的垂直距离，如图 1－2 所示起重机的起升高度 H。

起升范围是指起重机吊具最高和最低工作位置之间的垂直距离。如图 1－2 所示起重机的起升范围 D。

起重机吊具的最低工作位置与起重机水准地平面之间的垂直距离称为起重机的下降深度 h，如图 1－2 所示。

对起重高度和下降深度的测量，以吊钩钩腔中心作为测量基准点。

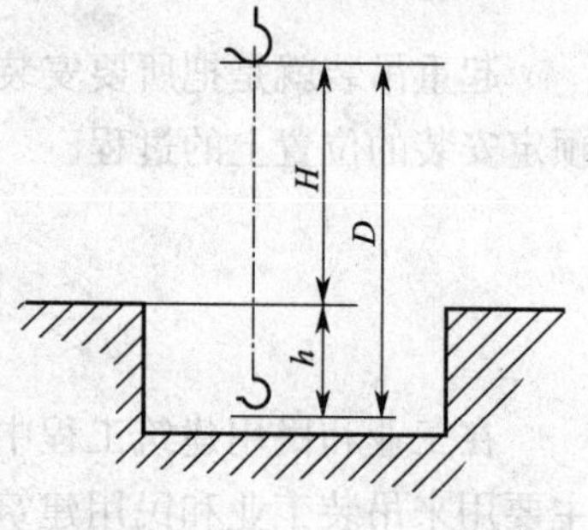

图 1－2　起升高度示意图

四、幅　　度

起重机械的工作幅度是指当起重机置于水平场地时，空载吊具垂直中心线至回转中心线之间的水平距离。

最大幅度是指起重机工作时，臂架倾角最小或变幅小车在臂架最外极限位置时的幅度。

最小幅度是指起重机工作时，臂架倾角最大或变幅小车在臂架最内极限位置时的幅度。

五、工作速度

1. 额定起升速度：是指起升机构电动机在额定转速时吊钩的上升速度(m/min)。

2. 变幅速度 U：在稳定状态下，额定载荷在变幅平面内水平位移的平均速度。

规定为离地平面 10 m 高度处，风速小于 3 m/s 时，起重机在水平地面上，幅度从最大值至最小值的平均速度(m/min)。

3. 起重臂伸缩速度：起重臂伸出(或回缩)时，其尖部沿臂架纵向中心线移动的速度(m/rain)。

4. 回转速度 ω：稳定状态下，起重机旋转部分的回转角速度。

规定为在水平场地上，离地 10 m 高度处，风速小于 3 m/s 时的起重机带额定载荷时的旋转速度。

六、起重机总重量

起重机械的总重量是指包括压重、平衡重、燃料、油液、润滑剂和水等在内的起重机各部分重量的总和。

第三节　常用起重机械的基本构造及其工作原理

不论结构简单还是复杂的起重机械，都是由三大部分组成，即起重机械金属结构、机构和控制系统。

一、起重机械的金属结构

起重机械的金属结构一般是由金属材料轧制的型钢和钢板作为基本构件，采用铆接、焊接等方法，根据需要制作成梁、柱、桁架等基本受力组件，再把这些组件按照一定的结构组成规则通过焊接或螺栓连接起来，构成起重机用的桥架、门架、塔架等承载结构。

起重机械钢结构作为起重机的主要组成部分之一，其作用主要是支承各种载荷，因此本身必须具有足够的强度、刚度和稳定性。

几种典型起重机钢结构的组成与特点。

（一）通用桥式起重机的钢结构

通用桥式起重机的钢结构是对桥式起重机的桥架而言，主要由主梁、端梁、栏杆、走台、轨道和司机室等构件组成。其中主梁和端梁为主要受力构件，其它为非受力构件。主梁与端梁之间采用焊接或螺栓连接。端梁多采用钢板组焊成箱形结构，主梁断面结构形式多种多样，常用的多为箱形断面梁或桁架式结构主梁。

（二）门式起重机的钢结构

门式起重机的钢结构是对门式起重机的门架而言，其钢结构主要由马鞍、主梁、支腿、下横梁和悬臂梁等部分组成。以上五部分均为受力构件。为便于生产制作、运输与安装，各构件之间多采用螺栓连接。

（三）塔式起重机的钢结构

塔式起重机的钢结构是对塔式起重机的塔架而言，如图1—3所示塔式起重机的典型产品——自升式塔式起重机的钢结构。

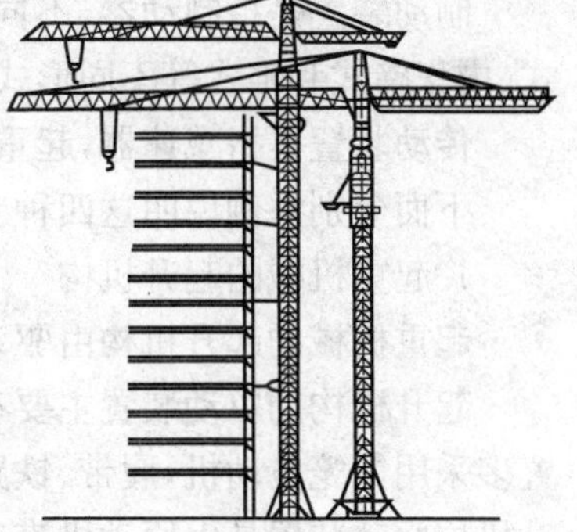

图1—3　自升塔式起重机的钢结构

自升式塔式起重机的塔架是由塔身、臂架、平衡臂、爬升套架、附着装置及底架等构件组成，其中塔身、臂架和底座是主要受力构件，臂架和平衡臂与塔身之间是通过销轴相连接，塔身与底架之间是通过螺杆相连接固定。

自升式塔式起重机属于上回转自升附着型结构形式。其塔身是由角钢组焊而成截面为正方形的桁架式结构，臂架由角钢或圆管组焊而成，可承受弯矩。

（四）轮胎式起重机的钢结构

轮胎式起重机的钢结构主要由吊臂、转台和车架三部分构件组成，如图1—4所示。其中吊臂的结构形式分为伸缩臂式和桁架式，伸缩臂式吊臂为箱形结构，由钢板组焊而成，桁架式吊臂由型钢或钢管组焊而成。伸缩臂吊臂是轮胎式起重机的主要受力构件，它直接影响起重机的承载能力、整机稳定性和自重的大小。

轮胎式起重机的转台分为平面框式和板式二种结构形式，都是由钢板和型钢组合焊接而成。转台用来安装吊臂、起升机构、变幅机构、旋转机构、配重、发动机和司机室等。

轮胎式起重机的车架又称为底架，主要用来安装底盘与运行部分。底架按结构形式分为平面框式和整体箱形。

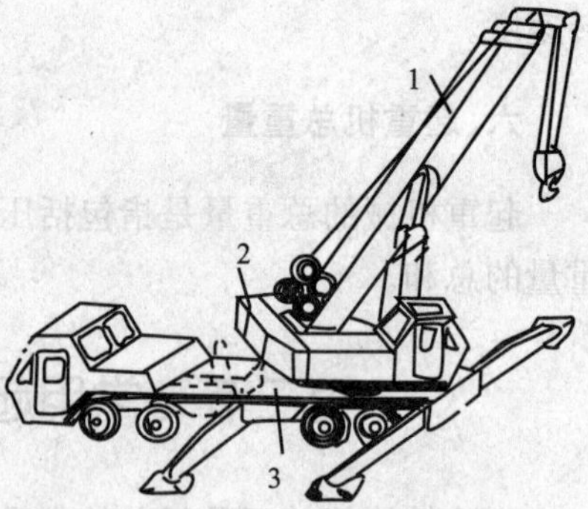

图 1—4 轮胎式起重机的钢结构

1—吊臂；2—转台；3—车架

二、起重机的机构

起重机械要完成起重运输作业，需要做升降、移动、旋转、变幅、爬升及伸缩等动作，能使起重机完成这些动作的传动系统，统称为起重机的机构。

起重机械最基本的机构，是人们早已公认的四大基本机构——起升机构、运行机构、旋转机构（又称为回转机构）和变幅机构。除此之外，还有一些辅助机构，例如：塔式起重机的塔身爬升机构和汽车、轮胎式起重机专用的支腿伸缩机构。

起重机械的每个组成机构均由四种装置组成，即驱动装置、制动装置和传动装置以及执行装置。其中执行装置是与机构的动作相关的，例如起升机构的取物缠绕装置、运行机构的车轮装置、回转机构的旋转支承装置和变幅机构的变幅装置等。

驱动装置分为手动、机械和液压驱动装置。手动起重机是依靠人力直接驱动；机械驱动装置是电动机或内燃机；液压驱动装置是液压泵和液压油缸或液压马达。

制动装置是指制动器，不同类型的起重机械根据各自的特点与需要，采用块式、盘式、带式、内张蹄式和锥式等不同形式的制动器。

传动装置是指减速器，起重机械中常用的传动型式有齿轮式、蜗轮蜗杆式、行星齿轮式等。

下面分别举例说明这四种专用装置。

1. 起重机械的起升机构

起重机械的起升机构由驱动装置、制动装置、传动装置和取物缠绕装置组成。

起升机构的驱动装置主要有电动机、内燃机、液压泵或液压马达等，如葫芦起重机驱动装置多采用鼠笼电动机，履带、铁路起重机的起升机构驱动装置为内燃机，汽车、轮胎起重机的起升机构驱动装置是由原动机带动的液压泵、液压油缸或液压马达。

2. 起重机械的运行机构

起重机械的运行机构，按运行方式可分为轨行式运行机构和无轨行式运行机构（轮胎、履带式运行机构），按驱动方式可分为集中驱动和分别驱动两种形式。

集中驱动是由一台电动机通过传动轴驱动两边车轮转动运行的运行机构形式，集中驱动只适合小跨度的起重机或起重小车的运行机构。

分别驱动是两边车轮分别由两套独立的无机械联系的驱动装置的运行机构形式。

3. 起重机的旋转机构

起重机的回转机构是由驱动装置、制动装置、传动装置和回转支承装置组成。

回转支承装置分为柱式和转盘式两大类。

柱式回转支承装置又分为定柱式回转支承装置和转柱式回转支承装置。定柱式回转支承装置是由一个推力轴承与一个自位径向轴承及上、下支座组成。浮式起重机多采用定柱式回转支承装置；转柱式回转支承装置是由滚轮、转柱、上下支承座及调位推力轴承、径向球面轴承等组成。塔式、门座起重机多采用转柱式回转支承装置。

转盘式回转支承装置又分为滚子夹套式回转支承装置和滚动轴承式回转支承装置。滚子夹套式回转支承装置是由转盘、锥形或圆柱形滚子、轨道及中心轴枢等组成；滚动轴承式回转支承装置是由球形滚动体、回转座圈和固定座圈组成。

回转驱动装置分为电动回转驱动装置和液压回转驱动装置。

电动回转驱动装置通常装在起重机的回转部分上，由电动机经过减速机带动最后一级开式小齿轮，小齿轮与装在起重机固定部分上的大齿圈（或针齿圈）相啮合，以实现起重机的回转. 电动回转驱动装置有卧式电动机与蜗轮减速器传动、立式电动机与立式圆柱齿轮减速器传动和立式电动机与行星减速器传动三种形式。

液压回转驱动装置有高速液压马达和低速大扭矩液压马达回转机构两种形式。

4. 起重机械的变幅机构

起重机变幅机构按工作性质分为非工作性变幅（空载）和工作性变幅（有载）；按机构运动形式分为牵引小车式变幅和臂架摆动式变幅。

汽车、轮胎、履带、铁路和桅杆起重机的变幅机构常为臂架摆动式；塔式起重机的变幅机构为牵引小车式。

三、起重机械的电气控制系统

起重机械的电气控制系统的作用是实现平稳、准确、安全可靠的动作。

1. 起重机电气传动

起重机对电气传动的要求有：调速、平稳或快速起制动、纠偏、保持同步、机构间的动作协调、吊重止摆等。其中调速常作为重要要求。

由于起重机调速绝大多数需在运行过程中进行，而且变化次数较多，故机械变速一般不太合适，大多数需采用电气调速。

电气调速分为二大类：直流调速和交流调速。

直流调速有以下三种方案：固定电压供电的直流串激电动机，改变外串电阻和接法的直流调速；可控电压供电的直流发电机——电动机的直流调速；可控电压供电的晶闸管供电——直流电动机系统的直流调速。直流调速具有过载能力大、调速比大、起制动性能好、适合频繁的起制动、事故率低等优点。缺点是系统结构复杂、价格昂贵、需要直流电源等。

交流调速分为三大类：变频、变极、变转差率。

调频调速技术目前已大量地应用到起重机的无级调速作业当中，电子变压变频调速系统的主体——变频器已有系列产品供货。

变极调速目前主要应用在葫芦式起重机的鼠笼型双绕组变极电动机上，采用改变电机极对数来实现调速。

变转差率调速方式较多，如改变绕线异步电动机外串电阻法、转子晶闸管脉冲调速法等。

除了上述调速以外还有双电机调速、液力推动器调速、动力制动调速、转子脉冲调速、蜗流制动器调速、定子调压调速等等。

2. 起重机的自动控制

可编程序控制器——程序控制装置一般由电子数字控制系统组成，其程序自动控制功能主要由可编程序控制器来实现。

自动定位装置——起重机的自动定位一般是根据被控对象的使用环境、精度要求来确定装置的结构形式。自动定位装置通常使用各种检测元件与继电接触器或可编程序控制器，相互配合达到自动定位的目的。

大车运行机构的纠偏和电气同步——纠偏分为人为纠偏和自动纠偏。人为纠偏是当偏斜超过一定值后，偏斜信号发生器发出信号，司机断开超前支腿侧的电机，接通滞后支腿侧的电机进行调整。自动纠偏是当偏斜超过一定值时，纠偏指令发生器发出指令，系统进行自动纠偏。电气同步是在交流传动中，常采用带有均衡电视的电轴系统，实现电气同步。

地面操纵、有线与无线遥控——地面操纵多为葫芦式起重机采用，其关键部件是手动按钮开关，即通常所称的手电门。有线遥控是通过专用的电缆或动力线作为载波体，对信号用调制解调方式传输，达到只用少通道即可实现控制的方法。无线遥控是利用当代电子技术，将信息以电波或光波为通道形式传输达到控制的目的。

起重电磁铁及其控制——起重电磁铁的电路，主要是提供电磁铁的直流电源及完成控制（吸料、放料）要求。其工作方式分为：定电压控制方式和可调电压控制方式。

3.起重机的电源引入装置

起重机的电源引入装置分为三类：硬滑线供电、软电缆供电和滑环集电器。

硬滑线电源引入装置有裸角钢平面集电器、圆钢（或铜）滑轮集电器和内藏式滑触线集电器进行电源引入。

软电缆供电的电源引入装置是采用带有绝缘护套的多芯软电线制成的，软电缆有圆电缆和扁电缆两种形式，它们通过吊挂的供电跑车进行引入电源。

第二章　物体的重量和重心的计算、物体的稳定性

建筑起重信号司索工必须要熟悉物体的重量和重心的计算、物体的稳定性等知识，具有对常见基本形状物体重量进行估算的能力。

第一节　物体的重量与重心

一、基本概念

1. 重力和重量

在地球附近的物体，都受到地球对它垂直向下(指向地心)的作用力，这种作用力叫做重力。而重力的大小则称为该物体的重量。

2. 重心

由于地球的引力，物体内部各质点都要受到重力的作用，各质点重力的合力作用点，就是物体的重心位置。物体重心的位置是固定的，不会因安放的角度、位置不同而改变。

二、物体重心的确定

1. 对于几何形状比较简单，材质分布均匀的物体，重心就是该物体的几何中心，如球形的重心即为球心，矩形薄板的重心在它对角线的交点上，长方体的重心在中间截面长方形的对角线交点上，三角形薄板的重心在它的三条中线的交点上，圆柱体的重心在轴线的中点，平行四边形的重心在对角线的交点上等。

2. 对于形状比较复杂、但材质均匀分布的物体，其重心位置可通过计算求出。可以把它分解为若干个简单几何体，确定各个部分的重量及重心位置坐标，然后用力矩平衡方法计算整个物体的重心位置。

三、物体重量的计算

物体的重量是由物体的体积和它本身的材料密度所决定的。物体的重量等于构成该物体材料的密度与物体体积的乘积，其表达式为：

$$G=1\,000\,\rho Vg \qquad (\text{N})$$

式中　ρ——物体材料密度(kg/m^3)；

V——物体体积(m^3)；

g——重力加速度，取 $g=9.8\ m/s^2$。

为了正确的计算物体的重量，必须掌握物体体积的计算方法和各种材料密度等有关知识。

1. 材料的密度 ρ

计算物体的重量时，必须知道物体材料的密度。所谓密度就是指某种物体物质材料的单位体积所具有的质量，常用材料的密度可通过查密度表得到。水的密度为 1 g/cm^3。

2. 物体体积的计算

物体的体积大体可分两类：即具有标准几何形体的和若干规则几何体组成的复杂形体两种。对于简单规则的几何形体，体积计算可直接由计算公式算出；对于复杂的物体体积，可将其分解成数个规则的或近似的几何形体，通过相应计算公式计算并求其体积的总和。

第二节　物体质量的估算

一、钢板质量的估算

在估算钢板的质量时，只须记住每平方米钢板 1 mm 厚时的质量为 7.8 kg，就可方便地进行计算，其具体估算步骤如下：

1. 先估算出钢板的面积。

2. 再将估出钢板的面积乘以 7.8 kg，得到该钢板每毫米厚的质量。

3. 然后再乘以该钢板的厚度，得到该钢板的质量。

例：求长 5 m，宽 2 m，厚 10 mm 的钢板质量。

解：(1)该钢板的面积为：

$5\times2=10(\mathrm{m}^2)$

(2)钢板每毫米厚质量为：

$10\times7.8=78(\mathrm{kg})$

(3)10 mm 厚钢板质量为：

$78\times10=780(\mathrm{kg})$

二、钢管质量的估算

钢管质量的估算方法如下：

1. 先求每米长的钢管质量。

公式为：$m_1=2.46\times$钢管壁厚$\times$(钢管外径$-$钢管壁厚)

式中　m_1——每米长钢管的质量(kg)。

钢管外径及壁厚的单位为厘米(cm)。

2. 再求钢管全长的质量。

例：求一根长 5 m，外径为 100 mm，壁厚为 10 mm 的钢管质量。

解：100 mm＝10 cm；10 mm＝1 cm。

(1)每米长钢管质量为：

$$m_1=2.46\times1\times(10-1)$$
$$=2.46\times9$$
$$=22.14(\mathrm{kg})$$

(2)5 m 长的钢管质量为：

$$m=5\times m_1$$
$$=5\times22.14$$

$=110.7(kg)$

三、圆钢质量的估算

圆钢质量的估算步骤如下：

1. 每米长圆钢质量估算公式：

公式为：$m_1=0.6123d^2$

式中 m_1——每米长圆钢质量(kg)；

d——圆钢直径(cm)。

2. 用每米长圆钢质量乘以圆钢长度，得出圆钢的总质量。

例：试求一根长 6 m，直径为 10 cm 的圆钢质量。

解：(1)每米长圆钢质量为：

$m_1=0.6123\times10^2$

$=61.23(kg)$

(2)6 m 长圆钢质量为：

$m=6\times m_1$

$=6\times61.23$

$=367.38(kg)$

四、等边角钢质量的估算

步骤如下：

1. 每米长等边角钢质量的估算公式为：

$m_1=1.5\times$角钢边长$\times$角钢厚度

式中 m_1——每米长等边角钢的质量(kg)。

角钢边长及壁厚的单位均为 cm。

2. 用每米长角钢质量乘以角钢长度得出角钢的总质量。

例：求 5 m 长，50 mm×50 mm×6 mm 等边角钢的质量。

解：边长 50 mm=5 cm；

厚度 6 mm=0.6 cm。

(1)每米长等边角钢质量

$m_1=1.5\times5\times0.6$

$=4.5(kg)$

(2)5 m 长等边角钢质量

$m=5\times m_1$

$=5\times4.5$

$=22.5(kg)$

第三节 物体的稳定性

物体的稳定性是指其抵抗倾覆的能力。下面以塔式起重机为例介绍物体稳定性的基本知识。

一、稳定系数

塔式起重机的稳定性，通常用稳定系数来表示。所谓稳定系数就是指塔式起重机所有抵抗倾覆的作用力（包括车身自重、平衡重）对塔式起重机倾翻轮缘的力矩，与所有倾翻外力（包括风力、重物、工作惯性力）对塔式起重机倾翻轮缘力矩的比。

二、影响稳定性的因素

1.风力

虽然起重机械在设计时考虑了风力作用，但由于六级以上大风对稳定性不利，因此操作规程规定遇有六级以上大风不准操作。

2.轨道坡度

塔式起重机的操作规程中对轨道坡度的严格要求也是从稳定性出发的，因为坡度大了，车身自重及平衡重的重心便会移向重物一方从而减小稳定力矩，另外因塔身倾斜吊钩远离塔机中心从而加大了倾翻力矩，这样就使稳定系数变小了，增加了塔式起重机翻车的危险性，所以要求司机经常检查轨道。

3.超载

塔式起重机操作规程中明确规定严禁超载，一方面是考虑起重机本身结构安全，另一方面是考虑稳定性的需要，因为吊量愈大，产生的倾翻力矩也愈大，很容易使起重机倾覆。从大量的倒塔事故分析，造成倒塔的原因中，超载使用是最主要的。

4.斜吊重物

塔式起重机的正确操作应该是垂直起吊，如果斜吊重物等于加大了起重力矩，即增大了倾翻力矩，斜度愈大，力臂愈大，倾翻力矩愈大，稳定系数就愈小，因此操作规程规定不许斜吊重物。

5.平衡重

塔式起重机的平衡重是通过计算选定的，不能随意增减。减少平衡重等于减少稳定力矩，对稳定性不利，增加平衡重也会因增加金属结构和运行机构的负担，不利于塔机的正常工作。如果平衡重过大，空载时就有向后倾翻的危险。

第三章　起重吊点的选择和物体绑扎、吊装

建筑起重信号司索工要胜任准备吊具、捆绑挂钩等任务，就必须要学会合理地选择吊点，并掌握相应的绑扎、吊装基本知识。

第一节　起重吊点的选择

在结构吊装或设备吊装中，吊点的选择很重要。为使索具、钢丝绳的受力分配合理，必须选择好重物的重心位置，否则起吊后由于钢丝绳受力不均或重物失去平衡，就可能会使设备或构件倾斜以致造成事故。

选择构件吊点应注意以下几点：

1. 采用一个吊点起吊时，吊点必须选择在构件重心以上。必须使吊点与构件重心的连接与构件的横截面垂直。

2. 采用多个吊点起吊时，应使各吊点吊索拉力的合力作用点，在构件的重心以上。必须正确地确定各吊索长度，使各吊索的汇交点（吊钩位置）与构件重心的连线，与构件的支座面垂直。

3. 柱吊点，一般小型、中型柱可选择一个吊点；重型柱或配肋少的长柱，可选择两个或两个以上吊点；有牛腿的柱，可在牛腿下选择吊点；工字型柱，吊点应选在矩形截面处。

4. 吊车梁的吊点，应对称选择，以便于起吊和保持梁吊起呈水平状态。

5. 屋架的吊点，应靠近节点选择，吊点的数量依据屋架跨度确定，各点吊索的合力作用点必须在屋架重心以上。

6. 天窗架的吊点，6 m 跨的可选择 2 个吊点，9 m 跨的选 4 个吊点。

7. 屋面板和空心抽板，一般设有吊环，若采用兜索时，要对称选择，使板起吊后保持水平。

第二节　物体的常见绑扎方法

在起重吊装中物体的常见捆绑方法主要有死结捆绑法、背扣捆绑法、抬缸式捆绑法、兜捆法等等。

1. 死结捆绑法　死结捆绑法简单，应用较广，其要点是绑绳必须与物体扣紧，不准有空隙。如图 3－1 所示。

2. 背扣捆绑法　此捆绑法可做垂直吊运和水平吊运物体，根据安装和实际需要多用于捆绑和起吊圆木、管子、钢筋等物件。如图 3－2 所示。

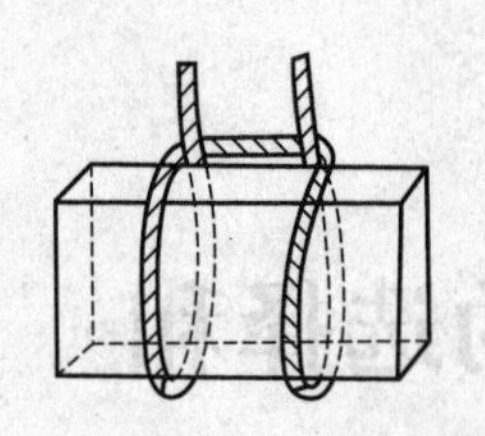

图 3－1　死结捆绑法

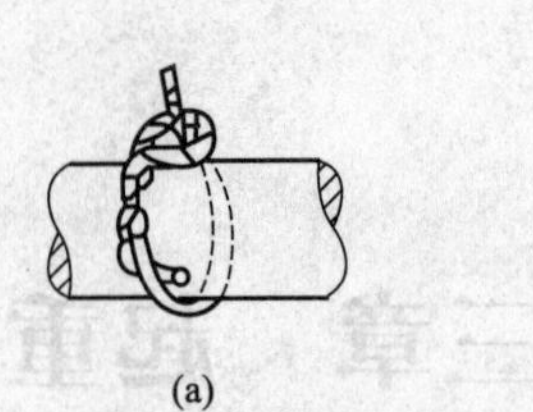
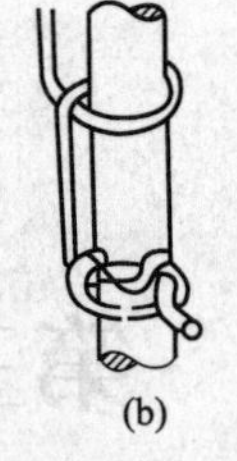

图 3－2　背扣捆绑法

(a)水平吊运背扣捆绑法；(b)垂直吊运背扣捆绑法

3. 抬缸式捆绑法　抬缸式捆绑法适用于捆绑圆筒形物体。如图 3－3 所示。

4. 兜捆法　此捆绑法通常用一对绳扣来兜捆，其方法非常简单实用，对于吊装大型和比较复杂的物件非常方便，如图 3－4 所示。但是一定要切记：为防止其水平分力过大而使绳扣滑脱而发生危险，两对绳扣间夹角不宜过大。

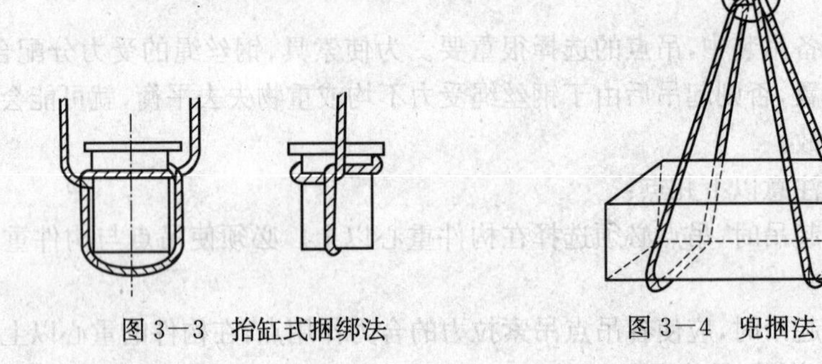

图 3－3　抬缸式捆绑法

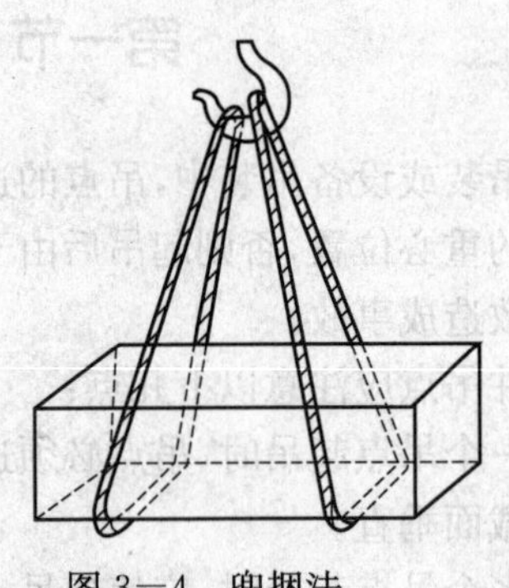

图 3－4　兜捆法

第三节　起重吊装程序

起重工作是一项技术性强、危险性大、多工种人员互相配合、互相协调、精心组织、统一指挥的特殊工种作业。所以在进行吊装作业前必须由施工方技术负责人编制专项施工组织设计，所有施工准备工作应按施工组织设计要求进行。

一、吊装前准备工作

1. 索具及材料准备

根据施工方案的要求，准备吊装所需的索具形式及规格，包括绳索、吊具、垫铁、垫木、焊条、螺栓等。

2. 构件检查

包括检查构件外形尺寸、有无变形、混凝土强度数据资料，柱、梁等是否已弹出安装基准线，安装支撑是否配套、螺栓及孔距是否正确等。

3. 环境检查

包括查看道路是否平整坚实，架空线路、脚手架等是否影响起重机回转作业，焊接电源、焊机是否满足要求等。

4. 编制起重吊装方案

根据作业现场的环境，重物吊运路线及吊运指定位置和起重物重量、重心、重物状况、重物降落点、起重物吊点是否平衡,配备起重设备是否满足需要,进行分析计算,正确制定起重方案,达到安全起吊和就位的目的。

二、构件吊装的一般程序

进行构件的起重吊装一般经过如下几个程序:

1. 起吊就位:使用起重机将堆放在地面上的构件,起吊到设计位置进行安装。起吊中保证构件在空中起落和旋转都要平稳(可采用在起吊构件上拴溜绳加以控制)。就位时,用目测或用线锤对构件的平面位置及垂直度进行初校正。

2. 临时固定:临时固定的方法要便于校正并保证在校正中构件不致倾倒。主要是构件就位后,要先进行临时固定,以便摘去吊钩,吊装下一个构件。

3. 校正:按照安装规范和设计标准将构件的平面位置、标高、垂直度等进行校正,使其符合要求。

4. 固定:按设计规定的连接方法(如灌缝、焊接、铆接、螺栓连接等)将构件予以最后固定。

三、起重吊装中的安全防护设施要求

1. 作业人员:高处作业人员必须佩戴安全带,独立悬空作业人员除去有安全网防护外,还应以个人防护(安全带、安全帽、防滑鞋等)作为补充防护;并且操作人员不能站在构件上以及不牢固的地方进行作业,应站在有防护栏杆的作业平台上工作;作业人员上下应走专用爬梯或斜道,不准攀爬脚手架或建筑物上下,严禁用起重机吊人上下。

2. 吊装时:在进行节间吊装时,应采用平网防护,进行节间综合吊装时,可采用移动平网(即在沿柱子一侧拉一钢丝绳,平网为一个节间的宽度,吊装完一个节间,再向前移动到下一个节间);在进行吊装行车梁时,可在行车梁高度的一侧,沿柱子拉一钢丝绳(距行车梁上表面约1 m左右),当作业人员沿行车梁上作业行走时,将安全带扣牢在钢丝绳上滑行;在进行屋架吊装时,作业人员严禁走屋架上弦,当走屋架下弦时,应把安全带系牢在屋架的加固杆上(在屋架吊装之前临时绑扎的木杆)。

3. 结构及抽板安装后,应及时采取措施,对临边及孔洞按有关规定进行防护,防止吊装过程中发生事故。

第四章　吊装索具、吊具等的选择、安全使用、保养维护和报废标准

按行业习惯，我们把用于起重吊运作业的刚性取物装置称为吊具，把系结物品的挠性工具称为索具或吊索。

吊具可直接吊取物品，如吊钩、抓斗、夹钳、吸盘、专用吊具等。吊具在一般使用条件下，垂直悬挂时允许承受物品的最大质量称为额定起重量。

吊索是吊运物品时，系结勾挂在物品上具有挠性的组合取物装置。它是由高强度挠性件（钢丝绳、起重环链、人造纤维带）配以端部环、钩、卸扣等组合而成。吊索可分为单肢、双肢、三肢、四肢使用。吊索的极限工作载荷是以单肢吊索在一般使用条件下，垂直悬挂时允许承受物品的最大质量。除垂直悬挂使用外，吊索吊点与物品间均存在着夹角，使吊索受力产生变化，在特定吊挂方式下允许承受的最大质量，称为吊索的最大安全工作载荷。

本章通过介绍起重吊装中常用的吊装索具、吊具等的选择、安全使用方法以及维护保养和报废标准，使建筑起重信号司索工不仅掌握钢丝绳、卸扣、吊环、绳卡等常用起重索具、吊具的选择与使用方法，判断钢丝绳、吊钩是否达报废标准，还要学会对钢丝绳、卸扣、吊链的破断拉力、允许拉力进行计算。

第一节　常用索具及使用方法

起重吊装中常用的捆绑绳索有白棕绳和钢丝绳。白棕绳一般用于起吊轻型构件和作溜绳以及受力不大的缆风绳等。钢丝绳由于具有强度高、韧性好、耐磨、在高速下运动无噪音、工作可靠等优点，同时在磨损后外部产生许多毛刺、断丝，容易检查，便于预防事故，所以应用广泛，不但是吊装作业中的主要绳索，还是各类起重机械的起重和传动机构中的主要绳索。下面分别介绍两种绳索。

一、白 棕 绳

1. 白棕绳的构造

白棕绳是由植物纤维搓成线，再由线绕成股，最后将股拧成绳。白棕绳有浸油白棕绳和不浸油白棕绳之分，不浸油的白棕绳受潮后易腐烂，使用中应注意保管。浸油白棕绳不易腐烂，但材质变硬，不易弯曲，因而在吊装中一般都用不浸油的白棕绳。

2. 使用中注意事项

白棕绳应存放在干燥通风的地方，不要和油漆、酸、碱等化学物品接触，防止霉烂、腐蚀。成卷白棕绳在拉开使用时，应先把绳卷平放在地下，将有绳头的一面放在底下，从卷内拉出绳头（如从卷外拉出绳头，绳子就容易扭结），然后根据需要的长度切断。切断前应用细铁丝或麻

绳将切断口两侧的白棕绳扎紧，防止切断后绳头松散。

在使用中，白棕绳穿绕滑车时，滑车的直径应大于绳直径的 10 倍，以免绳因受弯曲过大而降低强度。有绳结的白棕绳不得用于穿滑车使用，如发生扭结，应设法抖直，否则绳子受拉时容易折断。使用白棕绳时避免在粗糙的构件上或地上拖拉，用于捆绑边缘锐利的构件时，应衬垫麻袋、纤维布、木板等物，防止切断绳子。

吊装作业中使用的绳扣，应结扣方便，受力后扣不松脱，解扣简易。

二、钢 丝 绳

钢丝绳具有重量轻、挠性好、承载能力大、高速运行中无噪音并且能承受冲击荷载等特点。钢丝绳正常工作时，不易发生整根绳破断的情况，绳的断裂往往是逐渐产生的，破断之前有断丝预兆，容易检查，可预防事故发生。因此广泛用于各种起重机械，并用作吊索及缆风绳等。

(一)钢丝绳的构造

钢丝绳是直径 0.2～0.3 mm，拉伸极限强度为 1 000～2 600 N/mm² 经特殊处理的钢丝编绞而成。双重绕钢丝绳系先把钢丝绕成股，再由胶绞成绳。这种钢丝绳由于中间有一条软的芯绳，挠性好，因此应用广泛。钢丝绳因构造不同有不同的分类。

1.按绳芯材料分

(1)麻芯与棉芯钢丝绳。具有较高的挠性和弹性，不能承受横向压力(如在卷筒上缠绕多层绳时相互挤压)，不能承受高温。

(2)石棉芯钢丝绳。不能承受横向压力，但可在高温环境下工作。

(3)钢丝芯钢丝绳。这种钢丝绳刚性大，能承受高温和横向压力，但阻挠性较差，可用于起重机具手搬葫芦绳索等。

2.按钢丝绳捻制方法分

(1)同向捻。钢丝绳绕成股和由股拧成绳的方向相同，这种钢丝绳由于钢丝之间接触较好，表面比较平滑，挠性好，磨损小，使用寿命长，但容易松散和扭转，故在自由悬挂重物的起重机中不宜使用，可用于有导轨(如升降机)的起重机械。

(2)交互捻。由钢丝绕成股，与由股拧成绳的方向相反。这种绳具有较大的刚性和寿命较短的缺点，但由于使用中不易松散和没有扭转的优点，故在起重机中应用较多。

(3)混合捻。是同向捻与交互捻的混合捻法，即相邻两股的钢丝扭转的方向相反。它具备了同向捻与交互捻的特点，但因加工工艺复杂采用较少。

(二)钢丝绳的标记方式

钢丝绳的标记方式如 6×19＋1 规格即表示：6 股、19 丝及一根绳芯，另外还有 6×37＋1、6×61＋1 等规格。钢丝绳在直径相同情况下，绳股中钢丝越多，钢丝直径越细，钢丝绳也越柔软，但耐磨性差。物料提升机使用的钢丝绳型号为 6×19＋1。

(三)钢丝绳工作拉力

选择钢丝绳除满足使用上的要求外，还应考虑应有足够的强度承受最大荷载、工作中的耐磨损和反复弯曲的程度、考虑钢丝绳能够抵抗受冲击的强度。

为达到以上要求，对受力中不是定值的采用安全系数方法考虑。钢丝绳的安全系数 K 是按机构的工作级别来选取的，一般轻级工作的选 $K=4$，中级工作的选 $K=5\sim6$，重级工作的选 $K=7$，特重工作级别的选 $K=9$。

整根钢丝绳的拉力要小于绳的全部钢丝总和的破断力。由于钢丝绳是由许多细钢丝绕制而成的，所以在整条绳受力时，各钢丝之间产生的相互摩擦便造成一部分力相互抵消，当计算整条绳的拉力时，要用全部钢丝总和的破断力乘以小于1的换算系数。不同规格的钢丝绳采用的换算系数为：6×19＋1钢丝绳为0.85，6×37＋1钢丝绳为0.82，6×61＋1钢丝绳为0.80。

（四）钢丝绳的绳卡连接

钢丝绳采用绳卡连接时应注意绳卡的安装方向，应将U形卡环放在钢丝绳返回的短绳一侧，将绳卡压板放在长绳（主绳）一侧。因为压板与钢丝绳接触面积大，U形卡环与钢丝绳接触面积小，在同等外力下，主绳单位面积受力较小，使用时不会首先破断。安装绳卡时，应按照一个方向安装，不准一正一反安装，如图4－1所示。

绳卡安装间距为钢丝绳直径的6～8倍，绳卡的个数依钢丝绳直径确定，当钢丝绳直径小于10 mm（缆风绳）用3个绳卡；钢丝绳10～20 mm（提升机构）用4个绳卡。钢丝绳端头应用铁丝绑扎防止松散。

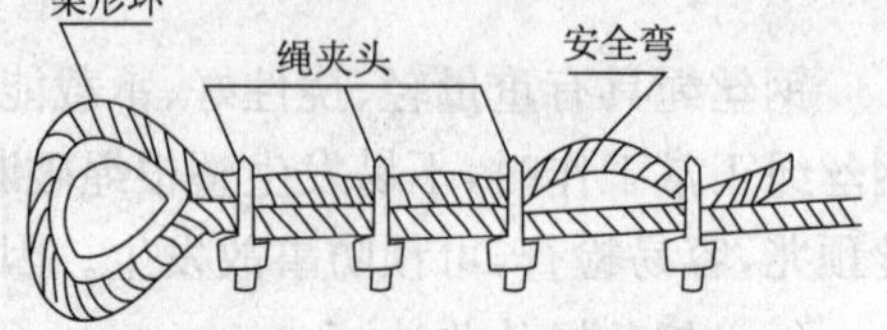

图4－1　钢丝绳的绳卡连接

（五）钢丝绳的安全使用

新更换的钢丝绳应与原安装的钢丝绳同类型、同规格。如采用不同类型的钢丝绳，应保证新换钢丝绳性能不低于原钢丝绳，并能与卷筒和滑轮的槽形相符。钢丝绳捻向应与卷筒绳槽螺旋方向一致，单层卷绕时应设导绳器加以保护以防乱绳。新装或更换钢丝绳时，从卷轴或钢丝绳卷上抽出钢丝绳应注意防止钢丝绳打环，扭结、弯折或粘上杂物，截取钢丝绳应在截取两端处用细钢丝扎结牢固，防止切断后绳股松散。

钢丝绳在使用中应尽量避免突然的冲击振动，对运动的钢丝绳与机械某部位发生摩擦接触时，应在机械接触部位加适当保护措施；对于捆绑绳与吊载棱角接触时，应在钢丝绳与吊载棱角之间加垫木或钢板等保护措施，以防钢丝因机械割伤而破断。钢丝绳起升过程中不准斜吊，应安装起升限位器，以防过卷拉断钢丝绳。严禁超载起吊，应安装超载限制器或力矩限制器加以保护。

第二节　钢丝绳的维护保养与报废标准

一、钢丝绳的维护保养

钢丝绳的维护保养应根据起重机械的用途、工作环境和钢丝绳的种类而定。对钢丝绳的保养最有效的措施是适当地对工作的钢丝绳进行清洗和涂抹润滑油脂。注意日常观察和定期检查钢丝各部位异常与隐患，也是对钢丝绳的最好维护。

当工作的钢丝绳上出现锈迹或绳上凝集着大量的污物，为消除锈蚀和污物对钢丝绳的腐蚀破坏，应拆除钢丝绳进行清洗除污保养。

清洗后的钢丝绳应及时地涂抹润滑油或润滑脂，为了提高润滑油脂的浸透效果，往往将洗净的钢丝绳盘好再投入到预热至80℃～100℃的润滑油脂中泡至饱和，这样润滑脂便能充分地浸透到绳芯中。当钢丝绳重新工作时，油脂将从绳芯中不断渗溢到钢丝之间及绳股之间的空隙中，就可以大大改善钢丝之间及绳股之间的摩擦状况从而降低磨损破坏程度。同时钢丝绳由绳芯溢出的油脂又会降低钢丝绳与滑轮之间、钢丝绳与卷筒之间的磨损状况。如果钢丝绳上污物不多，也可以直接在钢丝绳的重要部位，如经常与滑轮、卷筒接触部位的绳段及绳端固定部位绳段涂抹润滑油或润滑脂，以减小摩擦，降低钢丝绳的磨损量。

对卷筒或滑轮的绳槽也应经常清理污物，如果卷筒或滑轮绳槽部分有破裂损伤造成钢丝绳加剧破坏时，应及时对卷筒、滑轮进行修整或更换。

当起升钢丝绳分支在四支以上时，空载常见钢丝绳在空中打花扭转，此时应及时拆卸钢丝绳，让钢丝绳伸直在自由状态下放松消除扭结，然后再重新安装。

对于吊装捆绑绳，除了适当进行清洗浸油保养之外，主要的是要时刻注意加垫保护钢丝绳不被重物棱角割伤割断，还要特别注意捆绑绳尽量避免与灰尘、砂土、煤粉矿渣、酸碱化合物接触，一旦接触应及时清除干净。

二、钢丝绳的报废标准

钢丝绳是易损件，起重机械总体设计不可能是各种零件都按等强度设计，例如电动葫芦的总体设计寿命为10年，而钢丝绳的寿命仅为总体设计寿命的1/3左右，就是说在电动葫芦报废之前允许更换二次钢丝绳。

钢丝绳的损坏不是孤立的，是由各种因素综合积累造成的，钢丝绳是报废还是继续使用应依据不同的情况判断并确定。

造成钢丝绳损坏报废的因素按下列项目判定：断丝的性质和数量，绳端断丝，断丝的局部聚集，断丝的增加率，绳股断裂，绳径减小（包括绳芯损坏所致的情况），弹性降低、外部磨损，外部及内部腐蚀，变形，由于热或电弧的作用而引起的损坏，永久伸长的增加率。

钢丝绳吊索，当出现下列情况之一时，应停止使用，进行维修、更换或报废。

1.无规律分布损坏，在6倍钢丝绳直径的长度范围内，可见断丝总数超过钢丝总数的5%。

2.钢丝绳局部可见断丝损坏；有三根以上断丝聚集在一起。

3.索眼表面出现集中断丝或断丝集中在金属套管、插接处附近，插接连接绳股中。

4.钢丝绳严重锈蚀：柔性降低，表面粗糙，在锈蚀部位实测钢丝绳直径已不到原公称直径的93%。

5.因打结、扭曲、挤压造成钢丝绳畸变、压破、芯损坏或钢丝绳压扁超过原公称直径的20%。

6.钢丝绳热损坏：由于电弧、熔化金属液浸烫或长时间暴露于高温环境中引起的强度下降。

7.插接处严重受挤压、磨损或绳径缩小到原公称直径的95%。

8.绳端固定连接的金属套管或插接连接部分滑出。

9.端部配件达到报废标准。

第三节 常用吊具

起重吊装中常用的吊具主要有卸扣、吊环、绳卡、吊链、吊钩等。

一、卸　　扣

卸扣也称卸甲，卸扣由弯环与销子组成，主要用于吊索与吊索或吊索与构件吊环之间的连接。

1.种类

卸扣按销子的连接方式分，有螺栓式卸扣和活络卸扣。螺栓式卸扣的销子用螺母锁定，活络卸扣销子无锁住装置可以直接抽出。活络卸扣常用于吊装柱子，当柱子就位并临时固定后，可在地面用事先系在销子尾部的绳子将销子拉出，解开吊索，避免了高处作业的危险且提高效率。

使用活络卸扣时应使销子尾部朝下，这时吊索受力后压紧销子，不会使销子掉下，确保吊装安全，同时也方便拉出销子。在拉出销子时，应在起重机落钩、吊索松弛，且拉绳与销轴成一直线时拉出。

2. 卸扣荷载

由于建筑施工现场情况复杂多样，很难进行精确计算，下面介绍一种近似计算卸扣允许荷载的方法：

$$P \approx 3.5 \times d$$

式中 d——销子直径(ram)；

P——允许荷载(kg)。

3. 使用卸扣的注意事项

卸扣在使用时，必须注意安装及使用的正确性。卸扣应竖向使用，即使销子与环底受力，不能横向受力，否则会造成卸扣变形，尤其当采用活络卸扣时，若横向受力销子容易脱离销孔，吊索会滑脱出来；使用螺栓式卸扣时，要注意使销子旋紧的方向与钢丝绳拉紧的方向相同，否则钢丝绳拉紧过程中会使销子退扣脱出造成事故。

构件吊装完毕摘除卸扣时，不准往下抛掷，防止卸扣变形和损伤。

二、吊　　环

吊环一般是作为吊索、吊具钩挂起升至吊钩的端部件。根据吊环的形状可分为圆吊环、梨形环和长吊环，根据吊索的分肢数的多少，还可分为主环和中间主环。吊环的主要技术参数见表4—1、表4—2。

1. 端部吊环

表4—1　吊环技术参数

额定载荷	圆吊环(mm)		梨形环(mm)				试验载荷(t)	长吊环(mm)			重量(kg)
	d	D	d	r	R	L		A	B	d	
3	24	100	20	60	20	85	6	80	144	20	1.08
5	28	150	30	65	25	93	10	100	180	26	2.30
8	33	175	33	75	30	100	16	120	216	32	4.20
10	38	225	38	80	50	146					
12							24	140	252	38	6.93

2. 中间环

表4—2　组合吊环中间环技术参数

主吊环载荷(t)	中间环载荷(t)	A(ram)	B(ram)	d(ram)	重量(kg)
3	2.1	54	108	16	0.51
5	3.5	70	140	20	1.04
8	5.6	85	170	25	1.97
12	8.5	100	200	30	3.35

三、钢丝绳卡

钢丝绳卡是制作索扣的快捷工具，如操作正确，强度可为钢丝绳自身强度 80%。其正确布置方向如图 4—2 所示。

1.钢丝绳卡的正确使用方法

为减小主受力端钢丝绳的夹持损坏，夹座应扣在钢丝绳的工作段上，U 形螺栓扣在钢丝绳尾段上，绳夹的间距 A 等于 6～7 倍钢丝绳直径。钢丝绳的紧固强度取决于绳径和绳夹匹配，以及一次紧固后的二次调整紧固。绳夹在实际使用中，受载一次后应作检查，离套环最远处的绳夹不得首先单独紧固，离套环最近处的绳夹应尽可能地靠紧套环，但不得损坏外层钢丝。

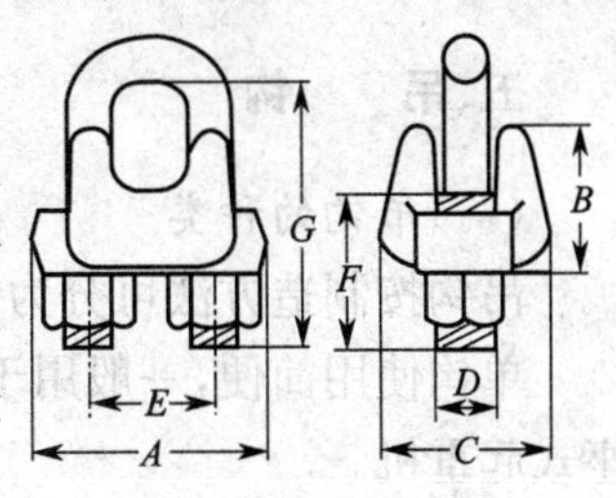

图 4—2　钢丝绳卡正确布置方向

2.钢丝绳卡的使用数量

钢丝绳夹所用的数量与绳径相关。按表 4—3 选取。

表 4—3　钢丝绳卡数量的选用

绳夹公称尺寸 钢丝绳公称直径(mm)	<7	≥7～16	≥16～20	≥20～26	≥26～40
钢丝绳夹最少数量(组)	3	5	6	7	8

四、吊　　链

吊链是起重作业中使用广泛的工具，吊链的挠性元件是起重短环链，根据其材质的不同吊链可分为 M(4)、S(6)、T(8)级三个强度等级。

吊链的最大特点是承受载荷能力大，可以耐高温，因此多用于冶金行业。其缺点是对冲击载荷比较敏感，发生断裂时无明显征兆。

(一)吊链的最大安全工作载荷

吊链的最大安全工作载荷可按下式计算：

最大安全工作载荷＝吊挂方式系数×标记在吊索单独分肢上的极限工作载荷

(二)吊链的安全使用

吊链使用前，应进行全面检查，准备提升时，链条应伸直，不得扭曲、打结或弯折；吊链在酸性介质中使用时，应采取下列保护措施：此时该吊链的极限工作载荷应不大于原极限工作载荷的 50%；吊链使用后，应立即用清水彻底冲洗；吊链端部配件，如环眼吊钩，应按相应要求使用；用多肢吊链通过吊耳连接时，一般分肢间夹角不应超过 60°。

(三)吊链的报废标准

吊链端部配件环眼吊钩、夹钳等应分别按有关规定报废。其他端部配件和环链出现下列情况之一时，应更换或报废。

1.链环发生塑性变形，伸长达原长度 5%。

2.链环之间以及链环与端部配件连接接触部位磨损减小到原公称直径的 60%；其他部位磨损减少到原公称直径的 90%。

3.裂纹或高拉应力区的深凹痕，锐利横向凹痕。

4. 链环修复后，未能平滑过渡或直径减少量大于原公称直径的 10%。

5. 扭曲、严重锈蚀以后积垢不能加以排除。

6. 端部配件的危险断面磨损减少量达原尺寸 10%。

7. 有开口度的端部配件，开口度比原尺寸增加 10%。

五、吊　　钩

(一)吊钩的种类

吊钩按制造方法可分为锻造吊钩和片式吊钩，根据外形的不同，分单钩和双钩。

单钩使用简便，一般用于小起重量，双钩受力较好，多用于较大的起重量，如用在桥式和门座式起重机。

(二)吊钩的安全技术要求

1. 吊钩的危险断面

对吊钩进行检验前，了解吊钩的三个危险断面及其重要。通过对吊钩的受力分析，可知在重物 Q 的作用下，在Ⅰ－Ⅰ断面，吊钩受切应力的作用，在Ⅱ－Ⅱ断面，吊钩同时受切应力和力矩作用，在Ⅲ－Ⅲ断面，吊钩受拉应力作用，如图 4－3 所示。

2. 吊钩的检验

在进行吊钩的检验时，一般先用煤油洗净钩身，然后用 20 倍放大镜检查钩身是否有疲劳裂纹，特别是对危险断面的检查，要格外认真、仔细。钩柱螺纹部分的退刀槽要注意检查有无裂缝。

对于板钩还应检查衬套、销子、小孔、耳环及其他紧固件是否有松动、磨损现象。对一些大型、重型起重机的吊钩还应采用无损探伤法检验其内部是否存在缺陷。

3. 吊钩的保险装置

吊钩的保险装置为防脱棘爪，即吊钩保险。在吊钩工作时，该装置可以防止索具脱钩，预防安全事故的发生，如图 4－4 所示。

4. 吊钩的报废

吊钩禁止补焊，当吊钳有下列情况之一时，应予以报废：

挂绳处断面磨损超过原高度的 10%；心轴磨损量超过其直径的 5%；开口度比原尺寸增大 15%；用 20 倍放大镜观察，表面有裂纹；钩尾和螺纹部分等危险断面及钩筋有永久性变形。

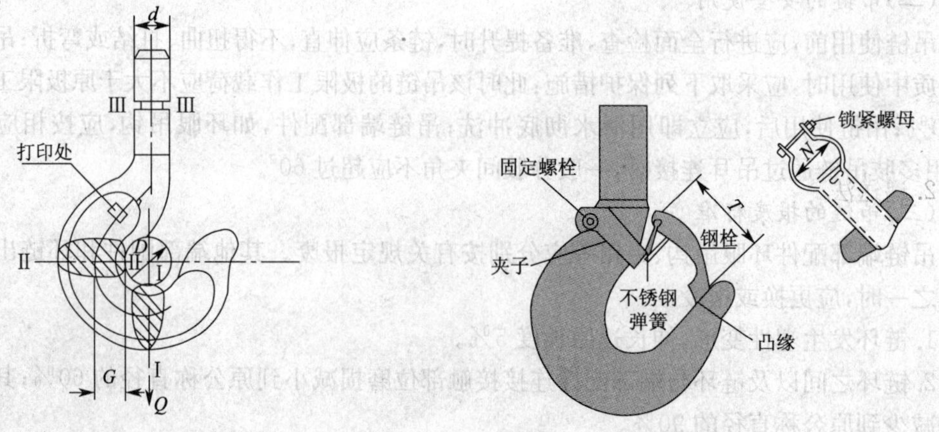

图 4－3　吊钩的危险断面

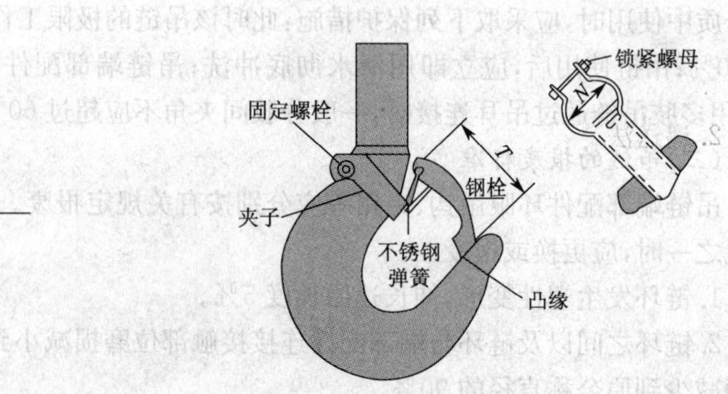

图 4－4　吊钩防脱棘爪

第五章 两台或多台起重机械联合作业的安全理论知识和负荷分配方法

在起重吊装作业中，如所吊重物重量较大，就需要用两台或多台起重机械进行联合作业。在用多台起重机联合作业时，应根据实际情况制定详细的吊装方案，并按照方案进行施工。

下面以吊装混凝土柱子为例了解两台起重机联合作业。

一、常用的吊装方法

当采用两台起重机吊装混凝土柱子时，常用的吊装方法有滑行法和递送法两种。

1. 滑行法

滑行法是指两台起重机在起吊到就位的过程中都起主要作用。滑行法宜选择型号相同的起重机。

滑行法的吊装步骤：双机抬吊滑行法其柱的平面布置与单机起吊滑行法基本相同。将柱子翻身就位后，在柱脚下设置木板、钢管并铺滑行道，做好准备工作，然后两台起重机停放位置对立，其吊钩均应位于柱子上方(图 5－1)，在信号工的统一指挥下，两台起重机以相同的升钩、旋转速度工作，同时起吊，将混凝土柱子垂直吊离地面，两台起重机同时落钩将柱脚插入指定杯口。

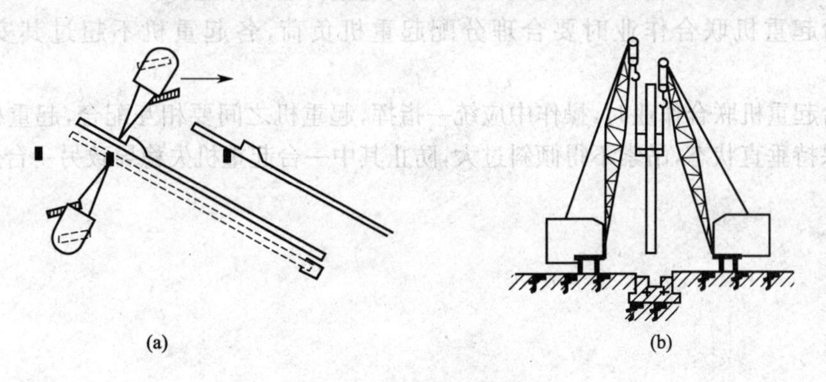

图 5－1　双机抬吊滑行法

2. 递送法

递送法是指两台起重机中的一台作为主机，另一台作为辅机配合主机进行吊装作业。

递送法的吊装步骤：在信号工的统一指挥下，一台起重机作为主机起吊混凝土柱子的上吊点，另一台作为副机吊柱子的下吊点，随主机起吊，柱的布置应使两个吊点与基础中心分别处于起重半径的圆弧上，两台起重机并列于柱的一侧(图 5－2)起吊时，两机同时同速升钩，将柱吊离地面，然后两台起重机起重臂同时向杯口旋转，此时，从动起重机 A 只旋转不提升，主动起重机 B 则边旋转边升钩直至柱直立，双机以等速缓慢落钩，将柱插入杯口中。

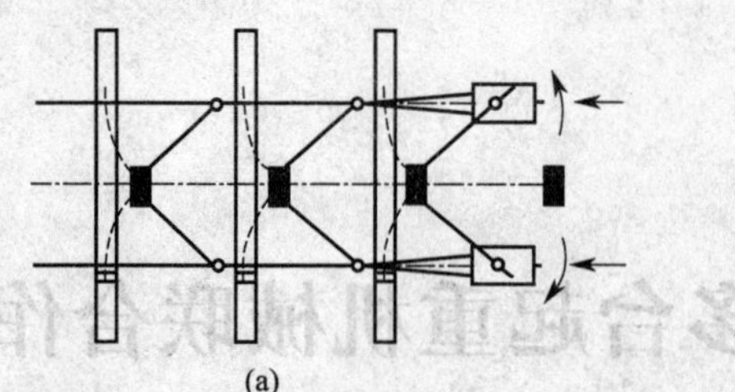

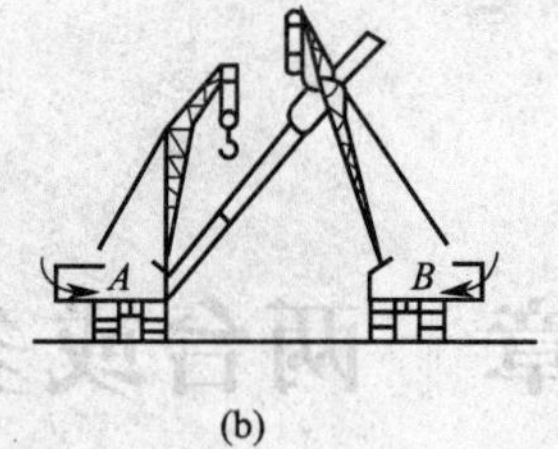

图 5—2　双机抬吊递送法

二、两台或多台起重机联合作业时的负荷分配

采用双机抬吊时，为使各机的负荷均不超过该机的起重能力，应进行负荷分配，其计算方法(图 5—3)为：

$$P_1=1.25Q\frac{d_2}{d_1+d_2}$$

$$P_2=1.25Q\frac{d_1}{d_1+d_2}$$

式中　Q——柱的重量(t)；

P_1——第一台起重机的负荷(t)；

P_2——第二台起重机的负荷(t)；

d_1、d_2——分别为起重机吊点至柱重心距离(m)；

1.25——双机抬吊可能引起的超负荷系数，若有保证不超载的措施，可不乘此系数。

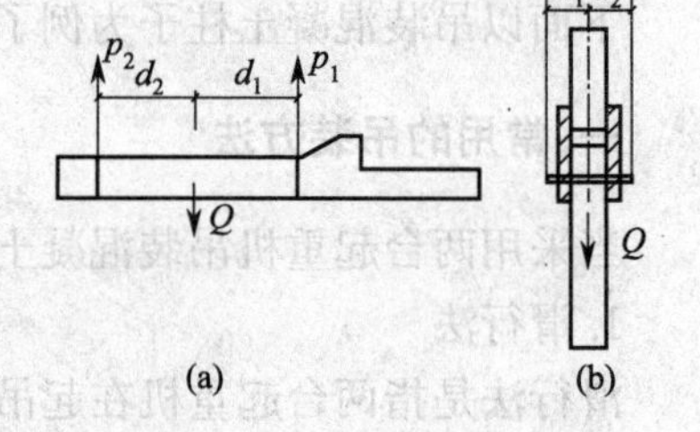

图 5—3　负荷分配计算简图

(a)两点抬吊；(b)一点抬吊

三、两台或多台起重机联合作业时的注意事项

1. 吊装中尽量选择同类型且起重性能相似的起重机进行作业。

2. 多台起重机联合作业时要合理分配起重机负荷，各起重机不超过其安全起重量的 80%。

3. 多台起重机联合作业时，操作中应统一指挥，起重机之间要相互配合，起重机的吊钩滑轮应尽量保持垂直状态，吊索不得倾斜过大，防止其中一台起重机失稳导致另一台超载。

第六章　起重信号司索作业的安全技术操作规程

起重信号司索作业人员必须经建设行政主管部门培训考核合格、取得特种作业资格证，并熟悉所指定起重机械的技术性能后，方可从事司索作业。

一、吊装前的准备工作

1. 作业前，起重信号司索作业人员应穿戴好安全帽及其他防护用品。

2. 吊具的准备。起重信号司索作业人员进行载荷的重量计算或估算，对吊物的重量和重心估计要准确，如果是目测估算，应增大20%来选择吊具。根据载荷情况正确选择索具吊具，每次吊装都要对吊具进行认真的安全检查，如果是旧吊索应根据情况降级使用，绝不可超载或使用已报废的吊具。

3. 信号司索作业人员选择自己的位置时应注意：在所指定的区域内，应能清楚地看到负载，并保证与起重机司机之间视线清楚。指挥人员要与被吊运物体间保持安全距离。

4. 当信号司索人员不能同时看见起重机司机和负载时，应站到能看见起重机司机的一侧，并增设中间人员传递信号。

二、捆绑吊物过程中应注意的事项

1. 起重信号司索工应对吊物进行必要的归类、清理和检查，吊物不能被其他物体挤压，被埋或被冻的物体要完全挖出。

2. 仔细观察吊物及其周边情况，切断其与周围管、线的一切联系，防止造成超载；清除吊物表面或空腔内的杂物，将可移动的零件锁紧或捆牢，形状或尺寸不同的物品不经特殊捆绑不得混吊，防止坠落伤人；吊物捆扎部位的毛刺要打磨平滑，尖棱利角应加垫物，防止起吊吃力后损坏吊索。表面光滑的吊物应采取措施来防止起吊后吊索滑动或吊物滑脱。

3. 捆绑后留出的绳头，必须紧绕吊钩或吊物上，防止吊物移动，挂在沿途人员或物件上。

4. 吊运大而重的物体应加诱导绳。诱导绳长度既要避开吊物正下方，又要方便司索工握住绳头，以控制吊物。

三、挂钩起钩

1. 挂钩要坚持"五不挂"，即起重或吊物重量不明不挂，重心位置不清楚不挂，尖棱利角和易滑工件无衬垫物不挂，吊具及配套工具不合格或报废不挂，包装松散捆绑不良不挂，将不安全隐患消除在挂钩前。

2. 当多人吊挂同一吊物时，应由一专人负责指挥，在确认吊挂完备，所有人员都离开站在安全位置以后，才可发出起钩信号；起钩时，地面人员不应站在吊物倾翻、坠落可波及的地方；

如果作业场地为斜面，则应站在斜面上方（不可在死角），防止吊物坠落后继续沿斜面滚移伤人。

3. 吊物高大时需要垫物攀高挂钩、摘钩时必须佩戴安全带，脚踏物一定要稳固垫实，禁止使用易滚动物体（如圆木、管子、滚筒等）做脚踏物。

4. 禁止司索或其他人员站在吊物上一同起吊，严禁司索人员停留在吊重下。

5. 在开始指挥起吊负载时，用微动信号指挥，待负载离开地面 100～200 mm 时，停止起升，进行试吊，确认安全可靠后，方可用正常起升信号指挥重物上升。

6. 起重机吊钩的吊点，应与吊物重心在同一条铅垂线上使吊重处于稳定平衡状态。吊钩要位于被吊物重心的正上方，不准斜拉吊钩硬挂，防止提升后吊物翻转、摆动。

7. 在雨雪天气作业时，应先经过试吊，检验制动器灵敏可靠后，方可进行正常的起吊作业。

四、摘钩卸载

1. 吊物运输到位前，起重信号司索工应选择好安置位置，卸载不要挤压电气线路和其他管线，不要阻塞通道。

2. 针对不同吊物种类应采取不同措施加以支撑、垫稳、归类摆放，不得混码、互相挤压、悬空摆放，防止吊物滚落、侧倒、塌垛。

3. 卸往运输车辆上的吊物，要注意观察重心是否平稳，确认不致倾倒时，方可松绑、卸物。

4. 摘钩时应等所有吊索完全松弛再进行，确认所有绳索从钩上卸下再起钩，不允许抖绳摘索，更不许利用起重机抽索。

5. 应做到经常清理作业现场，保持道路畅通。安全通道畅通无阻。

6. 经常保养吊具、索具，确保使用安全可靠，延长使用寿命。

第七章　起重信号司索作业常见事故原因及处置方法

在起重吊装工作中，信号司索作业人员从事捆绑挂钩、摘钩卸载以及现场指挥等工作，是起重机司机与所吊重物间的纽带，工作中稍有疏忽，将会酿成安全事故，因此信号司索工的工作质量与整个起重作业安全关系极大。

案例一：1988 年 3 月 8 日下午 2 时许，某单位吊车司机张某操纵 20 t 三菱牌汽车吊将一根重达 7.3 t 的花篮梁卸到工地上。担任指挥员的杨某自以为钩已挂好，离开岗位，轻松地坐到运输车驾驶室里与司机李某抽烟聊天，司机张某按照以往习惯，照样轻松自如地作业，结果万没料到，工地的土质松软，在吊运回转过程中，由于无人指挥，汽车吊支腿陷入泥里也无人发觉。最终由于车身重心失去平衡而倾倒，重达 7.3 t 的花篮梁狠狠地砸在构件运输车上，指挥员杨某和司机李某被砸扁压瘦的驾驶室轧住。导致杨某因伤势过重抢救无效死亡，李某虽然保住了生命，但两腿高位截肢，落得终身残废。

事故原因：

1. 违章作业和不负责任是造成本次恶性事故的主要原因。

2. 指挥员杨某擅离岗位，没有认真指挥配合司机工作。

预防措施：

强化对司机和指挥人员及作业人员的安全技术教育和职业道德教育，提高工作责任心，自觉遵守各项规章制度，严禁违章作业。

案例二：1983 年 9 月 20 日上午，在某蛋品的冷库工程工地上，春光号起重机正在吊混凝土吊斗，由于不垂直，重心偏离起吊垂直线约 2 m，起吊后的吊斗便缓慢向前移动。前方起重指挥邵某正背朝吊机，两手搭在江某肩上说话，此时电源突然跳闸，下降吊点的措施失效，吊斗向邵、江两人撞击。邵某因躲闪不及，被吊斗撞击在翻斗车上，终因内脏多处严重损伤而不治身亡。

事故原因：

1. 违章作业，歪拉斜吊，是导致这起事故的直接原因。

2. 现场指挥混乱，指挥邵某玩忽职守，混凝土工小马无证违章指挥是这起事故的主要原因。

预防措施：

1. 按操作规程进行操作是指挥和起重机司机的职责，指挥人员和起重机司机要严格遵守“十不吊”的规定，歪拉斜挂不吊。

2. 吊车起重作业时，必须配有一名有经验持有操作证的起重指挥人员指挥，不能让无证人员进行指挥，担任指挥起重工作必须工作认真，责任心强，严格执行安全操作规程。

案例三：1975 年 1 月 19 日 10 日，某市西城区起重社三大队在北京开关厂用卷扬机挪运一台10 t重的磨床时，把挂滑轮的钢丝绳围在一个石槽上。钢丝绳受力后，被石槽棱角处硌断，钢丝绳猛力蹦起，抽在现场指挥者刘××的右脚上，使其摔倒，头部受重伤，于次日死亡。

事故原因：

钢丝绳与棱角的坚硬物接触，受力后被硌断。

预防措施：

今后对有关人员进行加强对特殊工种的安全技术操作规程的教育，严格按照安全操作规程进行工作，对现场每个细微的变化都应注意到，对出现的问题，及时采取措施。

案例四：1981年8月29日17时15分，某市烟厂发酵室使用桥式起重机吊叶包进行发酵，未挂牢，在吊高至2 m时脱钩，将技术员路××砸伤后死亡。

事故原因：

司索工安全意识比较淡薄，违反操作规程，没有挂牢脱钩。

预防措施：

今后有关部门加强对司索工的安全思想教育，端正工作态度。

案例五：1981年11月11日7点30分，某市石油加工厂装卸队工人在装卸站台吊运4 t机床，当时用两条3分的钢丝绳吊索起吊，当试吊离地时，有一条吊索松一点，机床开始倾斜，工人用木板垫，垫上后又继续起吊，吊起后，机床还是倾斜，司索工用手将机床扶正，但将要放下时，两条钢丝绳吊索突然全部断开，机床掉下，机床底座和主轴摔坏，损失价值36万元。

事故原因：

1. 钢丝绳吊索选择不当，超负荷吊装，按规定，吊4 t件，应选用6分的钢丝绳吊索。

2. 违反起重安全操作规程，一端绳长，失去平衡，另一端加重负荷导致钢丝绳吊索拉断。

预防措施：

今后应克服有关人员无知、自负、求快的心理，经常组织有关人员认真学习安全操作规程，对于所从事起重司索工作的一些计算和知识进行学习和掌握，经常考核，提高起重司索人员的水平。

第八章　起重吊运指挥信号

建筑起重吊装中信号司索工常用的指挥信号有通用手势信号、专用手势信号以及其他常用的指挥信号，起重信号司索工必须要掌握起重指挥信号的运用。

第一节　通用手势信号

通用手势信号是指各种类型的起重机械在起重、吊运过程中普遍适用的指挥手势。通用手势信号共有 14 个，下面逐一介绍。

一、“预备”或“注意”手势（图 8—1）

指挥人员发出开始工作的指令时，要做出“预备”手势，以提示司机准备吊运。这主要用于工作的开始或停止较长一段时间后继续工作前。起重司机对这种“预备”信号，应用“明白”音响信号回答，使自己置于指挥人员的指挥之下。当起重机负载高速运行在操作过程中准备更换动作时，都可以使用这个“注意”信号，起重机司机不必发出回答的音响信号，应控制住起重机的运行速度，并开始减慢速度。

二、“要主钩”手势（图 8—2）和“要副钩”手势（图 8—3）

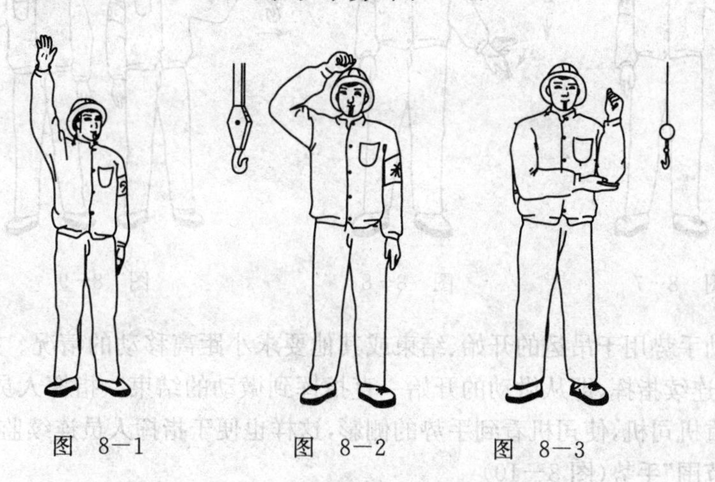

图　8—1　　　　图　8—2　　　　图　8—3

这两种手势用于具有主、副钩的起重机械中，区别使用哪种吊钩的一种手势。指挥人员可根据载荷情况决定使用哪种手势。

三、“吊钩上升”手势（图 8—4）

这是用于正常速度起吊载或空钩上升的手势。

四、“吊钩下降”手势（图 8—5）

这是用于正常速度降下负载或空钩的手势。

五、“吊钩水平移动”手势（图 8—6）

这种手势主要用于对桥式起重机小车的指挥。指挥人员根据所处的指挥位置，可向左、右做手势。也可向前、后做手势。

同样能完成“吊钩水平移动”的手势还有“起重机前进”、“起重机后退”、“升臂”、“转臂”等，这些手势都能实现负载的水平移动。一般情况，指挥人员应根据起重机械的具体情况，选择相应的指挥手势。

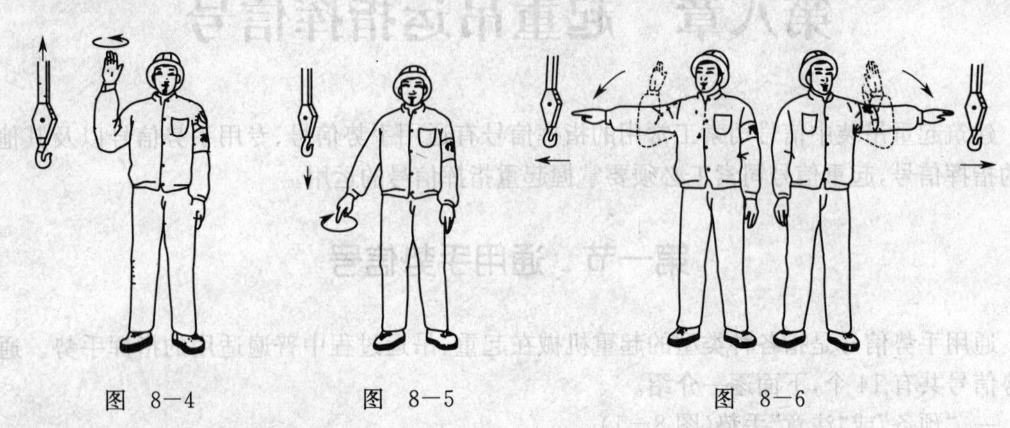

图 8-4　　图 8-5　　图 8-6

六、“吊钩微微上升”手势(图 8—7)、“吊钩微微下降”手势(图 8—8)和“吊钩水平微微移动”(图 8—9)

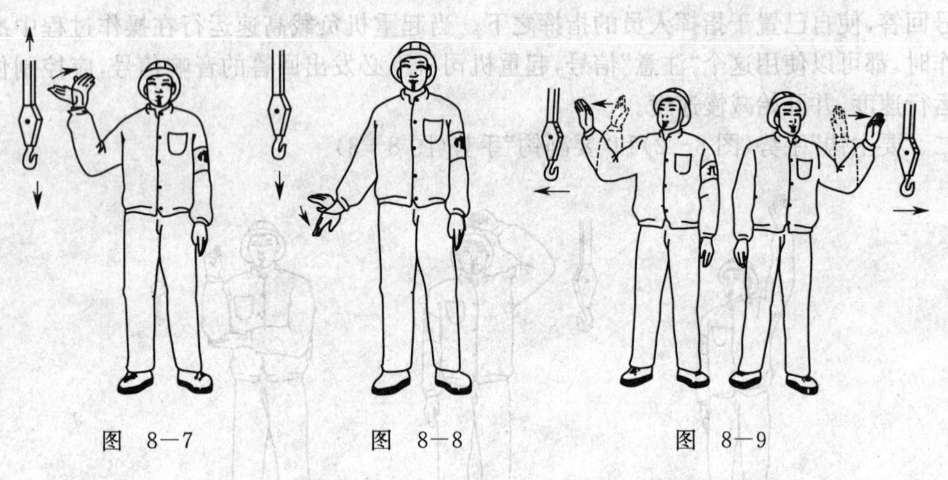

图 8-7　　图 8-8　　图 8-9

这三个微动手势用于吊运的开始、结束或其他要求小距离移动的情况。指挥人员做手势时，可有节奏地连续指挥，即从微动的开始一直指挥到微动的结束。指挥人员在指挥中，应保持 3/4 面向起重机司机，使司机看到手势的侧影，这样也便于指挥人员连续监视负载的运行。

七、“微动范围”手势(图 8—10)

“微动范围”手势用于负载快要接近要求的位置时，提醒起重机司机注意。在操纵负载时，要移动这样一个相应的距离。这种手势可配合哨笛直接指挥，也可先做“微微移动范围”手势，提醒起重机司机注意，然后再使用所需要的微微移动手势指挥。

八、“指示降落方位”手势(图 8—11)

“指示降落方位”手势用于降下负载时，指出降落的物体应放置在某一具体位置的手势。

九、“停止”手势(图 8—12)

“停止”手势用于负载运行的正常停止手势，起重机司机在操纵设备时，应逐渐地而不要突然地停车。

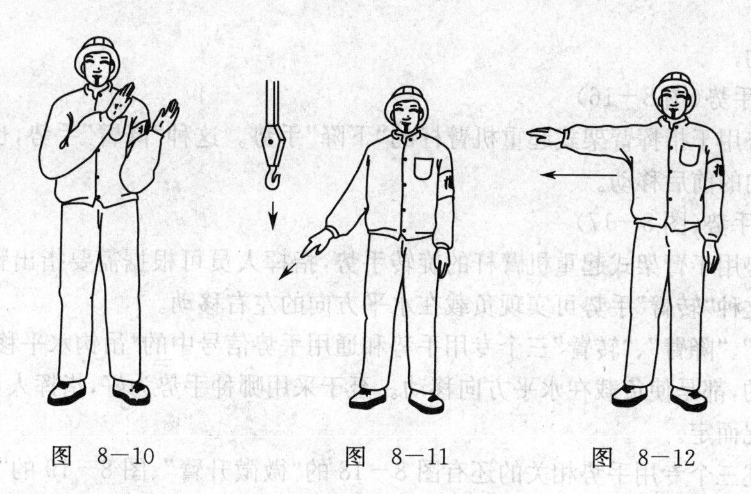

图 8—10　　图 8—11　　图 8—12

十、"紧急停止"手势(图 8—13)

"紧急停止"手势用于负载运行的紧急停止手势。"紧急停止"手势主要用在：

1. 瞬间停车，也就是在接到信号后的极短时间内停止运行。

2. 有意外或有危险情况的紧急停车，例如：负载对人的安全有威胁或快要碰上障碍物。这种情况下，指挥人员发出"紧急停止"手势。起重机司机应使负载在不失去平衡的前提下尽快停车。

十一、"工作结束"手势(图 8—14)

"工作结束"手势说明工作结束，指挥人员不再向起重机司机发出任何指挥信号。起重机司机接到此信号后，发出"回答"音响信号，便可结束工作。

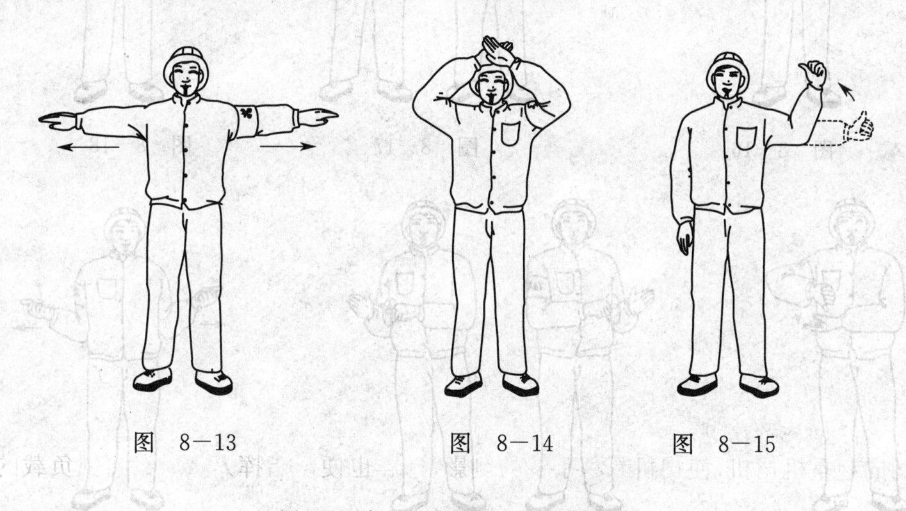

图 8—13　　图 8—14　　图 8—15

第二节　专用手势信号

专用手势信号是指具有特殊的起升、变幅、回转机构的起重机中单独使用的指挥手势。专用手势信号是根据不同的起重机械的机构特点和工作状态制定的。这部分手势信号不能单独用在起重吊运工作的全过程，它只是作为通用手势信号的补充。在完成指挥吊运工作的过程中，指挥人员可根据起重机械形式，选择必要的专用手势配合通用手势信号。

专用手势信号共有 14 个(如图 8—15～图 8—28 所示)。

一、"升臂"手势(图 8—15)

"升臂"手势用于臂架式起重机臂杆的上升手势。这种"升臂"手势。可以指挥负载在水平方向的前后移动。

二、“降臂”手势(图 8—16)

“降臂”手势用于指挥臂架式起重机臂杆的“下降”手势。这种“降臂”手势，也同样能实现负载在水平方向的前后移动。

三、“转臂”手势(图 8—17)

“转臂”手势用于臂架式起重机臂杆的旋转手势，指挥人员可根据需要指出臂杆应转动的方向和位置。这种“转臂”手势可实现负载在水平方向的左右移动。

上述“升臂”、“降臂”、“转臂”三个专用手势和通用手势信号中的“吊钩水平移动”手势的指挥目的是相同的，都是使负载在水平方向移动。至于采用哪种手势为好，指挥人员可根据起重机械的具体情况而定。

另外与上述三个专用手势相关的还有图 8—18 的“微微升臂”、图 8—19 的“微微降臂”图 8—20 的“微微转臂”手势，这三个手势主要用于小距离的前、后、左、右移动。这些手势可连续指挥，即从微动开始一直指挥到微动结束。根据臂杆所在位置情况，指挥要有一定节奏。

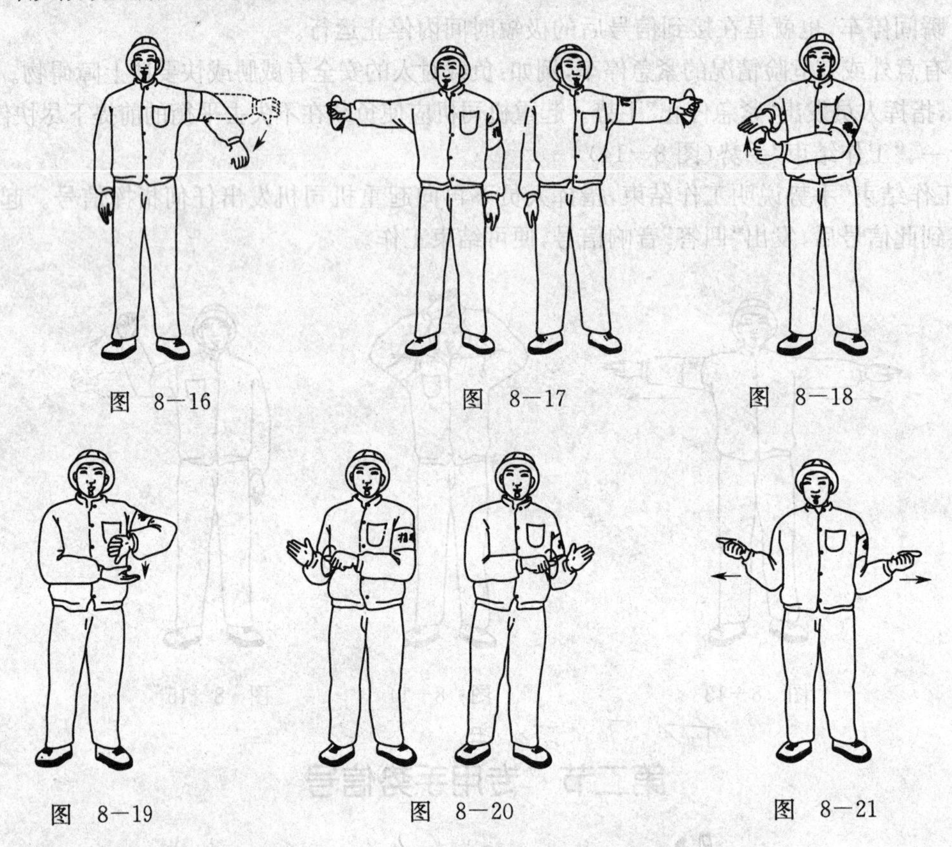

图 8—16　　图 8—17　　图 8—18

图 8—19　　图 8—20　　图 8—21

四、“伸臂”手势(图 8—21)

“伸臂”手势用于汽车起重机或轮胎起重机液压臂杆伸长的指挥手势。

五、“缩臂”手势(图 8—22)

“缩臂”手势用于汽车起重机或轮胎起重机液压臂杆缩短的指挥手势。

六、“履带起重机回转”手势(图 8—23)

“履带起重机回转”手势用于履带起重机履带回转。指挥人员一只小臂水平前伸，五指自然伸出不动，表示这条履带原地不动。另一只小臂在胸前做水平重复摆动，表示这条履带可向小臂摆动方向转动。

履带转动方向的大小，可根据手势摆动幅度的大小而定。

七、“起重机前进”手势（图 8—24）

“起重机前进”手势用于起重机架或活动支座向前转动的指挥手势。

适用此手势的起重机械有：门式起重机、塔式起重机、门座起重机和桥式起重机等。

这些起重机械可以通过活动支座的转动来实现负载在水平方向的移动。此手势和通用手势信号中的吊钩水平移动手势的指挥目的相同，但指挥对象不同（前者指挥门架式活动支座，后者指挥小车）。

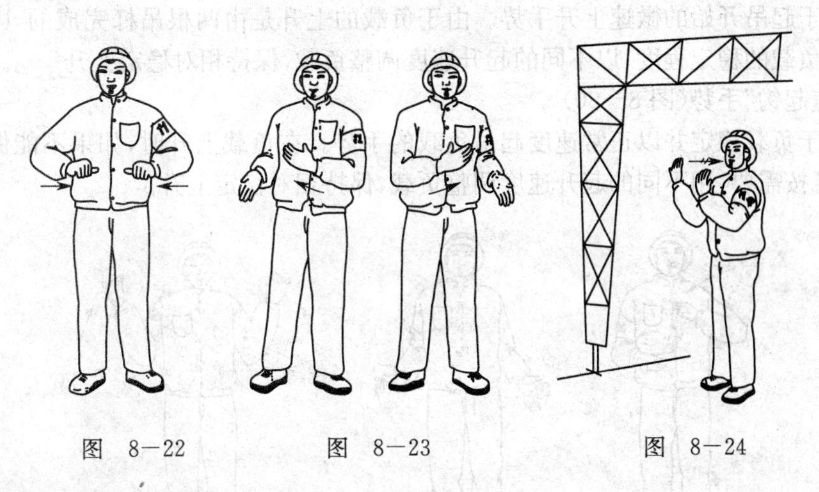

图 8—22　　图 8—23　　图 8—24

八、“起重机后退”手势（图 8—25）

这是用于起重机门架或活动支座向后移动的指挥手势。适用这种手势的起重机与适用起重机前进手势的机械相同。

指挥人员在指挥起重机前进或后退时，应保持 3/4 面向起重机的门架或活动支座的方向，以便于起重机司机看清手势的相对位置。

九、“抓取”（吸取）手势（图 8—26）

这是用于抓斗起重机和电磁吸盘起重机的指挥手势。

此手势主要用于装卸物料时，对抓斗和电磁吸盘的抓取或吸取时指挥。

十、“释放”手势（图 8—27）

这个手势和“抓取”手势相对应，主要用于抓斗起重机和电磁吸盘起重机对物料释放的指挥。

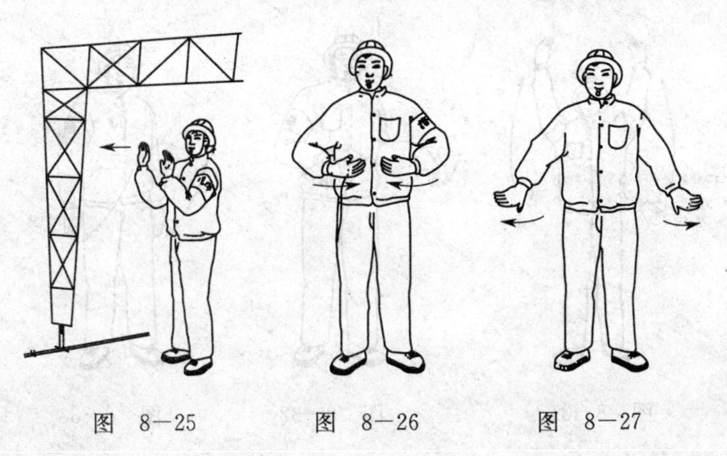

图 8—25　　图 8—26　　图 8—27

十一、"翻转"手势(图 8—28)

这是用于起重机对物体进行翻转指挥的手势。例如:起重机吊运锻压锻件时,应指挥锻件翻动作。起重机吊运钢包向炉内倒铁水或向渣盘倒炉渣等,都需要使负载进行不同程度的翻转或倾斜。

十二、船用起重机(或双机吊运)专用手势信号

这是为板上的起重双杆制定的,这部分手势可独立完成船舶甲板上的起重机吊运工作。由于这部分手势是用两只手分别指挥两根吊杆配合工作的,因此,它对两台起重机合吊同一负载的指挥也是适用的。

1."微速起钩"手势(图 8—29)

这是用于起吊开始的微速上升手势。由于负载的上升是由两根吊杆完成的,因此要求指挥时要确保负载的稳定程度,以不同的起升速度调整负载,保持相对稳定上升。

2."慢速起钩"手势(图 8—30)

这是用于负载稳定并以正常速度起吊负载的手势。在负载上升时,如果不能保持同步吊运,指挥人可按需要,用不同的起升速度调整负载,保持相对稳定上升。

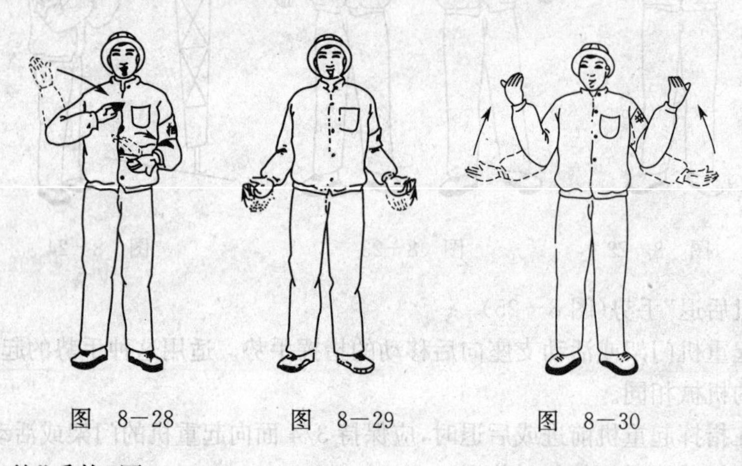

图 8—28　　图 8—29　　图 8—30

3."全速起钩"手势(图 8—31)

在起重机允许的范围内,为了提高吊运速度,可使用"全速起钩"手势。指挥人员发出这种手势时须保证负载不受周围环境和其他条件的影响,在绝对安全的情况下使用。

4."微速落钩"(图 8—32)、"慢速落钩"(图 8—33)和"全速落钩"(图 8—34)手势

三个手势是与"微速起钩"、"慢速起钩"、"全基起钩"相对应的三个相反方向的指挥手势,使用条件相似。

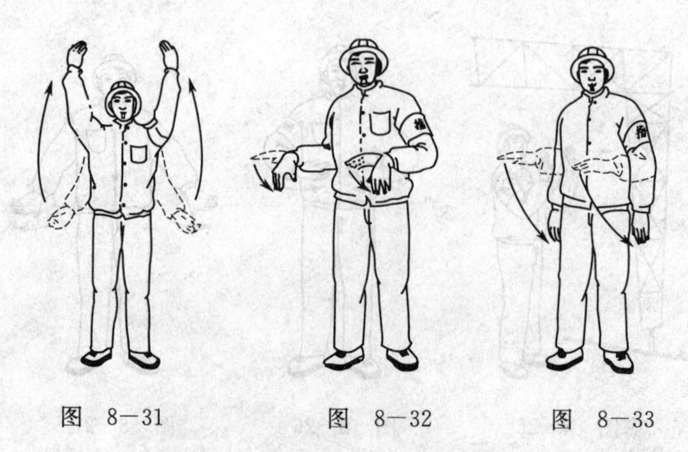

图 8—31　　图 8—32　　图 8—33

5.“一方停止,一方起钩”手势(图 8—35)

这是用于调整负载平衡的指挥手势。指挥人员根据每只手所分管的起重吊杆的工作情况,可随时对每根吊杆做出“停止”或相应的速度(微速、慢速、全速)的起钩手势。其手势和前面所提到的做法和要之相同。

6.“一方停止,一方落钩”手势(图 8—36)

“一方停止,一方落钩”手势和“一方停止,一方起钩”手势相对应,只是一方要求落钩。此种手势的做法和要求与“一方停止,一方起钩”手势相似。

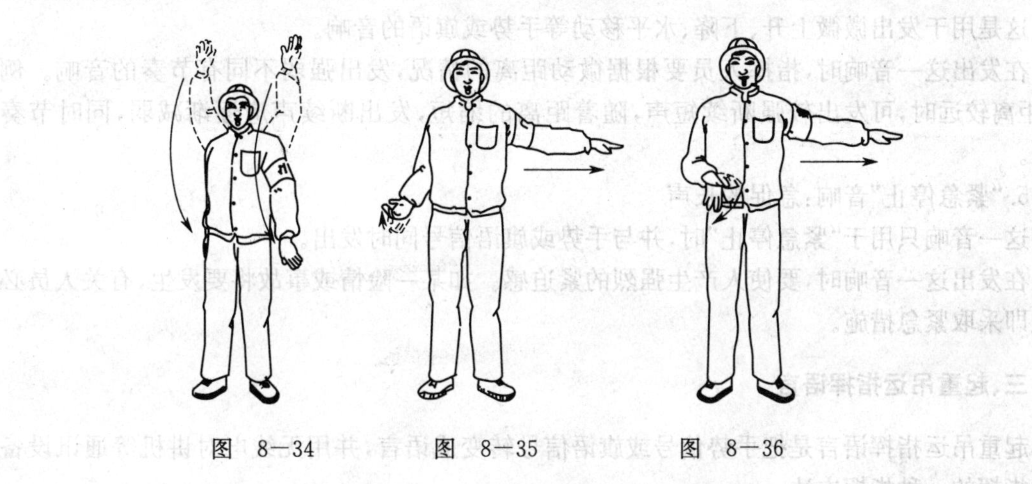

图 8—34　图 8—35　图 8—36

第三节　其他常用指挥信号

施工现场对指挥人员所使用的指挥信号除前两节介绍的通用手势信号和专用手势信号外,还有旗语信号、音响信号、起重吊运指挥语言等。

一、旗语信号

旗语信号是吊运指挥信号的另一种表达形式。一般在高层建筑、大型吊装等指挥距离较远的情况下,为了增大起重机司机对指挥信号的视觉范围,可采用旗帜指挥。因此同一信号用旗语指挥和用手势指挥其含义是完全相同的。根据旗语信号的应用范围和工作特点,这部分共 23 个图谱(如 GB 5082—85 中图 8—37～图 8—59 所示)。

二、音响信号

音响信号是一种辅助信号。在一般情况下音响信号不单独作为吊运指挥信号使用,而只是配合手势信号或旗语信号应用。使用响亮悦耳的音响是为了人们在不易看清手势或旗语信号时,作为信号弥补,以达到准确无误。

音响信号由 5 个简单的长短不同的音响组成。一般指挥人员都习惯使用哨笛音响。这 5 个简单的音响可和含义相似的指挥手势或旗语多次配合,达到指挥目的。

1.“预备”,“停止”音响:一长声在手势或旗语信号前发出,提示起重司机注意,然后再发出手势或旗语。这种音响也可同其他多种手势或旗语配合使用,共同完成指挥任务。

2.“上升”音响:二短声

这是用于发出上升、伸长、抓取等手势或旗语时的音响。为了使起重机司机有一个思想准备过程，也可以先发出一长声预备哨笛，然后再吹二短声哨笛。这一音响要与手势或旗语信号同时发出。

3.“下降”音响：三短声

这是用于发出下降、收缩、释放等手势或旗语时的音响。为了使起重机司机有一个思想准备过程，也可以先发出一长声预备哨笛，然后再吹三短声哨笛。这一音响要同时与手势或旗语信号发出。

4.“微动”音响：断续短声

这是用于发出微微上升、下降、水平移动等手势或旗语的音响。

在发出这一音响时，指挥人员要根据微动距离的情况，发出强弱不同有节奏的音响。例如：距离较远时，可发出较强断续短声，随着距离的缩短，发出断续声应逐渐减弱，同时节奏拉长。

5.“紧急停止”音响：急促的长声

这一音响只用于“紧急停止”时，并与手势或旗语信号同时发出。

在发出这一音响时，要使人产生强烈的紧迫感。如某一险情或事故将要发生，有关人员必须立即采取紧急措施。

三、起重吊运指挥语言

起重吊运指挥语言是把手势信号或旗语信号转变成语言，并用无线电对讲机等通讯设备进行指挥的一种指挥方法。

指挥语言主要应用在超高层建筑、大型工程或大型多机吊运的指挥和工作联络方面。它可以用于领导向指挥人员下达工作任务和要求或指挥人员对起重机发出具体工作命令。如果在操作中起重机能看清指挥人员的工作位置，一般不使用指挥语言。

第九章　建筑起重信号司索工复习题

一、单项选择题

1. 在工业和民用建筑工程中，(　　)是一种能同时完成垂直升降和水平移动的机械。

A. 起重机械　B. 运输机械　C. 施工机械　D. 搬运机械

2. 起重机械的(　　)是其性能特征和技术经济指标重要表征，是进行起重机的设计和选型的主要技术依据。

A. 技术参数　B. 性能参数　C. 价格　D. 型号

3. 对于建筑施工用起重机械，(　　)是它的综合的起重能力参数，它全面反映了起重机械的起重能力。

A. 额定起重量　B. 起重力矩　C. 起升高度　D. 幅度

4. 起重机允许吊起的重物或物料的最大重量称为起重机的(　　)。

A. 额定起重量　B. 起重力矩　C. 起升高度　D. 幅度

5. 起重机的(　　)是指吊具的最高工作位置与起重机的水准地平面之间的垂直距离。

A. 额定起重量　B. 起重力矩　C. 起升高度　D. 幅度

6. 起重机械的(　　)是指当起重机置于水平场地时，空载吊具垂直中心线至回转中心线之间的水平距离。

A. 额定起重量　B. 起重力矩　C. 起升高度　D. 工作幅度

7. 最大幅度是指起重机工作时，臂架倾角(　　)位置时的幅度。

A. 最小　B. 最大

8. 最大幅度是指起重机工作时，变幅小车在臂架(　　)极限位置时的幅度。

A. 最内　B. 最外

9. 起重机吊具的最高工作位置与起重机水准地面之间的垂直距离称为起重机的(　　)。

A. 起升范围　B. 起升高度　C. 起升速度　D. 变幅范围

10. 起重机吊具最高和最低工作位置之间的垂直距离称为起重机的起升(　　)。

A. 范围　B. 高度　C. 幅度

11. 起重机的跨度由安装起重机的厂房(　　)而定。

A. 跨度　B. 面积　C. 高度

12. 桥式起重机两条小车运行轨道中心线间的距离称为起重机的(　　)。

A. 轨距　B. 轮距　C. 高度　D. 跨度

13. 起重机的起升机构由驱动装置、传动装置、制动装置和(　　)装置四种装置组成。

A. 吊钩　B. 取物缠绕　C. 控制装置　D. 变幅装置

14. 回转速度是在旋转机构电动机为额定转速时，起重机转动部分的回转(　　)。

A. 速度　B. 角速度　C. 角度

15. 桥式起重机是由起升机构、运行机构和(　　),电气系统及安全装置构成的。

A. 桥架　　B. 金属结构　　C. 控制机构　　D. 变幅装置

16. 起重机的旋转机构由驱动装置、传动装置、(　　)和旋转装置组成。

A. 制动装置　　B. 安全装置　　C. 控制机构　　D. 变幅装置

17. 为提高起重机的安全性能,各种类型起重机根据其使用性能要求和使用场地条件都应当装设必要的(　　)装置。

A. 防风　　B. 安全保护　　C. 控制　　D. 制动

18. 限位器是用来限制机构运行极限位置的一种(　　)装置。

A. 安全防护　　B. 停车　　C. 控制　　D. 制动

19. 保护起升机构安全运行的限制器称为(　　)限制器。

A. 上升极限位置　　B. 高度　　C. 回转　　D. 力矩

20. 起重机的防风装置应能独立承受(　　)下的最大风力而不致被吹动。

A. 工作状态　　B. 非工作状态

21. 超载作业对起重机金属结构危害(　　)。

A. 很大　　B. 不大　　C. 没有

22. 超载作业会造成起重机主梁(　　)。

A. 颤动　　B. 下挠　　C. 上翘

23. 超载作业会破坏臂架起重机的(　　)性。

A. 稳定　　B. 牢固　　C. 韧性

24. 当载荷达到额定起重量(　　)时,超载限制器应能发出提示性报警信号。

A. 90%　　B. 100%　　C. 80%　　D. 85%

25. 如果起重量不变,当工作幅度越大时,起重力矩就(　　)。

A. 越小　　B. 越大　　C. 不变

26. 如果起重力矩不变,工作幅度减小,起重量可(　　)。

A. 增加　　B. 减少

27. 动臂式起重机均应安装力矩限制器,其综合误差不应大于(　　)。

A. 10%　　B. 20%　　C. 25%　　D. 15%

28. 扫轨板距轨顶面不应大于(　　)mm。

A. 10　　B. 20　　C. 30　　D. 15

29. 起重机械的每个组成机构均由(　　)种装置组成。

A. 三　　B. 四　　C. 五　　D. 二

30. 物体重心的位置(　　)因安放的角度、位置不同而改变。

A. 不会　　B. 会

31. 物体材料密度的单位是(　　)。

A. kg/m^3　　B. N　　C. m^3　　D. t

32. 物体的(　　)是指其抵抗倾覆的能力。

A. 稳定性　　B. 起重特性　　C. 韧性　　D. 硬度

33. 操作规程规定遇有(　　)以上大风不准操作起重机械。

A. 四级　　B. 六级　　C. 五级　　D. 三级

34. 塔式起重机的操作规程中对轨道坡度的严格要求也是从(　　)出发的。

A. 稳定性　　B. 起重特性　　C. 韧性　　D. 硬度

35. 坡度大了，车身自重及平衡重的重心便会移向重物一方从而(　　)稳定力矩。

A. 减小　　B. 增大　　C. 不变

36. 因塔身倾斜使吊钩远离塔机中心从而(　　)了倾翻力矩，这样就使稳定系数变小了。

A. 减小　　B. 增大　　C. 不变

37. 塔式起重机的平衡重是通过计算选定的，(　　)随意增减。

A. 不能　　B. 能

38. 为使索具、钢丝绳的受力分配合理，必须选择好重物的(　　)位置，否则起吊后由于钢丝绳受力不均或重物失去平衡，就可能会使设备或构件倾斜以致造成事故。

A. 重量　　B. 重心　　C. 中心　　D. 体积

39. 采用一个吊点起吊时，吊点必须选择在构件的(　　)。

A. 重心以上　　B. 中心以上　　C. 一端　　D. 重量

40. 采用一个吊点起吊时，必须使吊点与构件重心的连接与构件的横截面(　　)。

A. 平行　　B. 垂直　　C. 重合　　D. 倾斜

41. 吊车梁的吊点，应(　　)选择，以便于起吊和保持梁吊起呈水平状。

A. 对称　　B. 不对称

42. (　　)要点是捆绑绳必须与物体扣紧，不准有空隙。

A. 死结捆绑法　　B. 背扣捆绑法　　C. 抬缸式捆绑法　　D. 兜捆法

43. (　　)可做垂直吊运和水平吊运物体。

A. 死结捆绑法　　B. 背扣捆绑法　　C. 抬缸式捆绑法　　D. 兜捆法

44. (　　)适用于捆绑圆筒形物体。

A. 死结捆绑法　　B. 背扣捆绑法　　C. 抬缸式捆绑法　　D. 兜捆法

45. (　　)是通常用一对绳扣来兜捆，其方法非常简单实用，对于吊装大型和比较复杂的物件非常方便。

A. 死结捆绑法　　B. 背扣捆绑法　　C. 抬缸式捆绑法　　D. 兜捆法

46. 在进行吊装作业前必须由施工方(　　)编制专项施工组织设计，所有施工准备工作应按施工组织设计要求进行。

A. 项目经理　　B. 安全员　　C. 技术员　　D. 技术负责人

47. (　　)是使用起重机将堆放在地面上的构件，起吊到设计位置进行安装。

A. 起吊就位　　B. 临时固定　　C. 校正　　D. 固定

48. (　　)的方法要便于校正并保证在校正中构件不致倾倒。

A. 起吊就位　　B. 临时固定　　C. 校正　　D. 固定

49. 按照安装规范和设计标准将构件的平面位置、标高、垂直度等进行(　　)，使其符合要求。

A. 起吊就位　　B. 临时固定　　C. 校正　　D. 固定

50. 按设计规定的连接方法(如灌缝、焊接、铆接、螺栓连接等)将构件最后(　　)。

A. 起吊就位　　B. 临时固定　　C. 校正　　D. 固定

51. 物体内部各点都受到重力作用，各点重力的合力(　　)就是物体的重心。

A. 作用点　　B. 作用线　　C. 作用面

52. 吊装作业都要遵循和运用物体重力与外力(　　)的规律。

A. 相等　　　　　　　B. 平衡　　　　　　　C. 在一条直线

53. 起重作业中，确定被吊物的(　　)位置是重要的基础环节。

A. 重心　　　　　　　B. 中心

54. 圆柱形物体的重心位置在(　　)上。

A. 中间横截面的圆心　　　　　　　B. 中轴线端点

C. 底面中点

55. 用悬挂法测定不规则形状物体的重心位置时，重心必然在(　　)上。

A. 垂线的中点　　　　B. 两条垂线的交点　　C. 两条中线的交点

56. 应根据物体的形状特点(　　)位置，正确选择起吊点。

A. 放置　　　　　　　B. 重心　　　　　　　C. 中心

57. 一般物体从静止到倾倒都要经过稳定状态到倾覆状态(　　)基本状态。

A. 四种　　　　　　　B. 三种　　　　　　　C. 二种

58. 物体的稳定状态是：重力与支反力大小相等，方向相反，作用线(　　)且通过物体支承的中心点。

A. 相反　　　　　　　B. 相同

59. 外力对物体产生的倾翻力矩与物体重力产生的抗倾翻力矩(　　)，物体处于稳定平衡状态。

A. 相平衡　　　　　　B. 不相等

60. 物体的不稳定状态又称临界状态，这种状态实际上(　　)长时间存在。

A. 能够　　　　　　　B. 不可能

61. 物体的重力作用线超出物体支承面之外，物体就失去平衡，此时物体处于(　　)状态。

A. 倾覆　　　　　　　B. 不稳定　　　　　　C. 稳定

62. 吊装运输过程中必须保证吊物有可靠的(　　)性，才能保证吊物在正常吊运中不倾斜，不翻转。

A. 稳定　　　　　　　B. 牢固　　　　　　　C. 倾覆

63. 放置物体时，物体的重力作用线超出物体支承面边缘时，物体是(　　)的。

A. 稳定　　　　　　　B. 不稳定

64. 物体的重心越(　　)，支承面越大，物体所处的状态越稳定。

A. 低　　　　　　　　B. 高

65. 按行业习惯，我们把用于起重吊运作业的刚性取物装置称为(　　)。

A. 吊具　　　　　　　B. 索具或吊索

66. 按行业习惯，我们把系结物品的挠性工具称为(　　)。

A. 吊具　　　　　　　B. 索具或吊索

67. (　　)是吊运物品时，系结勾挂在物品上具有挠性的组合取物装置。

A. 吊具　　　　　　　B. 吊索

68. (　　)一般用于起吊轻型构件和作溜绳以及受力不大的缆风绳等。

A. 白棕绳　　　　　　B. 钢丝绳　　　　　　C. 棉绳　　　　　　　D. 麻绳

69. (　　)由于具有强度高、韧性好、耐磨、在高速下运动无噪音、工作可靠等优点，同时在磨损后外部产生许多毛刺、断丝，容易检查，便于预防事故，所以应用广泛。

A. 白棕绳　　　　　　B. 钢丝绳　　　　　　C. 棉绳　　　　　　　D. 麻绳

70. 在使用中，白棕绳穿绕滑车时，滑车的直径应大于绳直径的(　　)倍，以免绳因受弯曲过大而降低强度。

A. 8　　B. 10　　C. 5　　D. 12

71. 白棕绳是起重作业中常用的绳索，其具有柔软、携带方便、容易绑扎等优点，其强度(　　)容易磨损。

A. 比较低　　B. 较高

72. 涂油的白棕绳防潮抗腐性能好，其强度比不涂油的(　　)。

A. 要低　　B. 要高　　C. 相同

73. 白棕绳在使用中的极限工作载荷应比试验时的破断拉力(　　)。

A. 小　　B. 大　　C. 不变

74. 起重机械或受力较大的地方(　　)使用白棕绳。

A. 也可　　B. 不得　　C. 必须

75. 使用滑车组的白棕绳，为了减少其所承受的附加弯曲力，滑轮的直径应比白棕绳直径大(　　)倍以上。

A. 20　　B. 10　　C. 15　　D. 25

76. 白棕绳应放在干燥的木板上和(　　)的地方储存保管。

A. 通风好　　B. 防光充足　　C. 阴暗潮湿

77. 白棕绳容易局部损伤或磨损，也易受潮和(　　)。

A. 化学侵蚀　　B. 高温变形　　C. 腐烂

78. 白棕绳强度较低，一般白棕绳的抗拉强度仅为同直径钢丝绳的(　　)左右。

A. 50%　　B. 30%　　C. 10%　　D. 40%

79. 绳索打"活结"主要用于白棕绳绑扎需要迅速(　　)时的场合。

A. 打结　　B. 解开

80. 起重作业选用的钢丝绳一般为(　　)接触类型的钢丝绳。

A. 点　　B. 线　　C. 面

81. 如果与钢丝绳配用的滑轮直径(　　)钢丝绳易损坏。

A. 过大　　B. 过小　　C. 相同

82. 与钢丝绳配用的滑轮直径过小会影响钢丝绳的使用(　　)。

A. 性能　　B. 寿命　　C. 程度

83. 钢丝绳的主要缺点是刚性(　　)不易弯曲。

A. 较大　　B. 较小　　C. 太差

84. 钢丝绳在使用过程中，如长度不够时，可采用(　　)连接。

A. 插接　　B. 卸扣

85. 顺绕钢丝绳使用中易打结松散，交绕钢丝绳(　　)产生这种现象。

A. 不易　　B. 也会

86. 相同直径的钢丝绳，每股绳内钢丝数越多，钢丝直径越细则钢丝绳的挠性就(　　)。

A. 越好　　B. 越差　　C. 不变

87. 吊运熔化或赤热金属、酸溶液、爆炸物、易燃物及有毒品的钢丝绳，其报废的断丝数量应减小(　　)。

A. 50%　　B. 40%　　C. 30%　　D. 20%

88. 一般钢丝绳弹性减小伴随着绳径(　　)。

A. 增大　　B. 减小　　C. 不变

89. 钢丝绳吊索两端插接连接索眼之间最小净长度不应小于该吊索钢丝绳直径的(　　)。

A. 20倍　　B. 40倍

90. 钢丝绳插接连接的强度应不小于该绳最小破断拉力的(　　)。

A. 70%　　B. 80%　　C. 60%　　D. 50%

91. 钢丝绳吊索一般由整根绳索制成，中间(　　)有接头。

A. 不允许　　B. 可以　　C. 必须

92. 卸扣应(　　)使用，即使销子与环底受力。

A. 竖向　　B. 横向

93. 使用螺栓式卸扣时，要注意使销子旋紧的方向与钢丝绳拉紧的(　　)，否则钢丝绳拉紧过程中会使销子退扣脱出造成事故。

A. 方向相同　　B. 方向相反

94. 为减小主受力端钢丝绳的夹持损坏，夹座应扣在(　　)上。

A. 钢丝绳的工作段　　B. 钢丝绳尾段

95. 钢丝绳卡的间距A等于(　　)钢丝绳直径。

A. 6～7倍　　B. 2～3倍　　C. 4～5倍　　D. 7～8倍

96. (　　)的最大特点是承受载荷能力大，可以耐高温，因此多用于冶金行业。

A. 卸扣　　B. 吊环　　C. 绳卡

D. 吊链　　E. 吊钩

97. 吊链在酸性介质中使用时的极限工作载荷应不大于原极限工作载荷的(　　)。

A. 40%　　B. 50%　　C. 60%　　D. 70%

98. 用多肢吊链通过吊耳连接时，一般分肢间夹角不应超过(　　)。

A. 50°　　B. 60°　　C. 70°　　D. 45°

99. 链环之间以及链环与端部配件连接接触部位磨损减小到原公称直径的(　　)时，应更换或报废。

A. 40%　　B. 50%　　C. 60%　　D. 70%

100. 链环修复后，未能平滑过渡或直径减少量大于原公称直径的(　　)时，应更换或报废。

A. 5%　　B. 8%　　C. 10%　　D. 15%

101. 当吊钩挂绳处断面磨损超过高度(　　)时应报废。

A. 5%　　B. 8%　　C. 10%　　D. 15%

102. 当吊钩开口度比原尺寸增大(　　)时应报废。

A. 5%　　B. 80%　　C. 10%　　D. 15%

103. 滑行法宜选择的起重机(　　)。

A. 型号相同　　B. 型号不同

104. 多台起重机联合作业时要合理分配起重机负荷，各起重机不超过其安全起重量的(　　)。

A. 75%　　B. 80%　　C. 85%　　D. 90%

105. 起重信号人员发出“工作结束”的信号后(　　)向司机发出任何起重信号。

A. 还可　　B. 不再

106. 起重信号人员(　　)干涉起重机司机对手柄或旋钮的选择。

A. 不能　　B. 可以

107. 起重信号人员(　　)载荷的重量计算和索具吊具的正确选择。

A. 应负责　　B. 不负责

108. 起重信号人员应与被吊物体保持(　　)距离。

A. 一定　　B. 安全　　C. 较大

109. 当起重信号人员不能同时看见起重机司机和负载时,应站到能看见(　　)的一侧,并增设中间起重信号人员传递信号。

A. 起重机司机　　B. 负载　　C. 起重机

110. 严禁司索人员停留在(　　)下。

A. 吊重　　B. 起重机　　C. 起重机吊臂

111. 起吊重物时,司索人员应与重物保持一定的(　　)距离。

A. 操作　　B. 安全　　C. 较大

112. 司索人员应根据吊重物件的具体情况选择(　　)的吊具与索具。

A. 专用　　B. 相适应　　C. 特定

113. 车辆装载圆筒形物件,卧倒装运时必须采取防止(　　)的措施。

A. 滚动　　B. 滑动

114. 易燃易爆化学危险物品严禁与(　　)货物混装同一车辆运输。

A. 其他　　B. 油类

115. 车辆装载时,不得(　　)混装。

A. 人货　　B. 杂货

116. 铁路两侧(　　)范围内,不得堆放装卸物。

A. 1.5 m　　B. 0.5 m　　C. 1 m　　D. 2 m

117. 使用手拉葫芦时,严禁随意增加(　　)人数。

A. 工作　　B. 拉链

118. 使用手拉葫芦时应先反拉手链,将起重链倒松,使其有(　　)的起重距离。

A. 最大　　B. 最小

119. 手拉葫芦使用完毕后,应将葫芦上的油污擦净,防止生锈。严重腐蚀、断痕、裂纹及磨损的链条应按(　　)报废标准予以更新。

A. 链条　　B. 葫芦

120. 电动葫芦不得超负载使用,上升时(　　)随意撞限位装置。

A. 允许　　B. 不准

121. 电动葫芦的手动开关、电气元件应(　　)检查。

A. 经常　　B. 定期

122. 卷扬机作业前应检查卷扬机与地面固定情况,防护措施、电气线路、(　　)装置和钢丝绳等全部合格后方可使用。

A. 制动　　B. 限位

123. 卷扬机的皮带和开式传动齿轮部分均需加防护罩。导向滑轮(　　)用开口拉板式滑车。

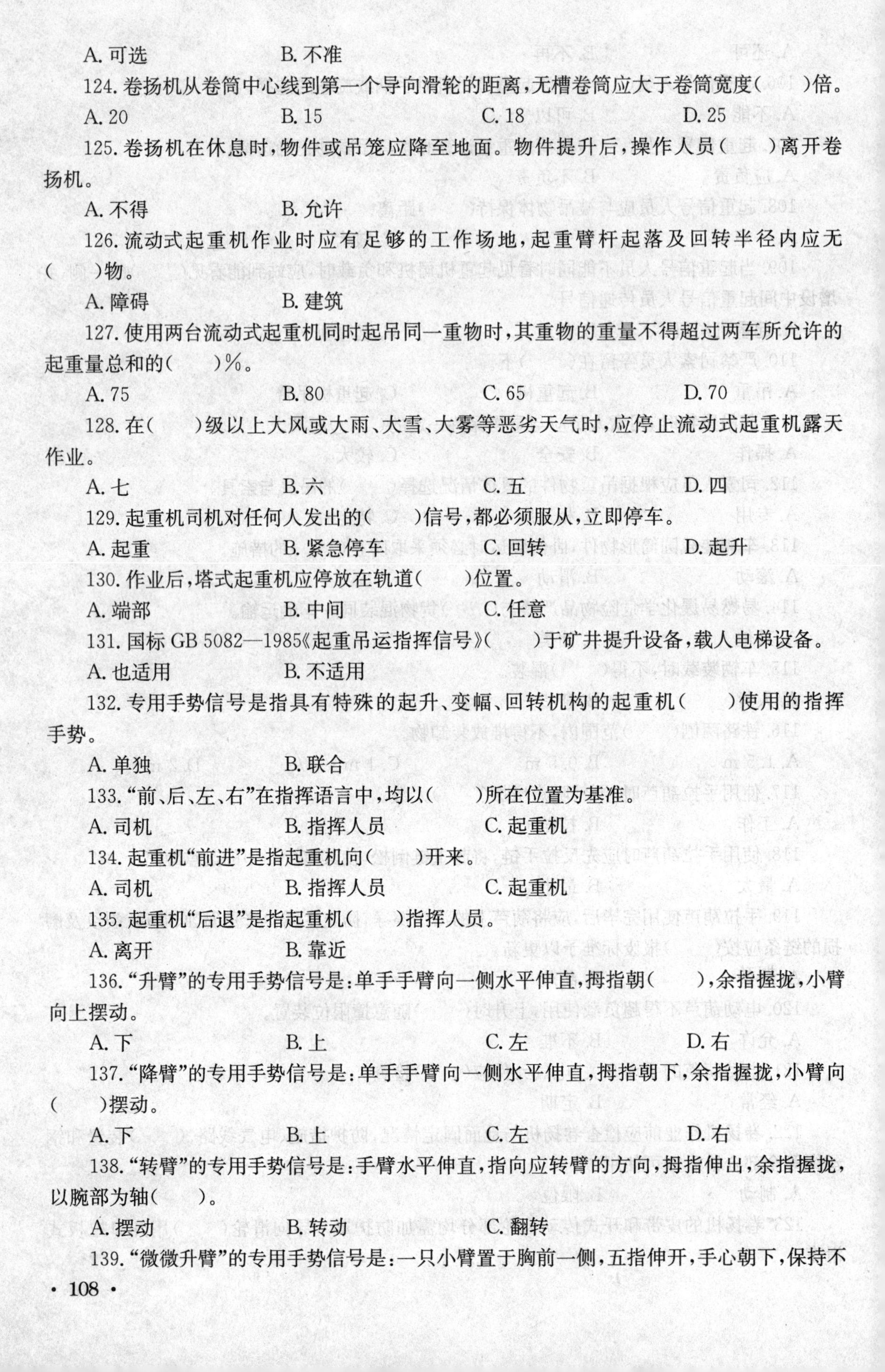

A. 可选　　　　　　　B. 不准

124. 卷扬机从卷筒中心线到第一个导向滑轮的距离，无槽卷筒应大于卷筒宽度(　　)倍。

A. 20　　　　　　　B. 15　　　　　　　C. 18　　　　　　　D. 25

125. 卷扬机在休息时，物件或吊笼应降至地面。物件提升后，操作人员(　　)离开卷扬机。

A. 不得　　　　　　　B. 允许

126. 流动式起重机作业时应有足够的工作场地，起重臂杆起落及回转半径内应无(　　)物。

A. 障碍　　　　　　　B. 建筑

127. 使用两台流动式起重机同时起吊同一重物时，其重物的重量不得超过两车所允许的起重量总和的(　　)%。

A. 75　　　　　　　B. 80　　　　　　　C. 65　　　　　　　D. 70

128. 在(　　)级以上大风或大雨、大雪、大雾等恶劣天气时，应停止流动式起重机露天作业。

A. 七　　　　　　　B. 六　　　　　　　C. 五　　　　　　　D. 四

129. 起重机司机对任何人发出的(　　)信号，都必须服从，立即停车。

A. 起重　　　　　　　B. 紧急停车　　　　　　　C. 回转　　　　　　　D. 起升

130. 作业后，塔式起重机应停放在轨道(　　)位置。

A. 端部　　　　　　　B. 中间　　　　　　　C. 任意

131. 国标 GB 5082—1985《起重吊运指挥信号》(　　)于矿井提升设备，载人电梯设备。

A. 也适用　　　　　　　B. 不适用

132. 专用手势信号是指具有特殊的起升、变幅、回转机构的起重机(　　)使用的指挥手势。

A. 单独　　　　　　　B. 联合

133. "前、后、左、右"在指挥语言中，均以(　　)所在位置为基准。

A. 司机　　　　　　　B. 指挥人员　　　　　　　C. 起重机

134. 起重机"前进"是指起重机向(　　)开来。

A. 司机　　　　　　　B. 指挥人员　　　　　　　C. 起重机

135. 起重机"后退"是指起重机(　　)指挥人员。

A. 离开　　　　　　　B. 靠近

136. "升臂"的专用手势信号是：单手手臂向一侧水平伸直，拇指朝(　　)，余指握拢，小臂向上摆动。

A. 下　　　　　　　B. 上　　　　　　　C. 左　　　　　　　D. 右

137. "降臂"的专用手势信号是：单手手臂向一侧水平伸直，拇指朝下，余指握拢，小臂向(　　)摆动。

A. 下　　　　　　　B. 上　　　　　　　C. 左　　　　　　　D. 右

138. "转臂"的专用手势信号是：手臂水平伸直，指向应转臂的方向，拇指伸出，余指握拢，以腕部为轴(　　)。

A. 摆动　　　　　　　B. 转动　　　　　　　C. 翻转

139. "微微升臂"的专用手势信号是：一只小臂置于胸前一侧，五指伸开，手心朝下，保持不动。另一只手的拇指对着前手(　　),余指握拢,做上下移动。

A. 手心　　B. 手背

140."微微降臂"的专用手势信号是:一只手小臂置于胸前一侧,五指伸直,手心(　　),保持不动。另一只手拇指对着前手手心,余指握拢,做上下移动。

A. 朝上　　B. 朝下　　C. 外侧　　D. 内侧

141."微微转臂"的专用手势信号是:一只小臂向前平伸,手心自然朝向(　　)。另一只手的拇指指向前只手的手心,余指握拢做转动。

A. 外侧　　B. 内侧　　C. 上方　　D. 下方

142."伸臂"的专用手势信号是:两手分别握拳,拳心(　　),拇指分别指向两侧,做相斥运动。

A. 朝上　　B. 朝下　　C. 转动　　D. 摆动

143."缩臂"的专用手势信号是:两手分别握拳,拳心(　　),拇指对指,做相向运动。

A. 朝上　　B. 朝下　　C. 转动　　D. 摆动

144."履带起重机回转"的专用手势信号是:一只小臂水平前伸,五指自然伸出不动。另一只手小臂在胸前做水平重复(　　)。

A. 转动　　B. 摆动　　C. 翻转

145."起重机前进"的专用手势信号是:双手臂先向前伸,小臂曲起,五指并拢,手心对着(　　),做前后运动。

A. 自己　　B. 起重机　　C. 上　　D. 下

146."起重机后退"的专用手势信号是:双小臂向上曲起,五指并拢,手心朝向(　　),做前后运动。

A. 自己　　B. 起重机

147."抓取"(吸取)的专用手势信号是:两小臂分别置于侧前方,手心相对,由两侧向(　　)摆动。

A. 中间　　B. 外　　C. 内

148."释放"的专用手势信号是:两小臂分别置于侧前方,手心朝(　　),两臂分别向两侧摆动。

A. 外　　B. 内　　C. 中间

149."翻转"的专用手势信号是:一小臂向前曲起,手心朝上。另一只手小臂向前伸出,手心朝下,双手同时进行(　　)。

A. 摆动　　B. 翻转　　C. 转动

150. 起重吊运指挥信号中,专用手势信号共有(　　)种。

A. 14　　B. 16　　C. 15　　D. 12

二、多项选择题

1. 在建筑起重机械特种作业的工种中,信号司索工主要从事地面工作,例如(　　)等,多数情况还担任指挥任务。

A. 准备吊具　　B. 捆绑挂钩　　C. 摘钩卸载　　D. 驾驶汽车吊

2. 目前在中国对起重机械的分类,大多习惯按(　　)进行分类。

A. 主要用途　　B. 构造特征　　C. 性能　　D. 生产厂家

3. 一般在建筑施工中常用的起重机械有(　　)等。

A. 塔式起重机　　B. 移动式起重机　　C. 施工升降机

D. 物料提升机　　E. 装修吊篮

4. 常用的移动式起重机有(　　)。

A. 汽车起重机　　B. 轮胎起重机　　C. 履带起重机　　D. 塔式起重机

5. 目前在中国对起重机械按主要用途分，有(　　)和造船起重机械等等。

A. 通用起重机械　　B. 建筑起重机械　　C. 冶金起重机械

D. 港口起重机械　　E. 铁路起重机械

6. 目前在中国对起重机械按构造特征分，有(　　)。

A. 桥式起重机械　　B. 臂架式起重机械

C. 旋转式起重机械　　D. 非旋转式起重机械

7. 起重机的主要技术性能参数包括(　　)等。

A. 额定起重量　　B. 起重力矩　　C. 起升高度

D. 幅度　　E. 工作速度　　F. 起重机总重

8. 不论结构简单还是复杂的起重机械，其组成都有一个共同点，起重机由三大部分组成，即起重机械(　　)。

A. 金属结构　　B. 机构　　C. 控制系统　　D. 液压系统

9. 起重机械钢结构作为起重机的主要组成部分之一，其作用主要是支承各种载荷，因此本身必须具有足够的(　　)。

A. 强度　　B. 刚度　　C. 稳定性　　D. 挠度

10. 自升式塔式起重机的(　　)是主要受力构件。

A. 塔身　　B. 臂架　　C. 底座　　D. 爬升套架

11. 起重机械的每个组成机构均由(　　)装置组成。

A. 驱动装置　　B. 制动装置　　C. 传动装置　　D. 执行装置

12. 物体的重量是由(　　)所决定的。

A. 物体的形状　　B. 物体的体积

C. 物体本身的材料密度　　D. 物体的大小

13. 影响起重机械稳定性的因素有(　　)。

A. 风力　　B. 轨道坡度　　C. 超载　　D. 平衡重

14. 塔式起重机所有抵抗倾覆的作用力包括(　　)。

A. 车身自重　　B. 平衡重　　C. 风力　　D. 工作惯性力

15. 塔式起重机所有倾翻外力包括(　　)。

A. 车身自重　　B. 重物　　C. 风力　　D. 工作惯性力

16. 塔式起重机操作规程中明确规定严禁超载，是从(　　)方面考虑的。

A. 起重机本身结构安全　　B. 稳定性的需要

17. 柱吊点，一般(　　)可选择一个吊点。

A. 小型柱　　B. 重型柱　　C. 中型柱　　D. 配肋少的长柱

18. (　　)可选择两个或两个以上吊点。

A. 小型柱　　B. 重型柱　　C. 中型柱　　D. 配肋少的长柱

19. 在起重吊装中物体的常见捆绑方法主要有(　　)等等。

A. 死结捆绑法　　B. 背扣捆绑法　　C. 抬缸式捆绑法　　D. 兜捆法

20. 根据施工方案的要求，准备吊装所需的索具形式及规格，包括(　　)垫木、焊条等。

A. 绳索　　B. 吊具　　C. 垫铁　　D. 螺栓

21. 校正是指按照安装规范和设计标准将构件的(　　)等进行校正，使其符合要求。

A. 平面位置　　B. 标高　　C. 垂直度　　D. 重心

22. 构件的固定是指按设计规定的连接方法，如：(　　)等，将构件最后固定。

A. 灌缝　　B. 焊接　　C. 铆接　　D. 螺栓连接

23. 吊装前准备工作主要有(　　)。

A. 索具及材料准备　　B. 构件检查

C. 环境检查　　D. 编制起重吊装方案

24. 进行构件的起重吊装一般经过(　　)程序：

A. 起吊就位　　B. 临时固定　　C. 校正　　D. 固定

25. 吊具可直接吊取物品，如(　　)等。

A. 吸盘　　B. 专用吊具　　C. 夹钳

D. 抓斗　　E. 吊钩

26. 起重吊装中常用的捆绑绳索有(　　)。

A. 白棕绳　　B. 钢丝绳　　C. 棉绳　　D. 麻绳

27. 钢丝绳具有(　　)并且能承受冲击荷载等特点。

A. 重量轻　　B. 挠性好

C. 承载能力大　　D. 高速运行中无噪音

28. 起重吊装中常用的吊具主要有(　　)等。

A. 卸扣　　B. 吊环　　C. 绳卡

D. 吊链　　E. 吊钩

29. 当吊钩有下列情况之一时应报废(　　)。

A. 挂绳处断面磨损超过高度 10%　　B. 开口度比原尺寸增大 15%

C. 用 20 倍放大镜观察，表面有裂纹　　D. 危险断面与吊钩颈部产生塑性变形

30. 当采用两台起重机吊装混凝土柱子时，常用的吊装方法有(　　)和递送法两种。

A. 滑行法　　B. 递送法

31. 挂钩要坚持“五不挂”，即(　　)等，将不安全隐患消除在挂钩前。

A. 起重或吊物重量不明不挂　　B. 重心位置不清楚不挂

C. 尖棱利角和易滑工件无衬垫物不挂　　D. 吊具及配套工具不合格或报废不挂

E. 包装松散捆绑不良不挂

三、判断题

1. 在工业和民用建筑工程中，起重机械是一种能同时完成垂直升降和水平移动的机械。(　　)

2. 目前在中国对起重机械的分类，大多习惯按主要用途和构造特征进行分类。(　　)

3. 在工业和民用建筑工程中，起重机械主要用来吊装工业和民用建筑的构件，进行设备安装和吊运各种建筑材料。(　　)

4. 起重机械的技术参数是其性能特征和技术经济指标重要表征，是进行起重机的设计和

选型的主要技术依据。 ( )

5. 起重机的取物装置本身的重量(除吊钩组以外),一般不包括在额定起重量之中。 ( )

6. 对于幅度可变的起重机,根据幅度规定起重机械的额定起重量。 ( )

7. 额定起重力矩是指额定起重量与幅度的乘积。 ( )

8. 起升范围是指起重机吊具最高和最低工作位置之间的垂直距离。 ( )

9. 最小幅度是指起重机工作时,臂架倾角最小或变幅小车在臂架最外极限位置时的幅度。 ( )

10. 起重机械的总重量只是指包括压重、平衡重在内的起重机各部分质量的总和。 ( )

11. 起重机的取物装置本身的重量一般不应包括在额定起重量之中。 ( )

12. 起重机吊具的最低工作位置与起重机水准地平面之间的垂直距离称为起重机的起升高度。 ( )

13. 对起升高度和下降深度的测量,是以吊钩钩腔中心作为测量基准点。 ( )

14. 起重机每一个工作机构都有各自的工作速度。 ( )

15. 起重机的额定起升速度是指起升机构电动机开始启动运转时,取物装置的上升速度。 ( )

16. 起重机(大车)运行速度,是指大车运行机构电动机在额定转速时,起重机的运行速度。 ( )

17. 起重机都是由四大基本机构——起升机构、运行机构、旋转机构、变幅机构和金属结构、电气系统以及各安全装置构成的。 ( )

18. 桥式起重机由起升机构、运行机构(大小车运行机构)和金属结构、电气系统及安全装置构成。 ( )

19. 起重机种类繁多,型式多种多样,其构造也就各不相同。 ( )

20. 各种类型起重机的金属结构组成大致是相同的。 ( )

21. 桥式起重机的金属结构是由主梁、支腿、端梁及走台栏杆等组成的。 ( )

22. 龙门起重机的金属结构是由主梁、端梁、走台及栏杆和司机室组成的。 ( )

23. 各种类型起重机的电气系统大致是由主回路系统、控制回路系统及保护回路组成的。 ( )

24. 起重机各机构电动机的启动、制动、反转、调速是依靠电气系统来控制的。 ( )

25. 同一台起重机上,双小车之间也应设置缓冲器,以减缓碰撞的冲击。 ( )

26. 起重机设置缓冲器的目的就是为了运行到终点时与止挡体相碰撞,防止起重机出轨。 ( )

27. 在同一轨道上运行的起重机之间也必须装置缓冲器。 ( )

28. 缓冲器的种类较多,但起重机上经常选用的只有橡胶缓冲器。 ( )

29. 为了防止起重机在轨道上运行时碰撞同轨相邻的起重机,应在起重机上装设缓冲器。 ( )

30. 当同轨起重机运行到危险距离范围之内时,防碰装置应发出警报,进而切断电源,避免起重机之间的相互碰撞。 ( )

31. 当起重机偏斜超过允许偏斜量时,防偏斜和偏斜指示装置应能向司机发出信号或自动进行调整。 ( )

32. 当起重机偏斜超过允许偏斜量时，防偏斜和偏斜指示装置应能使起重机自动断电停止运行。（ ）

33. 起重机的防风装置应能独立承受工作状态下的最大风力而不致被吹动。（ ）

34. 起重机的防风装置应能独立承受非工作状态下的最大风力而不致被吹动。（ ）

35. 超载作业所产生的过大应力，会导致钢丝绳被拉断，传动零部件损坏。（ ）

36. 超载作业对起重机的金属结构不会造成严重危害。（ ）

37. 超载作业不会导致制动器失灵。（ ）

38. 超载作业会造成起重机主梁下挠，上盖板及腹板出现裂纹、开焊。（ ）

39. 超载作业会造成臂架和塔身折断，但不会造成整机倾翻事故。（ ）

40. 当载荷超过额定起重量时，超载限制器应能自动切断起升动力源，并发出禁止性报警信号。（ ）

41. 工作幅度不能算作动臂式起重机的主要性能参数。（ ）

42. 动臂式起重机的起重量不变时，工作幅度越大，起重力矩就越小。（ ）

43. 动臂式起重机起重力矩不变，减小工作幅度，起重量就可增加。（ ）

44. 起重机扫轨板距轨顶面不应大于 20 mm。（ ）

45. 起重机械的金属结构一般是由金属材料轧制的型钢和钢板作为基本构件。（ ）

46. 自升式塔式起重机属于下回转自升附着型结构型式。（ ）

47. 在地球附近的物体，都受到地球对它垂直向下（指向地心）的作用力，这种作用力叫做重力。（ ）

48. 物体重心的位置是不固定的，会因安放的角度、位置不同而改变。（ ）

49. 对于几何形状比较简单，材质分布均匀的物体，重心就是该物体的几何中心。（ ）

50. 物体的重量等于构成该物体材料的密度与物体体积的乘积。（ ）

51. 密度就是指某种物体物质材料的单位体积所具有的能量。（ ）

52. 物体的稳定性是指其抵抗倾覆的能力。（ ）

53. 塔式起重机的稳定性，通常用稳定系数来表示。（ ）

54. 操作规程规定遇有四级以上大风不准操作。（ ）

55. 坡度大了，车身自重及平衡重的重心便会移向重物一方从而减小稳定力矩，另外因塔身倾斜吊钩远离塔机中心从而加大了倾翻力矩，这样就使稳定系数变小了，增加了塔式起重机翻车的危险性，所以要求司机应经常检查轨道。（ ）

56. 从大量的倒塔事故分析，造成倒塔的原因中，超载使用是最主要的。（ ）

57. 塔式起重机的正确操作应该是垂直起吊。（ ）

58. 塔式起重机的平衡重是通过计算选定的，不能随意增减。（ ）

59. 如果平衡重过大，空载时就有向前倾翻的危险。（ ）

60. 所谓稳定系数就是指塔式起重机所有抵抗倾覆的作用力对塔式起重机倾翻轮缘的力矩，与所有倾翻外力对塔式起重机倾翻轮缘力矩的比。（ ）

61. 吊量愈大，产生的倾翻力矩也愈大，很容易使起重机倾覆。（ ）

62. 斜吊重物等于加大了起重力矩，即增大了倾翻力矩。（ ）

63. 塔式起重机的平衡重是通过计算选定的，不能随意增减。（ ）

64. 在结构吊装或设备吊装中，吊点的选择很重要。（ ）

65. 为使索具、钢丝绳的受力分配合理，必须选择好重物的中心位置。（ ）

66. 采用一个吊点起吊时，吊点必须选择在构件重心以上。（ ）

67. 采用一个吊点起吊时，可不必使吊点与构件重心的连接与构件的横截面垂直。（ ）

68. 采用多个吊点起吊时，应使各吊点吊索拉力的合力作用点，在构件的重心以上。（ ）

69. 采用多个吊点起吊时，必须正确确定各吊索长度，使各吊索的汇交点（吊钩位置）与构件重心的连线，与构件的支座面垂直。（ ）

70. 柱吊点，一般小型、中型柱可选择一个吊点。（ ）

71. 吊车梁的吊点，即使不对称选择，也可以于起吊和保持梁吊起呈水平状。（ ）

72. 屋架的吊点，应靠近节点选择，各点吊索的合力作用点必须在屋架重心以上。（ ）

73. 抬缸式捆绑法简单，应用较广，其要点是捆绑绳必须与物体扣紧，不准有空隙。（ ）

74. 死结捆绑法可根据安装和实际需要多用于捆绑和起吊圆木，管子、钢筋等物件。（ ）

75. 背扣捆绑法抬缸式捆绑法适用于捆绑圆筒形物体。（ ）

76. 使用兜捆法时，一定要切记：为防止其水平分力过大而使绳扣滑脱而发生危险，两对绳扣间夹角不宜过大。（ ）

77. 在进行吊装作业前必须由施工方技术负责人编制专项施工组织设计，所有施工准备工作应按施工组织设计要求进行。（ ）

78. 起吊就位时，用目测或用线锤对构件的平面位置及垂直度进行初校正。（ ）

79. 起吊中保证构件在空中起落和旋转都要平稳。（ ）

80. 起重吊装中的高处作业人员不用佩戴安全带。（ ）

81. 起重吊装中的独立悬空作业人员除去有安全网防护外，还应以个人防护（安全带、安全帽、防滑鞋等）作为补充防护。（ ）

82. 起重吊装中操作人员不能站在构件上以及不牢固的地方进行作业，应站在有防护栏杆的作业平台上工作。（ ）

83. 起重吊装中作业人员上下应走专用爬梯或斜道，不准攀爬脚手架或建筑物上下，严禁用起重机吊人上下。（ ）

84. 在进行节间综合吊装时，可采用移动平网。（ ）

85. 在进行吊装行车梁时，可在行车梁高度的一侧，沿柱子拉一钢丝绳。（ ）

86. 在进行屋架吊装时，作业人员严禁走屋架上弦，当走屋架下弦时，应把安全带系牢在屋架的加固杆上。（ ）

87. 结构及抽板安装后，应及时采取措施，对临边及孔洞按有关规定进行防护，防止吊装过程中发生事故。（ ）

88. 物体内部各点都要受到重力的作用，各点重力的合力就是物体的重量。（ ）

89. 物体内部各点都要受到重力的作用，各点重力的合力作用点就是物体的重心。（ ）

90. 吊装作业应不断创新，有时可以不遵循运用物体重力与外力平衡的规律进行作业。（ ）

91. 在起重吊装作业中，确定被吊物的重力是重要的，确定重心位置是无关紧要的。（ ）

92. 几何形状简单的长方形物体，其重心位置在对角线的交点上。（ ）

93. 几何形状简单的圆柱形物体，其重心位置在中间横截面的圆心上。（ ）

94. 对于不规则形状的物体，可用悬挂法测定其重心位置。 ( )

95. 对形状规则的物体，其截面图形的形心不一定是重心位置。 ( )

96. 一般物体从静止到倾倒都要经过 3 种基本状态：稳定状态、不稳定状态和倾覆状态。 ( )

97. 物体的重力与支反力大小相等，方向相反，作用线相同且通过物体支承的中点，此时物体处于稳定平衡状态。 ( )

98. 物体重力的作用线超出物体支承面之外，将产生一种倾翻力矩，物体失去平衡，处于倾覆状态。 ( )

99. 放置物体时，物体的重心作用线接近或超过物体支承面边缘时，物体还是处于稳定状态。 ( )

100. 物体放置时，重心越高，支撑面越大，物体所处的状态越稳定。 ( )

101. 为保证吊运过程中物体的稳定性，应使吊钩吊点与被吊物重心在同一条铅垂线上。 ( )

102. 流动式起重机工作时，起重机自重载荷和起吊载荷对倾覆边的力矩之和必须大于零，才可保证不倾翻。 ( )

103. 正确选择起吊点，是为了保证物体在吊运中有足够的稳定性。 ( )

104. 一般的起重作业是不用考虑物体重心位置的。 ( )

105. 一般的起重吊装作业可采用高位试吊的方法找到重心位置。 ( )

106. 有起吊耳环的物件，在吊装前应检查耳环是否完好。 ( )

107. 对于长形物体，若采用竖吊，则吊点应在重心之下。 ( )

108. 采用一个吊点竖吊长形物体，吊点距物体两端应相等。 ( )

109. 吊装方形物体，一般应采用两个吊点，吊点位置应选择在四边对称的位置上。 ( )

110. 在机械设备安装精度要求较高时，可采用辅助吊点调节平衡的吊装方法。 ( )

111. 当物体重量超过起重机额定起重量时，可以采用两台起重机使用平衡梁吊运物体的方法进行吊装作业。 ( )

112. 用两台起重机同吊一重物时，重物重量小于两台起重机额定起重量就可以。 ( )

113. 用兜翻的方法翻转物体时，吊点应选在物体重心之上或物体重心的一侧。 ( )

114. 在空中翻转物体，可用主副钩或两台起重机进行作业。 ( )

115. 对柱形物体采用平行吊装绑扎法前可不找物件的重心。 ( )

116. 柱形物体的平行吊装绑扎法有两种：一种是用一个吊点，另一种是用两个吊点。 ( )

117. 柱形物体垂直斜形吊装绑扎法多用于物件外形尺寸较短和对物件安装无特殊要求的场合。 ( )

118. 长方形物体的绑扎方法较多，当物体重心居中时，可不用绑扎，用兜挂法直接吊装。 ( )

119. 用于绑扎的钢丝绳吊索、卸扣选用时要留有一定的安全余量。 ( )

120. 用于绑扎的钢丝绳吊索不得用插接、打结的方法加长，但可用绳卡固定法加长。 ( )

121. 绑扎时物体锐角处可加防护衬垫，也可不加防护衬垫。 ( )

122. 按行业习惯，用于起重吊运作业的刚性取物装置称为索具或吊索。 ( )

123. 按行业习惯，系结物品的挠性工具称为吊具。（ ）

124. 吊具在一般使用条件下，垂直悬挂时允许承受物品的最大质量称为额定起重量。（ ）

125. 白棕绳一般用于起吊重型构件和作溜绳以及受力较大的缆风绳等。

126. 浸油白棕绳不易腐烂，但材质变硬，不易弯曲，因而在吊装中一般都用不浸油的白棕绳。（ ）

127. 白棕绳应存放在干燥通风的地方，不要和油漆、酸、碱等化学物品接触，防止霉烂、腐蚀。（ ）

128. 成卷白棕绳在拉开使用时，应先把绳卷平放在地下，将有绳头的一面放在底下，从卷外拉出绳头。（ ）

129. 使用白棕绳时避免在粗糙的构件上或地上拖拉，用于捆绑边缘锐利的构件时，应衬垫麻袋、纤维布、木板等物，防止切断绳子。（ ）

130. 吊装作业中使用的绳扣，应结扣方便，受力后扣不松脱，解扣简易。（ ）

131. 白棕绳具有质地柔软、携带方便和容易绑扎的优点。（ ）

132. 涂油的白棕绳强度比不涂油的要高。（ ）

133. 起重机械或受力较大的地方不得使用白棕绳。（ ）

134. 有绳结的白棕绳不得穿过滑轮。（ ）

135. 白棕绳受潮湿后其强度不会降低。（ ）

136. 最常用的白棕绳是五股捻制品。（ ）

137. 为保证起重作业的安全，白棕绳在使用中所受的极限工作载荷应和白棕绳试验时的破断拉力相等。（ ）

138. 白棕绳一般用于重量较轻的捆绑、滑车作业及扒杆用绳索等。（ ）

139. 起重作业选用的钢丝绳一般为线接触类型的钢丝绳。（ ）

140. 起重作业中使用的钢丝绳为圆股的钢丝绳。（ ）

141. 双重绕钢丝绳按绳股和绳的捻向不同可分为顺绕、交绕和混合绕钢丝绳三种。（ ）

142. 钢丝绳绳芯材料有天然纤维芯、合成纤维芯和钢丝芯三种。用量最大的是钢丝芯。（ ）

143. 钢丝绳绳芯中的润滑油其作用是减小股与股和丝与丝之间的摩擦，并无防锈作用。（ ）

144. 同直径的钢丝绳，每股绳内的钢丝越多，钢丝直径越细，则钢丝绳的挠性就越好，钢丝绳也越耐磨损。（ ）

145. 钢丝绳如出现长度不够时，可用钢丝绳头穿细钢丝绳的方法接长。（ ）

146. 钢丝绳如出现长度不够时，可采用卸扣连接的方法接长。（ ）

147. 用于吊运熔化或赤热金属、酸溶液、爆炸物、易燃物及有毒物品的钢丝绳，外表的断丝数量达到报废标准一半时就应报废。（ ）

148. 如果钢丝绳外表的断丝集中在一支绳股里，但尚未达到报废标准中规定的断丝数量，可暂不报废。（ ）

149. 当钢丝绳绳芯损坏时，会引起绳径的减小。（ ）

150. 伴随钢丝绳弹性减小而出现的钢丝绳绳径减小，比由于磨损而造成的绳径减小要快得多。（ ）

151. 钢丝绳的弹性减小不会造成钢丝绳明显的不易弯曲现象。（　）

152. 钢丝绳的内部磨损是在压力作用下与滑轮和卷筒槽的接触摩擦而产生的。（　）

153. 钢丝绳弹性减小会导致在动载作用下突然断裂。（　）

154. 当钢丝绳出现笼形畸变时，钢丝绳应立即报废。（　）

155. 钢丝绳经受了特殊热力作用其外表出现可识别的颜色时，如果没有断丝和变形，尚可继续使用。（　）

156. 绳股挤出的钢丝绳应立即报废。（　）

157. 钢丝绳吊索索眼绳端固定连接应避免一端相对另一端的扭转。（　）

158. 钢丝绳吊索不一定由整根绳索制成，中间可有接头。（　）

159. 构件吊装完毕摘除卸扣时，不准往下抛掷，防止卸扣变形和损伤。（　）

160. 钢丝绳的紧固强度取决于绳径和绳夹匹配，以及一次紧固后的二次调整紧固。（　）

161. 钢丝绳夹所用的数量与绳径无关。（　）

162. 用多肢吊链通过吊耳连接时，一般分肢间夹角不应超过 45°。（　）

163. 链环发生塑性变形，伸长达原长度 10%应更换或报废。（　）

164. 链环修复后，未能平滑过渡或直径减少量大于原公称直径的 10%应更换或报废。（　）

165. 端部配件的危险断面磨损减少量达原尺寸 10%应更换或报废。（　）

166. 有开口度的端部配件，开口度比原尺寸增加 10%应更换或报废。（　）

167. 吊钩挂绳处断面磨损超过高度 10%时应报废。（　）

168. 吊钩开口度比原尺寸增大 25%时应报废。（　）

169. 吊钩危险断面与吊钩颈部产生塑性变形时应报废。（　）

170. 起重机上吊钩应设置防止脱钩的保险装置。（　）

171. 锻造钩一般是用整块钢材锻造的，表面应光滑，不得有裂纹、刻痕、裂缝等缺陷，并可以进行补焊。（　）

172. 在起重吊装作业中，如所吊重物重量较大，就需要用两台或多台起重机械进行联合作业。（　）

173. 滑行法是指两台起重机在起吊到就位的过程中都起主要作用。（　）

174. 滑行法宜选择型号不相同的起重机。（　）

175. 递送法是指两台起重机中的一台作为主机，另一台作为辅机配合主机进行吊装作业。（　）

176. 多台起重机联合作业时要合理分配起重机负荷，各起重机不超过其安全起重量的 90%。（　）

177. 多台起重机联合作业时，操作中应统一指挥，起重机之间要相互配合，起重机的吊钩滑轮应尽量保持垂直状态，吊索不得倾斜过大，防止其中一台起重机失稳导致另一台超载。（　）

178. 采用双机抬吊时，因各机的负荷均不超过该机的起重能力，可不必进行负荷分配。（　）

179. 起重信号人员必须经安全技术培训，劳动部门考核合格，并发给安全技术操作证后，方可从事工作。（　）

180. 起重信号人员应熟知 GB 6067—1985《起重机械安全规程》和 ID 48—1993《起重机械

吊具与索具安全规程》。 （ ）

181. 起重信号人员应参与起重机司机对手柄或旋钮的选择。 （ ）

182. 起重信号人员不负责载荷重量的计算。 （ ）

183. 起重信号人员不负责吊具、索具的正确选择和使用。 （ ）

184. 起重信号人员负责对可能出现的事故采取必要的防范措施。 （ ）

185. 起重信号人员应佩戴鲜明的标志和与司索人员相同颜色的安全帽。 （ ）

186. 起重信号人员在发出吊钩或负载下降信号时，应有保护负载降落地点的人身、设备安全的措施。 （ ）

187. 起重信号人员在雨、雪天气起重信号露天起重机作业时，应先擦拭、清除雨雪后方可进行正常的起吊作业。 （ ）

188. 起重信号人员站在高处起重信号时，应严格遵守高处作业安全要求。 （ ）

189. 当起重信号人员不能同时看到起重机司机和负载时，应站在负载一侧并增设中间起重信号人员传递信号。 （ ）

190. 必要时司索人员或其他人员也可站在吊物上一同起吊。 （ ）

191. 严禁司索人员停留在吊重下。 （ ）

192. 司索人员应做到经常清理作业现场，保持道路畅通。 （ ）

193. 司索人员应听从起重信号人员的起重信号，发现不安全情况及时通知起重信号人员。 （ ）

194. 吊运成批零散物件时，必须绑扎牢固，防止吊运中散落。 （ ）

195. 同时吊运两件以上重物时，要保持平稳，减少物件相互碰撞。 （ ）

196. 吊重物就位时，不得将物件压在电气线路和管道上面，或堵塞通道。 （ ）

197. 达到报废标准的吊具、索具要及时进行修理。 （ ）

198. 装车时，不得人货混装。随车人员不得攀爬或坐在货物上面。 （ ）

199. 易燃易爆化学危险物品与其他货物混装时，要轻搬轻放。搬运场地禁止吸烟。 （ ）

200. 铁路两侧 0.5 m 范围内不得堆放装卸物件。 （ ）

201. 使用手拉葫芦时，遇有拉不动时，应增加拉链人数。 （ ）

202. 电动葫芦不得超负荷使用，上升时不得随意撞限位装置。 （ ）

203. 使用电动葫芦起吊重物时，必须严格遵守起重司索人员安全操作规程，严禁斜拉、斜吊，物件捆绑应牢固可靠。 （ ）

204. 桥式起重机司机经劳动部门培训后，就可上岗独立操作。 （ ）

205. 桥式起重机在与邻近起重机相遇时，不必减速，可用倒车代替制动。 （ ）

206. 塔式起重机专用的临时配电箱宜设置在轨道端部附近，电源开关应符合规定要求。 （ ）

207. 塔式起重机行车接近轨道端部时，应减速缓行至停车位置。 （ ）

208. 动臂式塔式起重机变幅动作可与回转等动作同时进行。 （ ）

209. 塔式起重机提升重物后，严禁自由下降。 （ ）

210. 塔式起重机提升重物跨越障碍物时，重物底部应高出其跨越障碍物 2 m 以上。 （ ）

211. 两台塔式起重机在同一条轨道上或相近轨道上进行作业时，应保持两机之间任何接

近部位距离不得小于 2 m。 ( )

212. 塔式起重机吊运体积大或外形长的物体要有拽绳，以防止摆动，拽绳应在被吊物体中间两侧各设一个。 ( )

213. 允许将不同种类或不同规格型号的索具混在一起使用。 ( )

214. 塔式起重机禁止无操作合格证人员操作。 ( )

215. 如遇八级大风时，塔式起重机应锁紧夹轨器，使起重机与轨道固定。 ( )

216. 国家标准 GB 5082—1985《起重吊运指挥信号》适用于桥式、门式、流动式等各类起重机，也适用于矿井提升设备、载人电梯设备。 ( )

217. 通用手势信号是指各种类型的起重机在起重吊运中普遍适用的指挥手势。 ( )

218. 专用手势信号是指具有特殊的起升、变幅、回转机构的起重机单独使用的指挥手势。 ( )

219. 起重机“前进”是指起重机离开指挥人员。 ( )

220. 起重机“后退”是指起重机向指挥人员开来。 ( )

221. “预备”(注意)的通用手势信号是：右手臂伸直置于头上方，手背朝前，保持不动。 ( )

222. “要主钩”的通用手势信号是：单手自然握拳，置于头上，轻触头顶。 ( )

223. “要副钩”的通用手势信号是：一只手握拳，小臂向上不动，另一只手伸出，手心轻触前只手的肘关节。 ( )

224. “吊钩上升”的通用手势信号是：右手小臂向侧上方伸直，五指自然伸开，低于肩部，以腕部为轴摆动。 ( )

225. “吊钩下降”的通用手势信号是：右手臂伸向侧前下方，与身体夹角约为 50°，五指自然伸开，以腕部为轴摆动。 ( )

226. “吊钩水平移动”的通用手势信号是：小臂向侧上方伸直，五指并拢手心朝外，朝负载应运行的方向，向下挥动到与肩相平的位置。 ( )

227. “吊钩微微上升”的通用手势信号是：小臂伸向侧前上方，手心朝上高于肩部，以腕部为轴，重复转动手掌。 ( )

228. “吊钩微微下降”的通用手势信号是：手臂伸向侧前下方，与身体夹角约为 50°，手心朝下，以腕部为轴，重复转动手掌。 ( )

229. “吊钩水平微微移动”的通用手势信号是：小臂向侧上方自然伸出，五指并拢手心朝外，朝负载应运行的方向，重复做缓慢的水平移动。 ( )

230. 用通用手势信号表示“微动范围”应当是：双小臂曲起，伸向一侧，五指伸直，手心相对，其间距与负载所要移动的距离接近。 ( )

231. “指示降落方位”的通用手势信号是：单手五指伸直，指出负载应降落的位置。 ( )

232. 用通用手势信号表示“停止”应当是：右手小臂水平置于胸前，五指伸开，手心朝上，水平挥向一侧。 ( )

233. “紧急停止”的通用手势信号是：两小臂水平置于胸前，五指伸开，手心朝下，同时水平挥向两侧。 ( )

234. “工作结束”的通用手势信号是：双手握拳，在额前交叉。 ( )

235. 通用手势信号总共有十三种手势信号。 ( )

四、复习题答案

(一)单项选择题

1. A　2. A　3. A　4. A　5. C
6. D　7. A　8. B　9. B　10. A
11. A　12. A　13. B　14. B　15. B
16. A　17. B　18. A　19. A　20. B
21. A　22. B　23. A　24. A　25. B
26. A　27. A　28. A　29. B　30. A
31. A　32. A　33. B　34. A　35. A
36. B　37. A　38. B　39. A　40. B
41. A　42. A　43. B　44. C　45. D
46. D　47. A　48. B　49. C　50. D
51. A　52. B　53. A　54. A　55. B
56. B　57. A　58. B　59. A　60. B
61. A　62. A　63. B　64. A　65. A
66. B　67. A　68. A　69. B　70. B
71. A　72. A　73. A　74. B　75. B
76. A　77. A　78. C　79. A　80. B
81. B　82. A　83. B　84. A　85. A
86. A　87. B　88. B　89. A　90. A
91. B　92. A　93. A　94. A　95. A
96. D　97. B　98. B　99. C　100. C
101. C　102. D　103. A　104. B　105. B
106. A　107. A　108. B　109. A　110. A
111. B　112. B　113. A　114. A　115. A
116. A　117. B　118. A　119. A　120. B
121. A　122. A　123. B　124. A　125. A
126. A　127. B　128. B　129. B　130. B
131. B　132. A　133. A　134. B　135. A
136. B　137. A　138. B　139. A　140. A
141. B　142. A　143. B　144. B　145. A
146. B　147. A　148. A　149. B　150. A

(二)多项选择题

1. ABCD　2. AB　3. ABCD　4. ABC　5. ABCDE
6. AB　7. ABCDE　8. ABC　9. ABC　10. ABC
11. ABCD　12. BC　13. ABCD　14. AB　15. CD
16. AB　17. AB　18. CD　19. ABCD　20. ABCD

21. ABC　22. ABCD　23. ABCD　24. ABCD　25. ABCDE
26. AB　27. ABCD　28. ABCD　29. ABCD　30. AB
31. ABCD

(三)判断题

1. √　2. √　3. √　4. √　5. ×
6. √　7. √　8. √　9. ×　10. ×
11. ×　12. ×　13. √　14. √　15. ×
16. √　17. ×　18. √　19. √　20. ×
21. ×　22. ×　23. √　24. √　25. √
26. ×　27. √　28. ×　29. ×　30. √
31. ×　32. √　33. ×　34. √　35. √
36. ×　37. ×　38. √　39. ×　40. √
41. ×　42. ×　43. √　44. ×　45. √
46. ×　47. √　48. ×　49. √　50. √
51. ×　52. √　53. √　54. ×　55. √
56. √　57. √　58. √　59. ×　60. √
61. √　62. √　63. √　64. √　65. ×
66. √　67. ×　68√　69. √　70. √
71. ×　72. √　73. ×　74. ×　75. ×
76. √　77. √　78. √　79. √　80. ×
81. √　82. √　83. √　84. √　85. √
86. √　87. √　88. √　89. √　90. ×
91. ×　92. √　93. √　94. √　95. ×
96. ×　97. ×　98. √　99. ×　100. ×
101. √　102. √　103. √　104. ×　105. ×
106. √　107. ×　108. ×　109. ×　110. √
111. √　112. ×　113. ×　114. √　115. ×
116. √　117. ×　118. √　119. √　120. ×
121. ×　122. √　123. ×　124. √　125. ×
126. √　127. √　128. ×　129. √　130. √
131. √　132. √　133. ×　134. √　135. √
136. ×　137. √　138. √　139. ×　140. ×
141. √　142. √　143. ×　144. ×　145. ×
146. ×　147. √　148. √　149. ×　150. √
151. ×　152. ×　153. √　154. √　155. ×
156. √　157. √　158. ×　159. √　160. √
161. ×　162. ×　163. ×　164. √　165. √
166. √　167. √　168. ×　169. √　170. √

171. ×	172. √	173. √	174. ×	175. √
176. ×	177. √	178. ×	179. √	180. √
181. ×	182. ×	183. ×	184. √	185. ×
186. √	187. ×	188. √	189. ×	190. ×
191. √	192. √	193. √	194. ×	195. ×
196. √	197. ×	198. √	199. ×	200. ×
201. ×	202. √	203. √	204. ×	205. ×
206. ×	207. √	208. ×	209. √	210. ×
211. ×	212. ×	213. ×	214. √	215. ×
216. ×	217. √	218. √	219. ×	220. ×
221. ×	222. √	223. √	224. ×	225. ×
226. √	227. ×	228. ×	229. √	230. √
231. √	232. ×	233. √	234. ×	235. ×

第二篇　建筑起重机械司机(塔式起重机)

塔式起重机(简称塔吊或塔机)是一种塔身直立,塔臂与塔身铰接、能做 360°回转的起重机械。(见图 1—1)因其起升高度高、操作灵活、回转半径大、效率高等特点,广泛应用于建筑工程、桥梁工程,起到了必不可少的作用。同时,由于塔吊体积大、重心高、作业环境多变,使用、维修、保养、安装等环节上稍有不慎或误操作,就容易引发整机倾倒、机毁人亡、群死群伤的恶性事故,因此,塔式起重机的操作是一项危险性较高、专业技术要求很强的工作。塔式起重机司机必须具备机械基础知识、简单的机械制图知识、电气知识、力学知识、液压传动的基本知识,掌握起重机的构造及工作原理,物体重量目测,吊具、索具的种类、选择、使用方法、报废标准及吊重的捆扎方法,指挥信号,有关登高作业、电气安全、消防及有关的一般救护知识,有关法规、法令、标准、规定等。并能判断、排除塔机的一般电气故障和机械传动故障,掌握一般的日常维修技术,取得有效的操作证。

第一章　塔式起重机的分类

当前,建筑市场使用的塔式起重机,品种、规格很多。

一、分　　类

1. 按回转方式分有下回转塔式起重机、上回转塔式起重机。

上回转塔式起重机如图 1—1 所示。

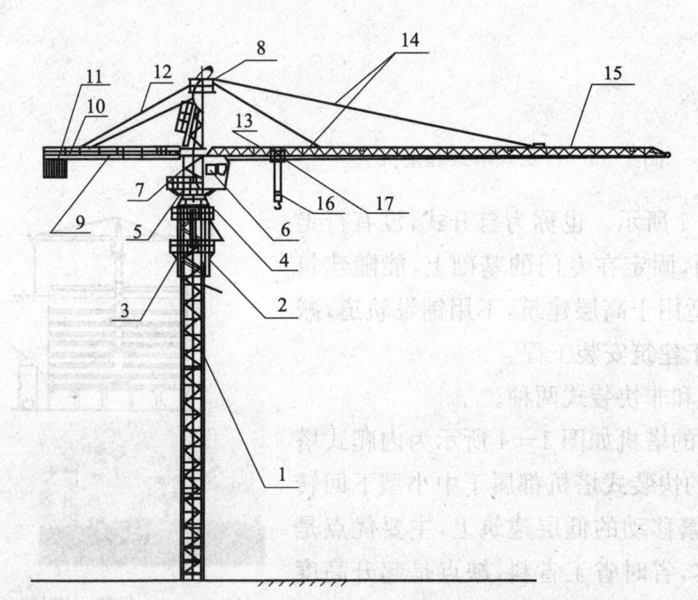

1—塔身标准节;2—顶升套架;
3—顶升装置;4—上、下回转支座;
5—回转机构;6—司机室;
7—回转塔身;8—塔顶;
9—平衡臂;10—起升机构;
11—平衡重;12—平衡臂拉杆;
13—变幅机构;14—吊臂拉杆;
15—吊臂;16—吊钩;
17—变幅小车

图 1—1　上回转塔机

塔身不旋转，起升、变幅等主要机构、回转支承、平衡重、均设置在上端，其优点是当塔臂高度超过建筑物时，可做全方位回转，作业面广，塔身下部结构简单，可以随时加节升高，适宜高层建筑，因而广泛应用于建筑安装工程。缺点是：当建筑物超过塔身高度时，由于平衡臂的影响，限制起重机的回转，同时重心较高，稳定性欠佳，在使用、安装、拆卸过程中必须十分重视其平衡、稳定。

下回转塔式起重机如图 1－2 所示。

塔身和起重臂一起旋转，其回转支承、平衡重、电控系统、起升、变幅等主要机构均设置在塔身下端，降低了重心高度，增加了稳定性，便于操作人员维护保养，缺点是旋转平台尾部突出，为使塔吊回转安全，必须使尾部与建筑物保持一定的距离，使有效幅度降低。因为塔身回转，不能与建筑物附着，故塔身高度比上旋转式低；另外对回转支承要求较高，安装高度受到限制。

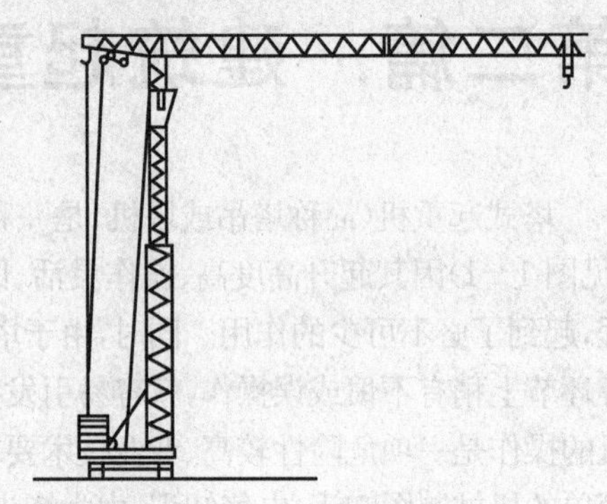

图 1－2　下回转塔机

2. 按底架是否移动分：有移动式塔式起重机、固定式塔式起重机。

移动式塔式起重机如图 1－3 所示。

移动式塔式起重机多为轨道式。塔式起重机塔身固定于行走底架上，通过行走轮，可在地面轨道上运行，靠近建筑物，稳定性好，能带负荷行走，工作效率高，在安装工程、工业厂房应用较多。

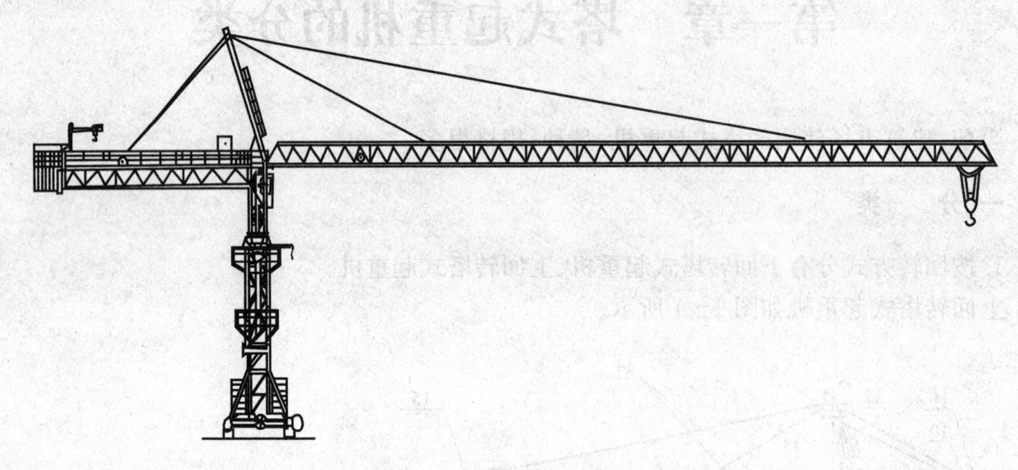

图 1－3　行走式塔式起重机

固定式塔式起重机如图 1－1 所示。也称为自升式，没有行走机构，安装在建筑物侧面或里面，固定在专门的基础上，能随建筑物升高而自行升高，附着方便，适用于高层建筑，不用铺设轨道，减少施工用地。目前被广泛应用于建筑安装工程。

3. 按架设方式分：有快装式和非快装式两种。

快装式：依靠自身动力架设的塔机如图 1－4 所示为内爬式塔机，能进行折叠运输，自行架设的快装式塔机都属于中小型下回转塔机，主要用于工期短，要求频繁移动的低层建筑上，主要优点是能提高工作效率，节省安装成本，省时省工省料，缺点是起升高度低，结构复杂，维修量大，目前，使用较少。

图 1－4　内爬式塔机

非快装式：依靠辅助起重外爬设备在现场分解部件架设的塔式起重机。

4. 按顶升方式分：有自升式塔机和内爬式塔机。

外爬式塔机：通过汽车吊或其他起重设备安装在固定在专门的基础上，能随建筑物升高而通过顶升系统升高，是目前建筑工地上的主要机种。如图 1－1 所示。

内爬式塔机：安装在建筑物电梯井、楼梯间内，图 1－4，借助爬升装置，随建筑物升高而增高，顶升较繁琐，高层、超高层使用较多。优点：不需要装设基础，内爬式塔机前期投资少；缺点：往往拆卸难度大，后期投入精力、财力较多。

5. 按变幅方式分有动臂变幅和水平起重臂小车变幅两种。

动臂变幅靠起重臂改变仰角未实现变幅的。其优点是：能充分发挥起重臂的有效高度，机构简单；缺点是：吊物不能完全靠近塔身，变幅时负荷随起重臂一起升降，不能带负荷变幅。

水平起重臂小车变幅如图 1－1 所示。其优点是：变幅范围大，速度快，载重小车可驶近塔身，能带负荷变幅，就位便捷、准确，应用范围广；缺点是：起重臂受力情况复杂，对结构要求高，且起重臂和小车必须处于建筑物上部。

6. 按有无塔顶(尖、头)结构分有平头塔式起重机和带塔顶塔式起重机两种。

平头塔式起重机是最近几年发展起来的一种新型塔式起重机，其特点是在原自升式塔机的结构上取消了塔顶及其前后拉杆部分，增强了大臂和平衡臂的结构强度，大臂和平衡臂直接相连。优点是整机体积小、安装便捷安全；缺点是在同类型塔机中平头塔机价格稍高。

带塔顶塔式起重机应用广泛，因有塔尖及其前后拉杆部分，增加了大臂和平衡臂的受力性能，起重能力提高，往往成为使用者的首选机型。其缺点是一旦工程需要，空中增减吊臂困难。

二、塔式起重机的型号

根据 GB/T 5031－2008《塔式起重机》，型号中必须标识塔机的最大起重力矩，即最大额定起重量与其在设计确定的各种组合臂长中所能达到的最大工作幅度的乘积。单位为 t・m。

国家为了促进企业品牌和与国际接轨，规定企业可以自定型号标识，但在企业标准或相关资料中必须有类、组、型的标识说明。

例如，目前许多生产厂家采用的一种流行广泛编号方式，以最大幅度和最大幅度起重量这两个基本参数为主。

标记示例：

TC 5613 A ———— 设计序号

5613 ———— 最大幅度56 m，该处起重量1.3 t

TC ———— 英语塔(Tower)式起重机(Crane)的第一个字母

这个标注方法比较直观，最大幅度和最大幅度起重量一目了然。

2008 年以前生产的塔机，型号按 JG/T 5093－1997 建筑机械与设备产品型号编制方法。

型号编制图标如下：

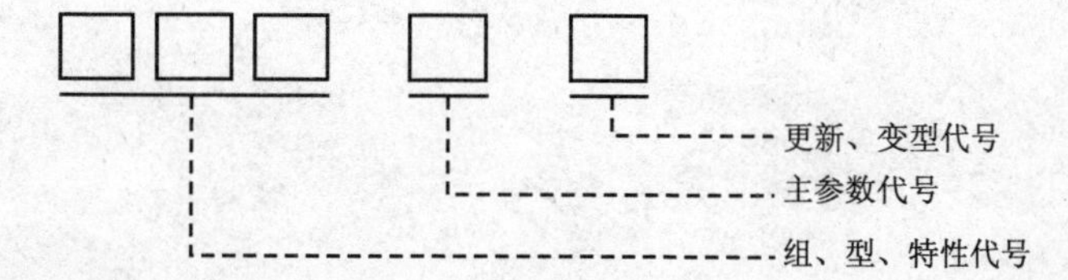

标记示例：

公称起重力矩 400 kN·m 的快装式塔式起重机：

塔式起重机：QTK 400

公称起重力矩 600 kN·m 的固定塔式起重机：

塔式起重机：QTG 600

公称起重力矩 800 kN·m 的自升塔式起重机：

塔式起重机：QTE 800

通过字头马上就可区分其特征，K——快装式塔式起重机，G——固定塔式起重机，Z——自升塔式起重机。

第二章　塔式起重机的基本技术参数

塔式起重机的基本技术参数，是反映一台塔机的工作能力大小，工作效率高低的重要指标。

第一节　塔式起重机参数

根据 GB/T5031—2008《塔式起重机》等，塔机参数如下：

1. 最大起重力矩

最大额定起重量与其在设计确定的各种组合臂长中所能达到的最大工作幅度的乘积。

2. 起升高度

指塔式起重机运行或固定独立状态时，空载、塔身处于最大高度、吊钩位于最大幅度处，吊钩支承面对塔式起重机支承面的允许最大垂直距离。对轨道塔式起重机，是吊钩内最低点到轨顶面的距离；对动臂是变幅塔机，起升高度分为最大幅度时起升高度和最小幅度时起升高度。

习惯上，自升式塔机起升高度包括两个参数，一是塔机安装自由高度(不需附着)时的起升高度，二是塔机附着时的最大起升高度。

3. 工作幅度(也称回转半径)

工作幅度是指塔式起重机空载时，回转中心线至吊钩中心垂线的水平距离。

4. 起重量

起重量是吊钩能吊起的重量，其中包括索具及重物的重量。单位为 kN。

①额定起重量：吊钩在相应幅度的允许最大起重量。②最大起重量：起重机在正常工作条件下，允许吊起的最大额定起重量，因此，均在幅度较小的位置。③最大幅度起重量：起重机在最大幅度时，额定的起重量，这是一个很重要的参数。

例：TC 5613 塔机，起升钢丝绳倍率为 2 时 56 m 臂处的额定起重量为 1.38 t，最大额定起重量为 4 t，倍率为 4 时 56 m 臂处的额定起重量为 1.3 t，最大额定起重量为 8 t。

塔式起重机的起重量是随吊钩的滑轮组数不同而不同。四倍率是两倍率起重量的 2 倍，可根据需要而进行变换。

表 2—2 是 TC 5613 塔机安装 56 m 臂时，在不同工作幅度时的起重量表。

5. 起升速度

塔式起重机起吊各稳定速度档对应的最大额定起重量，吊钩上升过程中，稳定运动状态下的上升速度。

起升钢丝绳倍率为 2 时起升速度是倍率为 4 时的 2 倍。

起升速度是最重要的参数之一，特别是高层建筑中，提高起升速度就能提高工作效率，同时吊物就位时需要慢速，因此起升速度变化范围大是起吊性能优越的表现。

6. 回转速度

塔式起重机在最大额定起重力矩载荷状态，风速小于 3 m/s，吊钩最大高度时的稳定回转速度。

7. 小车变幅速度

对于小车变幅塔式起重机，起吊最大幅度时的额定起重量、风速小于 3 m/s 时，小车稳定运行的速度。

8. 整机运行速度

塔式起重机空载，起重臂平行于轨道方向，塔式起重机稳定运行速度。

9. 全程变幅时间

动臂变幅塔机，起吊最大幅度时的额定起重量，风速小于 3 m/s 时，臂架仰角从最小角度到最大角度所需时间。

10. 安全距离

塔机运动部分与周围障碍物之间的最小允许距离。

第二节　塔式起重机技术性能

起重机技术性能一般包括起重能力、工作机构速度等。

1. 起重能力表，反映塔机在特定幅度处的起重能力，例某品牌的 TC5613 塔机，如表2—1。

表 2—1　塔式起重机的起重性能表

幅度(m)		2.5～13.7		14	17	20	23	26	29	32
起重量(t)	2 倍率	4.00						3.80	3.32	2.94
	4 倍率	8.00		7.79	6.18	5.12	4.31	3.72	3.24	2.86
幅度(m)		35	38	41	44	47	50	53	56	
起重量(t)	2 倍率	2.63	2.36	2.14	1.94	1.77	1.63	1.50	1.38	
	4 倍率	2.55	2.28	2.06	1.86	1.69	1.55	1.42	1.30	

2. 起重特性曲线，如图 2—1。

起重能力仅用起重能力表表示，是不连续的，用起重机的特性曲线来表示的则可使其连续，特性曲线是根据起重量、工作幅度绘制的一种曲线，起重量因幅度的改变而改变，两数之积则是起重力矩。由于起重力矩是衡量塔机的起重能力的主要参数，要正确使用塔机，了解起重机特性曲线是十分必要的。每台起重机都有自己本身的起重量与起重幅度的对应表，俗称工作曲线表，挂在驾驶室里显著位置，标明不同幅度下的额定起重量，防止超载。

3. 起重机技术性能。

各类塔机的技术参数不同，起重机技术性能是不一样的。表 2—2 为 TC5613 塔机起重机技术性能。

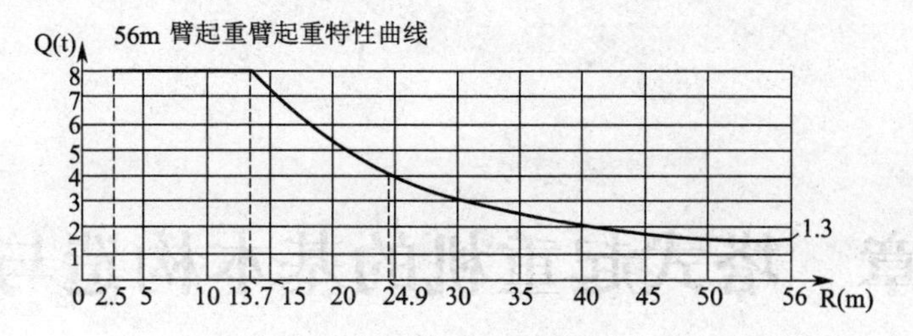

图 2—1　起重特性曲线

表 2—2　TC5613 塔机起重机技术性能表

项目					
机构工作级别		起升机构		M5	
		回转机构		M4	
		牵引机构		M4	
起重工作幅度(m)		最小 2.5		最大 56	
最大工作高度(m)		固定式		附着式	
		46		150	
最大起重量(t)		8			
起升机构	型号	QEW—880D(带强制通风)			
	倍率	α=2		α=4	
	起重量/速度(t/m/min)	2/80	4/40	4/40	8/20
	功率(kW)	30/30			
牵引机构	速度(m/min)	0～55			
	功率(kW)	5.5			
回转机构	速度(r/min)	0～0.8			
	功率(kW)	4.0×2			
顶升机构	速度(m/min)	0.58			
	功率(kW)	7.5			
	工作压力(MPa)	25			
平衡重	最大起升幅度(m)	44	50	56	
	重量(t)	12.0	13.05	14.1	
总功率(kW)		43.5(不包括液压系统)			
工作温度(℃)		−20～+40			

第三章　塔式起重机的基本构造与组成

每台塔机都由许多种零部件组成，按其所安装位置和所起的作用不同，一般分为：底架、塔身、回转支承、工作平台、回转塔身、起重臂、平衡臂、塔顶、驾驶室、变幅小车（平臂式塔机）等部件，自升式塔机还有加爬升套架、内爬式塔机还有爬升装置，行走式塔机还有行走台车，附着式塔机还有附着架。这些附加的装置大多也以金属结构为主，所以也称作塔机的金属结构，它们是整个塔机的支撑架，承受塔机的自重及各类外载荷，直接关系到整台塔机的使用性能和使用寿命，也关系到人们的生命财产的安全，因而金属结构是塔机的关键组成部分。

图3—1为一台既有顶升、又有行走台车的上回转塔机，可以作为典型的构造示意图。

下回转塔机由于回转支承在下面，塔身旋转，不能附着，故一般不能升得很高，目前，在建筑工程上用得较少，这里只做简单介绍。

第一节　底　　架

底架是塔机下连接基础或行走台车，上连接标准节的部件，形式有十字形、井字形、水母形等等。

一、十 字 形

1. 带撑杆的十字形：由十字底梁、基础节、底节及四根撑杆组成如图3—1，上边可放至活动压重，下部可装有行走台车，成为行走式，如为固定式，可直接安装塔机基础上，两者皆可用。

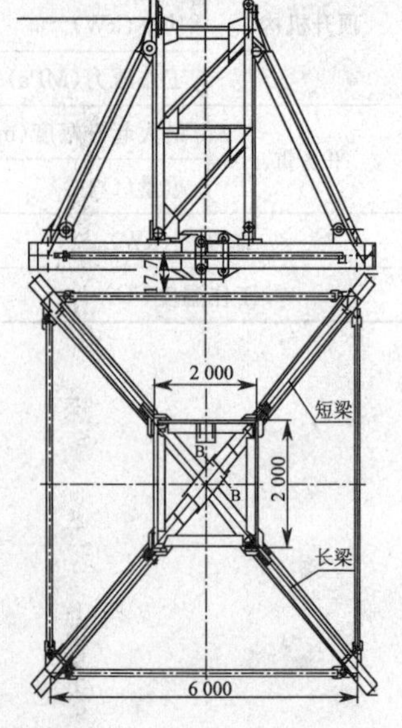

图3—1　带撑杆的十字底架（单位：mm）

十字底梁由一根通长的整梁和两根半梁用螺栓连接而成，基础节位于十字底梁的中心位置，用高强螺栓（或销轴）与十字底梁连接。基础节内可装电源总开关，其外侧可放置压重。其四角主弦杆上布置有可拆卸的撑杆耳座。四根撑杆为两端焊有连接耳板的无缝钢结构件，上、下连接耳板用销轴分别与底节和十字底梁四角的耳板相连。当塔身传来的弯矩到达底节时，撑杆可以分担相当一部分力矩，可以减少底节受力，塔身危险断面由根部向上移到撑杆上支撑面，改善底架的受力情况，增加塔机整体稳定性。这种底架构造合理，装拆和运输都很方便，应用比较广泛。

2. 不带撑杆的十字形。

①整体结构：用型钢组焊而成，这种底架用预埋的地脚螺栓固定于塔机基础之上。固定自升式塔机、内爬塔机多用此类底架。

②分体结构：由一根通长的整梁和两根半梁用螺栓连接而

成，这种底架用预埋的地脚螺栓固定于塔机基础之上，运输方便。

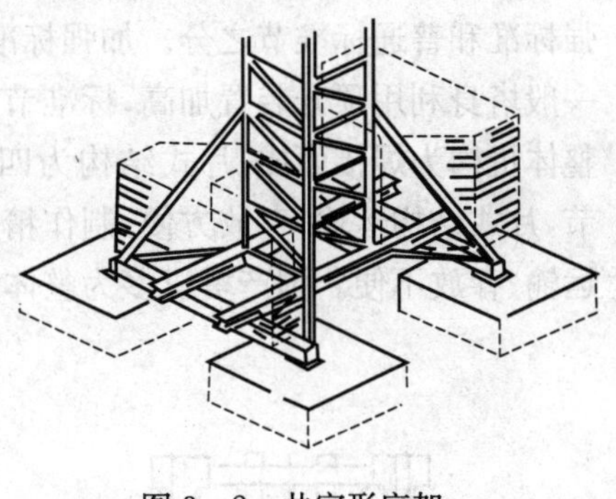

图 3－2　井字形底架

二、井字形

井字形底架由塔身基础节、梯形框梁、塔身撑杆、系杆及行走台车梁组成，上边可放置活动压重，下部可装有行走台车，成为行走式，如为固定式，可直接安装塔机基础上，如图 3－2 所示。

三、水母形

水母形底架由环形梁及四条活动支腿组成，用于轨道式下回转中型以上塔机，这种塔机对轨道铺设误差、转弯半径的包容性较强。

四、塔身与基础连接形式

许多塔机生产厂家根据用户需要生产出不同底架的产品，图 3－3 有可移动基础底架压重式(行走式，起升高度相对低)、固定基础底架压重式(底架有 4 根斜撑杆)、标准型无压重式底架(应用广泛)、无底架的固定支腿式等等，用户可以根据承接的工程及今后的发展需求综合考虑，在起重能力相同的情况下(或者同型号塔吊)，轨道式塔吊的造价要比固定式塔吊造价高出一部分。

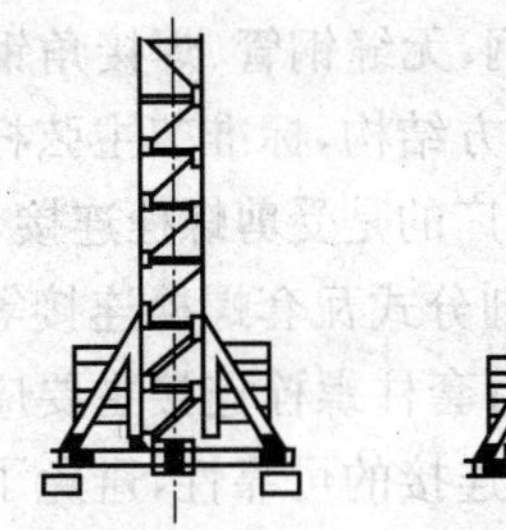
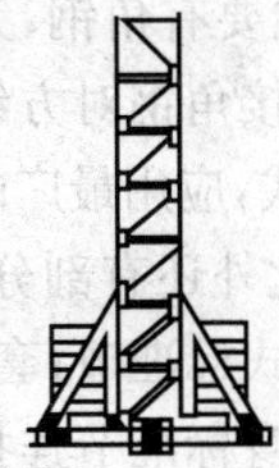
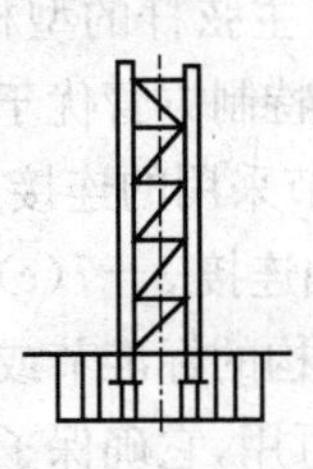
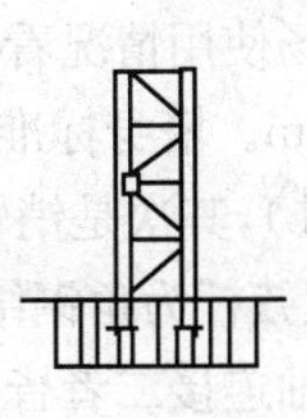

图 3－3　塔身与基础连接的各种形式

五、台　　车

行走式塔机才安装台车，台车有主动台车和被动台车之分。

第二节　塔　　身

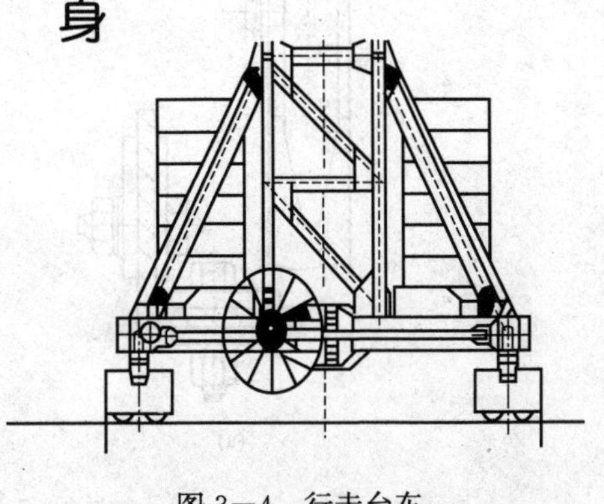

图 3－4　行走台车

塔身为塔机的主要受力构件之一，工作时承受轴向力、弯矩及扭矩。下回转塔机由于塔身旋转，相对来说塔身较低，多为整体结构、伸缩式结构，或节数较少。上回转自升式塔机，由于塔身不转，可以随建筑物的升高而顶升接高，将塔身制作成标准节(一段长、宽、高都统一的塔身)，塔身由若干标准节组成，具有互换性，便于安装、使用，但由于上下塔身工作时承受轴向力弯矩及扭矩有所不同，有加强标准和普通标准节之分。加强标准节所用的材质、规格优于普通标准节，安装于塔机下部。一般塔身利用顶升装置加高，标准节主要分为整体结构(如图 3－5)和片式结构(如图 3－6)。整体机构为焊接而成，片式结构为四片焊接件，用高强度螺栓通过绞制孔连接组成一个标准节，片式结构运输、存放方便，制作精度要求高，结构精巧；整体结构安拆方便，但占用空间大，运输、存放不便。国产塔机多为整体结，进口塔机多为片式结构。

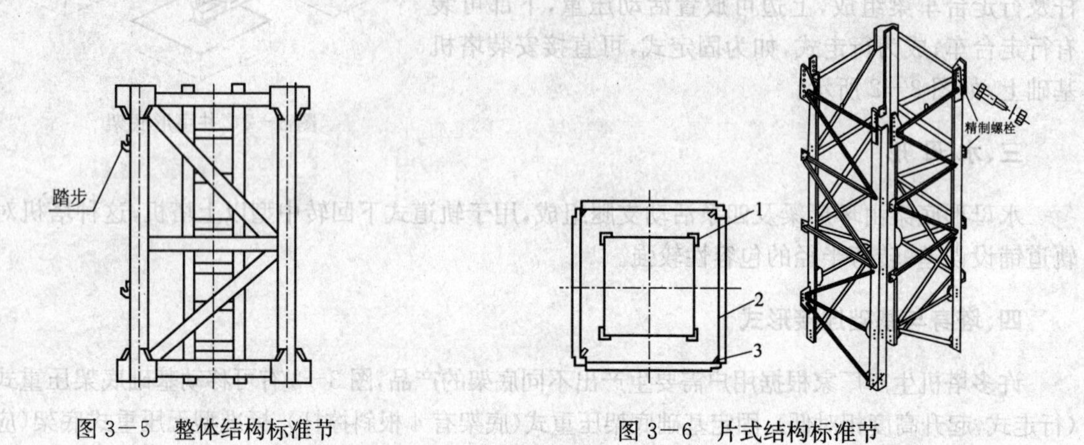

图 3－5　整体结构标准节　　图 3－6　片式结构标准节

标准节的断面有圆形断面和方形断面，早期施工现场使用的圆形断面塔身已不多见，目前塔机一般采用方形断面，断面尺寸多在 1.2 m×1.2 m 至 2.0 m×2.0 m 之间；标准节长度常用尺寸在 1.5 m 至 8 m 之间。主弦杆的型材主要有角钢、无缝钢管、焊接角钢对方和特制方管等形式，从现场使用情况看，特制方管优于焊接角钢对方结构，标准节主弦杆接合处表面阶差不得大于 2 mm。塔身标准节采用的连接方式，应用最广的是受剪螺栓连接 3－7(a)和套柱螺栓连接 3－7(b)，其次是销轴连接 3－7(c)，此外还有剖分式瓦套螺栓连接等。受剪螺栓连接主要应用于主弦杆为角钢结构的标准节或片式标准节；套柱螺栓连接主要应用于整体式结构的标准节；销轴连接二者皆可用，它确保了塔身标准节连接的可靠性，避免了高强度螺栓连接因螺栓预紧力达不到规定要求以及松动等原因造成连接失效的可能性，但制作成本高。

对于采用螺栓连接的标准节，螺栓按规定紧固后，主弦杆断面接触面积不小于应接触面积的 70%。连接螺栓、螺母、垫圈配合使用时，8.8 级以上等级的螺栓不允许采用弹垫防松，必须使用平垫圈，采用双螺母防松。

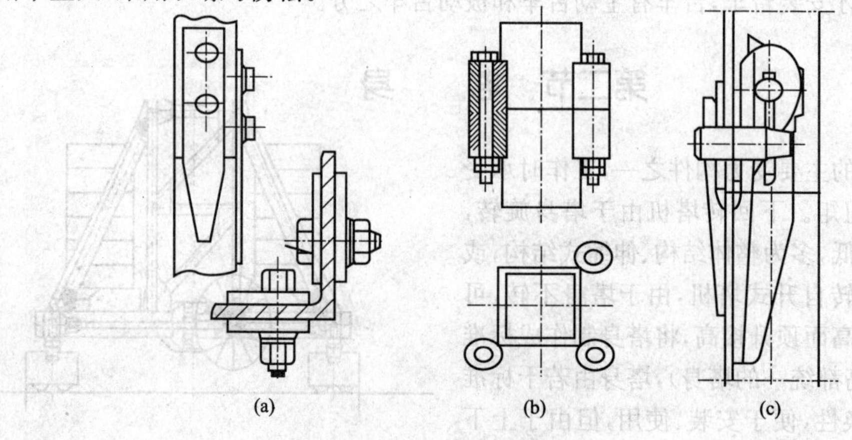

图 3－7　塔身标准节连接方式

第三节 顶升套架

顶升套架是塔机顶升的重要部件，有外顶升套架和内顶升套架两种形式。外顶升套架用于标准节为整体结构塔身，内顶升套架用于标准节为片式结构塔身。

一、外顶升套架

外顶升套架为框架式空间钢结构件，形状为方形截面，前方开口，顶升套架套架由顶升结构主架、上下工作平台、引进梁、导向滚轮、引进滚轮等组成，如图3－8。使用时套在塔身标准节的外面，上部四个角用销轴和塔机的回转下支座连接，用销轴与下转台相连，套架上还设有耳板与顶升油缸连接。套架的中部设有支撑爬爪，顶升时用于支撑套架。顶升横梁是顶升时用以支撑塔机上部重量的部件，一方面与顶升油缸的下部连接。一方面它的两边通过爬爪支撑在标准节的踏步上，以便倒步。导向滚轮在顶升过程中起支撑和导向作用，是重要部件之一，一般为 16 个，上下两层各 8 个，每个角 2 个，在顶升过程中调节套架与塔身的间隙，反映塔机上部只在油缸支撑状态下的平衡状态，必须高度关注。引进小车和吊钩及引进梁位于塔机的上部，它是引进标准节的吊装和滑行轨道。

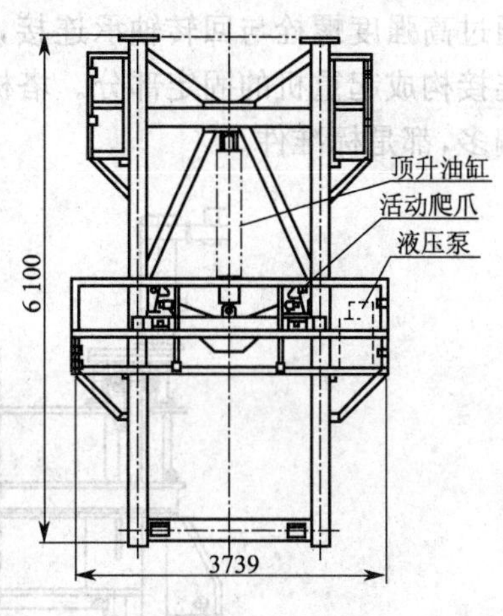

图 3－8　外顶升套架

套架后侧装有液压顶升装置的顶升油缸及顶升横梁，液压泵站放置在套架工作平台上，顶升时顶升横梁顶在塔身的踏步上，在油缸的作用下，套架连同下转台以上部分沿塔身轴心线上升，油缸顶升数次(根据设计、使用说明书要求)，可引入一个标准节。

顶升作业后，正常工作时，为减轻塔身受力，外顶升套架往往置于塔身底部。

二、内顶升套架

内顶升套架也称塔身内节，在塔机标准节内部，由结构主架、导向块、活动支腿等组成，如图 3－9。上部四个角用销轴和塔机的回转下支座连接，在内顶升套架外部焊有 16 个导向块，上下两层各 8 个，每个角两个，导向块在顶升过程中起支撑和导向作用，是重要部件之一，在顶升过程中调节套架与塔身的间隙，反映塔机上部只在油缸支撑状态下的平衡状态，必须高度关注。塔机正常作业状态，内套架的四个主弦杆与标准通过专用连接件连为一体，塔机上部重量及所受的各种载荷通过内套架的四个主弦杆传递到标准节，直至底座、基础。

塔身节内必须设置爬梯，以便司机及作业人员上下。

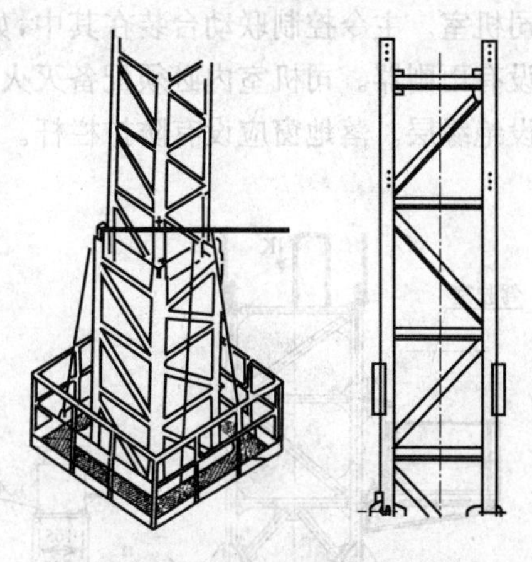

图 3－9　内顶升套架

第四节　上下支座与回转支承

上旋式塔机上支座、下支座、回转支承一般组装成一体。下支座下部与塔身标准节和顶升套架相连接，上部与回转轴承相连，不随吊臂旋转，下支座往往装有引进标准节的轨道或引进梁。

上支座上部安装回转塔身（小塔机往往无此），塔顶及起重臂和平衡臂，上下支座分别通过高强度螺栓与回转轴承连接，上支座与回转支承相连构成旋转部分，下支座与塔身相连接构成起重机的固定部分。塔机的回转支承一般选用四点接触滚珠式、交叉滚子轴承式偏多，都是标准件。

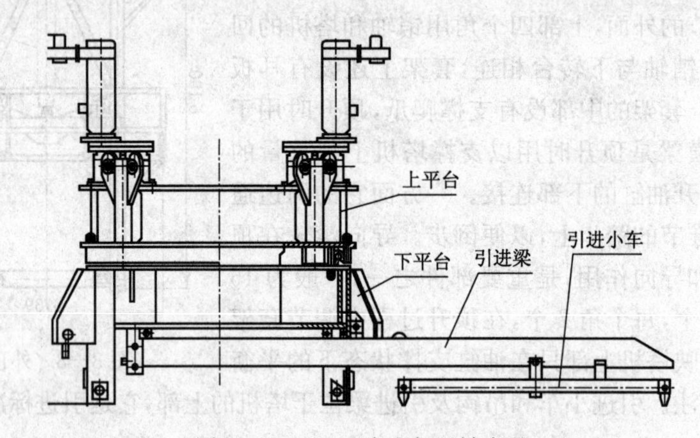

图 3—10　上、下支座与回转支承

第五节　回转塔身及司机室

塔机的司机室分中置、侧置两种，司机室中置（位于塔顶正下方）、侧置（也称外挂式、位于塔顶右下侧），图 3—11，小车变幅的塔机起升高度超过 30 m 的、动臂变幅塔机起重臂铰点高度距轨顶或支承面高度超过 25 m 的，在塔机上部应设置一个有座椅并能与塔机一起回转的司机室。主令控制联动台装在其中，如图 3—12，司机室门窗玻璃使用钢化玻璃，正面玻璃应设有雨刷器。司机室内必须配备灭火器，应通风、保暖和防雨；内壁应采用防火材料，地板应铺设绝缘层。落地窗应设有防护栏杆。

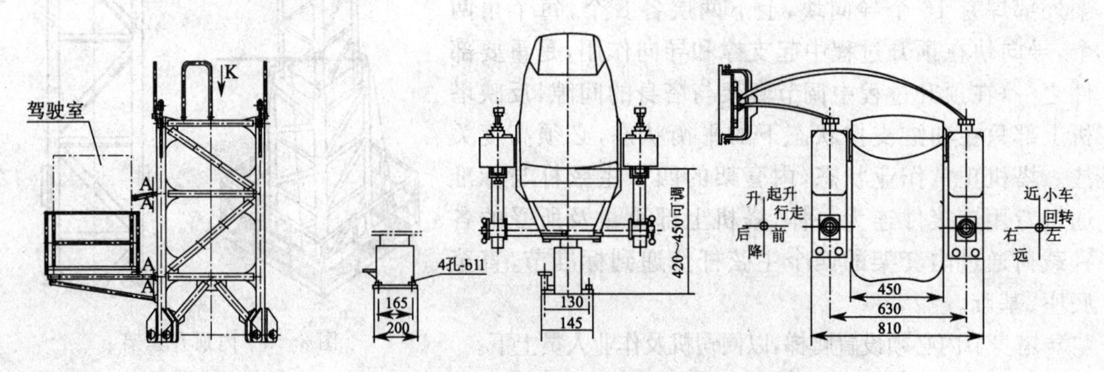

图 3—11　回转塔身及司机室　　　图 3—12　主令控制联动台

在显著位置应有塔机性能曲线图,高级配置的司机室内还应有综合液晶数字显示装置及电子监控系统。

第六节　塔　　顶

自升式塔式起重机有固定式四棱锥形塔顶和片式塔顶的两种结构形式,片式塔顶又分为单片式或人字架(双片式),如图 3－13,采用片式塔顶,结构合理,受力简单,安装方便,大型塔机采用片式结构较多,中小型塔机多采用四棱锥形结构,塔顶为四棱锥形结构,顶部有拉板架和起重臂拉板,通过销轴分别与起重臂、平衡臂拉杆相连,为了安装方便,塔顶上部设有工作平台,工作平台通过螺栓与塔顶连接。塔顶上部设有起重钢丝绳导向滑轮和安装起重臂拉杆用滑轮,塔顶后侧主弦下部设有力矩限制器,并设有带护圈的扶梯,塔顶下端有四个耳板,通过四根销轴与回转塔身连接。

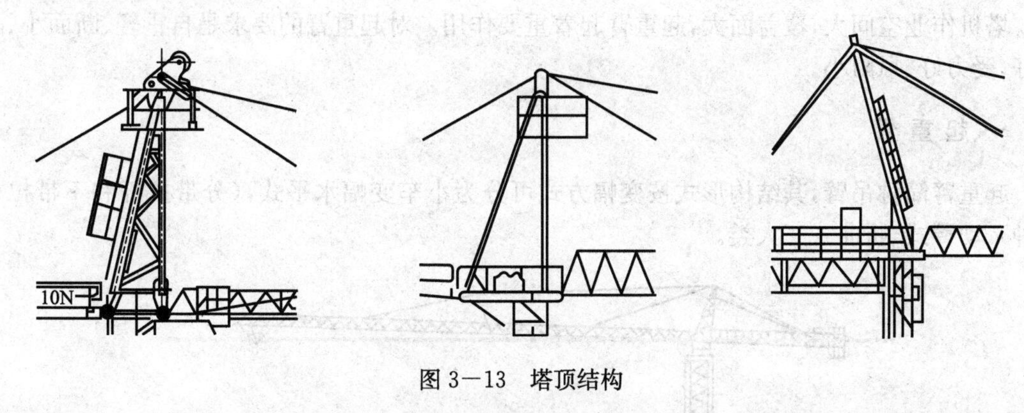

图 3－13　塔顶结构

第七节　平衡臂、平衡重、平衡臂拉杆

平衡臂是塔机的重要部件之一,如图 3－14,多为槽钢或工字钢、及角钢组焊成的空间桁架结构,如图 3－15,分两节或多节,节与节之间用销轴连接。平衡臂受力复杂,截面、型材规格较大,其上一般有平衡重、起升机构、电器柜、平衡臂拉杆等,平衡臂上设有栏杆及走道板,在臂两侧还有工作平台。平衡臂的一端用销轴与回转塔身连接,另一端则用两根组合刚性拉杆同塔顶连接。

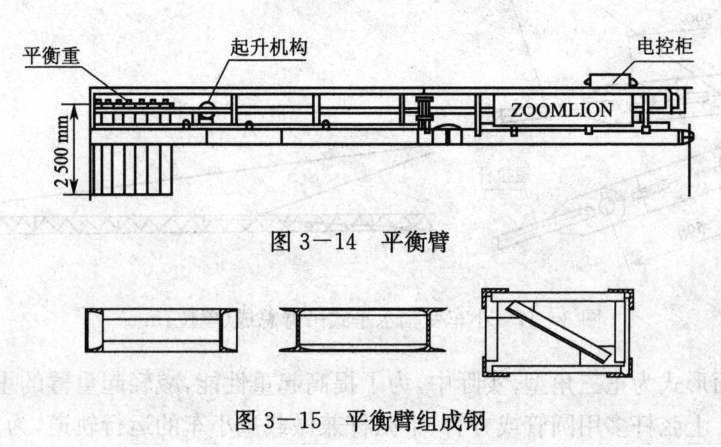

图 3－14　平衡臂

图 3－15　平衡臂组成钢

平衡重用于平衡塔机载荷工作状态下产生的不平衡力矩，安装于平衡臂尾部，重量随起重臂安装长度的增减而变化，平衡重目前多为钢筋混凝土制成，分成若干块。一般来说是塔机生产厂家提供图纸，用户制作，或根据需要，塔机生产厂家也可以提供成品。每块平衡重都必须在本身明显的位置标识重量。平衡重块可以用汽车吊安装，也可以用塔机的起升机构，通过平衡重装置自行安装。

起升机构多安装于平衡臂尾部，本身有其独立的底架，用螺栓固定在平衡臂上，以起到一定的配重作用。

平衡臂拉杆多为实心圆钢，少数为钢板。一般长度在 6 m 左右，节与节之间用销轴连接，拆装方便。

第八节　起重臂、起重臂拉杆、载重小车

塔机作业空间大，覆盖面大，起重臂起着重要作用。对起重臂的要求是自重轻、断面小、刚度好、受力好、风阻小。

一、起 重 臂

起重臂简称吊臂，其结构形式按变幅方式可分为小车变幅水平式，(分带拉杆和不带拉杆两种)、动臂式、折曲式三大类。

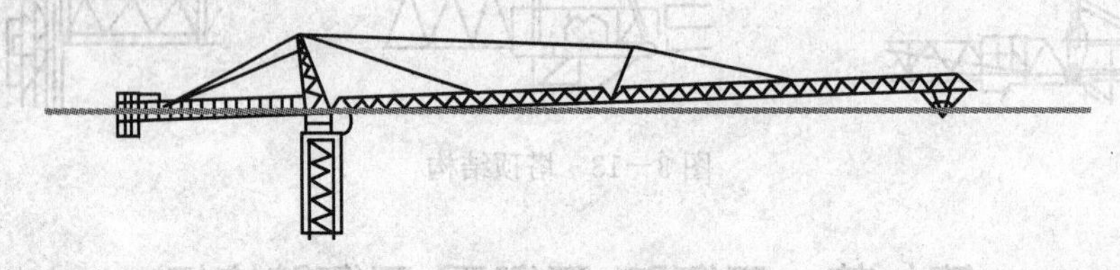

图 3—16　起重臂

1. 小车变幅水平式

载重小车以起重臂的下弦杆(少数为上弦杆)为运行轨道，在牵引机构的牵引下，可沿起重臂前后运行，实现平稳的就位，是被广泛采用一种起重臂，如图 3—17 所示。起重臂采用单吊点、双吊点及平头式无吊点三种方式，一般用双吊点较多。

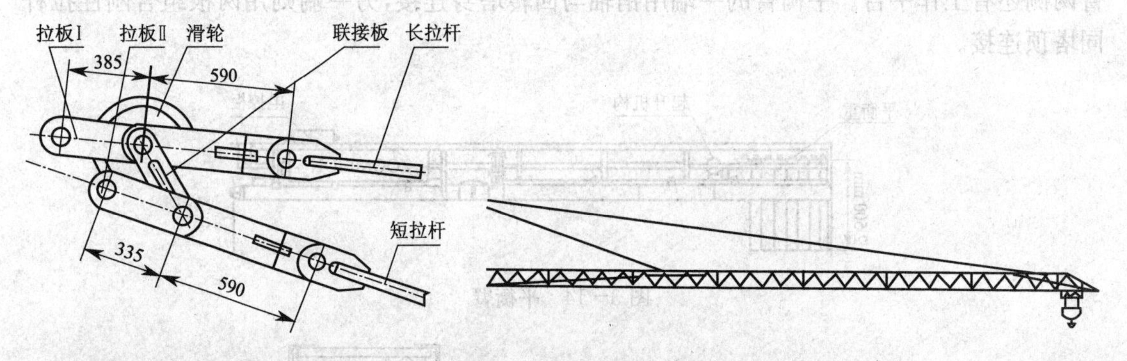

图 3—17　小车变幅水平式吊臂总成(单位：mm)

其主要截面形式为正三角型，实际中，为了提高起重性能，减轻起重臂的重量，采用变截面空间桁架结构。上弦杆多用圆管或方管，下弦杆兼做载重小车的运行轨道，为方形或矩形。腹

杆为无缝钢管。

塔机的吊臂由若干臂节组成，如图 3－18 所示。一般每节长度在 6～10 m 之间，分为根部节，中间节，臂尖节（端部节）。根部节，与回转塔身用销轴连接。中间节，为了保证起重臂水平，在节上分别设有两个或一个吊点，通过点用起重臂拉杆与塔顶连接，多在起重臂第二节中装有牵引机构。臂尖节稍短，端部用于扣起升钢丝绳和绕变幅钢丝绳、缓冲器。节与节之间用销轴连接，拆装方便。吊臂的长度可以根据使用的需要进行调整，调整时需同时调整拉杆长度和配重的重量，起重臂组装时，必须严格按照每节臂上的序号标记组装，不允许错位或随意组装。

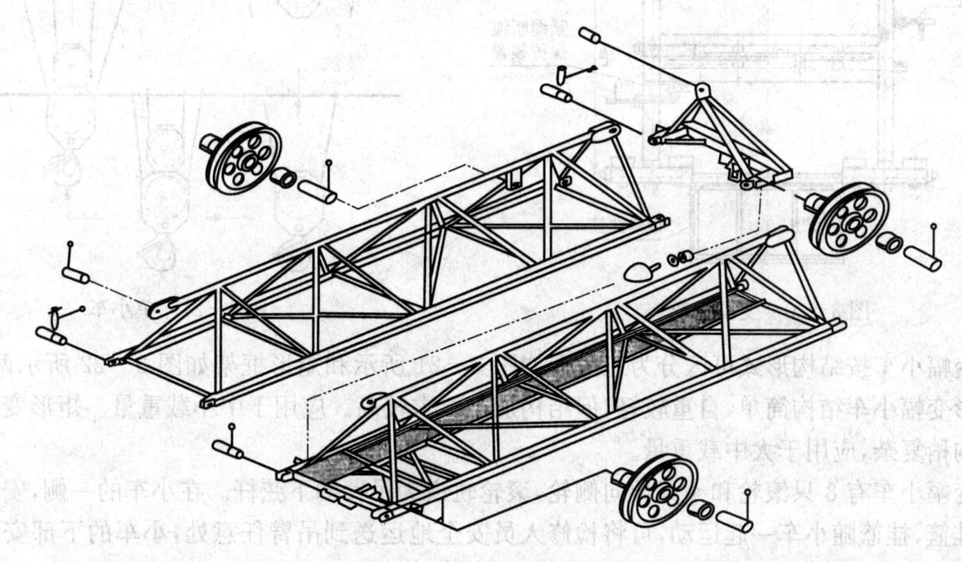

图 3－18　吊臂臂杆组成

2. 动臂变幅塔机的起重臂

动臂变幅塔机的吊臂由于靠改变仰角变幅，因此其断面往往是矩形的，用型钢焊接而成。吊臂分节较少，用螺栓或销轴连接。

3. 平头式塔机的吊臂

由于平头式塔机没有臂架拉杆，因此臂架为一悬臂梁结构，臂架主要承受弯矩。臂架的构成和截面形成与小车式水平臂架相同，如图 3－19 所示。

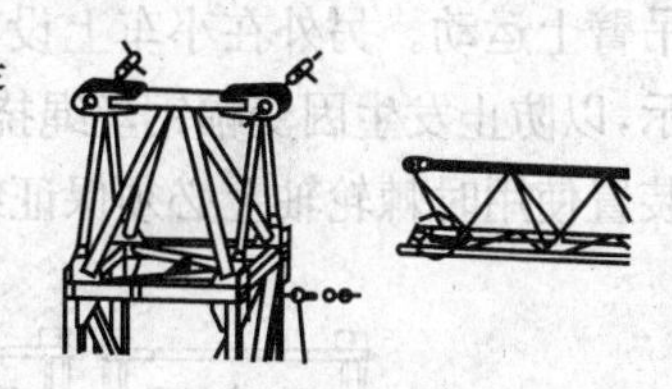

图 3－19　平头式塔机的吊臂

4. 折曲式塔机的吊臂

可以根据施工空间改变臂长，用于空间受限工程，如图 3－16 所示。但一般建筑工程使用较少。

二、起重臂拉杆

小车变幅水平式起重臂拉杆与吊臂吊点的数量相对应，吊臂拉杆有单拉杆和双拉杆，多为实心圆钢，少数为钢板。拉杆由与塔顶连接的拉板、拉杆节、调节拉杆节、与吊架连接的拉板等组成，如图 3－17 所示，各节之间有销轴连接，一般每节长度在 6～9 m 之间，长度有几种变化，满足不同施工需要。动臂式吊臂因要调整起重臂角度，多采用钢丝绳为起重臂拉杆，或钢丝绳、钢板混合式。

三、变幅小车及工作吊篮(维修挂篮)

变幅小车是带动吊钩与重物沿起重臂往复运动的钢结构件,如图 3—20 所示,有单小车如图3—21所示和双小车如图 3—22 所示两种,载重小车由车架结构、起升滑轮组、小车行走轮及导轮、小车牵引绳张紧装置和断绳保护装置、断轴保护装置等组成。

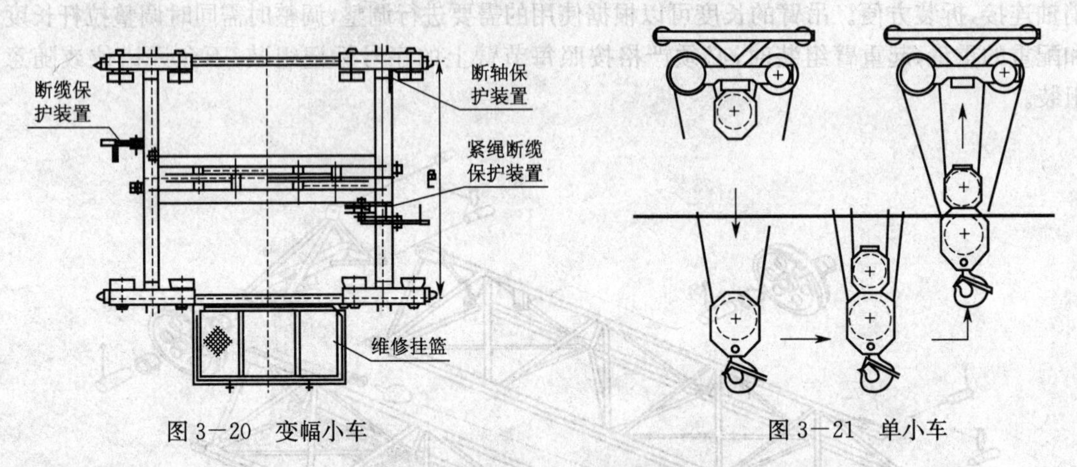

图 3—20 变幅小车　　图 3—21 单小车

变幅小车按结构形式可区分为三角形如图 3—21 所示和矩形框架如图 3—22 所示两种,三角形变幅小车结构简单,自重较轻,但结构加工要求较高。应用于中小载重量。矩形变幅小车结构稍复杂,应用于大中载重量。

变幅小车有 8 只滚轮和 4 只导向侧轮,滚轮轨道为吊臂的下弦杆。在小车的一侧,安装有检修挂篮,挂篮随小车一起运动,可将检修人员安全地运送到吊臂任意处,小车的下部安装有滑轮组,供缠绕起升钢丝绳,滑轮上焊有防脱缆装置,防止钢丝绳脱落。

小车两端缠绕变幅机构的变幅钢丝绳,在变幅机构牵引下小车带动吊钩及重物可以在整个吊臂上运动。另外在小车上设有紧绳、断绳保护装置及断轴防坠落装置,如图 3—20、3—23 所示,以防止发生因变幅钢丝绳挠度过大、断绳和小车滚轮轴折断而造成的意外事故。(注意:紧绳装置使用时棘轮轴上必须保证缠绕三圈以上的牵引钢丝绳,以防止牵引钢丝绳意外滑脱。)

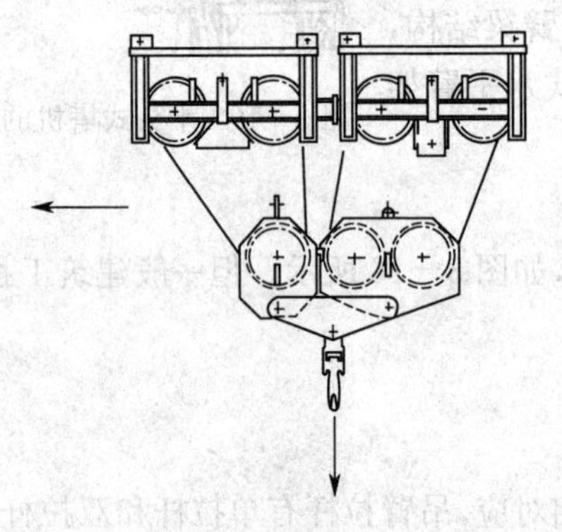

图 3—22 双小车

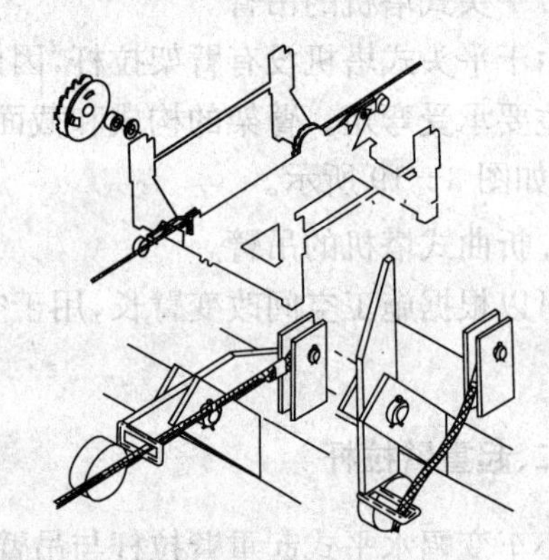

图 3—23 断绳保护装置

载重小车通过配有不同的滑轮吊钩组,可以以 2 倍率工作,也可以 2 倍率和 4 倍率互换的变倍率方式工作。如图 3—21 所示。

采用 2 倍率可提高工作效率并避免起升机构卷筒上钢丝绳缠绕层数过多。

第四章　塔式起重机的基本工作原理

掌握塔机的基本工作原理对于正确地操作、安装、维修、保养等至关重要。

第一节　塔机的基本工作原理

塔机的工作是通过一系列工作机构、装置进行的，这些工作机构有五种：起升机构、变幅机构、小车牵引机构、回转机构、大车走行机构（行走式的塔机），这些工作机构通过电气控制装置实现有机的结合，实现重物的上下、水平及叠加运动，达到预期目的。

液压顶升装置是自升式塔机的升高（降低）装置。

塔机的电气设备控制装置根据需要指挥塔机工作，包括电动机、控制器、配电柜、连接线路、信号及照明装置辅助电气设备等，通过控制装置指挥各工作机构有效动作，达到预期目的。

安全保护装置通过自身的结构功能，使塔机在设定的安全状态下工作。包括：力矩限制器、起重量限制器、起升高度限位器、变幅限位器、回转限位器、吊钩防脱装置等，安全保护装置。

第二节　起 升 机 构

塔式起重机的起升度高，重物吊卸极为频繁，因此，起升机构是塔机的重要工作机构。

一、工作原理

起升机构工作的目的是实现物料的垂直升降。一般由电动机、卷扬机、减速机、涡流制动器、联轴器、制动器、钢丝绳防扭装置、高度限位器组成。如图 4－1 所示规格大一点的塔机具有高、中、低三个上升速度，同时具有与上升速度相等的三个下降速度，其升降或速度的改变借助于主令控制器通过电气控制系统来实现。能轻载快速、重载、起到和启动慢速、就位微动，提高功效。

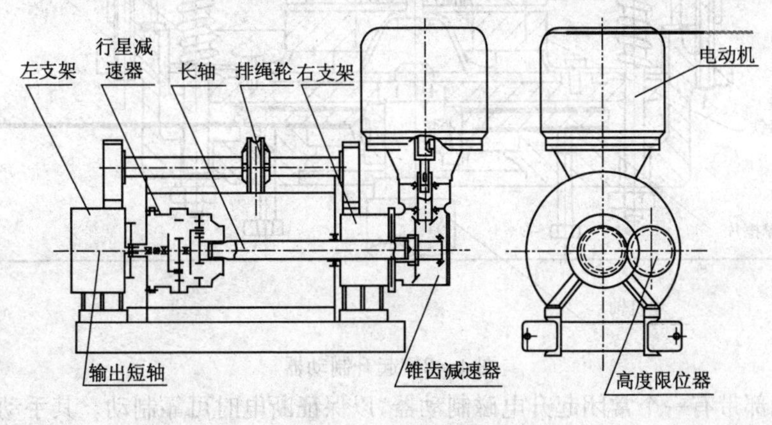

图 4－1　起升机构

电动机通过减速器带动卷扬机卷筒旋转，卷筒上的钢丝绳带动吊钩实现物料的垂直升降。

电动机尾部带有一个常闭起升电磁制动器，以保证断电时可靠制动，如图 4－2 所示。其手动闸松开可保证停电情况下，将悬吊的物料慢慢降落至地面。高度限位器是上升超高或下降超低的误操作保护装置。

塔机由于起升度高，主卷扬钢丝绳长度一般在 200～700 m 之间，因此，防止钢丝绳乱绳是一个关键问题，卷扬机除了装有排绳装置外，卷扬机卷筒的大小也是一个关键，大直径卷筒比小直径卷筒好，一些厂家主卷扬机采用折线绳槽的大卷筒技术，解决了钢丝绳排列容易乱绳的难题。

塔式起重机的电机往往使用专用电机，多为两速、三速。

减速器一般为圆柱、圆锥齿轮减速器。

二、制 动 器

制动器是塔式起重机上重要的部件，它直接影响起升机构运动的准确性和可靠性。起升机构的起升、下降制动非常频繁，使用时，要求平稳、可靠。

塔机的制动器主要有块式、盘式两种，块式又可分为电磁、和液压两种，下面分别介绍：

1. 盘式制动器的结构和调整：

一般是在电机输出轴外加盘式制动器。结构如图 4－2 所示，因此，使塔机在起动和制动中平稳无冲击，适用于大、中、小各类塔机。

调整方法：依制动器应用中的实际制动效果，力矩不够时，打开电机罩，调整螺母（件 U，T），使弹簧缩短；力矩过大时，使弹簧伸长，每次调整完后，试动作数次，应保证衔铁处的间隙在规定范围之内，吸合及脱开动作准确无误。

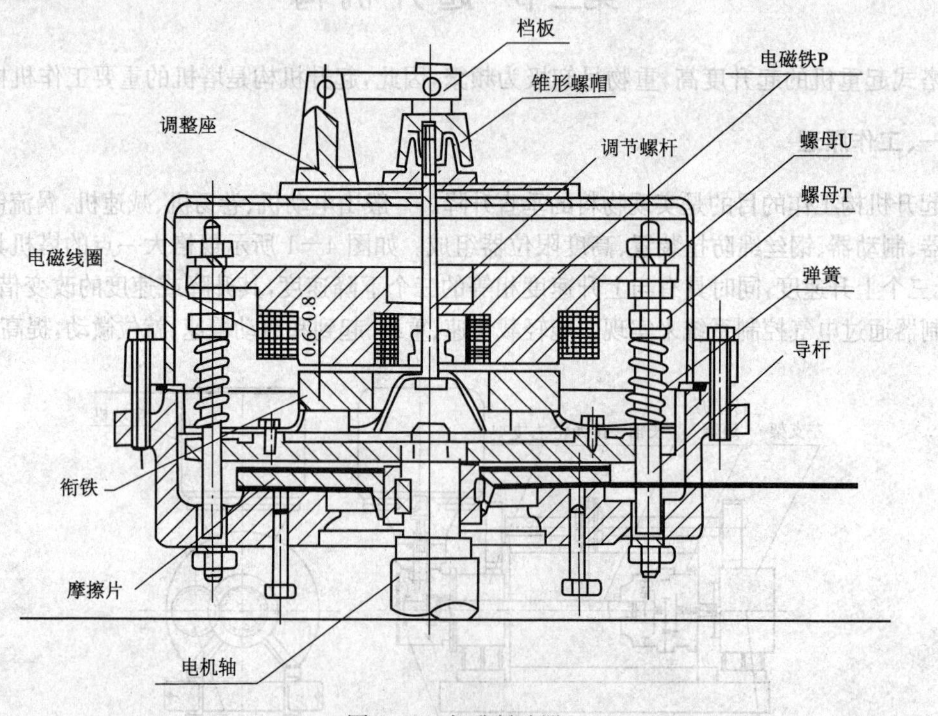

图 4－2　起升制动器

电动机尾部带有一个常闭起升电磁制动器，以保证断电时可靠制动。其手动闸松开，可保证停电状态下，将吊物慢慢降落至地面。

2. 电磁铁制动器

它是由弹簧力锁紧闸瓦，抱住制动轮。电磁线圈通电，弹簧压缩，松开闸瓦，让电机旋转。它的制动力矩和行程较小，因而，适用于小型塔机。

3. 液力推杆制动器

液力推动杆制动器是用一个很小的电液泵带动一推杆来压缩弹簧，代替上面所述电磁铁的作用，以松开闸瓦，其它部分还是抱闸结构。但是它的力量和行程比电磁铁大，所以适应范围大。

电磁铁制动器、液压推杆制动器的调整，都是通过调整弹簧压缩量来实现的。

三、倍率变换装置

载重小车通过配有不同的滑轮吊钩组，可以 2 倍率工作，也可以 2 倍率和 4 倍率互换的变倍率方式工作。

采用 2 倍率可提高工作效率并避免起升机构卷筒上钢丝绳缠绕层数过多，4 倍率可以提高载重量。详见第三章吊钩内容。

四、钢丝绳防扭装置

装在臂尖，对未采用不旋绕钢丝绳而设置的，可以释放钢丝绳在工作中产生的扭力。其结构如图 4－3 所示。

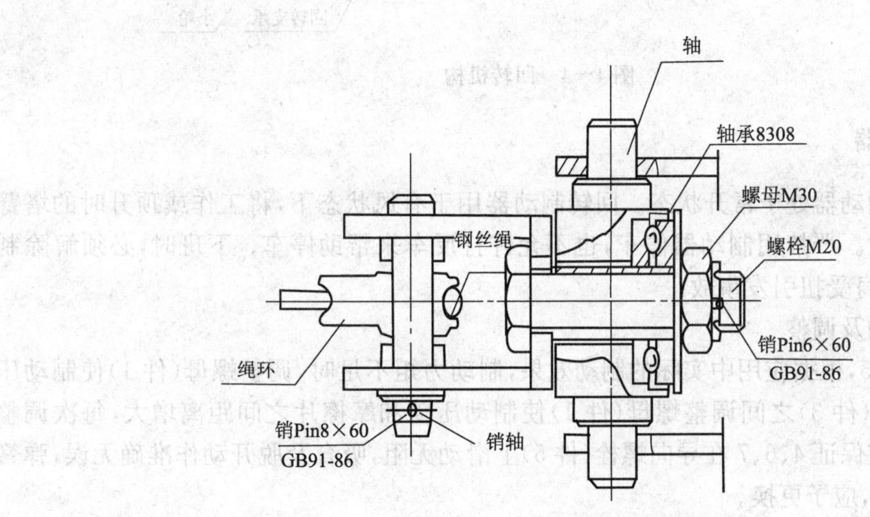

图 4－3　钢丝绳防扭装置

塔式起重机的起升度高，为提高功效，故需其要有良好的调速性能，为工作平稳可靠，一般除采用电阻调速外，还常采用涡流制动器、调频、变极、可控硅和机电联合等方式调速。一些起升机构采用变频无级调速电机或 PLC 控制，工作平稳，极大地改善运行平稳性，提高就位准确度，操作简便轻巧，对电网无冲击，显著提高了电控系统元件的寿命，延长了钢丝绳的寿命。

第三节　回 转 机 构

回转机构是塔机惯性冲击影响最直接的传动机构，吊臂越长，影响越突出。

一、工作原理

回转机构的作用是使吊臂、平衡臂等左、右回转，达到在水平面上沿圆弧方向运送物料、保障其工作覆盖面的目的。回转机构由电动机、制动器、液力耦合器、减速器、小齿轮组成，如图4—4所示。典型回转机构装置为两套，对称布置在回转支承两旁。其小齿轮与回转支承大齿轮啮合，从而带动塔机上部回转。回转限位用以控制塔机在某一个方向上只能回转540°，以防止扭断电缆。

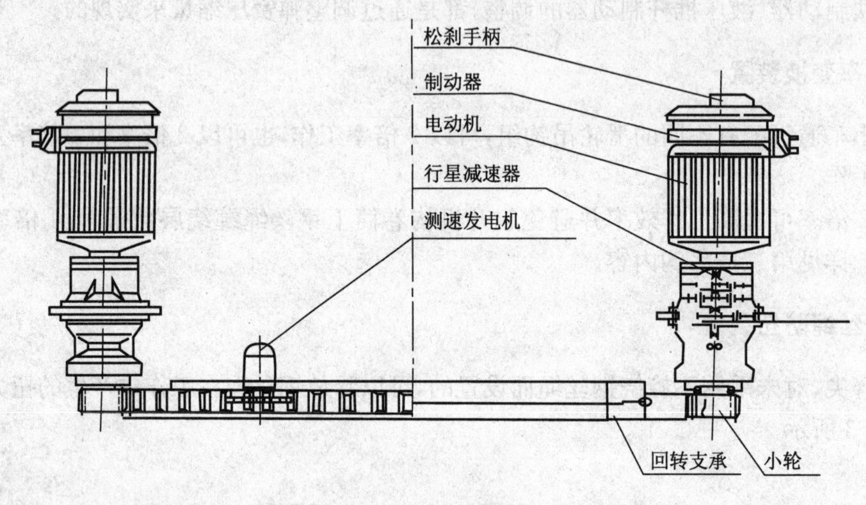

图4—4　回转机构

二、回转制动器

1. 作用盘式制动器处于常开状态。回转制动器用于有风状态下，将工作或顶升时的塔臂定位在规定的方位。严禁用制动器停车，也不允许打反车来帮助停车。下班时，必须解除制动，以防风载使塔身受扭引发事故。

2. 制动器结构及调整

结构见图4—5，根据应用中实际的制动效果，制动力矩不足时，调整螺母（件1）使制动压盖（件2）和摩擦片（件3）之间调整螺母（件1）使制动压盖和摩擦片之间距离增大，每次调整后，试动作数次，应保证4、6、7在导向螺栓（件5）上滑动无阻，吸合及脱开动作准确无误，弹簧（件4）锈烛严重时，应予更换。

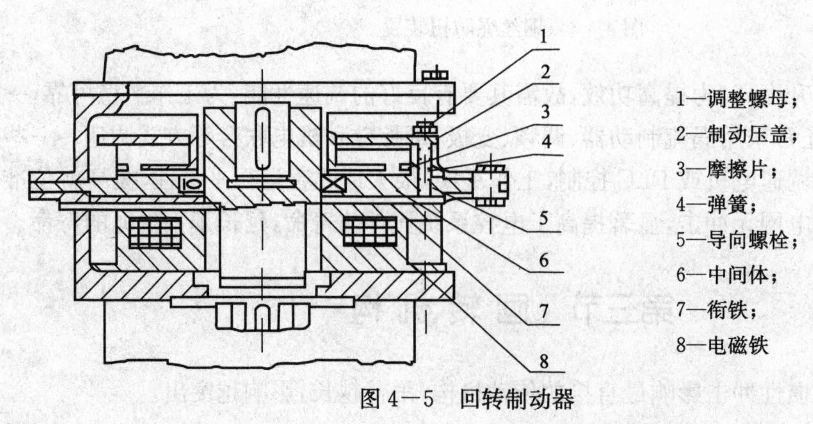

图4—5　回转制动器

三、液力耦合器

液力耦合器是由合金铝制作的泵轮和涡轮组成，中间灌注液压油，如图 4－6，作用是减小冲击、防止过载，当有两套回转机构同时并联工作时，可以协调其负载比较平衡。不至于转得快的负载重，转得慢的就负载轻。但若转速过低，液力耦合器效率就很低，有时甚至不会动。所以对调频电机，就不要再加液力耦合器，以免低速下带不起来。

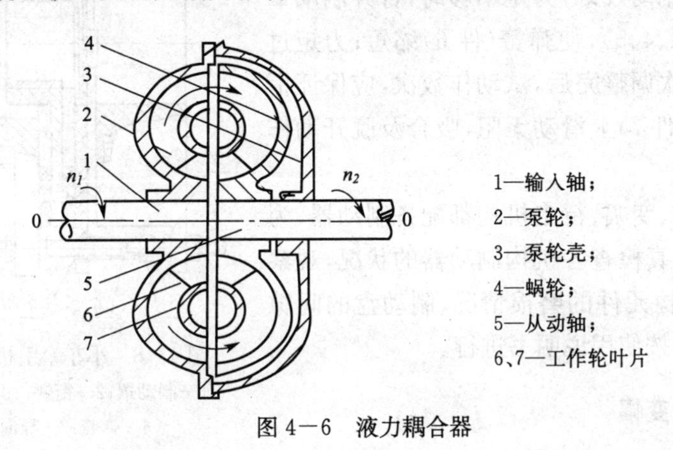

图 4－6　液力耦合器

第四节　变幅机构

变幅机构是影响重物就位的一个重要机构。

一、小车变幅机构

1. 工作原理：小车牵引机构是载重小车变幅的驱动装置，专用电机经由行星减速机（电机另一头装有电磁盘式制动器）带动卷筒，如图 4－7，通过钢丝绳，使载重小车以三种速度在臂架轨道上来回变幅运动。

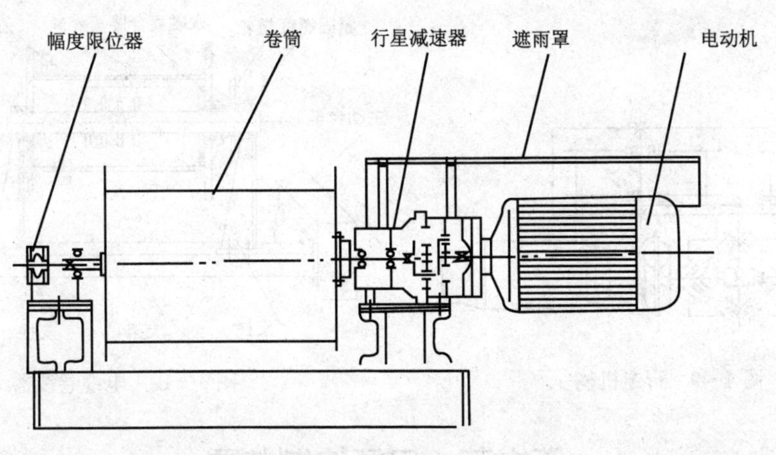

图 4－7　变幅机构

牵引绳有两根，两根绳的一端分别固定在牵引卷筒的两端，经缠绕后分别向起重臂的前后引出，经臂根和臂端导向滑轮后，两根绳的另一端固定在载重小车上。变幅时靠这两根绳一松一放来保证载重小车正常工作。载重小车运行到最小和最大幅度时，卷筒上两根钢丝绳的圈数均不得小于3圈。

2.小车牵引机构制动器的结构、调整

小车牵引机构制动器的结构如图4—8，调整方法：依制动器应用中的实际制动效果，力矩不够时，打开制动罩(件1)，调整螺母(件3、4、5)，使弹簧(件6)缩短；力矩过大时，使弹簧伸长，每次调整完后，试动作数次，应保证衔铁(件2)在导向螺栓(件7)上滑动无阻，吸合及脱开动作准确无误。

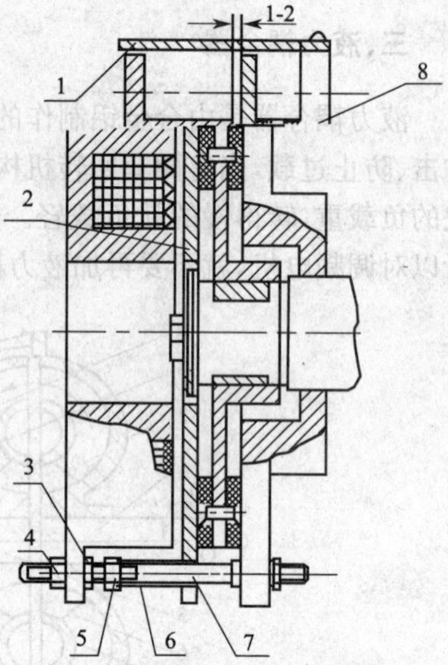

图4—8　小车牵引机构制动器

1—制动罩；2—衔铁；3、4、5—螺母；6—弹簧；7—导向螺栓

塔机的起升、回转、变幅、行走机构都配备制动器，为了保证制动力矩，要认真检查各机构制动器的状况，观察制动闸瓦的开度及摩擦元件的磨损情况，制动盘的间隙情况，其调整必须严格按使用说明书进行。

二、动臂式塔机的变幅

动臂式塔机的变幅靠改变起重臂仰角来实现，所以，最大幅度、最小幅度限位十分重要，除此之外，还有幅度指示器。

第五节　行走机构

行走的惯性质量大，行走机构多为电机带动行星减速机传动、液力耦合器、再直联行走轮，图4—9，调速平稳冲动小，构造简单、可靠性高。在主动台车外部装有两个行程限位开关，控制塔机行走不超出设定极限位置。必须配有电缆卷线器，图4—10。

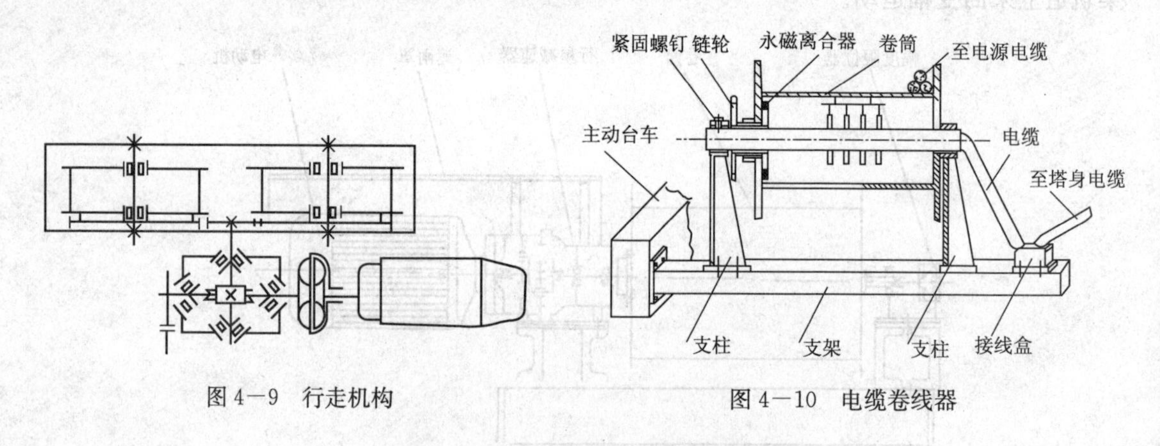

图4—9　行走机构

图4—10　电缆卷线器

第六节　电气控制装置

塔机的电气控制装置是塔机的中枢神经控制系统，一旦失去作用，塔机这个庞然大物就会失去作用，因此，电气控制装置非常重要，详见第五篇第五章。

第七节　液压顶升装置

塔机液压系统中的主要元器件是液压泵、液压油缸、控制元件、油管和管接头、油箱和液压油滤清器等，如图 4－11 所示。

液压泵通过控制元件把油吸入并通过管道输送给液压缸，从而使液压缸进行伸缩，实现塔机的顶升、下降。

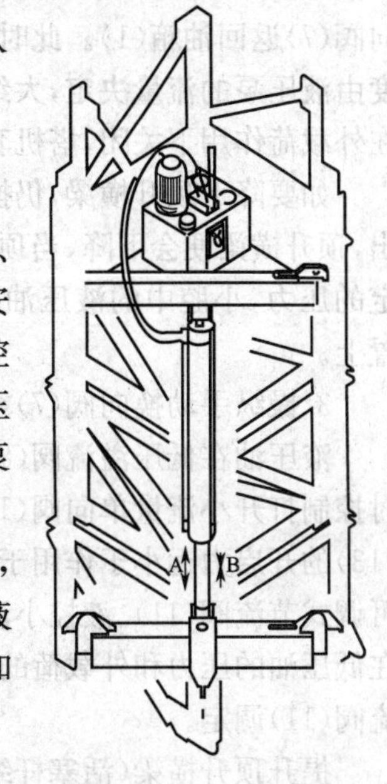

图 4－11　液压顶升泵站

一、顶升液压系统的组成

顶升液压系统由液压泵(3)、安全阀(4)、手动换向阀(7)、油箱(1)、过滤器(2)和液压缸(10)等元件组成。为了保证塔机顶升过程中的安全，在液压缸大腔端内部装有一个液控大流量单向阀(13)和一个液控小流量单向阀(12)及装在小流量油路上的可调式节流阀(11)，在液压高、低压油路上设置了高、低压限压阀(5)和(8)及平衡阀(9)，在液压泵至换向阀之间装有压力表(6)，用以监测油液压力(如图 4－12)。

为适应安装、拆卸的需要，顶升液压系统将泵、阀、油箱等做成一体，组成液压泵站，并采用管接头及高压胶管与液压缸连接(如图4－12)。液压缸通:活塞杆的伸缩动作带动顶升横梁上下运动来完成塔身的顶升和接高，液压缸要承受塔机转台以上部分和套架的全部重量。

二、顶升液压系统工作原理

接通电源，开动电动机，带动液压泵(3)输出液压油，通过操纵手动换向阀(7)改变液压缸(10)活塞杆的伸缩动作，来完成一个顶升循环(如图 4－12)。

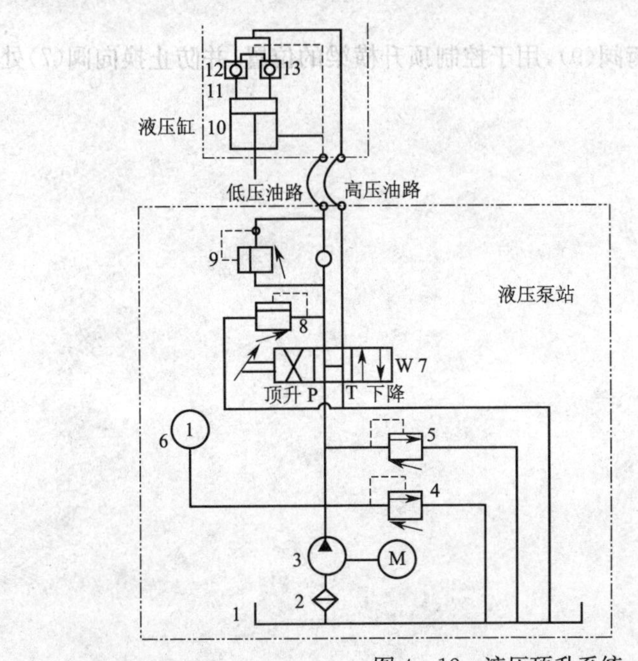

1—油箱；
2—过滤器；
3—液压泵；
4—安全阀；
5—高压限压阀；
6—压力表；
7—换向阀；
8—低压限压阀；
9—平衡阀；
10—液压缸；
11—可调式节流阀；
12、13—液控单向阀

图 4－12　液压顶升系统

1.没有操纵手动换向阀(7)操纵杆

液压泵(3)输出的液压油经换向阀(7)返回油箱(1),液压缸(10)活塞杆禁止不动。

2.操纵手动换向阀(7)至"顶升"位置(提起操纵杆)

液压油在高压限压阀(5)调定好的压力下,经换向阀(7)及高压油路打开单向阀(12、13)进入液压缸(10)大腔,推动活塞向下,活塞杆伸出;小腔中的液压油经低压油路、平衡阀(9)和换向阀(7)返回油箱(1)。此时,活塞克服塔机套架及以上部分的重量,并将其向上顶起,顶升速度由液压泵的流量决定,大约为 0.48 m/min。当放下操纵杆,停止顶升动作,单向阀(12、13)在外载荷作用下关闭,塔机套架运行部分会停止在一定的位置上。

如要降下顶升横梁,仍操纵手动换向阀(7)至"顶升"位置,在顶升横梁的自重下,活塞杆伸出,顶升横梁便会下降,当顶升动作停止时,由于顶升横梁的自重产生的压力小于平衡阀(9)调定的压力,小腔中的液压油不能通过低压油路流回油箱。因此,顶升横梁会保持在一定的位置上。

3.操纵手动换向阀(7)至"下降"位置(按下操纵杆)

液压油在低压溢流阀(8)的调定压力下,经平衡阀(9)中的单向阀进入液压缸(10)小腔,同时控制打开小流量单向阀(12),但不能打开大流量单向阀(13)(因为控制打开大流量单向阀(13)的开启力远小于作用于液压缸(10)大腔活塞上压力所产生的阻力)。大腔中的液压油经可调式节流阀(11)、液控小流量单向阀(12)、高压油路和换向阀(7)流回油箱(1)。此时,活塞在低压油的压力和外载荷的共同作甩下,使活塞杆缩回。塔身下降速度由液压缸大腔上的节流阀(11)调定。

提升顶升横梁(活塞杆缩回),与下降的方法一样,操纵手动换向阀(7)至"下降"位置。此时,进入液压缸(10)小腔的液压油克服顶升横梁造成的压力,液压缸大腔压力被减小,在低压控制油的作用下打开大流量单向阀(13),液压油通过液控大流量单向阀(13)、节流阀(11)、液控小流量单向阀(12)及换向阀(7)流回袖箱(1)。顶升横梁的提升速度由液压泵的流量决定,大约为顶升速度的两倍。

装在低压油路中的单向阀和平衡阀(9),用于控制顶升横梁的位置,并防止换向阀(7)处于中位时,液压缸(10)活塞杆滑出。

第五章　塔式起重机的安全技术要求

根据《塔式起重机安全规程》GB 5144－2006、《施工现场机械设备检查技术规程》JGJ 160－2008、《塔式起重机》GB/T 5031－2008 等做如下规定等，对塔机要求如下：

一、塔式起重机必须具有国家颁发的塔式起重机生产许可证（经省级以上鉴定合格的新产品除外）。有出厂合格证、使用说明书、电气原理图及布线图、配件目录以及必要的专用随机工具等。

二、塔机的尾部与周围建筑物及其外围施工设施之间的安全距离不小于 0.6 m。

三、有架空输电线的场合，塔机的任何部位与输电线的安全距离，应符合表 5－1 的规定。

表 5－1　塔机与输电线的安全距离

电压(kV) 安全距离(m)	<1	1～15	20～40	60～110	220
沿垂直方向	1.5	3.0	4.0	5.0	6.0
沿水平方向	1.0	1.5	2.0	4.0	6.0

如因条件限制不能保证表中的安全距离，应与有关部门协商，并采取安全防护措施后方可架设。

四、两台塔机之间的最小架设距离应保证处于低位塔机的起重臂端部与另一台塔机的塔身之间至少有 2 m 的距离；处于高位塔机的最低位置的部件（吊钩升至最高点或平衡重的最低部位）与低位塔机中处于最高位置部件之间的垂直距离不应小于 2 m。

五、塔机工作环境温度为－20～40℃。在露天有六级及以上大风或大雨、大雪、大雾等恶劣天气时，应停止作业，雨雪过后作业等，应先试吊，确认制动器灵敏可靠后，方可进行作业。

风力在四级以上时，不能进行安装、拆卸（顶升、降制作业、应严格按使用说明书的要求去做。）

六、混凝土基础及轨道基础必须符合说明书要求和有关规定。

七、动臂式和尚未附着的自升式塔机，塔身上不得悬挂标语牌。

八、安装到设计规定的基本高度时，在空载，风速不大于 3 m/s 状态下，独立状态塔身（或附着状态下最高附着点以上塔身）轴心线的倒向垂直度不大于4/1 000；附着后，最高附着点以下塔身轴心线的垂直度不大于 2/1 000。

九、塔机在工作和非工作状态时，做到平衡重及压重在其规定位置上不位移、不脱落，平衡重块之间不得互相撞击。

十、在塔身底部易于观察的位置应固定产品标牌，在塔机司机室内易于观察的位置应设有常用操作数据的标牌或显示屏。标牌或显示屏的内容应包括幅度载荷表、主要性能参数、各起升速度档位的起重量等。标牌或显示屏应牢固、可靠，字迹清晰、醒目。

十一、塔顶高度大于 30 m 且高于周围建筑的塔机，应在塔顶和起重臂端部安装红色障碍指示灯，其供电不受停电影响。

十二、附着必须符合说明书要求。

十三、塔机上的安全装置：高度、变幅、回转、行走限位器、起重量和力矩的限制器等，一经调定，严禁擅自改动，塔机上的所有安全装置均必不可少，必须经常检查，并保证所有的安全装置完好、灵敏、可靠。动臂式塔机要有幅度指示器。

安全装置只是在偶尔操作失误时，起保护作用的装置。不允许将安全装置的控制作用当作机构的功能使用。吊重前要计算好，确保吊重作业是在起重机起重能力内才可进行。禁止使用力矩限制器、重量限制器的功能，用起吊的方法估计重物质量，估计重物幅度等操作。

十四、高强度螺栓连接按说明书要求，采用专用工具拧紧到规定力矩。

十五、塔机金属结构、轨道、所有电气设备的金属外壳、金属线管、安全照明的变压器低压侧等均应可靠接地，接地电阻不大于 4 Ω。重复接地电阻不大于 10 Ω。接地装置的选择和安装应符合电气安全的有关要求。

十六、塔机须有专用开关箱，严禁同一个开关箱控制其它用电设备及插座。

十七、下列三类塔机，超过年限的由有资质评估机构评估合格后，方可继续使用：

1. 630 kN·m 以下(不含 630 kN·m)，出厂年限超过 10 年(不含 10 年)的塔机；

2. 630～1 250 kN·m(不含 1 250 kN·m)，出厂年限超过 15 年(不含 15 年)的塔机；

3. 1 250 kN·m 以上，出厂年限超过 20 年(不含 20 年)的塔机。

若塔机使用说明书规定的使用年限小于上述规定的，应按使用说明书规定的使用年限。

十八、塔机主要承载结构件达到以下程度须报废：

1. 塔机主要承载结构件由于腐蚀或磨损而使结构的计算应力提高，当超过原计算应力的 15%时应予报废。对无计算条件的当腐蚀深度达原厚度的 10%时应予报废。

2. 塔机主要承载结构件如塔身、起重臂等，失去整体稳定性时应报废。如局部有损坏并可修复的，则修复后不能低于原结构的承载能力。

3. 塔机的结构件及焊缝出现裂纹时，应根据受力和裂纹情况采取加强或重新施焊等措施，并在使用中定期观察其发展。对无法消除裂纹影响的应予以报废。

十九、自升式塔机必须符合下列要求：

1. 自升式塔机结构件标志

塔机的塔身标准节、起重臂节、拉杆、塔帽等结构件应具有可追溯出厂日期的永久性标志。同一塔机的不同规格的塔身标准节应具有永久性的区分标志。

2. 自升式塔机在加节作业时，任一顶升循环中即使顶升油缸的活塞杆全程伸出，塔身上端面至少应比顶升套架上排导向滚轮(或滑套)中心线高 60 mm。

3. 自升式塔机后续补充结构件

自升式塔机出厂后，后续补充的结构件(塔身标准节、预埋节、基础连接件等)在使用中不应降低原塔机的承载能力，且不能增加塔机结构的变形。

对于顶升作业，不应降低原塔机滚轮(滑道)间隙的精度、滚轮(滑道)接触重合度、踏步位置精度的级别。

二十、对所使用的起重机(购入新的、转移工地、大修出厂的以及停用一年以上的起重机)必须按规定注册、备案，取得法定单位的合格检测报告后方可使用。

对塔式起重机的使用，要严格遵守使用说明书中的有关规定。

第六章　塔式起重机安全防护装置的结构、工作原理

塔机安全安全装置是为了防止司机误操作，或操作装置发生故障失效而设置的，如图6－1所示。

安全装置分为两类，即行程限位器类（起升、回转、幅度、行走限位器）和载荷限制器类（起重力矩限制器、重量限制器）。

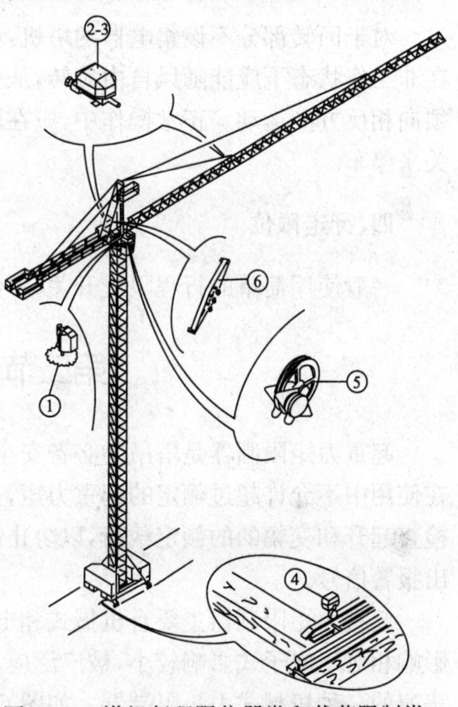

图 6－1　塔机行程限位器类和载荷限制类

1—回转限位器；2、3—起升高度、幅度、限位器；

4—行走限位器；5—超载超载限位器；

6—起重力矩限制器

第一节　行程限位器

起升高度、幅度、回转限位器往往使用多功能限位器（如图 6－2），由蜗轮、蜗杆及凸轮组成，蜗杆轴为输入轴，蜗轮轴上装有 4 个凸轮片，当蜗轮转动时，带动凸轮片，控制微动限位开关，断开或闭合，实现对电路的控制。

一、起升高度限位器

它的作用是使吊钩起升高度不得超过塔机所允许的最大起升高度，防止吊钩上的滑轮碰吊臂，也就是防止冲顶。冲顶往往会绞断钢丝绳，吊钩掉下，造成事故。当吊钩超过额定起升高度时，限位器动作，使吊钩只能下降，而不能向上提升；使下降时吊钩在接触地面前，（确保卷筒上不少 3 圈钢丝绳时），能终止下降、触地，防止钢丝绳松脱、乱绳。高度限位器一般安装在起升机构卷筒一侧，限位器的输入轴与卷筒轴用开口销联接，保证与卷筒轴同步转动，如图6－1、图 6－2。

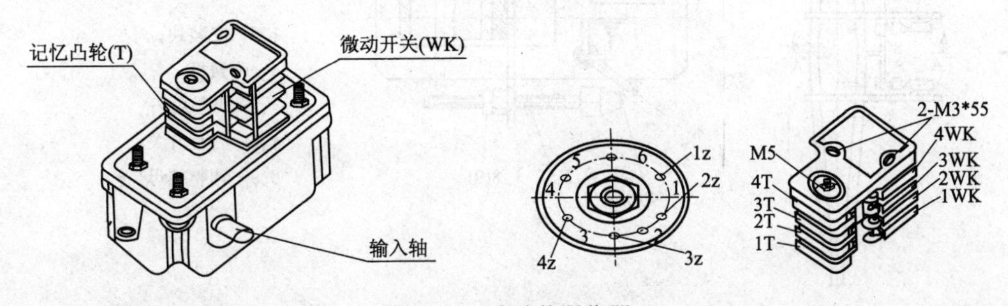

图 6－2　多功能限位器

二、小车变幅限位器

主要作用是使小车在碰到臂尖或臂根的缓冲器前停止，防止冲击、防止起吊的重物撞击塔身，变幅限位器安装在牵引机构卷筒与电动机中间，限位器的输入轴齿轮与圈筒上的齿圈啮合，保证与卷筒轴同步转动，保证小车在所允许的范围内运行，当小车运行至最大幅度处，限位器动作，使变幅小车只能向塔身方向运行，而不能超越最大幅度；当小车运行至最小幅度时，限位器动作，使变幅小车停止向塔身方向运行，只能向吊臂外端方向运行，避免起吊的重物撞击塔身。

三、回转限制器

对于回转部分不设集电器的塔机，必须安装回转限位器。以防电缆被扭坏，塔机回转部分在非工作状态下应能随风自由旋转，从初始位置可向左或向右连续回转 1.5 圈（540°），此后必须向相反方向运动。正常操作中，应在回转限位开关之前就停止机构运动，禁止用回转限位开关来停车。

四、行走限位

一般使用简单的行程限位开关，不使用多功能限位器。

第二节　起重力矩限制器

起重力矩限制器是塔吊的必备安全装置。塔机的起重量与工作幅度的乘积是起重力矩，在使用中不允许超过额定的起重力矩，当超过时，容易造成整机倾翻。力矩限制器的用途就是检查起升和变幅的的额定载荷，以防止超载，当载荷力矩达到额定时，能自动切断起升电源，发出报警信号。

起重力矩限制器主要有机械式和电子式两种，机械式不需要能量、信号转换，受温度、环境影响相对于电子式影响较小，被广泛应用，力矩弓形力矩限制器是目前塔式起重机上使用最为普遍的一种机械式力矩限制器。如图 6－3 所示，由两条簧板（2），两处行程开关（4、6）及调整

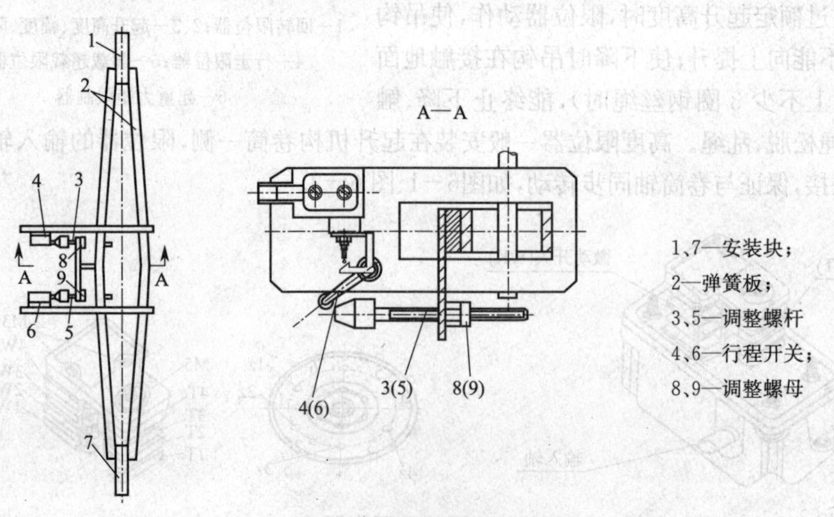

图 6－3　起重力矩限制器

螺杆(3、5)组成通过安装块(1、7)固接在塔顶中部前侧的弦杆上，塔机工作时，塔顶发生变形，两条簧板之间的距离增大，带动调整螺杆移动，调整螺杆触及行程开关，相应力矩能够报警和切断塔机起升向上和小车向外变幅的电路，起到限制力矩的保护作用。

第三节　载荷限制器

载荷限制器(也称超载超速限制器)它的作用是防止超载及高速档超载限制两种功能。起重量限制器同样也是一个很重要的安全保护装置。如图 6－4。由销轴、传感器和臂根滑轮等组成。起升钢丝绳从塔帽上的滑轮上来以后，穿过传感器下面的导绳滑轮，再引入变幅小车上的滑轮。传感器的上端，用销轴装在回转塔身顶部，下端用销轴与滑轮架连接。传感器本身是个圆环形体，里面装 2 块弓形簧片，簧片上分别装有限位开关和触动板。当起升吊物时，传感器的圆环被拉成椭圆形，带动两簧片纵向伸长，横向伸缩，触动限位开关动作，断电，只能下降，或以低速起升。

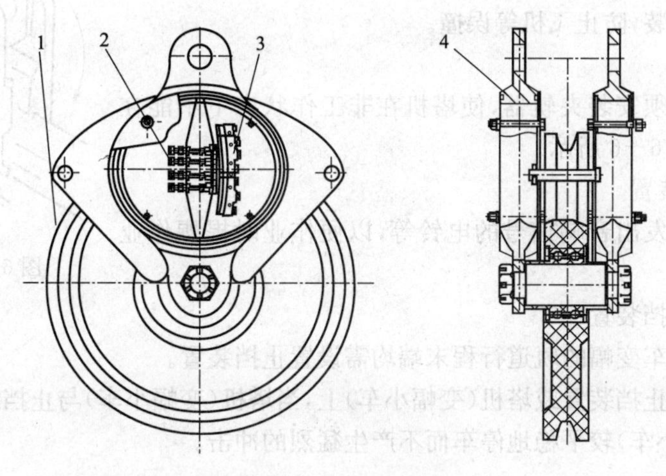

图 6－4　载荷限制器

1—滑轮；2—调整螺栓；3—微动行程开关；4—金属环

第四节　其他安全装置

一、变幅小车断绳装置

小车变幅的塔机，变幅的双向均应设置断绳保护装置。如果断绳时小车往臂尖行走，惯性可能使其向外溜车，重载情况下向外溜车是很危险的，起重力矩增大，如果断绳时小车往臂根行走，惯性可能使其向内溜车，撞击驾驶室等，为了防止由于小车牵引绳断裂导致小车失控而产生的撞击和超载，发生意外事故。在小车适当部位装设断绳装置，较简单和通用的一种是重锤偏心档杆式。如图 3－23。

二、小车断轴保护装置

小车变幅的塔机，小车轴有可能由于磨损过分，检查不及时，小车吊蓝载人过多或因原材料缺陷而断裂，引起发小车下坠。防断轴装置的作用是即使轮轴断裂，小车也不会掉落。防断轴装置是在小车支架的边梁上加 4 块槽形卡板，每个角用一块，每边留 5 mm 的间隙，正常情况下，在吊臂主弦杆导轨上侧，不接触导轨。小车断轴时，卡在导轨上。防护装置如图 3－20 所示。

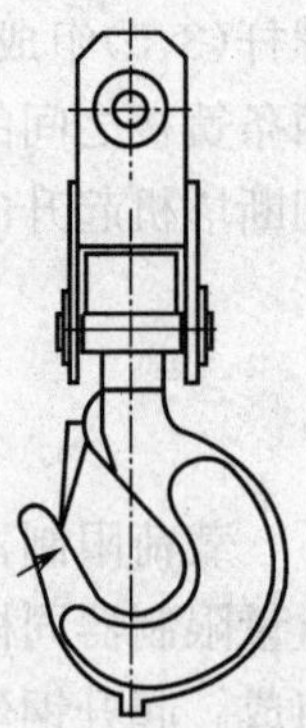

三、钢丝绳防脱装置滑轮、起升卷筒及动臂变幅卷筒均应设有钢丝绳防脱装置，该装置与滑轮或卷筒侧板最外缘的间隙不应超过钢丝绳直径的 20％。

四、吊钩保险装置的作用：

1. 防止物料在起吊前脱钩；2. 防止物料碰到障碍物失去平衡；3. 防止吊物在短暂放置时脱钩。防脱棘爪在吊钩负荷时不得张开，安装棘爪后，勾口尺寸减小值不得超过勾口尺寸的 10％。如图 6－5 所示。

图 6－5 吊钩保险

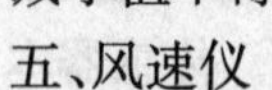

五、风速仪

起重臂根部铰点高度大于 50 m 的塔机，应配备风速仪。当风速大于工作极限风速时，能发出停止作业的警报。风速仪设在塔机顶部的不挡风处。

六、障碍灯

在塔顶臂尖安装，防止飞机等误撞。

七、夹轨器

轨道式塔机必须安装夹轨器，使塔机在非工作状态下不能在轨道上移动。如图 6－6 所示。

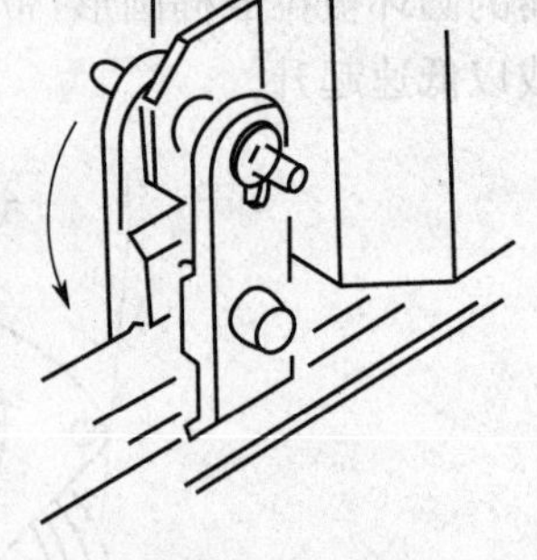

图 6－6 夹轨器

八、音响信号装置

塔机必须安装发出音响信号的电铃等，以便作业时提醒作业现场人员注意。

九、缓冲器、止挡装置

塔机行走和小车变幅的轨道行程末端均需设置止挡装置。

缓冲器安装在止挡装置或塔机（变幅小车）上，当塔机（变幅小车）与止挡装置撞击时，缓冲器应使塔机（变幅小车）较平稳地停车而不产生猛烈的冲击。

十、清轨板

轨道式塔机的台车架上应安装排障清轨板，清轨板与轨道之间的间隙不应大于 5 mm。

十一、顶升横梁防脱功能

自升式塔机应具有防止塔身在正常加节、降节作业时，顶升横梁从塔身支承中自行脱出的功能。

十二、防护罩：对露出的轴头、齿轮等易伤人的部位，必须安装防护罩。

十三、防护栏等：对栏杆、爬梯护圈、走台板等必须符合规定要求。

十四、工作空间限制器：在正常工作室根据需要限制塔机进入某些特定区域或躲避固定障碍物等，根据用户需要设置。

十五、防碰撞装置：两台以上塔机作业时，防止交叠、干涉而设置的，通过各类传感器而实现控制。

第七章　塔式起重机安全防护装置的调试、维护保养

一、行程限位的调整程序

1. 拆开上罩壳，检查并拧紧 2－M3×55 螺钉，如图 6－2 所示。
2. 松开 M5 螺母。
3. 根据需要，将被控机构开至指定位置（空载），这时控制该机构动作时对应的微动开关瞬时切换。即：调整对应的调整轴（Z）使记忆齿轮（T）压下微动开关（WK）触点。
4. 拧紧 M5 螺母（螺母一定要拧紧，否则将产生记忆紊乱）。
5. 机构反复空载运行数次，验证记忆位置是否准确（有误时重复上述调整）。
6. 确认位置符合要求，紧固 M5 螺母，装上罩壳。
7. 机构正常工作后，应经常核对记忆控制位置是否变动，以便及时修正。

二、起升高度限位器的调整方法

1. 调整（按本章调整程序一）。
2. 调整在空载下进行，用手指分别压下微动开关（1 WK、2 WK）确认提升或下降的微动开关是否正确。
3. 开动起升机构，对平臂式塔机，将吊钩装置升至小车架下端 0.8 m，对动臂变幅式塔机，当吊钩装置顶部升至起重臂下部的最小距离为 0.8 m 时，调动（4 Z）轴，使凸轮（4 T）动作并压下微动开关（4 WK）换接。拧紧 M5 螺母。
4. 用户根据需要可通 1 Wk 以防止操作失误，使下降时吊钩在接触地面前（确保卷筒上不少于 3 圈钢丝绳时），能终止下降运动，其调整方法同一条。
5. 进行试运转，吊钩全行程升降三次，分别上升、下降吊钩至极限位置，验证高度限位器是否正常工作，如不灵敏应重新调整。
6. 当塔机起升高度变化时，高度限位器应重新调整。

三、回转限位器调整方法

1. 调整（按本章调整程序一）。
2. 在吊臂处于安装位置（电缆处于自由状态）时调整回转限位器。
3. 调整在空载下进行，用手指逐个压下微动开关（WK），确认控制左右的微动开关（WK）是否正确。
4. 向左回转 540°（3/2 圈），调动调整轴（4 Z）使凸轮（4 T）动作至使微动开关（4 WK）瞬时换接，然后拧紧 M5 螺母。
5. 向左回转 1 080°（3 圈），调动调整轴（1 Z），使凸轮（1 T）动作至微动开关（1 WK）瞬时换接，并拧紧 M5 螺母，如图 7－1 所示，从端部 B 开始，向左或者向右可以旋转 3 圈。

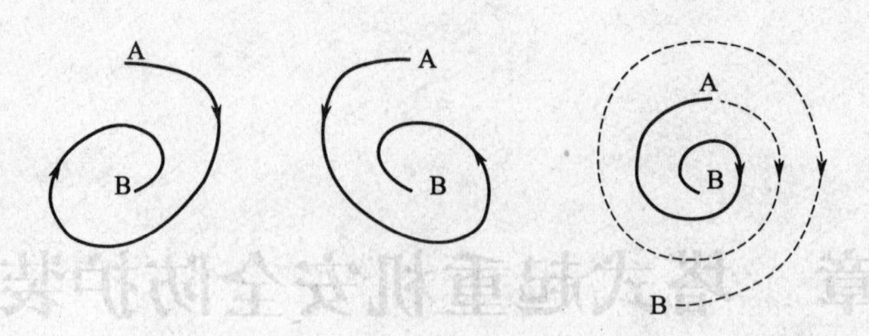

图 7－1 回转限位器调整示意图

6. 验证左右回转动作，塔机向正反方向各回转三圈，回转系统应正常工作。

四、幅度限位器的调整方法

1. 调整(按本章调整程序一)。

2. 向外变幅及减速和臂尖极限限位。

将小车开到距臂尖缓冲器 1.5 m 处，调整轴(2 Z)使记忆凸轮(2 T)转至将微动开关(2 WK)动作换接。(调整时应同时使凸轮(3 T)与(2 T)重叠，以避免在制动前发生减速干扰)，并拧紧 M5 螺母，再将小车开至臂尖缓冲器 200 mm 处。按程序调整轴(1 Z)使(1 T)转至将微动形状(1 WK)动作，拧紧 M5 螺母。

3. 向内变幅及减速和臂根极限限位。

调整方法同 2，分别距臂根缓冲器 1.5 m 和 200 mm 处进行(3Z—3T—3WK，4Z—4T—4WK)减速和臂根限位和调整。

4. 验证和修正。将小车分别开到臂根、臂尖处，限位开关动作后，小车停车时距端部缓冲器距离不小于 200 mm，验证三次，检查是否正确。

五、行走限位器与轨道上的行程碰铁接触后

应能立即切断行走电机电源，塔机停车时其端部缓冲器最小距离为 1 000 mm，缓冲器距终端止档最小距离为 1 000 mm。验证三次，检查是否正确。

六、起重力矩限制器的调整

按定幅变码和定码变幅分别进行。

(一)定码变幅

1. 在最大工作幅度，以正常工作速度吊起额定的重量，力矩限制器不应动作，正常起升。载荷落地，当加载达到额定值的 110%以内时，以最慢速起升，力矩限制器动作，载荷不能起升，同时发出超载报警声。

2. 取 0.7 倍最大额定起重量，在相应允许最大工作幅度 0.7 处，重复第 1 项试验。

(二)定幅变码

1. 空载测定对应最大额定起重量 Q_m 的最大工作幅度 R_m、0.8 R_m、1.1 R_m 值，并在地面标记。

2. 在最小工作幅度处吊起最大额定的重量 Q_m，离地 1 m 左右，慢速变幅到 R_m～1.1 R_m 间时，力矩限制器动作，起升向上断电，小车向外变幅断电，同时发出超载报警声。退回，重新从最小幅度开始，以正常速度向外变幅，在到达 0.8 R_m 应能自动转为低速向外变幅，在到达 R_m～1.1 R_m间时，力矩限制器动作，起升向上断电，小车向外变幅断电，同时发出超载报警声。

3. 空载测定对应 0.5 倍最大额定起重量(0.5 Q_m)的最大工作幅度 $R_{0.5}$、0.8 $R_{0.5}$、1.1 $R_{0.5}$ 值，并在地面标记。

4. 重复第 2 项试验。

以 TC5613 塔 44 m 臂为例：

在靠近臂根处，吊起额定的重量，变幅到基本臂长处，当力矩达到额定值的 90%时，如图 6－3所示，调整触头螺杆 5，使其中一个行程开关动作，司机室的预报警灯亮，以提示司机慎重操作，继续加载（或向臂尖处变幅），当达到额定值的 110%以内时，调整另一个触头螺杆 3，另一个行程开关动作，起升向上断电，小车向外变幅断电，同时发出超载报警声。

1. 力矩限制器的调整（钢丝绳四倍率）

吊重 2.91 t，小车以 8.3 m/min 开始向外变幅，调整图 6－3 中的螺杆 5，使幅度在 33.06～34.2 m（中间值较为理想）。开回小车直至解除报警为止，小车再外往开，调整螺杆 3，使幅度在 38～40.28 m 时，起升机构向上及向外断电，同时，发出超载报警声（中间值较为理想）。开回小车，直至解除报警为止，上述动作要求重复做三次，保持功能稳定。

2. 校核（四倍率）

①最小幅度校核

吊重 6 t，小车以慢速 8.3 m/min 开始向外变幅，幅度 18.18～18.81 m 时，司机室内预报警红灯亮，幅度在 20.9～22.15 m 时，起升向上、变幅向断电，同时发出超载报警声，开回小车，直至解除报警为止。

②中间幅度校核

吊 3.61 t，小车以慢速 8.3 m/min 由 23 m 幅度开始向外变幅，幅度在 27.84～28.8 m 时，司机室内预报警灯亮，幅度在 32～33.92 m 时，起升向上、变幅外断电，同时发出超载报警声，开回小车，直至解除报警为止。

七、起重量限制器（如图 6－4 所示）

1. 高档调整

①吊重 $Q_{max}/2$ 的 95%，吊钩以低、高二档速度各升降一次，不允许任何一档产生不能升降现象。

②再加吊重 50 kg，同时调整起重量限制器开关 1。以高档起升，若能起升，升高 10 m 左右后，再下降至地面。

③重复②项全部动作，直至高档不能起升为止。此时吊重应在 $Q_{max}/2$ 的 95%～$Q_{max}/2$ 之间，接近小值较为理想。

④重复③项动作二次，三次所得重量应基本一致。

2. 低档调整：（幅度不能大于 12 m）

①吊重 Q_{max} 的 95%，吊重以低档速度升降一次，不允许产生不能升降现象。

②再加吊重 50 kg，同时调整起重量限制器开关 3，以低档起升，若能起升时，升高 10 m 左右后再下降至地面。

③重复②项全部动作，直至低档不能起升为止。此时吊重应在 Q_{max}～1.03 Q_{max} 之间，接近小值较为理想。

④重复③项动作二次、三次所得之重量应基本一致。

注：Q_{max} 表示塔机的最大起重量。

上述这些安全装置要确保它的完好与灵敏可靠。塔机工作环境恶劣，日晒雨淋，工作中受到的冲击、震动影响较大，安全装置的微动开关部件易老化，动作不灵活或误动作，不可靠。因此必须勤检查，勤保养，在每班作业前，应认真检查其安全限位的有效性，在使用中如发现损坏应及时报告、维修更换，不得私自解除或任意调节。

第八章 塔式起重机的试验方法和程序

所使用的起重机（购入新的、转移工地、大修出厂的以及停用一年以上的起重机）必须进行试验，根据JGJ 33《建筑机械试验规程》，试验合格到法定部门办理相关手续后，方可使用。

第一节 一般规定

一、试验应在晴朗天气进行，环境温度一般在－15℃～＋40℃之间。风速不得大于8.3 m/s（小于五级风）。

二、在起重臂杆起落及回转半径内无障碍物，起重机与架设输电线路的距离，应符合规定。

三、所有安全控制装置，力矩限制器、制动器等必须齐全，试验前必须进行检查和正确调整。

四、原机起重量参数表、提升高度曲线表、角度指示等标牌，必须完整、字迹清楚。

五、装用润滑油及液压系统的液压油等，应符合原厂规定的标号。电动起重机的电源电压，应符合电动机的额定电压。

六、钢丝绳的选用、穿绕、固定方法应符合原厂规定，不应有断丝、松股、扭结等影响安全使用的缺陷。

七、所使用的吊钩、吊具、索具等，应符合安全技术要求。

八、起重机械装用电动机、液压设备等，应参照有关规定进行试验。

第二节 塔式起重机试验前检查

一、路基与轨道的辅设必须符合设计规定。

二、塔身应与给定水平面的垂直度不得超过4/1 000。

三、塔机电源电压值允许误差不超过±5%。

四、配重和压重的重量、形状、尺寸、安装位置，应符合原厂规定。

五、各机械传动部分，应安装正确可靠，各部主要螺栓不得松动。联轴器轴向串动及径向跳动应符合规定。

六、金属结构及其连接件，安装必须正确、牢固、无变形、无损裂。

七、制动器各部间隙调整有效。

八、各种仪表及联锁装置完整，接地电阻不大于4 Ω，30 kW以上电动机，接地电阻不得大于1.7 Ω。电动机操纵和控制系统、集电器、电缆卷筒、电缆等，应符合技术要求。

第三节 空载试验

一、提升机构：升降误差不大于5%，制动限位灵敏、安全可靠。

二、回转机构：吊臂回转平稳性、制动器可靠性及非全回转式塔式起重机回转限位开关灵敏性，须左、右方向各进行 3 次以上的试验。

三、变幅机构：试验变幅性能、制动性能，限位器的灵敏性。对平臂式塔式起重机，试验小车的行走，制动和限位器的性能进行试验。

四、行走机构：向前、后各行走 20～30 m，最少各进行 3 次。检查行走速度，工作性能和限位开关的灵敏度。

五、提升、行走、回转联合动作试验反复 3 次。试验中要求：

1.操纵控制器的零位、左、右方向，应符合原厂规定。

2.控制机构零位联锁装置、各限位开关、制动器及安全防护装置等，应灵敏可靠。

3.行走、回转机构、卷扬减速器应工作正常，不漏油，各部轴承无异响，温度不大于 75℃。

第四节　额定载荷试验

一、吊臂在最小工作幅度，提升额定最大起重量的重物离地 200 mm 高度，保持 10 min，离地距离应保持不变(此时力矩限制器应发出断续报警信号)。

二、进行吊钩升、降，吊臂回转、行走试验。在进行吊钩升、降试验时，重物悬空停留后，再重复慢速升、降，重物不应有下滑现象。

三、对于动臂式变幅的塔式起重机，吊臂在中间工作幅度，提升相应的额定起重量，将吊臂起到最小工作幅度，再落到原来位置，进行制动试验(此项只限于原厂规定允许带载变幅的起重机)。对于小车式变幅的塔式起重机，要在最大工作幅度提升相应额定起重量的重物到最小工作幅度，往返 3 次。

四、上述试验合格后，分别在最大、最小、中间工作幅度，进行提升、行走、联合作业试验。

第五节　超 载 试 验

超载的静态试验：

一、夹紧夹轨器。

二、由额定载荷 110%开始，逐次增加到 125%，将重物提升离地 200 mm 高度，停留10 min，重物对地距离应保持不变。

三、静态试验后，应检查金属结构的变形，制动及传动机构的紧固变化情况。

四、超载的动态试验，以额定起重量的 110%进行下列动作：

1.吊钩做提升、制动和下降制动试验。

2.吊臂变幅的制动试验(原厂规定不允许带载变幅的不试验)。

3.提升重物至 10 m 高度，作左、右回转并制动。

4.单项试验合格后，做提升、回转两项联合作业试验。

5.如原厂有特殊规定的项目，按原厂规定试验。

6.各项动态试验动作，不得少于 3 次。

7.设有提升电梯及电缆卷筒装置的塔式起重机，应参照原厂规定进行试验。

试验完毕填写技术试验报告表，如表 8－1 所示。

表 8-1　塔式起重机技术试验报告表

机型：　编号：　试验日期：

<table>
<tr><td colspan="2">使用单位</td><td colspan="2"></td><td colspan="2">安装单位</td><td colspan="2"></td></tr>
<tr><td colspan="2">塔　　高</td><td>m</td><td>起升高度　　m</td><td colspan="2">安装地点</td><td colspan="2"></td></tr>
<tr><td colspan="2" rowspan="3">外部环境</td><td colspan="4">塔式起重机与建筑物等之间的安全距离</td><td colspan="2">m</td></tr>
<tr><td colspan="4">塔式起重机之间的最小架设距离</td><td colspan="2">m</td></tr>
<tr><td colspan="4">塔式起重机与输电线的安全距离</td><td colspan="2">m</td></tr>
<tr><td colspan="2" rowspan="2">额定载荷试验记录</td><td colspan="2">最小幅度
（最大仰角）</td><td colspan="2">中间幅度
（中间仰角）</td><td colspan="2">最大幅度
（最小仰角）</td></tr>
<tr><td>半径
（m）</td><td>吊重
（t）</td><td>半径
（m）</td><td>吊重
（t）</td><td>半径
（m）</td><td>吊重
（t）</td></tr>
<tr><td colspan="2">满载荷 100%</td><td></td><td></td><td></td><td></td><td></td><td></td></tr>
<tr><td colspan="2">静载荷 125%</td><td></td><td></td><td></td><td></td><td></td><td></td></tr>
<tr><td colspan="2">动载荷 110%</td><td></td><td></td><td></td><td></td><td></td><td></td></tr>
<tr><td colspan="2">重量测定</td><td>压重</td><td></td><td>配重</td><td></td><td>误差%</td><td></td></tr>
<tr><td rowspan="7">工
作
速
度</td><td rowspan="3">提升机构
（m/min）</td><td>档位</td><td>1</td><td>2</td><td>3</td><td>4</td><td>倍率</td></tr>
<tr><td>提升</td><td></td><td></td><td></td><td></td><td></td></tr>
<tr><td>慢就位</td><td></td><td></td><td></td><td></td><td></td></tr>
<tr><td colspan="2">变幅机构</td><td colspan="5"></td></tr>
<tr><td colspan="2">回转机构</td><td colspan="5"></td></tr>
<tr><td colspan="2">行走机构</td><td colspan="5"></td></tr>
<tr><td colspan="2">液压顶升系统</td><td colspan="5"></td></tr>
<tr><td rowspan="7">技
术
状
态</td><td colspan="2">金属结构及防锈</td><td colspan="5"></td></tr>
<tr><td colspan="2">卷扬、减速传动等　机件</td><td colspan="5"></td></tr>
<tr><td colspan="2">钢丝绳穿绕及固定</td><td colspan="5"></td></tr>
<tr><td colspan="2">安全防护装置</td><td colspan="5"></td></tr>
<tr><td colspan="2">操作控制系</td><td colspan="5"></td></tr>
<tr><td colspan="2">行走轨道</td><td colspan="5"></td></tr>
<tr><td colspan="2">塔身与地面垂直度</td><td colspan="5"></td></tr>
<tr><td colspan="2">结　　论</td><td colspan="6"></td></tr>
<tr><td colspan="2">机械工程师</td><td></td><td colspan="2">试验人员</td><td colspan="3"></td></tr>
</table>

第九章　塔式起重机常见故障的判断与处置方法

掌握塔式起重机常见故障的判断及相应的处置方法，是操作人员的基本技能。

第一节　机械故障的判断与处置方法

塔式起重机利用率高，工作环境多变，起升、制动频繁，机械故障较多，常见故障如表9—1所示。

表9—1　塔式起重机常见机械故障的判断与处置方法

部件	故　障	故障产生原因	排除方法
制动器	打滑，产生吊钩下滑和变幅小车制动后向外溜车	制动力矩过小，摩擦片磨损间隙增大，制动轮表面油污和制动时间过长	调整制动器弹簧压力清除油污，调小制动瓦（盘）间隙值
制动器	负载制动时冲击过猛	制动时间过短闸瓦（盘）两侧间隙不均匀	加大制动瓦闸（盘）的间隙或增大液压推杆行程，把闸瓦（盘）调整均衡
制动器	制动器运转过程中发热冒烟	制动瓦（盘）闸间隙过小	大制动瓦（盘）间隙
工作机构	机构有异常噪声、振动过大	1. 电机和减速箱不同心或定转子相擦 2. 轴承严重缺油或损坏 3. 齿轮箱内缺油 4. 齿轮磨损 5. 两相运行	1. 检查定转子间隙是否均匀 2. 检查滑环是否磨损，并更换 3. 清洗轴承加新润滑油，更换轴承 4. 更换齿轮箱 5. 切断电源检查并修复
滑轮	1. 滑轮槽磨损不均匀 2. 滑轮左右松动及倾斜	1. 受力不均匀，材质不均匀 2. 顶套、紧固件松动 3. 轴承安装过紧，无润滑油	1. 不均匀磨损超过3 cm停止使用 2. 拧紧螺钉，调整顶套 3. 调整轴承，添加润滑油
卷筒	1. 筒臂有裂纹 2. 壁厚磨损过10% 3. 松动	1. 材质不均匀。使用时冲击载荷过大 2. 使用时间过长，润滑不良 3. 配合不好，受过大冲击载荷	1. 更换新卷筒 2. 同上 3. 调整上紧
开式齿轮	1. 工作时噪声过大，齿面磨损不一致 2. 轴辐式轮围上有裂纹	1. 制造安装不准确，中心距不对 2. 承受过大冲击载荷	1. 修理调整和重新安装 2. 更换新齿轮或进行修补

续上表

部件	故　障	故障产生原因	排除方法
减速器	1. 噪声大和发抖 2. 振动较大 3. 漏油	1. 润滑油不足或过多，齿轮啮合不良 2. 联轴器安装不正确，两轴不同心，地脚螺栓松动 3. 联接部位贴合面的密合性不良，轴端密封圈磨损坏	1. 修理调整，加润滑油 2. 拧紧安装螺钉，校对中心轴线 3. 更换密封圈
滑动轴承	1. 过热 2. 轴承严重磨损	1. 轴承偏斜或过紧，润滑油不足，硬化或油有杂质 2. 润滑油有杂质或润滑油不足	1. 调节偏斜，进行轴承松紧度检查，加润滑油，清洗轴承或换上新轴承 2. 清洗和加新油，换磨损件
滚动轴承	1. 过热 2. 噪声太大	1. 润滑油过多，油不符合要求，轴承原件有损坏 2. 轴承中有污物，原件有损坏，安装不正确	1. 减少润滑油，清洗轴承，更换轴承 2. 清洗轴承，涂润滑油，更换轴承
金属结构	变形	1. 超载 2. 拆运中碰撞 3. 吊装时吊点不准确	1. 禁止超载 2. 如已变形，要校直 3. 吊装时选择合理的吊点
钢丝绳	1. 磨损太快 2. 在滑轮上跳槽	1. 滑轮不转动，滑轮绳槽与绳径形状、尺寸不匹配 2. 滑轮偏斜或移位 3. 钢丝绳牌号不对，未加预应力	1. 更换滑轮或轴承，更换滑轮并加油 2. 调整滑轮 3. 更换，做预拉伸处理
回转机构	启动不了	主要看有否异物卡在齿轮处	清除异物
支承回转装置	1. 回转动作跳动或严重晃动 2. 臂架有叩头摆动	1. 大小齿轮啮合不良，采用轴枢结构的轴承松动 2. 采用回转滚动轴承安装不好，螺栓松动；采用水平支承滚轮的间隙过大	1. 检修，如有断齿应更换间隙 2. 调整回转滚动轴承；拧紧螺栓，调整水平滚轮间隙
连接螺栓	工作中有响声	多次拆装，螺栓孔扩大，工作中螺栓松动	重新选配精制的螺栓，并按规定拧紧
塔身	偏斜	1. 安装时缺少校正检查 2. 受载振动，引起法兰节点的螺栓松动	1. 用经纬仪校正 2. 按规定的预紧力把各法兰节头的螺栓拧紧对于附着式自升塔式起重机，调整附着装置撑杆的调节螺母
车轮	轮缘磨损严重	轨距不准，啃轨或行走枢轴间隙过大	检查调整轨距，调整枢轴间隙或换轮
行走装置	塔式起重机行走时，上部结构振动太大	1. 轨道凹凸不平 2. 轮轴轴承磨损或损坏 3. 操作时变换速度太大，启、制动惯性力大	1. 调节轨道平直度 2. 调换轮轴轴承 3. 操作时，动作应稍缓，必要时，调整电气的启、制动时间

第二节 液压顶升系统故障的判断与处置方法

塔式起重机起升度高，顶升频繁，液压系统一旦发生故障，排除不及时或不得当，还容易引发其他恶性事故，因此，对此问题必须高度重视，较为常见的故障如表 9—2 所示。

表 9—2 液压顶升系统常见故障判断与处置方法

故障现象	故障产生原因	排除方法
顶升速度太慢	1. 油泵磨损、效率下降 2. 油箱油量不足或滤油器堵塞 3. 手动换向阀阀杆与阀孔磨损严重 4. 油虹活塞密封有损伤，出现内泄漏	修复或更换损坏件加足油量或清洗滤油器
顶升无力或不能顶升	1. 油泵严重内泄 2. 溢流阀调定压力过低 3. 手动换向阀阀芯过度磨损 4. 溢流阀卡死	修复或更换磨损件按要求调节压力
顶升系统不工作	电机转向与油泵转向不合	改变电机旋向
顶升时发生颤动爬行	1. 油缸活塞空气未排净 2. 导向机构有障碍	按有关要求排气
顶升有负载后自降	1. 缸头上的单向阀出现故障 2. 油虹活塞密封损坏	排除故障，更换密封件
顶升升压时出现噪声振动	1. 滤油器堵塞 2. 油液面太低 3. 吸入管接头漏气 4. 油泵轴密封漏气，油泵磨损 5. 油箱不透气 6. 溢流阀或安全阀不稳定	1. 清洗滤油器或换新滤芯 2. 补充油液 3. 修复或换新油管及接头 4. 修复或换新密封及油泵 5. 加大油箱透气装置 6. 换新部件
油温过高	1. 溢流阀或安全阀性能不好 2. 油箱散热不良 3. 管道阻力过大 4. 油液黏度过低	1. 换新部件 2. 加大油箱或散热面 3. 检查阀与管道规格，换用较合适的阀与管道 4. 换用合适的油液

第三节 电气系统故障的判断与处置方法

塔机的电气控制装置是塔机的中枢神经控制系统，一旦发生故障，塔机这个庞然大物就会失去作用，因此，要会分析、判断电气故障如表 9—3 所示。

表 9—3　电气系统常见故障判断与处置方法

故障现象	故障产生原因	排除方法
电动机温升过高或冒烟	1. 负载过大 2. 负载持续及工作不符合规定 3. 两相远行 4. 电源电压过低或过高 5. 电机绕组接地或匝间、相间短路 6. 摩擦片间隙不对 7. 制动和释放时间不对 8. 电机通风阻塞，温度升高	1. 测定干电流，如大于额定值要减小负载 2. 按规定进行运行 3. 测量三相电流，排除故障 4. 检查输入电压，并纠正 5. 找出原因，并修复 6. 按要求调节间隙 7. 检查制动器电压及延迟断电器动作时间，消除故障 8. 保持通风道畅通
总起动不动作	1. 操作手柄没归零 2. 电控柜熔断器烧断 3. 起动按钮、停止按钮接触不良	1. 将手柄归零 2. 换熔断器 3. 修或换按钮
起升动作时跳闸	1. 起升电机过流，过流断电器因过流吸合 2. 工地变压器容量不够或变压器至塔机动力电缆的线径不够	1. 检查起升刹车是否打开，过流整定值是否变化 2. 更换变压器或加粗电缆
机构带电	1. 电源线及接地线接错 2. 接地不良 3. 电机引接线擦伤接地	1. 查出并纠正 2. 接地要接触良好 3. 查出并纠正
接电后，电动机不转	1. 定子回转中断 2. 熔丝断了 3. 过电流继电器动作	1. 检查定子回路 2. 检查熔丝 3. 检查过电流继电器的整定值
电动机不转，还有嗡嗡声	两相运行	找出断线处，接好
电动机满载时达不到全速	1. 转子回路中接触不良或有断线处 2. 转子绕组中有焊接不良处	1. 检查导线、控制器及电阻器，断线或接触不良处，要接好 2. 拆开电动机，找出转子断线处，焊好
电动机输出功率太小，转动沉重	1. 制动器没完全松开 2. 机械卡住 3. 转子电路中的电阻没有完全切除 4. 线路电压低 5. 转子或定子回路中接触不良	1. 完全松开制动器 2. 消除卡住现象 3. 检查各部分的接口 4. 用电压表测电压过低，应停止工作 5. 检查接线端子
控制器接电时，电动机不转动	1. 控制器触头没有接通 2. 控制器内转子或定子回路有接触不良处	1. 检修触头 2. 检修各处接线
制动电磁铁噪声大，线圈过热	1. 衔铁表面太脏，造成间隙过大 2. 硅钢片未压紧 3. 电磁铁有一相线圈断了	1. 除去脏物，涂上一层薄机油 2. 纠正偏斜，减小间隙 3. 接好线圈或重绕

续上表

故障现象	故障产生原因	排除方法
接触器有噪声	1. 衔铁表面太脏或短路环损坏 2. 磁铁系统歪斜	1. 清除工作面脏物，修好短路环 2. 纠正偏斜，清除间隙
主接触器不吸合	1. 安全开关没有接通 2. 控制器不在零位 3. 线路无电压或电压过低 4. 过电流继电器的常闭触头打开 5. 控制电路熔丝断了 6. 接触器线圈烧坏或断路 7. 接触器机械部分有毛病	逐项检查排除
总配电盘上的开关接通时，控路中熔丝就被烧断	控制电路中有短路地方	排除短路故障
机构不能起动	1. 控制接线错误 2. 熔丝烧断 3. 电机绕组相同短路，接电极断路 4. 电机电压过低 5. 绕组接线错误； 电磁制动器未松闸； 负载过大或传动机械有故障	1. 核对接线图 2. 检查熔丝容量是否太小，如小更换大的 3. 测量电网电压 4. 按各种速度供电找出短路、断路部予以修复 5. 检查制动器电压及绕组是否有断路或卡住
起重机运行时，接触器经常断电	接触器辅助触头的压力不足或接触不良	检修辅助触头，调整其压力

第十章　塔式起重机维护与保养的基本常识

塔式起重机在工作中，由于利用率很高，工作环境又在室外，风沙大，工作中受到弯、扭、压、剪切等多种应力的作用，钢结构及其连接件极易发生疲劳、松动、磨损等异常变化，为确保安全经济地使用塔机，延长其使用寿命，必须做好塔机的维护与保养，维护保养分为例行保养，月保养、定期检修、大修四项内容。

第一节　例行保养

例行保养也称每班保养，由司机负责，每天必须利用班前班后的时间停机对机械认真地作业一次，作业项目及要求如表10－1所示，以清洁、润滑、调整、防腐、紧固“十字”作业为主要内容。

一、“十字”作业内容

1. 保持整机各部清洁，及时打扫。

2. 按使用说明书规定，经常检查各减速器油量，对相应部位按周期和润滑剂性质做好润滑。

3. 检查、调整各制动器效能、间隙，必须保证可靠的灵敏度。

4. 对塔式起重机的结构件焊缝经常进行检查，发现开焊及时采取措施，防止氧化锈腐。

5. 检查各螺栓连接处，尤其是标准节连接螺栓，当每使用一段时间后，要重新进行紧固。

二、例行保养作业项目及要求

表10－1　例行保养作业项目及要求

序号	作业项目	要求及说明
1	检查接地装置	两钢轨之间的接地连接线与钢轨应接触良好，埋入地下的接地装置和导线连接处无折断松动
2	检查行走限位开关和止档	行走限位开关无损伤，固定牢靠，轨道两端止档完好无位移
3	检查行走电缆及卷筒装置，排除行走轨道及行程中的障碍物	电缆应无露铜和断丝，清除拖拉电缆沿途存在的钢筋，铁丝等有损电缆胶皮的障碍物，电缆卷筒收放转动正常、无卡阻现象
4	检查塔身是否带电	塔机三相五线制中的零线应接地良好，用试电笔检查塔身金属结构，如带电应及时排除
5	检查行走、起重、回转，变幅机构的电机、变速箱、制动器、联轴器、安全罩的连接紧固螺丝有无松动	各机构的底脚螺丝、连接紧固螺丝、轴瓦固定螺丝不得松动，否则应及时紧固，更换添补损坏丢失的螺丝

续上表

序号	作业项目	要求及说明
6	检查各齿轮箱油量、油质不足时添加，按润滑表规定周期加注各润滑点油脂	检查行走起重、回转、变幅齿轮箱及液力推杆器、液力联轴器的油量，不足时要及时添加至规定液面，润滑油变质可提前更换。按润滑表规定周期更换齿轮油，加注润滑脂
7	检查起重机制动器及钢丝绳情况	清除制动器闸瓦(盘)油污，制动器各连接紧固件无松旷，制动瓦(盘)间隙适当，带负荷制动有效，否则应紧固调整。卷筒端绳卡头紧固牢靠无损伤，滑轮转动灵活不脱槽、啃绳。钢丝绳无影响使用的缺陷，卷筒钢绳排列整齐不错乱压绳
8	测试供电电压	观察仪表盘电压表指示值是否合乎规定要求，如电压过低或过高(一般不超过额定电压的±5%)应停机检查，待电压正常后再工作
9	试运转，察听各传动机构有无异响	试运中，注意察听起重、行走、回转、变幅等机械的传动机构应无不正常的异响和过大的噪音与碰撞现象，应无异常的冲击和振动，否则应停机检查，排除故障
10	运行中试验各安全装置的可靠性	注意检查超重限位器、力矩限制器、变幅限位器、吊钩高度限位器，行走限位器等安全装置应灵敏有效，否则应及时报修排除
11	班后清洁塔机，锁好电闸箱	清洁驾驶室及操作台灰尘，所有操作手柄均放在零位，拉下照明及室内外设备的分支闸刀开关，总开关箱应加锁，关好窗，锁好门。清洁电机、减速箱及传动机构外部附有的灰尘、油污
12	检查夹轨器性能，停用后与轨道锁紧	夹轨器爪与钢轨紧贴无间隙、无松动，丝杠、销轴、销孔无弯曲、开裂，否则应报修排除

发现任何缺陷均应向相关人员报告，查明原因，并对缺陷进行分级。并将结果记入设备档案(包括维修日期、处理方法)

第二节　月检查保养

每月进行一次，由司机、电工、维修工、有经验的技师进行，具体作业项目及要求如表10—2所示。

表10—2　月检查保养作业项目及要求

序号	作业项目	要求及说明
1	进行例行保养全部作业	按例行保养要求进行
2	测量基础接地电阻	地线连接应牢固可靠，导电良好，用摇表测量电阻，电阻数值不应超过4 Ω
3	检查各绕线式电机滑环及碳刷，清除灰尘及污垢	用“皮老虎”或压缩空气吹除电机滑环架及铜头灰尘，碳刷应接触均匀，弹簧压力松紧适宜(一般为 0.2 kg/cm^2)如碳刷磨损超过 1/2 时应更换
4	检查各电器元件触点，清洁配电箱、电阻器(片)及各电气元件脏物及灰尘	检查各控制器，接触器的触点应无接触不良或烧伤损坏，各线路接线、端子应紧固无松动，清除各电器元件内外灰尘

续上表

序号	作业项目	要求及说明
5	检查中心集电环、电缆收放集电环的接触情况，清除内部灰尘及金属粉末	集电环接触良好，无烧伤损坏，电刷接触均匀，弹簧压力松紧适宜，必要时更换碳刷及弹簧
6	检查塔机各电机接零和电气设备的胶质线	各电机接零紧固无松动，照明及各电器设备用胶质线应无露铜、断丝现象，否则应更换
7	检查调整轨道的轨距，平直度及两轨水平面	两轨距偏差不超过 3 mm，纵向坡度不大于 1/1 000，两轨面高差不超过 4 mm，枕木与钢轨之间应紧贴无下陷空隙，钢轨接头鱼尾板的连接螺丝齐全紧固，螺栓合乎规定要求
8	检查钢丝绳及绳卡头螺栓	起重、变幅、平衡臂、拉索、小车牵引等钢绳两端的卡头无损伤及松动，固定牢靠。检查钢丝绳有无断丝变形，钢绳在一扣距内断丝超过 10%，直径减少 7%应更换
9	检查紧固金属结构件、回转支承连接螺栓	用专用扳手等检查、紧固塔身、底座、大臂及各节连接斜拉撑、回转支承的螺栓应紧固无松动，更换损坏螺栓，增补缺少的螺栓
10	润滑塔机滑轮和钢丝绳，调正张紧滑轮、皮带轮、链轮松紧度	润滑起重，变幅，回转、小车牵引、电缆收放卷筒等钢绳穿绕的动滑轮、定滑轮、张紧滑轮、导向滑轮，每两个月用钢绳润滑脂浸涂钢丝绳表面
11	吊钩、保险及其他安全装置	吊钩及保险有无可见变形、裂纹、磨损。其他安全装置灵敏可靠
12	检查基础、附着情况	状态变动情况
13	检查液压元件及管路，排除渗漏	检查液压泵、操作阀，平衡阀及管路，如有渗漏应排除，压力表损坏应更换。清洗液压滤清器，每两年更换液压油

发现任何缺陷均应向相关人员报告，查明原因，并对缺陷进行分级。并将结果记入设备档案(包括维修日期、处理方法)

第三节　定期检修

每运行 1 200 h(不得超过半年)或塔机拆迁后、组装试运转前由司机、电工、维修工、有经验的技师进行，作业项目及要求见表 10—3。

表 10—3　定期检修作业项目及要求

序号	作业项目	要求及说明
1	进行月检查保养的全部工作	按月检查保养要求进行
2	检查制动器、制动带磨损，必要时拆检更换制动瓦(盘)	塔机各制动闸瓦与制动带片的铆钉头埋入深度小于 0.5 mm 时应更换闸片和带片，制动瓦(片)与制动轮的接触面积不应小于 70%～80%，制动轮失圆或表面痕深大于 0.5 mm 时应光圆
3	揭盖检查各减速齿轮箱齿轮及轴承磨损，排除轴端渗漏，必要时更换轴承调正齿隙	揭盖清洗各机构减速齿轮箱，检查齿面，如有断齿、啃齿、裂纹及表面剥落等情况应拆检修复，检查齿轮轴键和轴承径向间隙，如轮键松旷，轴承径向间隙超过 0.2 mm 应修复，调正或更换轴承，轮轴弯曲超过 0.2 mm 应校正，检查棘轮棘爪装置，排除轴端渗漏，更换齿轮油并加注至规定油面

续上表

序号	作业项目	要求及说明
4	检查开式齿轮啮合间隙，检查传动轴弯曲和轴瓦磨损情况	开式齿轮啮合侧向间隙一般不超过齿轮模数的0.2～0.3，齿厚磨损不大于原齿厚的20%，轮键不得松旷，各轮轴变径倒角处无疲劳裂纹，轴的弯曲不超过0.2 mm，滑动轴承径向间隙一般不超过0.4 mm
5	检查滑轮及滑轮轴磨损，必要时更换磨损严重的滑轮和滑轮轴	滑轮槽壁如有破碎裂纹或槽壁磨损超过原厚度的10%，绳槽径向磨损超过钢绳直径的1/3，滑轮轴颈磨损超过原轴颈的2%时应更换滑轮及滑轮轴
6	检查行走轮，必要时修换	行走轮与轨道接触面如有严重龟裂，起层，表面剥落和凸凹沟槽现象应修换
7	检查整机金属结构，正修变形损坏件	正修钢结构开焊、开裂，歪斜变形，更换损坏，锈蚀的连接紧固螺栓，修换钢绳固定端已损伤的套环，绳卡和固定销轴
8	拆检电动机，润滑轴承，必要时更换轴承，修磨铜头，校正电机轴弯曲	电机转子、定子绝缘电阻在不低于0.4 MΩ时，可在运行中干燥，铜头表面烧伤有毛刺应修磨平正，铜头云母片应低于铜头表面0.8～1 mm，电机轴弯曲超过0.2 mm应校正，滚动轴承径向间隙超过0.15 mm应更换
9	检修已损坏、失效的电气元件和线路	对已损坏、失效的电气开关、仪表、电阻器、接触器以及绝缘不合乎要求的导线进行修换
10	配齐已损伤零部件及各安全设施	配齐各注油部位已丢失损坏的油咀，油杯，增补已丢失损坏的弹簧垫、联轴器缓冲垫、开口销，安全罩、塔梯护拦等零部件
11	整机防腐喷漆	对塔机的金属结构，各传动机构进行除锈、喷漆，防腐
12	检修及组装后进行整机性能试验	按各塔机安装试验要求达到的标准进行静、动载荷试验、并试验塔机各安全装置的可靠性，填写试验数据报告，经法定检测单位检测合格后方能使用

每年，或塔机拆迁后、组装试运转前进修理厂进行解体大修，内容略。

第四节　润滑作业

塔机利用率高且多为露天作业，风吹、日晒、雨淋，工作环境恶劣，应经常检查塔机各部位的润滑情况，做好周期润滑工作，按时添加或更换润滑脂(油)。润滑脂(油)要满足黏度、抗氧化、防锈、防腐蚀性、抗磨、耐水要求。

塔机在使用中对各个部件润滑部位的润滑周期及润滑油的牌号要严格按使用说明书中的要求进行。如手头无说明书，则可参照表10－4执行。

润滑脂(油)要盛放在干净的容器里，密封，且置于防水、防晒处。

补充润滑脂(油)时，对不同的部位，润滑要求不同，润滑脂有的需要涂抹、有的需要油枪，润滑加油量有多有少，如：滚动轴承润滑油过多反而会使轴承发热。通过油杯注入润滑脂时，每次加油必须加足，直至从密封处渗出油脂为止。减速器中润滑油必须按油标尺标定或者从油标孔查看定量加入，一般以不超过齿轮轴为准。走合期后或减速器运转一定时间后，必须更换新润滑油，旧润滑油必须全部换掉，一定要把减速器箱底的沉淀物冲洗干净，再加新润滑油。润滑油和润滑脂的牌号不得混用，黏稠度必须一致。在注油或换油时，应注意保持周围环境的清洁，不得让杂质进入油内。

表 10—4 塔机定期润滑表

润滑周期	润滑部位	润滑材料	润滑方式
每周	回转支承大齿圈、走行轮齿圈、排绳机构蜗杆传动	钙基润滑脂：夏季用 ZG—5 冬季用 ZG—2	涂抹
	回转支承上、下座圈滚道、塔顶滑轮及滑环的轴承套筒、链条，走行轮轴承	钙基润滑脂：夏季用 ZG—5 冬季用 ZG—3	涂抹
每两周	行走台车竖轴	钙基润滑脂＋二硫化钼或 M。S2 复合钙基润滑脂	压注
每六周	水母式底架活动支腿，卷筒支座，行走机构小齿轮支座，回转机构竖轴支座，电缆卷筒支座	钙基润滑脂：ZG—2	压注
500 h	齿轮传动、蜗杆传动及行星传动等轴承	钙基润滑脂：ZG—2	压注
每次安装前及每 1 000 h	吊钩扁担梁推力轴承	钙基润滑脂 ZG—2＋二硫化钼	压注
每次安装之前	全部螺栓连接及销轴连接	钙基润滑脂	涂抹
	液压油缸球铰支座、拆装式塔身基础节的斜撑支座	钙基润滑脂、复合钙基润滑脂	涂抹
	吊钩滑轮轴承，钢丝绳滑轮轴承，小车走行轮轴承	钙基润滑脂：ZG—2	压注
1 000～2 000 h	齿轮减速器、蜗杆减速器、行星齿轮减速器	夏季用齿轮油(凝固点 5℃) 冬季用齿轮油(凝固点 2℃)	换油
3 000 h	电动机轴承	钙基润滑脂	换油
4 000～5 000 h	回转机构液力联轴器、行走机构液力联轴器	22 号汽轮机油	换油
4 000～5 000 h	液压推杆制动器、液压电磁制动器	刹车油、液压油	换油
根据需要	起升机构限位开关链传动、小车牵引机构限位开关链传动	钙基润滑脂	涂抹
根据需要	制动器铰点限位开关及接触器的活动铰点	稀机油	油壶滴入

第十一章　塔式起重机主要零部件及易损件的报废标准

第一节　钢　丝　绳

钢丝绳在塔式起重机中起着不可替代的重要作用，必须有高强度、抗磨损、抗疲劳、抗锈蚀等特点，安装、使用、维护、保养、检验及报废除了遵守钢丝绳的通用规定外，由于塔机工作的特殊性，还要遵守如下要求：

一、使用的钢丝绳应有钢丝绳制造厂签发的产品技术性能和质量证明文件。

二、规格、型号符合说明书要求，穿绕正确。

三、圆股钢丝绳断丝数的控制按有关标准执行

四、钢丝绳端部的固接应达到说明书的规定：

1.楔形接头固接时，固接强度不应小于钢丝绳破断拉力的 75%；楔块不应松动，楔套不应有裂纹；

2.用锥形套浇铸法固接时，固接强度应达到钢丝绳的破断拉力；

3.用铝合金压制接头固接时，固接强度应达到钢丝绳破断拉力，接头不应有裂纹；

4.用钢丝绳卡固接时，固接强度不应小于钢丝绳破断拉力的 85%；绳卡与绳匹配；

5.用压板固接时，固接强度应达到钢丝绳的破断拉力。

五、塔机起升钢丝绳应使用不旋转钢丝绳，其绳端应设有防扭装置。

六、钢丝绳的安装、维护、保养、检验及报废有关规定。

其他详见指挥。

第二节　吊钩、吊钩滑轮组

一、吊钩滑轮组构造特点

吊钩滑轮组可分为单滑轮吊钩组和多滑轮吊钩组，前者主要用于小型塔机，后者主要用于大、中型塔机。

多滑轮吊钩组通过增大倍率，可在不加大起升电动机功率的条件下提高起重量；通过变换倍率，可得到多种起升速度，实现轻载高速、重载低速。

二、吊钩滑轮组倍率的转换

一般塔机吊钩滑轮组倍率分为 4 倍率和 2 倍率，塔身高度在 80 m 以下，4 倍率和 2 倍率均可用，超过此高度，多为 2 倍率。变换方式主要有人工与自动两种。

1.人工变换倍率方法如图 3—21 所示。采用单小车变换倍率的吊钩滑轮组由上部活动滑轮和下部两滑轮吊钩组构成。当上部活动滑轮紧附在载重小车结构上时，仅两滑轮吊钩组工

作，此时为 2 倍率。当钢丝绳由 2 倍率变为 4 倍率时，先使双滑轮吊钩组降落到地面上，然后继续使起升机构“下降”，令活动滑轮离开载重小车而下落至两滑轮吊钩组处，然后用连接销轴将活动滑轮与双吊钩组连结成一体，此时便可以用 4 倍率进行吊装作业了。

2. 自动变换倍率

自动变换倍率方法如图 11－1 所示。

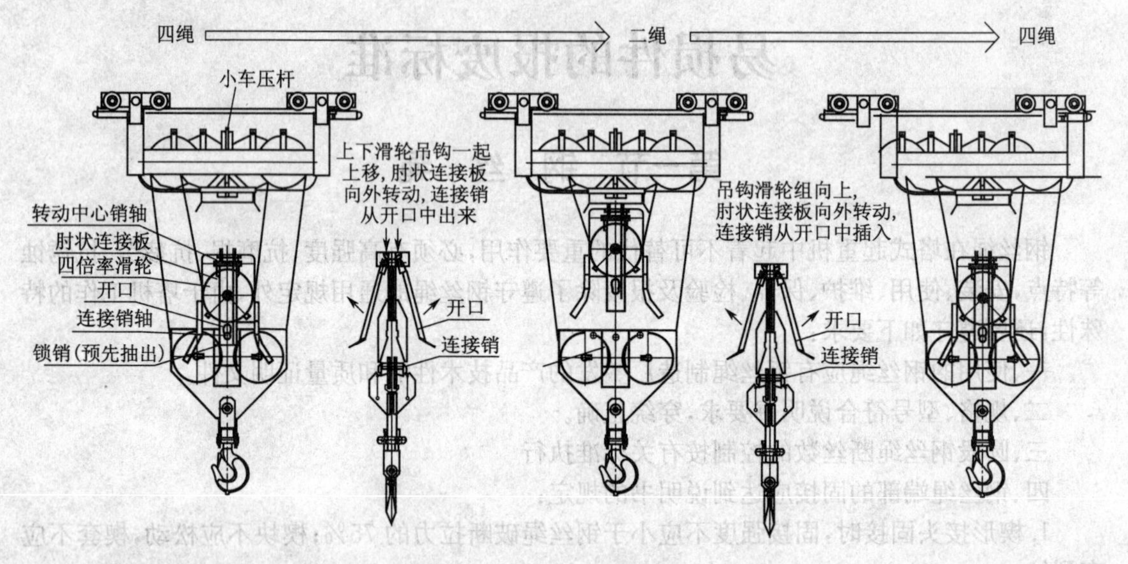

图 11－1　自动变换倍率方法

自动变换倍率在小车位于臂架根部并且空载时进行，小车自动变换倍率是通过卡板和卡销的卡紧与脱落作用加以实现的，变换倍率的全过程均在驾驶室内操纵电钮进行控制。其特点是：构造简单、动作直观、可靠性好、重量较轻，并且全部滑轮均处于一个平面内，有利于排除起升钢丝绳扭转的可能性，其工作过程如图 11－1 所示。

无论是 2 倍率变 4 倍率，还是 4 倍率变 2 倍率，都必须使用旁路开关；转换完成后，必须恢复高度限位。

三、塔机的吊钩为锻造吊钩，不得使用铸造吊钩，严禁补焊，表面光洁、无裂纹，必须装有吊钩保险。

吊钩存在下列情况之一的应予以报废：

1. 表面有裂纹或破口；

2. 钩尾和螺纹部分等危险截面及钩筋有永久性变形；

3. 挂绳处截面磨损量超过原高度的 10%；

4. 开口度比原尺寸增加 15%，开口扭转变形超过 10°；

5. 板勾衬套磨损达原尺寸的 50%，报废衬套；

6. 板勾心轴磨损量超过其直径的 5%，报废心轴。

滑轮的要求见下一节。

第三节　卷筒、滑轮

卷筒、滑轮应转动灵活、无卡阻，达到下列标准：

一、卷筒两侧边缘超过最外层钢丝绳的高度不应小于钢丝绳直径的 2 倍。

二、卷筒上钢丝绳端部的固定装置，应有防松、自紧性能。

钢丝绳在放出最大工作长度后，卷筒上的钢丝绳至少应保留 3 圈。

三、滑轮绳槽壁平滑，钢丝绳绕进或绕出滑轮时偏斜的最大角度不能大于 4°。

四、滑轮有防止钢丝绳跳出槽的措施。

五、卷筒、滑轮有下列情况之一的应予以报废：

1. 裂纹或轮缘破损；

2. 卷筒壁磨损量达原壁厚的 10%；

3. 滑轮绳槽壁厚磨损量达原壁厚的 20%；

4. 滑轮槽底的磨损量超过相应钢丝绳直径的 25%；

5. 滑轮槽不均匀磨损量达 3 mm；

6. 其他能损害钢丝绳的缺陷。

第四节　制　动　器

一、在产生大的电压降或在电气保护元件动作时，不允许各机构的动作失去控制。动臂变幅的塔机，应设有维修变幅机构时能防止卷筒转动的可靠装置。

二、制动轮应采取保护措施，避免油、雨水等污物渗入，表面不得有油污及其他妨碍制动性能的缺陷。

三、制动器零件有下列情况之一的应予以报废：

1. 制动轮可见裂纹；

2. 制动块摩擦衬垫磨损量达原厚度的 50%；摩擦衬垫露出铆钉应更换摩擦衬垫；

3. 弹簧出现塑性变形；

5. 电磁铁杠杆系统空行程超过其额定行程的 10%；

5. 小轴或轴径磨损量超过其直径的 5%；

6. 制动轮面凸凹不平度达 1.5 mm，制动轮表面磨损量达 1.5～2 mm，(直径 300 mm 以上取大值，其他取小值)。

7. 起升、变幅机构制动轮轮缘厚度磨损量达原厚度的 40%，其他机构制动轮轮缘厚度磨损量达原厚度的 50%。

四、制动间隙适宜，制动平稳、可靠。

第五节　车　轮

塔机的大车行走车轮和平臂变幅的小车行走轮有下列情况之一的应予以报废：

1. 可见裂纹；

2. 车轮踏面厚度磨损量达原厚度的 15%；

3. 车轮轮缘厚度磨损量达原厚度的 50%；轮缘厚度弯曲变形达 20%。

第十二章　塔式起重机的安全技术操作规程

塔式起重机司机，要有熟练的操作技术和高度的责任心，严格执行安全技术操作规程。《塔式起重机操作使用规程》(JG/T 100—1999)、《塔式起重机安全规程》(GB 5144—2006)、《塔式起重机》(GB/T 5031—2008)等对起重机司机和作业，有严密的要求。

第一节　起重机司机的基本条件

一、起重机司机年龄必须大于18周岁，具有初中以上的文化程度。

二、每年司机进行一次身体检查，患有妨碍起重作业的疾病者，不能做司机工作。

三、司机必须经过省、市主管部门或其指定的单位进行培训，取得有效证件后方可操作。

四、对于连续一年以上未操作起重机的司机，如再操作起重机，必须经过省、市级主管部门重新考试合格并取得操作证。对于取得操作证的司机，每两年进行复审。

五、未经主管部门批准，不得允许非本台起重机司机操作。

六、司机在正常作业中，应只服从佩带有标志的指挥人员的指挥信号，对其他人员发布的任何信号严禁盲从。

第二节　作业前的准备

一、起重机作业开始之前，司机与指挥人员必须互相约定所采用的指挥信号种类。

二、交接班时要认真做好交接手续，交班记录应齐全。当发现或怀疑起重机有异常情况时，交班司机和接班司机必须当面交接，严禁不接头或经他人转告交班。

三、检查基础。每月及暴雨后用仪器检查基础(路基和轨道)。

四、起重机各主要螺栓应联接紧固，主要焊缝不应有裂纹和开焊。

五、按有关规定检查电气部分。

1. 按有关要求检查起重机的接地和接零保护设施。

2. 在接通电源前，各控制器应处于零位。

3. 操作系统应灵活准确。电气元件工作正常，导线接头、各元器件的固定应牢固，无接触不良及导线裸露等现象。

4. 工作电源电压应为380±10 V。

六、检查机械传动减速机的润滑油量和油质。

七、检查制动器。

1. 检查各工作机构的制动器应动作灵活，制动可靠。

2. 检查液压油箱和制动器储油装置中的油量应符合规定，并且油路无泄漏。

八、吊钩及各部滑轮、导绳轮等应转动灵活，无卡塞现象，各部钢丝绳应完好，固定端应牢固可靠。

九、检查起重机的安全操作距离必须符合规定。

十、起重机遇到超过 25 m/s 的暴风(相当于 9 级风)雨等极端天气状况;经过烈度为七度及以上的地震;超载、碰撞或基础被扰动后,必须有经验的技师或专业工程师进行全面检查,按其应有的状态进行确认。

十一、司机在作业前必须经下列各项检查和试车,确认完好,方可开始作业。

1.空载运转一个作业循环;

2.试吊重物;

3.核定和检查大车行走、起升高度、幅度等限位装置及起重力矩、起重量限制器等安全保护装置。

十二、对于附着式起重机,应对附着装置进行检查。

1.塔身附着框架的检查:

①附着框架在塔身节上的安装必须安全可靠,并应符合使用说明书中的有关规定;

②附着框架与塔身节的固定应牢固;

③各联接件不应缺少或松动。

2.附着杆的检查:

①与附着框架的联接必须可靠;

②附着杆有调整装置的应按要求调整后锁紧;

③附着杆本身的联接不得松动。

3.附着杆与建筑物的联接情况:

①与附着杆相联接的建筑物不应有裂纹或损坏;

②在工作中附着杆与建筑物的锚固联接必须牢固,不应有错动;

③各联接件应齐全、可靠。

第三节　操作中的要求

一、司机必须熟悉所操作的起重机的性能,并应严格按说明书的规定作业,不得斜拉斜拽重物、吊拔埋在地下或粘结在地面、设备上的重物以及不明重量的重物。

二、起重机开始作业时,司机应首先发出音响信号,以提醒现场作业人员注意。

三、重物的吊挂必须符合有关要求。

1.严禁用吊钩直接吊挂重物,使用吊钩时必须用吊、索具吊挂。

2.起吊短碎物料时,必须用强度足够的网、袋包装,不得直接捆扎起吊。

3.起吊细长物料时,物料必须最少捆扎两处,并且用两个吊点吊运,在整个吊运过程中应使物料处于水平状态。

4.起吊的重物在整个吊运过程中,不得摆动、旋转。不得吊运悬挂不稳的重物,吊运体积大的重物应拉溜绳。

5.不得在起吊的重物上悬挂任何重物。

四、操纵控制器时必须从零档开始,逐级推到所需要的档位。传动装置作反方向运动时,控制器先回零位,然后再逐档逆向操作,禁止越档操作和急开急停。

五、吊运重物时,不得猛起猛落,以防吊运过程中发生散落、松绑、偏斜等情况。起吊时必须先将重物吊起离地面 0.5 m 左右停住，确定制动、物料捆扎、吊点和吊具无问题后，方可指挥操作。

六、司机应掌握所操作的起重机的各种安全保护装置的结构、工作原理及维护方法，发生故障时必须立即排除。司机不得操作安全装置失效、缺少或不准确的起重机作业。

七、司机在操作时必须集中精力，当安全装置显示或报警时，必须按使用说明书中有关规定操作。

八、不允许起重机超载和超风力作业。

九、在起升过程中，当吊钩滑轮组接近起重臂 5 m 时，应用低速起升，严防与起重臂顶撞。

十、严禁采用自由下降的方法下降吊钩或重物。当重物下降距就位点约 1 m 处时，必须采用慢速就位。

十一、起重机行走到距限位开关碰块约 3 m 处，应提前减速停车。

十二、作业中平移起吊重物时，重物高出其所跨越障碍物的高度不得小于 1 m。

十三、不得起吊带人的重物，禁止用起重机吊运人员。

十四、作业中，临时停歇或停电时，必须将重物卸下，升起吊钩。将各操作手柄(钮)置于"零位"。如因停电无法升、降重物，则应根据现场与具体情况，由有关人员研究，采取适当的措施。并将总电源切断。

十五、起重机在作业中，严禁对传动部分、运动部分以及运动件所到达的区域做维修、保养、调整等工作。

十六、作业中遇有下列情况应停止作业：

1. 恶劣气候。如：大雨、大雪、大雾，超过允许工作风力的大风等影响安全作业的情况；

2. 起重机出现漏电现象；

3. 钢丝绳磨损严重、扭曲、断股、打结或出槽；

4. 安全保护装置失效；

5. 各传动机构出现异常现象和有异响；

6. 金属结构部分发生变形；

7. 起重机发生其它妨碍作业及影响安全的故障。

十七、钢丝绳在卷筒上的缠绕必须整齐，有下列情况时不允许作业：

1. 爬绳、乱绳、啃绳；

2. 多层缠绕时，各层间的绳索互相塞挤。

十八、司机必须在规定的通道内上、下起重机。上、下起重机时，不得握持任何物件。

十九、禁止在起重机各个部位乱放工具、零件或杂物，严禁从起重机上向下抛扔物品。

二十、多塔作业时，应避免各起重机在回转半径内重叠作业。在特殊情况下，需要重叠作业时，必须采取措施。

二十一、起升或下降重物时，重物下方禁止有人通行或停留。

二十二、司机必须专心操作，作业中不得离开司机室；起重机运转时，司机不得离开操作位置。

二十三、起重机作业时禁止无关人员上下起重机，司机室内不得放置易燃和妨碍操作的物品，防止触电和发生火灾。

二十四、司机室的玻璃应平整、清洁，不得影响司机的视线。

二十五、夜间作业时，应该有足够照度的照明。

二十六、对于无中央集电环及起升机构不安装在回转部分的起重机,回转作业必须严格按使用说明书规定操作。

第四节　每班作业后的要求

一、当轨道式起重机结束作业后,司机应把起重机停放在不妨碍回转的位置。

二、凡是回转机构带有止动装置或常闭式制动器的起重机,在停止作业后,司机必须松开制动器,使起重臂随风转动。

三、动臂式起重机将起重臂放到最大幅度位置,小车变幅起重机把小车开到说明书中规定的位置,并且将吊钩起升到最高点,吊钩上严禁吊挂重物。

四、把各控制器拉到零位,切断总电源,收好工具,关好所有门窗并加锁,夜间打开红色障碍指示灯。

五、凡是在底架以上无栏杆的各个部位做检查、维修、保养、加油等工作时必须系安全带。

六、填好当班履历书及各种记录。

七、锁紧所有的夹轨器。

第五节　其他严禁发生的情况

1. 严禁将起重机做为其他设备的地锚或牵绳等的固定装置。

2. 严禁将起重机的各部分与电焊机地线相连。

3. 严禁在起重机上安装或固定其他电气设备、电气元件及开关柜。

4. 严禁将起重机的工作机构、金属结构、电气系统做为其他设备的附属装置等。

5. 严禁在各种场合的修理中,未经生产厂的同意,不得采用任何代用件及代用材料。严禁修理单位自行改装。

注意:

(1)在正常情况下应按指挥信号操作,但对特殊情况的紧急停车信号,不论何人发出,都应立即执行。

(2)工地照明灯一般情况下,不得在起重机上安装,如在特殊情况下需要安装时,必须由安装照明的部门向起重机的上级主管安全部门提出申请,经批准后,按有关规定安装。

第十三章　塔式起重机常见事故的原因及处置方法

塔式起重机在使用当中，由于安装、操作不当、或未按规定要求保养，容易引发倒塔、折臂、倾覆、重物下坠等事故。

第一节　塔式起重机倒塔事故的主要原因及处置方法

一、地耐力不足，基础不稳固或环境变化

塔机基础是影响塔吊整体稳定性的一个重要因素，许多倒塔事故都是由于塔吊基础存在问题而引起的。

1. 在混凝土强度不够的情况下草率安装或是塔机混凝土基础尺寸小于规定要求和质量不合格，浇筑时振捣不密实。

处置方法：钢筋混凝土的强度至少达到设计值的80%。浇筑塔机基础时其尺寸和质量必须满足稳定性的要求，不能任意减小尺寸、浇筑时振捣密实。安装前要有合格的混凝土试块报告单。

2. 地耐力(土壤的许用应力)达不到规定要求，在基础附近开挖而导致滑坡产生位移，或是雨雪积水或其他情况造成积水，而产生不均匀的沉降等等。

处置方法：要确保地耐力符合设计要求，混凝土基础底面要平整夯实，塔吊基础要有排水设施。基础附近不得随意挖坑或开沟。

3. 行走式塔机轨道超标，日常不按使用说明书要求及时维护。

处置方法：轨道应按规定维护。

4. 混凝土基础上表面平整度不符合标准。

处置方法：在安装前要对基础表面进行处理，保证基础的水平度不能超过1/1 000。

5. 标准节与加强节混装。塔机的塔身通常有加强标准节与普通标准节之分，刚度和强度不同，安装位置不同，但在安装过程中，容易上下混装，这是造成塔机在使用过程塔身拆断、塔机倾倒的原因。

处置方法：普通节与加强节应标识清楚，并认真辨认两者之间的区别，按说明书的要求进行安装。

二、预埋件不合格

1. 材质或加工不合格，安装使用中变形、折断、开焊，后续制作的预埋件不符合说明书要求。

处置方式：预埋件不能低于说明书要求，要有材质合格报告单，对焊接部位及时检查。

2. 安装相互位置误差过大、露出地面的长度太短，地脚螺栓螺母未紧固。

处置方式：基础的地脚螺栓尺寸误差必须符合基础图的要求，地脚螺栓要保持足够的露出地面的长度，每个地脚螺栓要双螺帽预紧。

三、安装、使用维护不当

1. 塔机垂直度超规范。

处置方式：安装、使用过程按要求检查塔机垂直度。

2. 风力过大。

处置方式：遵守操作规程，遇有六级风以上不准操作，四级风以上不得安装，并严格按使用说明书要求去做。

3. 起重力矩限制器、超载限制器失灵，斜吊、超载，加大了倾翻力矩。

处置方式：作业前，司机检查、试验力矩、超载限制，要灵敏、可靠，并严守操作规程，严禁斜吊、超载。

4. 平衡重随意增减。制作尺寸过大、过小，安装数量、位置不合格，或固定不牢，导致移动，位置变动。

处置方式：按规定数量安装、固定。

5. 塔身标准节的普通节与加强节混装：塔机的塔身通常有加强标准节与普通标准节之分，刚度和强度不同，安装位置也应不同，但在安装过程中，上下混装。

处置方式：要在明显的位置标识清楚、安装时仔细辨别、检查，按说明书要求做。

6. 安装、拆卸程序颠倒。最有代表性的是塔机在安装时应先装平衡臂，再装1～2块平衡重，才能装吊臂，安装吊臂后，最后再装其余平衡重。但有的安装人员一次性把平衡重全部装上，致使塔机倾倒。拆卸吊重臂前，不先拆平衡重，结果吊臂拆下后，塔吊失去平衡，倾覆。

处置方式：严格按照塔机的装拆方案和操作规程中的有关规定、程序进行装拆。安装时先装平衡臂，再装1～2块平衡重，再装吊臂。拆塔时，一定要先拆平衡重，最多留1～2块，才能拆吊臂，最后再拆留下的平衡重和平衡臂。

7. 底架、基础节等开焊、锈蚀，安装、使用中未发现。

处置方式：安装前应全面检查其完好情况。使用中，按规定周期检查。

8. 行走式塔机未安装行走限位和安全止挡，或这些装置失效。

处置方式：安装齐全并检查其完好情况。使用中，按规定周期检查。

9. 下班后，行走式塔机未打卡轨钳，遇强风后，冲出轨道。

处置方式：下班后，必须打卡轨钳，确认其有效、可靠。

10. 高度限位失效，吊钩超过规定高度，冲撞吊臂（冲顶），使吊臂向后倾翻，造成倾覆。

处置方式：使用中，按规定进行检查，确认其有效、可靠，方可操作。

第二节　折臂事故的主要原因及处置方法

一、拉杆、吊臂连接轴销轴断裂

塔机在安装中，开口销有的用小规格开口销代替，有的用铁丝、钢筋代替，经雨淋日晒，因锈蚀而发生脱落，销轴没有可靠的防窜位措施，致使销轴失去定位而窜动脱落。

处置方式：安装时一定要按孔径选配相应的开口销、锁销等，安装吊臂前应在地面上全面检查销轴完好情况、开口销要开叉，安装到位。使用中，按规定周期检查。

二、吊臂、拉杆结构件变型、老化、开焊

处置方式：吊臂及拉杆组装后、吊装前应全面检查其完好情况，确认各部正常后，再进行安装。使用中，按规定周期检查。

第三节 塔身上部倾翻事故的主要原因及处置方法

一、附着不合格，塔机超规定使用。

1. 自由高度超标。

处置方式：安装应按使用说明书规定执行，严禁擅自加高。

2. 与建筑物附着距离超过说明书规定，擅自增加附着杆的长度。

处置方式：建筑物附着距离超过说明书规定，应找厂家或有资质的单位进行设计。

3. 安装附着时，与建筑物连接不牢固。

处置方式：安装附着时，与建筑物连接要牢固，塔机作业过程中应经常检查附着装置，发现松动等情况要立即处理。

4. 在拆塔之前一次性将附着装置拆除。

处置方式：塔机拆卸应按出厂使用说明书规定执行，注意自由高度，防止在拆塔之前一次性将附着装置拆除。

二、回转支承螺栓预紧力不够，松动。检查发现不及时，个别螺栓松动，引起其余螺栓过载，进而导致回转支承上部连同塔臂、塔帽、驾驶室等脱离塔身，最后倾翻。

处置方式：初次使用回转支承工作的一周(50 h)和 500 h 后，应检查螺栓的紧固情况。回转支承主要承受倾翻力矩和垂直载荷。若预紧力不够，或长期运转不做检查、不紧固、均会造成松动。此后每工作 1 000 h 应检查一次。用扭矩扳手在圆周方向对称均匀多次拧紧。

三、顶升、下降过程违章操作。

1. 在顶升过程中，卸下塔身顶部与下支座连接的高强螺栓(销轴)操作回转机构，使塔机上部回转。

处置方式：顶升过程中严禁塔机回转运动。

2. 顶升横梁没按规定放在在标准节踏步上。

处置方式：设专人负责观察，顶升横梁两端销轴都必须放入标准节的踏步上。确认两个爬爪准确地挂在踏步顶端后，将油缸活塞全部缩回，提起顶升横梁，重新使顶升横梁顶在标准节上的上一级踏步上。

3. 在顶升过程中，液压顶升系统出现异常，未采取有效措施就进行查找。导致失去平衡，倾翻。

处置方式：立即停止顶升，收回油缸，将下支座落在塔身顶部，并用高强螺栓将下支座与塔身连接牢靠后，再排除液压系统的故障。

第四节 重物失控下坠(落)事故的主要原因及处置方法

一、超重。不重视起重量限制器的维护保养，不调节好起重量限制器就使用，有的甚至故意不用，或加大限制值，使起重量限制器未起到应有的限制保护作用。

处置方式：司机要严守操作规程，严禁超载，要按规定检查力矩、超载限位，确保其灵敏、可靠。

二、起升机构制动器没调好或刹车零件存在缺陷。吊重物用中高速下降，因惯性作用而制不住，产生溜车下坠。

处置方式：调整起升机构制动器间隙，超载限位要灵敏、可靠。

三、自动换倍率机构，由2倍率换4倍率时切换不到位，同时检查不到位，或者没有加保险销，在起吊中，活动滑轮突然下落，引发重大事故。

处置方式：自动换倍率时，要认真检查，确认到位后，方可操作。

四、钢丝绳打扭、乱绳严重，没及时排除，强行使用。

处置方式：检查防扭装置、排绳装置的有效性。

五、操作时，因吊钩落地，钢丝绳松动反弹，排列不整齐，钢丝绳跳出卷筒外或滑轮之外，严重挤伤或断股，又没有及时更换，在起吊重物时，引发断绳，下坠。

处置方式：如吊钩落地，钢丝绳松动反弹，再次起吊时，严格检查钢丝绳排列情况。必要时重新排列。

六、钢丝绳末端绳扣螺母没有锁紧，使绳头从中滑出。

处置方式：安装时要锁紧，使用50 h紧固一次。

七、吊钩保险失效，钢丝绳从吊钩中滑出。

处置方式：必须按规定检查安全装置，保证其有效、可靠。

八、高度限位失效，吊钩超过规定高度，冲撞吊臂（冲顶），钢丝绳拉断后，吊钩及吊物坠落。

处置方式：使用中，按规定进行检查，确认其有效、可靠，方可操作。

防止事故发生的关键是严格遵守安全操作规程。按说明书进行使用、维护、保养。

第十四章　塔式起重机司机复习题

一、单项选择题

1. 起重机运动部分与建筑物及建筑物外围施工设施之间的最小距离不小于(　　)m。

A. 1　　B. 2　　C. 0.5　　D. 0.6

2. 塔顶高度超过(　　)m 且高于周围建筑的塔机，必须在起重机的塔顶和臂架端部安装红色障碍指示灯，并保证供电不受停机影响。

A. 10　　B. 20　　C. 30　　D. 40

3. 塔机安装到设计的基本高度后，在空载、无风的状态下，塔身轴心线对支承面的侧向垂直度≤(　　)/1 000。

A. 2　　B. 4　　C. 3　　D. 5

4. 塔机主要承载结构件由于腐蚀或磨损而使结构的计算应力提高，当超过原计算应力的15%时应予报废。对无计算条件的当腐蚀深度达原厚度的(　　)%时应予报废。

A. 20　　B. 8　　C. 10　　D. 5

5. 塔机的任何部位与 110 kV 输电线路的水平距离不得小于(　　)。

A. 1 m　　B. 3 m　　C. 2 m　　D. 4 m

6. 塔身不旋转，起升、变幅等主要机构、回转支承、平衡重、均设置在上端的塔机是(　　)。

A. 下回转塔式起重机　　B. 上回转塔式起重机

C. 左回转塔式起重机　　D. 右回转塔式起重机

7. 特种设备操作人员资格证复审周期为(　　)。

A. 1 年　　B. 2 年　　C. 3 年　　D. 4 年

8. 靠起重臂改变仰角实现变幅的塔式起重机是(　　)。

A. 上回转塔式起重机　　B. 自升式塔式起重机

C. 动臂式塔式起重机　　D. 固定式塔机

9. 塔式起重机公称起重力矩指起重臂力为基本臂长时最大幅度与相应额定起重量重力的乘积值。是塔机的(　　)。

A. 基本参数　　B. 主参数　　C. 指标　　D. 性能参数

10. 起升高度指塔式起重机运行或固定状态时，(　　)塔身处于最大高度、吊钩位于最大幅度处，吊钩支承面对塔式起重机支承面的允许最大垂直距离。

A. 重载　　B. 工作状态　　C. 平衡状态　　D. 空载

11. 工作特性曲线是根据(　　)绘制的曲线。

A. 起重量、工作幅度　　B. 起重量、最小幅度

C. 最小幅度平均速度　　D. 起重量、最大幅度

12. 整机运行速度是指塔式起重机空载，起重臂(　　)于轨道方向，塔式起重机稳定运行

速度。

A. 垂直　　B. 45°　　C. 60°　　D. 平行

13. 塔身为塔机的主要受力构件之一，工作时承受轴向力、弯矩及(　　)。

A. 扭矩　　B. 压力　　C. 拉力　　D. 挤压力

14. 8.8 级以上等级的螺栓必须使用平垫圈，采用防松(　　)。

A. 弹垫　　B. 双螺母　　C. 销子　　D. 弹簧

15. 司机室内应配有(　　)。

A. 录音机　　B. 灭火器　　C. 收音机　　D. 打火机

16. 平衡臂长度一定的情况下，吊臂越长，平衡重用量(　　)。

A. 越多　　B. 不变　　C. 越少　　D. 递减

17. 变倍率是在(　　)、低速、没有摆动的情况下，在吊臂根部进行的。

A. 重载　　B. 无载荷　　C. 回转　　D. 变幅

18. 起升机构是塔机的重要工作机构，要求(　　)慢速、安装就位微动。

A. 重载　　B. 轻载　　C. 空勾　　D. 均载

19. 起升机构卷扬机卷筒直径大的要比小的(　　)。

A. 差　　B. 一般　　C. 好　　D. 合格

20. 回转机构是塔机惯性冲击影响最直接的传动机构，吊臂越(　　)，影响越突出。

A. 短　　B. 长　　C. 粗　　D. 细

21. 严禁用制动器停车的是(　　)。

A. 起升机构　　B. 回转机构　　C. 变幅　　D. 行走

22. 小车变幅机构载重小车运行到最小和最大幅度时，卷筒上两根钢丝绳的圈数均不得小于(　　)圈。

A. 1　　B. 3　　C. 2　　D. 4

23. 对于停用时间超过(　　)的起重机在启用时，必须做好各部润滑调整、保养、检查。

A. 一周　　B. 一个月　　C. 一年　　D. 半年

24. 自升式塔机在加节作业时，任一顶升循环中即使顶升油缸的活塞杆全程伸出，塔身上端面至少应比顶升套架上排导向滚轮(或滑套)中心线高(　　)mm。

A. 30　　B. 50　　C. 60　　D. 80

25. 起重机的接地必须牢固可靠，其接地电阻不大于(　　)Ω。

A. 4　　B. 8　　C. 10　　D. 20

26. 碎石基础的碎石粒径应为 20～40 mm，含土量不大于(　　)%。

A. 10　　B. 20　　C. 40　　D. 60

27. 在距轨道两端钢轨不小于(　　)m 处，可靠地安装防止起重机出轨的止挡装置。

A. 0.5　　B. 1　　C. 2　　D. 6

28. 塔机工作环境温度为(　　)℃。

A. －10～20　　B. －30～50　　C. －20～30　　D. －20～40

29. 当风速超过(　　)级时，塔机应停止使用。

A. 6　　B. 8　　C. 10　　D. 12

30. 当起重力矩达到额定值的(　　)%，小车向外运行的高速档自动转成低于 40 m/min 的速度。

A. 60　　B. 80　　C. 90　　D. 95

31. 液力耦合器外壳正常工作温度应不大于(　　)℃。

A. 50　　B. 60　　C. 80　　D. 90

32. 630 kN·m以下(不含630 kN·m)、出厂年限超过(　　)年的塔机，由有资质评估机构评估合格后，方可继续使用。

A. 8　　B. 10　　C. 12　　D. 15

33. 630～1 250 kN·m(不含1 250 kN·m)、出厂年限超过(　　)年(不含15年)的塔机；由有资质评估机构评估合格后，方可继续使用。

A. 8　　B. 10　　C. 12　　D. 15

34. 塔机主要承载结构件由于腐蚀或磨损而使结构的计算应力提高，当超过原计算应力的(　　)%时应予报废。对无计算条件的当腐蚀深度达原厚度的10%时应予报废。

A. 10　　B. 15　　C. 20　　D. 25

35. 塔机的结构件及焊缝出现裂纹时，应根据受力和裂纹情况采取加强或重新施焊等措施，并在使用中定期观察其发展。对无法消除裂纹影响的应予以(　　)。

A. 报废　　B. 观察其发展　　C. 修理　　D. 焊接

36. 塔机的塔身标准节、起重臂节、(　　)塔帽等结构件应具有可追溯出厂日期的永久性标志。

A. 拉杆　　B. 底架　　C. 钢丝绳　　D. 销子

37. 高度限位器的作用是使吊钩起升高度不得超过塔机所允许的最大起升高度，当吊钩超过额定起升高度时，限位器动作，使起升吊钩只能(　　)。

A. 提升　　B. 下降　　C. 快动　　D. 慢动

38. 小车变幅限位器保证小车在所允许的范围内运行，当小车运行至最大幅度处，限位器动作，使变幅小车只能向(　　)方向运行，而不能超越最大幅度。

A. 塔尖　　B. 塔身

39. 回转限制器使回转运动在原始位置可向左或向右回转(　　)圈，此后必须向相反方向运动。

A. 1　　B. 1.5　　C. 2　　D. 4

40. 力矩限制器的调整：当达到额定值的(　　)以内时，起升向上断电，小车向外变幅断电。

A. 80%　　B. 110%　　C. 100%　　D. 95%

41. 塔式起重机的起重量是随吊钩的滑轮组数不同而不同，四绳是两绳起重量的(　　)。

A. 2倍　　B. 1倍　　C. 4倍　　D. 3倍

42. 额定载荷试验时，吊臂在最小工作幅度，提升额定最大起重量的重物离地200 mm高度，保持(　　)，离地距离应保持不变(此时力矩限制器应发出断续报警信号)。

A. 5 min　　B. 8 min　　C. 10 min　　D. 15 min

43. 多塔作业时，处于高位的塔机(吊钩升至最高点)与低位塔机的垂直距离在任何情况下不得小于(　　)。

A. 1 m　　B. 1.5 m　　C. 2 m　　D. 3 m

44. 钢丝绳在破断前一般有(　　)预兆，容易检查，便于预防事故。

A. 表面光亮　　B. 生锈　　C. 已断丝、断股　　D. 表面有泥

45. 多次弯曲造成的(　　)是钢丝绳破坏的主要原因之一。

A. 拉伸　　B. 扭转　　C. 弯曲疲劳　　D. 变形

46. 臂架根部铰点高度大于(　)的起重机上,应安装风速仪。

A. 30 m　　B. 40 m　　C. 50 m　　D. 20

47. 安全电压是(　　)。

A. 60 V　　B. 110 V　　C. 36 V　　D. 220

48. 下回转塔机的重心高度比上回转塔机的高度(　)。

A. 高　　B. 低　　C. 等同　　D. 一样

49. 用绳卡固定钢丝绳时,当绳径小于 16 mm 时,选用(　　)绳卡。

A. 2 个　　B. 3 个　　C. 4 个　　D. 5 个

50. 除固定圈数外,钢丝绳在卷筒上的安全圈数至少要保留(　)。

A. 1 圈　　B. 3 圈　　C. 2 圈　　D. 5 圈

51. 起重机上常用钢丝绳是(　)。

A. 右同向捻　　B. 左同向捻　　C. 交互捻　　D. 混合捻

52. 钢丝绳编结时,编结长度不应小于钢丝绳直径的(　　),且编结长度不应小于 300 mm。

A. 10 倍　　B. 15 倍　　C. 20 倍　　D. 30 倍

53. 夹轨器在(　)配置。

A. 上回转塔式起重机　　B. 自升式塔式起重机

C. 行走式塔式起重机　　D. 固定式塔机

54. 用绳卡连接时,连接强度不得小于钢丝绳破断拉力的(　　)。

A. 70%　　B. 85%　　C. 90%　　D. 95%

55. 多层缠绕的卷筒两端凸缘比最外层钢丝绳高出(　　)钢丝绳直径。

A. 2 倍　　B. 3 倍　　C. 3.5 倍　　D. 4 倍

56. 吊钩断面磨损达原尺寸的(　)应报废。

A. 10%　　B. 15%　　C. 20%　　D. 25%

57. 吊钩开口度比原尺寸增加(　)应报废。

A. 10%　　B. 15%　　C. 20%　　D. 25%

58. 吊钩扭转变形超过(　　)应报废。

A. 5°　　B. 8°　　C. 10°　　D. 20°

59. 卷筒壁厚磨损达原厚度的(　)应报废。

A. 10%　　B. 15%　　C. 20%　　D. 25%

60. 滑轮轮槽不均匀磨损(　　)应报废。

A. 2 mm　　B. 3 mm　　C. 4 mm　　D. 5 mm

61. 制动轮表面磨损凸凹不平度达(　　)时,如不能修复,应更换。

A. 1 mm　　B. 1.5 mm　　C. 2 mm　　D. 5 mm

62. 钢丝绳断丝数在一个节距内达到总丝数(　)应报废。

A. 8%　　B. 10%　　C. 12%　　D. 25%

63. 在用起重机械检验周期为(　)。

A. 1 年　　B. 2 年　　C. 3 年　　D. 5 年

64. 特种设备操作人员年龄应年满(　　)。

A. 16 周岁　B. 18 周岁　C. 20 周岁　D. 22 周岁

65. 特种设备操作人员应具备的文化程度为(　　)。

A. 小学毕业　B. 初中毕业　C. 高中毕业　D. 中专毕业

66. 塔机作业时,风力大于(　　)时应停止作业。

A. 5 级　B. 6 级　C. 7 级　D. 8 级

67. 起升高度是塔机的(　　)。

A. 基本参数　B. 主参数　C. 指标　D. 性能参数

68. 塔机主要由(　　)组成。

A. 基础、塔身和塔臂　B. 基础、架体和提升机构

C. 金属结构、提升机构和安全保护装置　D. 金属结构、工作机构和控制系统

69. 起重力矩限制器主要作用是(　　)。

A. 限制塔机回转半径　B. 防止塔机超载

C. 限制塔机起升速度　D. 防止塔机出轨

70. 对小车变幅的塔机,起重力矩限制器主要控制(　　)。

A. 起重量和起升速度　B. 起升速度和幅度

C. 起重量和起升高度　D. 起重量和幅度

71. 对动臂变幅的塔机,当吊钩装置顶部升至起重臂下端的最小距离为 800 mm 处时,(　　)应动作,使起升运动立即停止。

A. 起升高度限位器　B. 起重力矩限制器

C. 起重量限制器　D. 幅度限位器

72. 塔机的拆装作业必须在(　　)进行。

A. 温暖季节　B. 白天

C. 晴天　D. 良好的照明条件的夜间

73. 对最大起重量又对速度进行控制的安全限制器是(　　)。

A. 起重力矩限制器　B. 起重量限制器

C. 变幅限制器　D. 行程限制器

74. 高度限位器可以控制吊钩(　　)动作。

A. 上升　B. 平衡　C. 左右　D. 晃动

75. (　　)能够防止塔机超载、避免由于严重超载而引起塔机的倾覆或折臂等恶性事故。

A. 力矩限制器　B. 高度限制器　C. 行程限制器　D. 幅度限制器

76. 塔机安装、拆卸时,风速应低于(　　)级。

A. 4　B. 5　C. 6　D. 7

77. 下列哪个安全装置是用来防止运行小车超过最大或最小幅度的两个极限位置的安全装置。(　　)

A. 起重量限制器　B. 超高限制器　C. 行程限制器　D. 幅度限制器

78. (　　)是设于小车变幅式起重臂的头部和根部,防止冲击、碰撞。

A. 幅度限制器　B. 超载限制器　C. 高度限位器　D. 缓冲器

79. 下列哪个安全装置是用来防止行走式塔机运行超过两个极限位置的安全装置(　　)。

A. 起重量限制器　B. 超高限制器　C. 行程限制器　D. 幅度限制器

80. 风速仪应安装在起重机(　　)。

A. 中间部位　　B. 最高位置的不挡风处
C. 最高的位置间的挡风处　　D. 最高位置

81.(　　)能够防止钢丝绳在传动过程中脱离滑轮槽而造成钢丝绳卡死和损伤。

A. 超载限制器　　B. 行走限制器
C. 吊钩保险　　D. 钢丝绳防脱槽装置

82.(　　)是防止起吊钢丝绳由于角度过大或挂钩不妥时，造成起吊钢丝绳脱钩的安全装置。

A. 行走限制器　　B. 超高限制器
C. 吊钩保险　　D. 钢丝绳防脱槽装置

83. 内爬升塔机的固定间隔不得大于(　　)个楼层。

A. 2　　B. 3　　C. 4　　D. 5

84. 施工现场用电工程的基本供配电系统应按(　　)设置。

A. 一级　　B. 二级　　C. 三级　　D. 四级

85. 最大幅度起重量是起重机在(　　)时，额定的起重量。

A. 最小幅度　　B. 臂根　　C. 臂尖　　D. 最大幅度

86. 塔机顶升作业，必须使(　　)和平衡臂处于平衡状态。

A. 配重臂　　B. 起重臂　　C. 配重　　D. 小车

87. 在装设附着框架和附着杆时，要通过调整附着杆的距离，保证(　　)。

A. 塔身的稳定性　　B. 起重臂的稳定性
C. 平衡臂的稳定性　　D. 塔身的垂直度

88. 固定钢丝绳的绳卡，必须按规定使用，最后一个绳卡距绳头的长度不应小于(　　)mm。

A. 100　　B. 120　　C. 130　　D. 140

二、多项选择题

1. 吊钩存在下列(　　)情况之一就应报废。

A. 吊钩磨损后修复焊接　　B. 吊钩危险断面磨损量达原尺寸的 5%时
C. 吊钩开口度比原尺寸增加 15%时　　D. 吊钩扭转变形超过 10°时
E. 吊钩有裂纹

2. 卷筒存在下列(　　)情况之一就应报废。

A. 起升卷筒有裂纹
B. 起升卷筒有损害钢丝绳的缺陷
C. 因磨损使绳槽底部减少量达到钢丝绳直径的 10%时或筒壁磨损达到原壁厚的 20%
D. 轮缘破损
E. 卷筒表面有划痕

3. 制动器存在下列(　　)情况之一就应报废。

A. 表面有油及制动缺陷　　B. 制动轮有可见裂纹
C. 制动轮表面磨损量达 2 mm　　D. 制动轮表面有尘土

4. 塔机驾驶室应设有表明塔机起重性能的(　　)。

A. 公式　　B. 图表　　C. 文字说明　　D. 电动式

5. 属于塔机安全防护装置的是(　　)。

A. 幅度限位器　B. 起重性能曲线　C. 障碍灯
D. 超载限制器　E. 防护栏杆

6. 钢丝绳在卷筒上缠绕时，应（　）。
A. 逐圈紧密地排列整齐，不应错叠或离缝　B. 逐圈排列整齐，不可以错叠但可离缝
C. 逐圈紧密地排列整齐，但可错叠或离缝　D. 随意排列，但不能错叠

7. 钢丝绳按捻制方向可分为（　）。
A. 同向捻　B. 交互捻　C. 混合捻　D. 反向捻

8. 吊钩保险装置的作用（　）。
A. 防止物料在起吊前脱钩　B. 防止物料碰到障碍物失去平衡
C. 防止吊物在在短暂放置时脱钩　D. 控制长物料
E. 起升减速

9. 起升机构电动卷扬机主要由（　）等部件组成。
A. 电动机　B. 减速器　C. 卷筒
D. 控制器　E. 行走限位器

10. 塔机金属结构基本部件包括（　）。
A. 电动机　B. 塔身　C. 平衡臂
D. 卷扬机　E. 起重臂　F. 回转支座

11. 塔机基本工作机构包括（　）。
A. 起升机构　B. 制动机构　C. 回转机构
D. 行走机构　E. 变幅机构

12. 对动臂变幅的塔机，设置幅度限制器时，应设置（　）。
A. 最小幅度限位器　B. 高度程限位开关
C. 液压装置　D. 防止断轴装置
E. 防止臂架反弹后倾装置

13. 对小车变幅的塔机，设置幅度限制器的同时，还应设置（　）。
A. 高程限位开关　B. 小车行程限位开关
C. 终端缓冲装置　D. 防止小车出轨装置
E. 最小幅度限位器

14. 起升高度限位器作用是（　）。
A. 吊钩起升高度不得超过塔机所允许的最大起升高度
B. 限制超载　C. 终端缓冲　D. 防止小车出轨
E. 下降时吊钩在接触地面前，能终止下降

15. 塔机在工作和非工作状态时，做到平衡重及压重在其规定位置上，（　）平衡重块之间不得互相撞击。
A. 不位移　B. 不行走　C. 不脱落
D. 不摆动　E. 不起升

16. 塔机顶升过程中，禁止进行（　）动作。
A. 起升　B. 变幅　C. 回转
D. 起升和回转　E. 起升和变幅

17. 下列是行走式塔机的安全装置（　）。

A. 力矩限制器　　B. 大车行程限位开关
C. 油缸　　D. 起升高度限位器
E. 小车变幅限位器

18. 塔机的塔身(　　)等结构件应具有可追溯出厂日期的永久性标志。
A. 标准节　　B. 起重臂节　　C. 拉杆
D. 塔帽　　E. 小车变幅限位器

19. 起重机的拆装作业当遇有下列(　　)天气时应停止作业。
A. 5 级风　　B. 36℃　　C. 潮湿
D. 雨雪　　E. 浓雾

20. 塔机上必须设置的安全装置有(　　)。
A. 起重量限制器　　B. 力矩限制器
C. 起升高度限位器　　D. 液压阀
E. 幅度限制器

21. 操作塔机严禁下列行为(　　)。
A. 超载　　B. 斜拉、斜吊
C. 顶升时回转　　D. 抬吊同一重物
E. 提升重物自由下降

22. 平臂塔机力矩限制器起作用时,允许下列哪些运行?(　　)。
A. 载荷向臂端方向运行　　B. 载荷向臂根方向运行
C. 吊钩上升　　D. 吊钩下降
E. 载荷自由下降

23. 塔机上控制起吊重量的安全装置有(　　)。
A. 起重量限制器　　B. 力矩限制器
C. 起升高度限位器　　D. 液压阀
E. 幅度限制器

24. 钢丝绳出现下列哪些情况时必须报废(　　)。
A. 钢丝绳断丝 40%
B. 断股占 50%
C. 当钢丝磨损或锈蚀严重,钢丝的直径减小达到其直径的 10%时
D. 钢丝绳表面粘土
E. 当钢丝磨损或锈蚀严重,钢丝的直径减小达到其直径的 40%时

25. 高处作业必佩戴安全带,下列作业面距地面(　　)m,属于高处作业。
A. 1　　B. 2　　C. 3
D. 4　　E. 5

26. 滑轮达到下列条件之一时应报废(　　)。
A. 表面有泥沙
B. 槽底磨损量超过相应钢丝绳直径的 25%
C. 槽底壁厚磨损达原壁厚的 20%
D. 转动不灵活
E. 有裂纹

27. 塔机的吊钩滑轮组侧板，(　　)要有黄黑相间的危险部位标志。

A. 回转尾部和平衡重　　B. 臂架头部

C. 夹轨器　　D. 塔身

28. 移动式照明装置的电源电压可以是(　　)。

A. 220 V　　B. 110 V　　C. 36 V

D. 24 V　　E. 12 V

29. 顶升速度太慢的主要原因有：(　　)。

A. 油泵磨损、效率下降　　B. 油箱油量不足或滤油器堵塞

C. 手动换向阀阀杆与阀孔磨损严重　　D. 油缸活塞密封有损伤，出现内泄漏

E. 高度限位失效

30. 顶升无力或不能顶升(　　)。

A. 油泵严重内泄　　B. 溢流阀调定压力过低

C. 手动换向阀阀芯过度磨损　　D. 溢流阀卡死

E. 力矩限位起作用

31. 变幅机构有异常噪声振动过大的主要原因(　　)。

A. 电机定转子相擦　　B. 电机和减速箱不同心

C. 轴承严重缺油或损坏　　D. 齿轮箱内缺油

E. 限位器动作

32. 塔机应内外清洁，不应有(　　)。

A. 锈蚀　　B. 漏油　　C. 漏电　　D. 缓冲器

33. 塔机与输电线路的安全距离应符合规定，必要时要搭设外电防护设施，其主要材料是(　　)。

A. 木材　　B. 竹材　　C. 钢管

D. 钢筋　　E. 安全网

34. 塔式起重机按回转方式分类，分为(　　)。

A. 下回转塔式起重机　　B. 上回转塔式起重机

C. 左回转塔式起重机　　D. 右回转塔式起重机

35. 安装在建筑物侧面或里面，固定在专门的基础上，能随建筑物升高而自行升高，超过自由高度必须附着是(　　)。

A. 上回转塔式起重机　　B. 自升式塔式起重机

C. 快装式塔式起重机　　D. 下回转塔式起重机

36. 塔机在安装、增加塔身标准节之前应对结构件和高强度螺栓进行检查，若发现下列问题应修复或更换后方可进行安装：(　　)。

A. 目视可见的结构件裂纹及焊缝裂纹

B. 连接件的轴、孔严重磨损

C. 结构件母材严重锈蚀

D. 结构件整体或局部塑性变形，销孔塑性变形

E. 结构件有轻微划痕

37. 塔机的任何部位(　　)与 1 kV 架空输电线路之间的水平安全距离不得小于 1 m。

A. 吊具　　B. 钢丝绳　　C. 重物　　D. 高度限位器

38. 需要附着的塔机，必须按说明书的要求，设定(　　)。

A. 各道附着装置之间的距离　　B. 与建筑物水平附着的距离

C. 与建筑物的联接形式　　D. 购买地点

39. 塔机附着超出说明书规定，要(　　)。

A. 经塔机生产厂同意　　B. 自行修改

C. 找有资质的单位进行设计　　D. 均可

40. 在电气线路中，应设(　　)保护。

A. 短路　　B. 失压　　C. 过压

D. 零位保护　　E. 缓冲器

三、判断题

1. 起重机械按规定要求检验周期为两年。(　　)
2. 塔机司机按要求须年满 16 周岁后方可参加培训考试。(　　)
3. 起升机构制动器可以选择常开式。(　　)
4. 钢丝绳编结长度可以小于 300 mm。(　　)
5. 卷筒上保留圈数应大于 5 圈。(　　)
6. 起升机构变幅机构的制动器必须是常闭式。(　　)
7. 吊钩扭转变形超过 15°应报废。(　　)
8. 卷筒出现裂缝时要报废。(　　)
9. 卷筒壁磨损达原厚度的 10%要报废。(　　)
10. 滑轮轮槽磨损不均匀达 3 mm 应报废。(　　)
11. 从起重机上向下抛扔物品。(　　)
12. 大小车车轮轮缘厚度磨损达原厚度 50%应报废。(　　)
13. 制动器制动轮表面磨损凸凹不平达 1.5 mm 时，可以使用。(　　)
14. 钢丝绳外层钢丝磨损达钢丝直径的 40%时应报废。(　　)
15. 大于 30 t 的塔式起重机应设力矩限制器。(　　)
16. 用绳卡固定钢丝绳时，当绳径为 30 mm 时，选用 4 个绳卡。(　　)
17. 塔式起重机高度大于 30 m 应设风速仪。(　　)
18. 塔式起重机可以不设最大重量限制器。(　　)
19. 钢丝绳检查合格后，可以作任意选用，且可超负荷使用。(　　)
20. 吊钩焊接修补后可以继续使用。(　　)
21. 超载限制器的作用之一是当塔机吊重超过最大起重量并小于最大起重量的 110%时，应停止提升方向的运行，但允许机构有下降方向的运动。(　　)
22. 当起重力矩超过其相应幅度的规定值并小于规定值的 110%时，起重力矩限制器应起作用使塔机停止提升方向及向臂根方向变幅的动作。(　　)
23. 缓冲装置可有可无。(　　)
24. 动臂式和尚未附着的自升式塔机，塔身上不得悬挂标语牌。(　　)
25. 卷扬机卷筒与钢丝绳直径的比值应不小于 50。(　　)
26. 风力在四级以上时，塔机不得进行顶升作业。(　　)
27. 塔机重复接地电阻，不大于 4 Ω。(　　)

28. 在塔机正常工作回转吊臂时，旋转机构制动器可以随时制动。（ ）

29. 塔机起升高度限制器无论在顶升前后均不得调整。（ ）

30. 塔机顶升油缸必须具有可靠的平衡阀或液压锁，平衡阀或液压锁与液压缸之间须用软管连接。（ ）

31. 测量塔身垂直度时，在一个方向测量即可。（ ）

32. 两台塔式起重机之间的最小架设距离应保证处于低位的起重机臂架端部与另一台起重机的塔身之间至少 0.5 m 距离。（ ）

33. 塔式起重机主电路和控制电路的对地绝缘电阻不应小于 0.5 MΩ。（ ）

34. 塔式起重机零线和接地线必须分开，接地线严禁作载流回路。（ ）

35. 自升式塔机最高锚固点以下的塔身轴线垂直度偏差值应不超过相应高度的 3/1 000。（ ）

36. 起升高度是塔机的主参数。（ ）

37. 塔机的工作幅度（也称回转半径）是指塔式起重机空载时，回转中心线至吊钩中心垂线的水平距离。（ ）

38. 小车变幅的塔机，防断轴装置的作用是即使轮轴断裂，小车也不会掉落。（ ）

39. 小车变幅的塔机，防断轴装置在正常情况下，在吊臂主弦杆导轨上侧，接触导轨。（ ）

40. 塔机上对露出的轴头、齿轮等易伤人的部位，必须安装防护罩。（ ）

41. 对于回转部分不设集电器的塔机，不必安装回转限位器。（ ）

42. 正常操作中，应在回转限位开关之前就停止回转运动，禁止用回转限位开关来停车。（ ）

43. 塔机必须安装发出音响信号的电铃等，以作业时提醒作业现场人员注意。（ ）

44. 做空载试验时回转机构须左、右方向各进行 1 次以上的试验。（ ）

45. 对平臂式塔式起重机，做空载试验时，试验小车的行走，制动和限位器的性能。（ ）

46. 做规定的空载试验时，行走机构：向前、后各行走 20～30 m，最少各进行 2 次。检查行走速度，工作性能和限位开关的灵敏度。（ ）

47. 做规定的空载试验时，提升、行走、回转联合动作试验反复 1 次。（ ）

48. 行走、回转机构、卷扬减速器并应工作正常，不漏油，各部轴承无异响，温度不大于 90℃。（ ）

49. 额定载荷试验吊臂应在在最小工作幅度，提升额定最大起重量。（ ）

50. 额定载荷试验重物离地 200 mm 高度，保持 3 min，离地距离应保持不变（此时力矩限制器应发出断续报警信号）。（ ）

51. 超载试验额定载荷由 110%开始，一次增加到 125%。（ ）

52. 超载试验将规定的重物提升离地 1 000 mm 高度，停留 10 min，重物对地距离应保持不变。（ ）

53. 塔机安装、拆卸及塔身加节或降节作业时，应按使用说明书中有关规定及注意事项进行。（ ）

54. 每个拆装工人在每次拆装作业中，必须了解自己所从事的项目、部位、内容及要求。（ ）

55. 各拆装工人必须在指定的专门指挥人员指挥下作业。（ ）

56. 拆装工在进入工作现场，因往高处看不方便，可以不带安全帽。（ ）

57. 拆装工登高作业时还必须穿防滑鞋、系安全带、穿工作服、带手套等。 ( )

58. 作业前，拆装工人必须对所使用的钢丝绳、链条、卡环、吊钩、板钩、耳钩等各种吊具、索具按有关规定做认真检查。合格者方准使用。 ( )

59. 拆装工人必须对所使用的钢丝绳、链条、卡环等各种吊具、索具认真检查，可以超载使用。 ( )

60. 起重作业中，允许把钢丝绳和链条等不同种类的索具混合用于一个重物的捆扎或吊运。 ( )

61. 小车变幅的塔机在起重臂组装完毕准备吊装之前，应检查起重臂的连接销轴、安装定位板等是否连接牢固、可靠。 ( )

62. 基础和轨道铺好后，须经使用单位主管部门按规定验收合格后，方可安装起重机。 ( )

63. 一般塔机吊钩滑轮组倍率分为4倍率和2倍率。 ( )

64. 吊钩的板勾衬套磨损达原尺寸的50%，报废衬套。 ( )

65. 吊钩的板勾心轴磨损量超过其直径的5%，报废心轴。 ( )

66. 起升、变幅机构制动器制动轮轮缘厚度磨损量达原厚度的40%应报废。 ( )

67. 行走机构制动器制动轮轮缘厚度磨损量达原厚度的40%应报废。 ( )

68. 旋转机构制动器制动轮轮缘厚度磨损量达原厚度的50%的应报废。 ( )

69. 起重机作业时禁止无关人员上下起重机。 ( )

70. 司机室内可以放置鞭炮。 ( )

71. 当轨道式起重机结束作业后，司机应把起重机停放在不妨碍回转的位置。 ( )

72. 凡是回转机构带有止动装置或常闭式制动器的起重机，在停止作业后，司机必须松开制动器，使起重臂随风转动。 ( )

73. 停止作业后动臂式起重机将起重臂放到最大幅度位置，小车变幅起重机把小车开到说明书中规定的位置，并且将吊钩起升到最高点，吊钩上可以吊挂重物。 ( )

74. 严禁用吊钩直接吊挂重物，吊钩必须用吊、索具吊挂重物。 ( )

75. 吊钩大幅度摆动，人可以去直接止停。 ( )

76. 起吊短碎物料时，必须用强度足够的网、袋包装，不得直接捆扎起吊。 ( )

77. 起吊细长物料时，物料最少必须捆扎两处，并且用两个吊点吊运，在整个吊运过程中应使物料处于水平状态。 ( )

78. 吊运体积大的重物，应拉溜绳。 ( )

79. 在起吊的重物上悬挂工具。 ( )

80. 在安装完平衡臂时，到吃午饭的时间了，中断作业，吃完饭再进行后续安装。 ( )

81. 在紧固要求有预紧力的螺栓时，必须使用专门的可读数的工具，将螺栓准确地紧固到规定的预紧力值。 ( )

82. 拆装起重机的电气部分，必须由持有国家规定的部门发给的电工操作证的正式电工或他同由他带领的电气徒工进行，严禁其他人拆装。 ( )

83. 起吊时必须先将重物吊起离地面3 m左右停住，确定制动、物料捆扎、吊点和吊具无问题后，方可按指挥信号操作。 ( )

84. 司机必须专心操作，作业中不得离开司机室。 ( )

85. 安装完毕的起重机，必须使各工作机构能正常工作。 ( )

86. 自升式起重机在升降塔身时，必须按说明书规定，使起重机处于最佳平衡状态，并将导

向装置调整到规定的间隙。 （ ）

87. 在升降塔身的过程中，必须有专人仔细注意检查，严防电缆被押拉、刮碰、挤伤等。（ ）

88. 在安装每一道附着杆时，可以任意升高塔身。 （ ）

89. 在拆卸塔机附着装置时，可以从上一拆到底。 （ ）

90. 塔机的附着杆，各联接件如螺栓、销轴等必须安装齐全，各联接件的固定要符合要求。 （ ）

91. 凡是在底架以上无拦杆的各个部位做检查、维修、保养、加油等工作时必须系安全带。 （ ）

92. 建筑物与附着杆之间的联接必须牢固，保证起重机作业中塔身与建筑物不产生相对运动。 （ ）

93. 在起重机平衡臂上堆放工具、零件。 （ ）

94. 起升或下降重物时，重物下方可以有人通行或停留。 （ ）

95. 需要在建筑物上打孔与附着杆联接时，在建筑物上所开的孔径应和与它相联接的销子(螺栓)的直径相称。 （ ）

96. 各道附着框架与塔身之间的联接应符合要求。 （ ）

97. 各道附着点的高度，可以随意调整。 （ ）

98. 附着框架在相应的塔身节的联接位置，不应超过规定的误差，附着框架应保持水平，不应偏斜。 （ ）

99. 对于塔身附着杆的长度可以任意加长。 （ ）

100. 凡是在底架以上无拦杆的各个部位做检查、维修、保养、加油等工作时必须系安全带。 （ ）

101. 可以将塔机做为其他设备的地锚或牵绳等的固定装置。 （ ）

102. 可以将起重机底座部分与电焊机地线相连。 （ ）

103. 在起重机上可以安装或固定其他电气设备、电气元件及开关柜。 （ ）

104. 将起重机的工作机构、金属结构、电气系统做为其他设备的附属装置等。 （ ）

105. 塔机的标准节的普通节与加强节可以混装。 （ ）

106. 液压顶升油缸固定销轴应安装到位，不应有磨损。 （ ）

107. 液压顶升系统的工作压力不得大于液压泵的额定压力。 （ ）

108. 液压顶升油缸可以有内泄。 （ ）

109. 顶升横梁可以有变形。 （ ）

110. 顶升的挂靴可以有磨损。 （ ）

111. 超载试验制动器运转过程中发热冒烟主要原因是制动瓦闸间隙过大。 （ ）

112. 减速器温度过高的主要原因是润滑油缺少或过多。 （ ）

113. 减速器轴承温度过高主要是润滑脂过量或太少，润滑脂质量差，轴承轴向间隙不符合要求或轴承已损坏。 （ ）

114. 减速器漏油是由于联接部位贴合面的密合性差，轴端密封圈磨损环。 （ ）

115. 回转机构启动不了首先看有否异物卡在齿轮处，再看是否有损坏件或减速箱油量不足。 （ ）

116. 起升动作时跳闸的主要原因：一是起升电机过流，二是工地变压器容量不够或变压器至塔机动力电缆的线径不够。 （ ）

117. 制动器打滑产生的主要原因是制动力矩过大。( )

118. 吊钩下滑和变幅小车制动后向外溜车的主要原因是制动轮表面有油污和制动时间过长。( )

119. 制动器负载冲击过猛的主要原因是制动时间过短,闸瓦两侧间隙不均匀。( )

120. 制动器运转过程中发热冒烟主要原因是制动瓦(盘)间隙过大。( )

121. 交接班时要认真做好交接手续,交班记录等齐全。当发现或怀疑起重机有异常情况时,交班司机和接班司机必须当面交接,严禁交班和接班司机不接头或经他人转告交班。( )

122. 每月及暴雨后用仪器检查塔机基础(路基和轨道)。( )

123. 在接通电源前,各控制器应处于零位。( )

124. 操作前检查电气元件工作正常,导线接头、各元器件的固定应牢固,导线可以裸露。( )

125. 对于附着式起重机,操作前应对附着装置进行检查。( )

126. 操纵控制器时必须从零档开始,逐级推到所需要的档位。( )

127. 传动装置作反方向运动时,控制器先回零位,然后再逐档逆向操作,禁止越档操作和急开急停。( )

128. 吊运重物时,不得猛起猛落,以防吊运过程中发生散落、松绑、偏斜等情况。( )

129. 在起升过程中,当吊钩滑轮组接近起重臂 5 m 时,应用低速起升,严防与起重臂顶撞。( )

130. 采用自由下降的方法下降吊钩或重物。( )

131. 当重物下降距就位点约 1 m 处时,必须采用慢速就位。( )

132. 起重机行走到距限位开关碰块约 0.2 m 处,应提前减速停车。( )

133. 作业中平移起吊重物时,重物高出其所跨越障碍物的高度不得小于 1 m。( )

134. 可以起吊带人的重物,用起重机吊运人员。( )

135. 作业中,临时停歇或停电时,必须将重物卸下,升起吊钩。将各操作手柄(钮)置于"零位"。( )

136 钢丝绳在卷筒上乱绳,可以继续作业。( )

137. 司机必须在规定的通道内上、下起重机。( )

138. 司机上、下起重机时,握持工具。( )

139. 起重机运转时发现问题,司机可以离开操作位置、去检修。( )

140. 可以利用限位装置代替操作装置。( )

141. 据(JG/T 5093—1997)《建筑机械与设备产品型号编制方法》,塔式起重机 QTK400 表示公称起重力矩 400 kN·m 的快装式塔式起重机。( )

142. 公称起重力矩 800 kN·m 的固定塔式起重机,标识应为 QT Z800。( )

143. 最大起重力矩是最大额定起重量与其在设计确定的各种组合臂长中所能达到的平均工作幅度的乘积。( )

144. 起升高度是指塔式起重机运行或固定独立状态时,空载、塔身处于最大高度、吊钩位于最大幅度处,吊钩支承面对塔式起重机支承面的允许最大垂直距离。( )

145. 对动臂式变幅塔机,起升高度分为最大幅度时起升高度和最小幅度时起升高度。( )

146. 起重量是起吊钩能吊起的重量,不包括索具及重物的重量。( )

147. 起升速度指塔式起重机起吊各稳定速度档对应最大额定起重量,吊钩上升过程中,稳定运动状态下的上升速度。( )

148. 回转速度是塔式起重机在最大额定起重力矩载荷状态，风速小于 3 m/s，吊钩最小高度时的稳定回转速度。（ ）

149. 平臂式小车变幅速度对于小车变幅塔式起重机，起吊最大幅度时的额定起重量、风速小于 3 m/s 时，小车稳定运行的速度。（ ）

150. 动臂变幅塔机全程变幅时间是起吊最大幅度时的额定起重量，风速小于 3 m/s 时，臂架仰角从最小角度到最大角度所需时间。（ ）

151. 标准节主弦杆的型材主要有角钢、无缝钢管、焊接角钢和特制方管等形式。（ ）

152. 标准节主弦杆接合处表面阶差不得大于 5 mm。（ ）

153. 对于采用螺栓连接的标准节，螺栓按规定紧固后，主弦杆断面接触面积不小于应接触面积的 50%。（ ）

154. 对于采用螺栓连接的标准节连接螺栓、螺母、垫圈配合使用时，8.8 级以上的螺栓不允许采用弹垫防松，必须使用平垫圈，采用双螺母防松。（ ）

155. 顶升套架是塔机顶升的重要部件，有外顶升套架和内顶升套架两种形式，内顶升套架用于标准节为整体结构的塔身。（ ）

156. 外顶升套架使用时套在塔身标准节的外面。（ ）

157. 顶升套导向滚轮在顶升过程中起支撑和导向作用，顶升过程中调节套架与塔身的间隙，反映塔机上部只在油缸支撑状态下的平衡状态。（ ）

158. 引进小车和吊钩及引进梁位于塔机的上部，它是引进标准节的吊装和滑行轨道。（ ）

159. 顶升作业后，正常工作时，为减轻塔身受力，外顶升套架往往置于塔身底部。（ ）

160. 起重力矩限制器的调整可以选择按定幅变码或定码变幅之一进行即可。（ ）

161. 起重力矩限制器的调整定码变幅在最大工作幅度，以正常工作速度吊起额定的重量，当力矩限制器不应动作，正常起升。载荷落地，当加载达到额定值的 125%以内时，以最慢速起升，力矩限制器动作，载荷不能起升，同时发出超载报警声。（ ）

162. 起重力矩限制器的调整定幅变码首先应空载测定对应最大额定起重量 Q_m 的最大工作幅度 R_m、0.8 R_m、1.1 R_m 值，并在地面标记。（ ）

163. 起重力矩限制器的调整定幅变码在最小工作幅度处吊起最大额定的重量 Q_m，离地 2 m左右，慢速变幅到 1 R_m～1.1 R_m 间时，力矩限制器动作，起升向上断电，小车向外变幅断电，同时发出超载报警声。（ ）

164. 起重力矩限制器的调整定幅变码，空载测定对应 0.5 倍最大额定起重量（0.5 Q_m）的最大工作幅度 $R_{0.5}$、0.8$R_{0.5}$、1.1 $R_{0.5}$ 值，并在地面标记。（ ）

165. 检查接地装置要检查两钢轨之间的接地连接线与钢轨应接触良好，埋入地下的接地装置和导线连接处无折断松动。（ ）

166. 塔机的例行保养主要由司机负责进行。（ ）

167. 检查塔身是否带电的方法是用试电笔检查塔身金属结构，塔机三相五线制中的零线应接地良好（ ）

168. 塔机的例行保养检查各齿轮箱油量、油量不足时添加，按润滑表规定周期加注各润滑点油脂。（ ）

169. 塔机的例行保养检查中发现任何缺陷均应向相关人员报告，查明原因，并对缺陷进行分级。（ ）

170. 塔机的月保养检查每月进行一次，由司机和有经验的技师两人共同进行。（ ）

四、复习题答案

(一)单项选择题

1. D	2. C	3. B	4. C	5. D
6. B	7. B	8. C	9. B	10. D
11. A	12. D	13. A	14. B	15. B
16. A	17. B	18. A	19. C	20. B
21. B	22. B	23. B	24. C	25. A
26. B	27. B	28. D	29. A	30. B
31. C	32. B	33. D	34. B	35. A
36. A	37. B	38. B	39. B	40. B
41. A	42. C	43. C	44. C	45. C
46. C	47. C	48. B	49. C	50. B
51. C	52. B	53. C	54. B	55. A
56. A	57. B	58. C	59. C	60. B
61. B	62. B	63. B	64. B	65. B
66. B	67. A	68. D	69. B	70. D
71. A	72. B	73. B	74. A	75. A
76. A	77. D	78. D	79. C	80. B
81. D	82. C	83. B	84. C	85. D
86. B	87. D	88. D		

(二)多项选择题

1. ACDE	2. ABCD	3. ABC	4. BC	5. ACDE
6. AB	7. ABD	8. ABC	9. ABC	10. BCEF
11. ACDE	12. AE	13. BCD	14. AE	15. ACD
16. CD	17. ABDE	18. ABCD	19. ADE	20. ABCE
21. ABCE	22. BD	23. ABCE	24. ABCE	25. BCDE
26. BCDE	27. ABC	28. CDE	29. ABCD	30. ABCD
31. ABCD	32. ABCD	33. ABE	34. AB	35. AB
36. ABCD	37. ABC	38. ABC	39. AC	40. ABCD

(三)判断题

1. √	2. ×	3. ×	4. ×	5. ×
6. √	7. ×	8. √	9. ×	10. √
11. ×	12. √	13. ×	14. √	15. ×
16. ×	17. ×	18. ×	19. ×	20. ×
21. √	22. √	23. ×	24. √	25. √
26. √	27. ×	28. ×	29. ×	30. ×
31. ×	32. ×	33. √	34. √	35. ×

36. × 37. √ 38. √ 39. × 40. √

41. × 42. √ 43. √ 44. × 45. √

46. × 47. × 48. × 49. √ 50. ×

51. × 52. × 53. √ 54. √ 55. √

56. × 57. √ 58. √ 59. × 60. ×

61. √ 62. √ 63. √ 64. √ 65. √

66. √ 67. × 68. √ 69. √ 70. ×

71. √ 72. √ 73. × 74. √ 75. ×

76. √ 77. √ 78. √ 79. × 80. ×

81. √ 82. √ 83. × 84. √ 85. √

86. √ 87. √ 88. × 89. × 90. √

91. √ 92. √ 93. × 94. × 95. √

96. √ 97. × 98. √ 99. × 100. √

101. × 102. × 103. × 104. × 105. ×

106. √ 107. √ 108. × 109. × 110. ×

111. × 112. √ 113. √ 114. √ 115. √

116. √ 117. × 118. √ 119. √ 120. ×

121. √ 122. √ 123. √ 124. × 125. √

126. √ 127. √ 128. √ 129. √ 130. ×

131. √ 132. × 133. √ 134. × 135. √

136. × 137. √ 138. × 139. × 140. ×

141. √ 142. × 143. × 144. √ 145. √

146. × 147. √ 148. × 149. √ 150. √

151. √ 152. × 153. × 154. √ 155. ×

156. √ 157. √ 158. √ 159. √ 160. ×

161. × 162. √ 163. × 164. √ 165. √

166. √ 167. √ 168. √ 169. √ 170. ×

第三篇　建筑起重机械司机(施工升降机)

施工升降机(俗称外用电梯或施工电梯)是用吊笼载人、载物,沿导轨做垂直或倾斜上下运动的施工机械,主要应用于建筑施工与装修、大型桥梁等工程,也可以作为高塔、仓库、高烟囱等长期使用的垂直运输机械。

施工升降机对提高工效、降低施工人员的劳动强度起到了重要作用,随着高层建筑的增多,我国建筑施工升降机用量迅速增长,但事故也频繁发生。施工升降机操作是一项专业性很强的工作,要求施工升降机司机必须具备基本的力学知识、液压传动知识、电气基础知识、电气安全、消防及简单的安全救护知识,同时必须掌握施工升降机一般构造及工作原理、维护保养知识、物体重量目测及有关法规、法令、标准、规定等。

第一章　施工升降机的分类、性能

建筑市场使用的施工升降机,如图1—1所示品种、规格较多,甚至一个生产厂生产的施工升降机就有数十种,按照不同特点可分为不同类型。

一、施工升降机的分类

1.按传动方式:分为齿轮齿条式、钢丝绳牵引式与混合式。

齿轮齿条式:通过布置在吊笼上的传动装置中的齿轮与布置在导轨架上的齿条相啮合,带动吊笼做上、下运行,完成载人、载物的施工升降机。在施工现场多为此种升降机。

钢丝绳牵引式:由提升钢丝绳通过布置在导轨架上的导向轮,用设置在地面上的卷扬机或用固定于架体顶部的曳引机使吊笼做上、下运动的施工升降机。

混合式:一个吊笼采用齿轮齿条传动,另一个吊笼采用钢丝绳提升的混合式施工升降机。

2.按工作笼数量:分为单笼,双笼施工升降机。

3.按有无对重:分为安装对重和不安对重

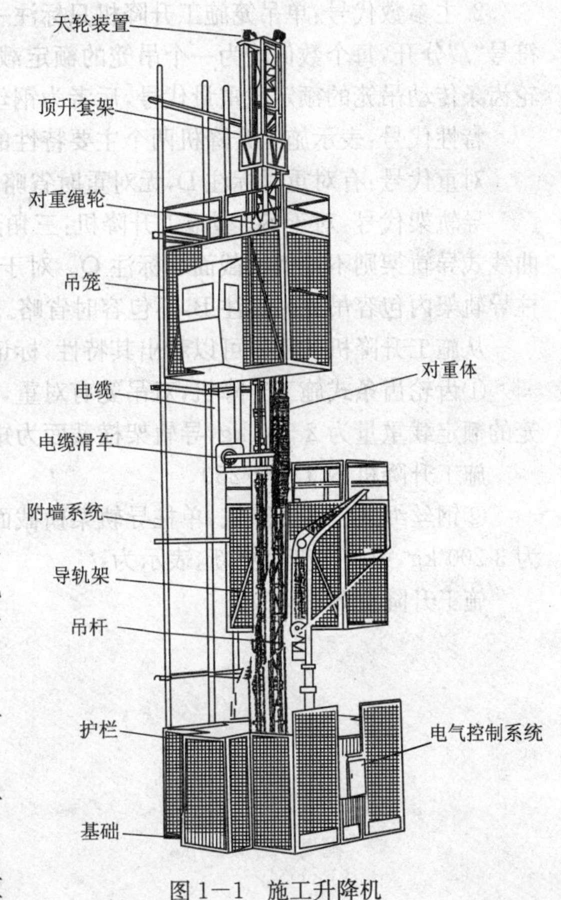

图1—1　施工升降机

施工升降机。

4. 按导轨架安装方式：分为倾斜式和垂直式施工升降机。

5. 按用途：分为人货两用和货用施工升降机。

6. 按速度有无变化：分为变频调速和单一速度施工升降机。

二、施工升降机的型号

据 GB/T 10054－2005：

1. 施工升降机型号由组、型、特性、主参数和变型更新等代号组成。

型号说明如下：

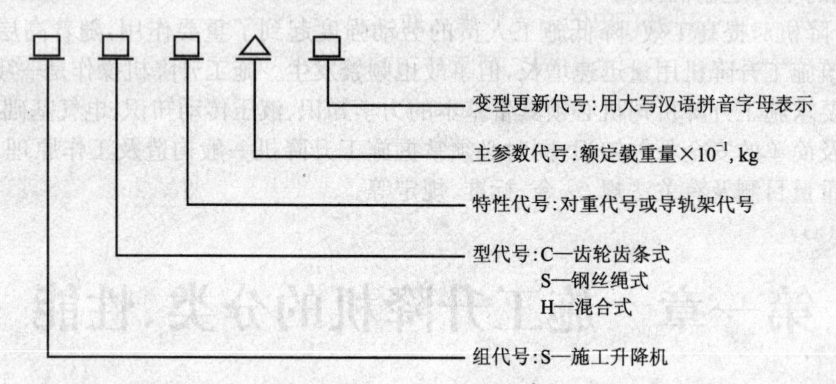

2. 主参数代号：单吊笼施工升降机只标注一个数值，双吊笼施工升降机标注两个数值，用符号"/"分开，每个数值均为一个吊笼的额定载重量代号。对于 SH 型施工升降机，前者为齿轮齿条传动吊笼的额定载重量代号，后者为钢丝绳提升吊笼的额定载重量代号。

特性代号：表示施工升降机两个主要特性的符号。

对重代号：有对重时标注 D，无对重时省略。

导轨架代号：对于 SC 型施工升降机：三角形截面标注 T，矩形或片式截面省略；倾斜式或曲线式导轨架则不论何种截面均标注 Q。对于 SS 型施工升降机：导轨架为两柱时标注 E，单柱导轨架内包容吊笼时标注 B，不包容时省略。

从施工升降机的型号可以看出其特性，标记示例：

①齿轮齿条式施工升降机，双吊笼有对重，一个吊笼的额定载重量为 2 000 kg，另一个吊笼的额定载重量为 2 500 kg，导轨架横截面为矩形，表示为：

施工升降机 SCD200/250

②钢丝绳式施工升降机，单柱导轨架横截面为矩形，导轨架内包容一个吊笼，额定载重量为 3 200 kg，第一次变型更新，表示为：

施工升降机 SSB320A

第二章　施工升降机的基本技术参数

额定载重量:工作状况下吊笼允许的最大载荷。

额定提升速度:吊笼装载额定载重量在额定功率下,稳定上升的设计速度。

额定乘员数:包括司机在内的吊笼限乘人数。

最大提升高度:吊笼运行至最高上限位时、吊笼底板与底架平面间的垂直距离。

吊笼尺寸:用来运载人员或货物的笼形部件的尺寸。

除上述基本技术参数外,常用施工升降机的基本技术参数还有标准节重量、标准节尺寸、对重质量、防坠安全器型号等。如表2—1所示为SC系列施工升降机的技术参数表。

表2—1　SC系列常用施工升降机主要技术参数

参数名称	SC100	SC100/100	SCD200	SCD200/200	SC200	SC200/200	SC200P	SC200/200P
额定载重量(kg)	1 000	1 000/1 000	2 000	2 000/2 000	2 000	2 000/2 000	2 000	2 000/2 000
额定起升速度(m/min)	36	36	36	36	36	36	0～56	0～56
电机功率	2×11	2×2×11	2×11	2×2×11	3×11	2×3×11	3×18.5	2×3×18.5
吊笼尺寸(m)	3×1.3×2.5	3×1.3×2.5	3×1.3×2.5	3×1.3×2.5	3×1.3×2.5	3×1.3×2.5	3×1.3×2.5	3×1.3×2.5
吊笼重量(kg)	1 400	1 400	1 400	1 400	1 400	1 400	1 400	1 400
标准节重量(kg)	163	163	163	163	163	163	163	163
标准节尺寸(mm)	650×650×1 508	650×650×1 508	800×800×1 508	800×800×1 508	800×800×1 508	800×800×1 508	800×800×1 508	800×800×1 508
配重重量(kg)			1 200	1 200/1 200				
吊杆额定起重量(kg)	180	180	180	180	180	180	180	180
底笼外型尺寸(mm)	3 100×4 200	3 100×4 200	3 100×4 200	3 100×4 200	3 100×4 200	3 100×4 200	3 100×4 200	3 100×4 200

第三章　施工升降机的基本构造和基本工作原理

一、基本构造

电梯的组成共有四大部分，钢结构(底架及围栏、吊笼、导轨架、天轮架、附着架吊杆对重、停层门等部件)、驱动装置、电器控制系统、安全装置。

(一)钢结构：底架及围栏：底架安装在地基基础上，用地脚与基础相固定连接，在底架上装有导轨架的基础节，底架外侧装有防护围栏。吊笼在底层进入、进料或不工作时停在底架上。防护围栏的高度大于 1.8 m，(对于钢丝绳式的货用施工升降机，其地面防护围栏的高度大于 1.5 m)。地面防护围栏采用冲孔板、焊接、编织网、实体板等制作，能承受一定的水平力而不产生永久变形。如图 3—1 所示。

围栏登机门装有机械锁止装置和电气安全开关，使吊笼只有位于底部规定位置时，围栏登机门才能开启，且在门开启后吊笼不能起动。吊笼只有在围栏门关好后才能起动。

当附件或操作箱位于施工升降机防护围栏内时，应另设置隔离区域，并安装锁紧门。

(二)吊笼：用来运载人员或货物的笼形部件，是司机的工作场所，内安装有电气控制装置、操作台、驱动装置、防坠安全器等。驱动装置有的置于笼内，有的置于笼顶。如图 3－2 所示。对于带对重的升降机，在吊笼顶部还安装有绳轮和钢丝绳架、起重吊杆安装座。同时，吊笼顶部还是安装拆卸标准节、附墙架等的工作平台。因此，吊笼是升降机的核心部件。

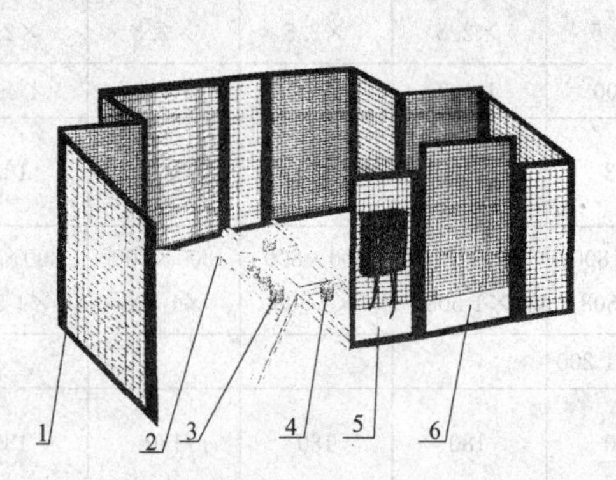

图 3—1　护栏

1—护网；2—底盘；3—吊笼缓冲装置；4—对重缓冲簧；5—下电箱；6—护栏门

图 3－2　吊笼

1—单开门；2—专用扶梯；3—翻板门；4—安全板；5—双开门；6—笼体

1. 吊笼门：前后装可升降的门，一般进口为单行门，出口为双行门。吊笼门框的净高度至少为 2 m，净宽度至少为 0.6 m。门必须完全遮蔽开口，其开启高度不应小于 1.8 m。吊笼门设置了联锁装置，当吊笼停止后，打开吊笼门，吊笼应不能启动；吊笼运行时，打开吊笼门，吊笼应停止运行。

2. 紧急出口：封闭式吊笼顶部有紧急出口，出口装有向外开启的活板门，并设有安全限制器，当门打开时，吊笼不能启动。

3. 设护栏：如果吊笼顶作为安装、拆卸、维修的平台，则顶板应抗滑且周围应设护栏。

护栏的高度不小于 1.1 m(2007 年 10 月 1 日以前的产品不应小于 1.05 m)，护栏的中间高度处应设横杆，踢脚板高度不小于 100 mm。

4. 滚轮组：吊笼与导轨架相邻一侧装有支承滚轮组，其作用是引导吊笼沿导轨架运动，并将吊笼的载荷传递给导轨架。

5. 吊笼底板：应能防滑、排水。其强度为：在 0.1 m×0.1 m 区域内能承受静载 1.5 kN 或额定载重量的 25%(取两者中较大值，但最大取 3 kN)而无永久变形。

6. 封闭式吊笼内有永久性的电气照明，在外接电源断电时，还应有应急照明。只要施工升降机在工作，吊笼内都应有照明，实体板的吊笼门上应设供采光和观察用的窗口，窗口面积不应小于 25 000 mm^2。

(三)导轨架：是施工升降机的主要结构件，用以支撑和引导吊笼、对重等装置运行的金属构架，具有互换性的标准节(也称标准节)，截面可分为矩形和三角形两种形式，经螺栓连接成需要的高度，螺栓 8.8 级以上，齿条安装在其上。如图 3—3 所示。有的施工升降机厂家为了材料有效利用，设计了不同立管壁厚的标准节。对于不同臂厚的标准节要有明显的标识。同一壁厚的标准节要有互换性。当标准节立管壁厚最大减少量至出厂厚度的 25%时，要报废或降级使用。

图 3—3　标准节

(四)天轮架：由导向滑轮和天轮架钢结构组成。用来支承和导向配重的钢丝绳。

(五)附着架：用来使导轨架能可靠地支承在所施工的建筑物上。为了便于装卸，以及便于调整前附着架和导轨架与建筑物之间的距离，附着架的形式如图 3—4、3—5、3—6 所示。一般间隔为6～9 m。

(六)吊杆：用于安装、拆卸标准节、附着架等升降机部件，安装在笼顶，为手动或电动。

(七)对重：在升降机中，有的装有配重，以便改善导轨架受力状态和改善升降机运行的平稳性，对重用钢丝绳与吊笼顶部相连接。

当施工升降机有一施工空间或通道在对重下方时，则要设有防止对重坠落的安全防护措施。当对重使用填充物时，应采取措施防止其窜动。对重应根据有关规定的要求涂成警告色。采用卷扬机驱动的钢丝绳式施工升降机吊笼一般不使用对重。

对重导轨可以是导轨架的一部分，柔性物体(如链条、钢丝绳)不能用作对重导轨。

(八)停层门：各停层处应设置层门(有的层门是使用单位自制)，在升降机运行中层门关闭时人员不能随意进出，运行到规定的停层处才能打开。

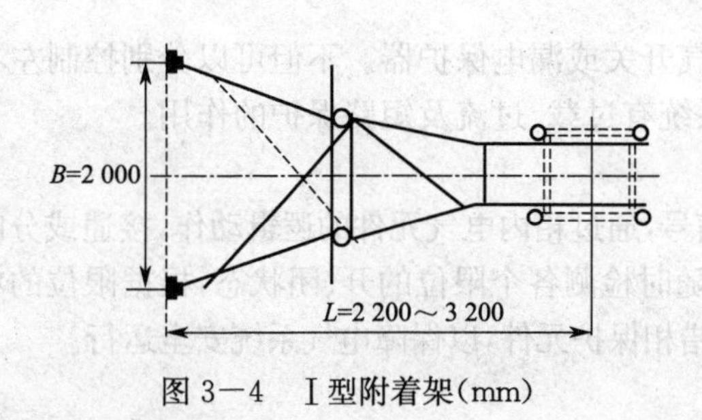

图 3—4　Ⅰ型附着架(mm)

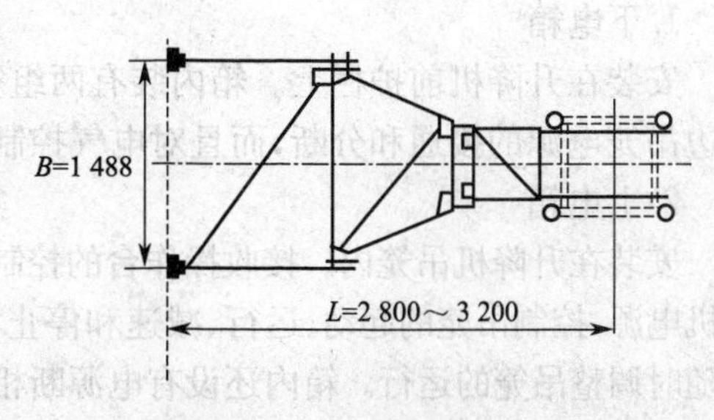

图 3—5　Ⅱ型附着架(mm)

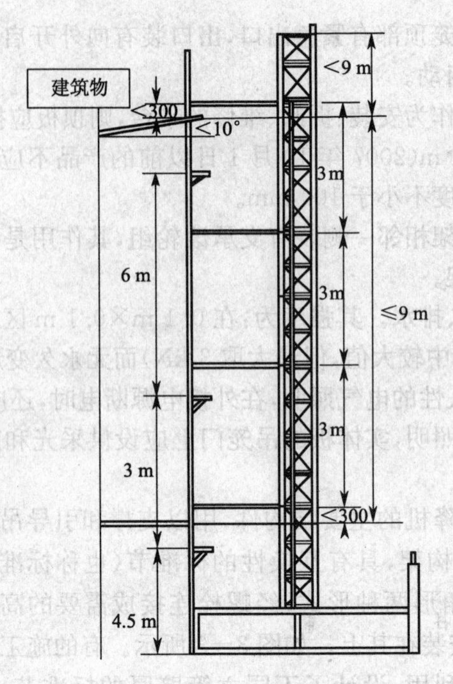

图 3－6　Ⅰ型附着架立面

二、驱动装置

由电动机、制动器、联轴器、减速机(蜗轮箱)和小齿轮等组成,如图 3－7 所示,安装固定于吊笼导轨架一侧的驱动板上,电动机通过联轴器带动减速器轴端小齿轮旋转,小齿轮与固定在导轨架上的齿条相啮合,当电动机正反转时,小齿轮带动吊笼做上、下运行。升降机的驱动装置分为单驱动、双驱动、三驱动。采用两套驱动装置的比较普遍,因两个小齿轮同时与齿条啮合,减少齿的受力,安全性好,也降低磨损。

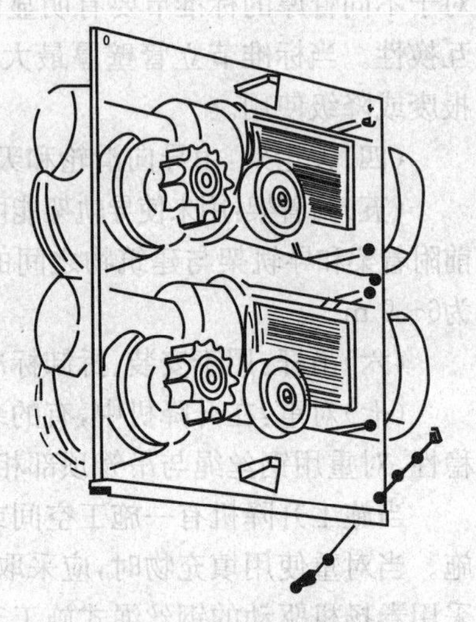

图 3－7　驱动装置

三、电气控制系统

(一)电气控制系统的组成

升降机的电气控制系统一般由下电箱、上电箱、操作台(或按钮盒)及各种安全保护限位组成。变频调速升降机的电气控制系统除上述组成部分外还包括变频器柜、接线盒、电阻箱。

1. 下电箱

安装在升降机前护栏上。箱内装有两组空气开关或漏电保护器。不但可以分别控制左右两边吊笼电源的接通和分断,而且对电气控制系统有过载、过流及短路保护的作用。

2. 上电箱

安装在升降机吊笼内。接收操作台的控制信号,通过箱内电气元件的逻辑动作,接通或分断电机电源,控制吊笼的起动、运行、减速和停止。随时检测各个限位的开、闭状态,根据限位的状态随时调整吊笼的运行。箱内还设有电源断相、错相保护元件,以保障电气系统安全运行。

3. 变频器柜

变频调速升降机的专用电气柜，柜内的变频器控制着电机的正、反转及无级调速，实现电机的软起动、停止。它可对电机的电流、电压、功率、运行时间等参数进行监测，同时具有过压、欠压过流保护功能，是变频调速控制系统的核心器件。

4. 操作台

安装在升降机驾驶室内。操作者通过操作台上的按钮和手柄可以操纵升降机上升和下降。

5. 接线盒

变频调速升降机专用。用来连接电机和变频器。

6. 电阻箱

变频调速升降机专用。升降机下降和制动时将电机反馈给变频器的能量释放，防止变频器损坏。放于吊笼顶部，应保证其散热风扇的运转正常，否则电阻散发的热量将无法排出，影响变频器的工作。

(二)电气控制系统的工作原理

1. 控制顺序：

SC 施工升降机一般为两台(或三台)电机同步工作，其控制顺序为：电源箱：自动空气开关→接触器→随机电缆→极限开关→电控箱，如图 3－8 所示。

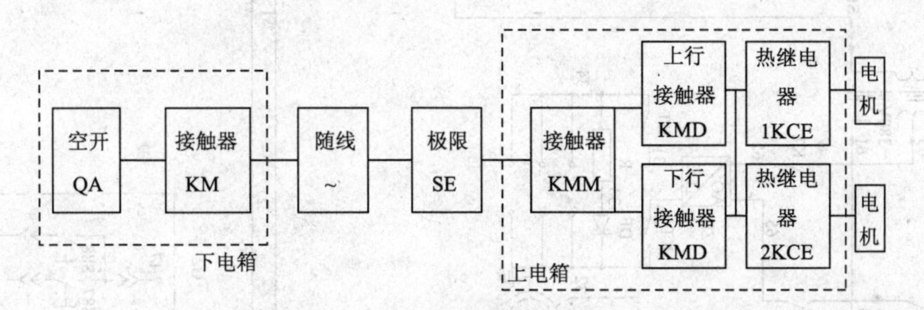

图 3－8 控制顺序

对各种安全限位开关的控制如图 3－9。

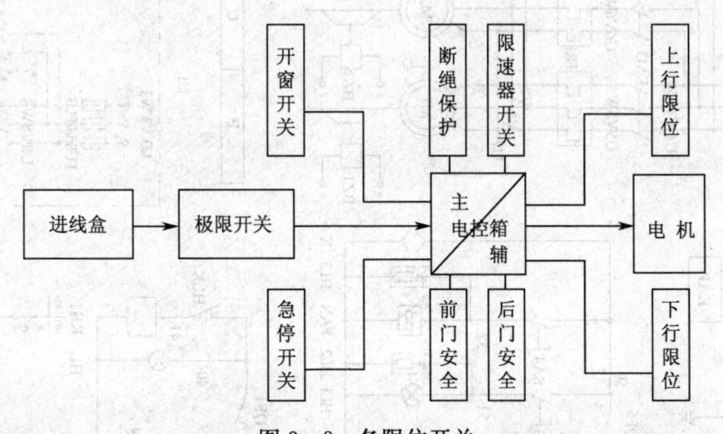

图 3－9 各限位开关

将下电箱空气开关合上，把电源送入升降机，下电箱门上的电源指示灯随之点亮。关好外护栏门，让电源通过升降机随行电缆进入吊笼。将总极限开关合上，给上电箱、操作台及各种安全保护限位送电。关好单开门、双开门、天窗。旋开操作台上的急停按钮，打开电锁，准备操作。

升降操作

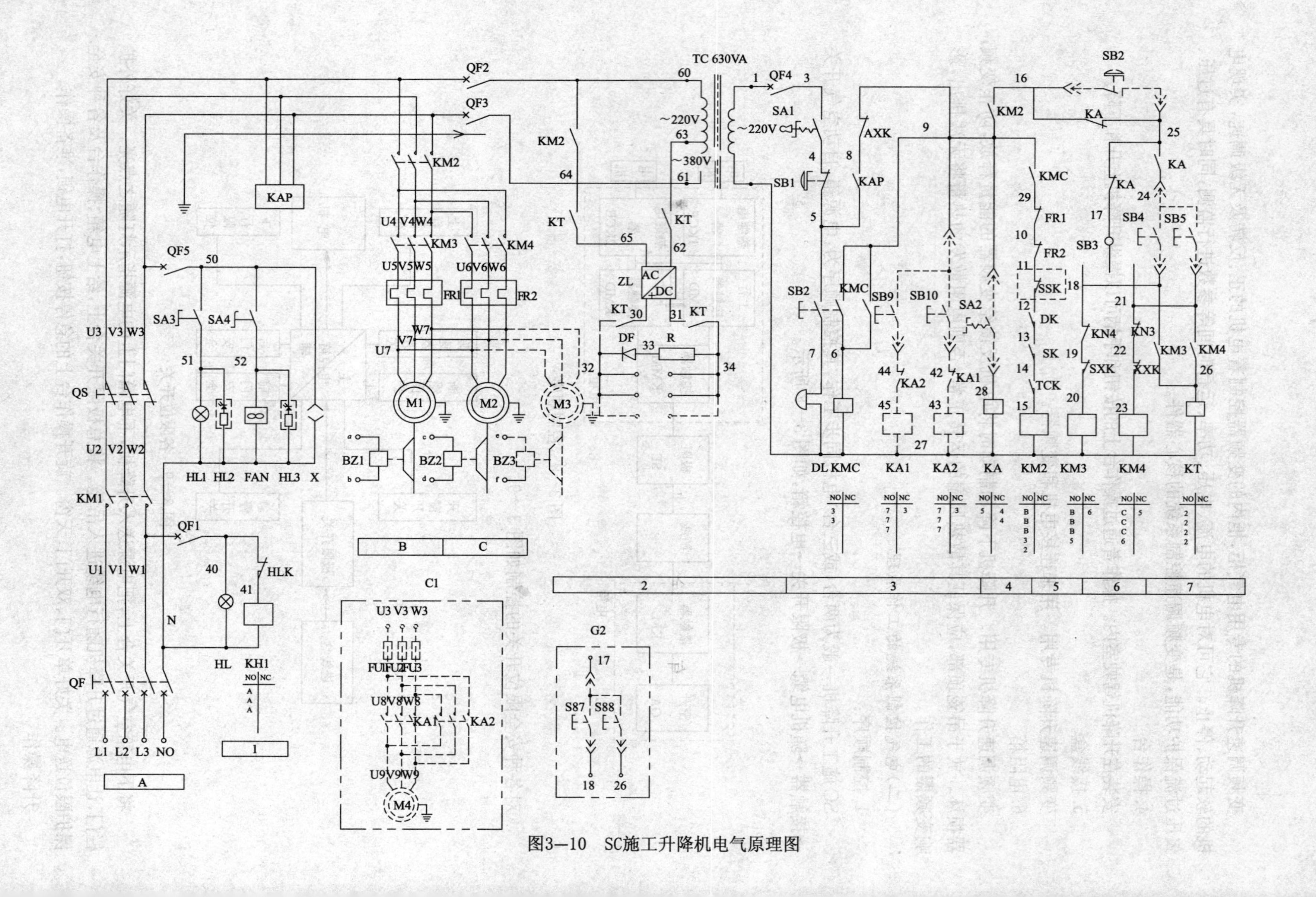

图3—10　SC施工升降机电气原理图

在进行升降操作前应按一下电铃按钮，提醒乘员和吊笼周围人员注意。将操作手柄向上推(或按下上升按钮)，吊笼向上运行；将操作手柄向下拉(或按下下降按钮)，吊笼向下运行。在吊笼运行期间，操作手柄(或按钮)不能放开。若放开，则操作手柄将自动返回至零位，吊笼停止运行。在吊笼运行期间，若出现紧急情况，可按下急停按钮，吊笼将立即停止运行。操作台上还设有笼内照明和风扇开关，可以控制吊笼内的照明和风扇。变频调速升降机的运行有三种速度可供选择，分别设为Ⅰ速、Ⅱ速、Ⅲ速，速度逐速增大。将操作手柄向上推，吊笼向上运行，运行速度为Ⅰ速。继续向上推，则运行速度变为Ⅱ速。将手柄推到底，则运行速度最终变为Ⅲ速。此时，若将手柄逐渐回到零位，运行速度将由Ⅲ速变为Ⅱ速，再由Ⅱ速变为Ⅰ速，最终运行速度将为零，吊笼停止运行。将操作手柄向下拉，吊笼向下运行，运行速度为Ⅰ速。继续向下拉手柄，则运行速度变为Ⅱ速。将手柄拉到底，则运行速度最终变为Ⅲ速。此时，若将手柄逐渐回到零位，运行速度将由Ⅲ速变为Ⅱ速，再由Ⅱ速变为Ⅰ速。升降机电气原理如图3－10所示。最终运行速度将为零，吊笼停止运行。

(三)电缆导向装置

在吊笼作上、下运行时，电缆导向装置确保使接入吊笼内的电缆线不至于偏离电缆笼或发生不正常的卡死，以保证升降机正常供电。一般6 m一个。

四、安全保护装置

保证升降机的安全运行，防止出现人身伤害事故、损坏升降机。有防坠安全器及各种限位，图3－11。

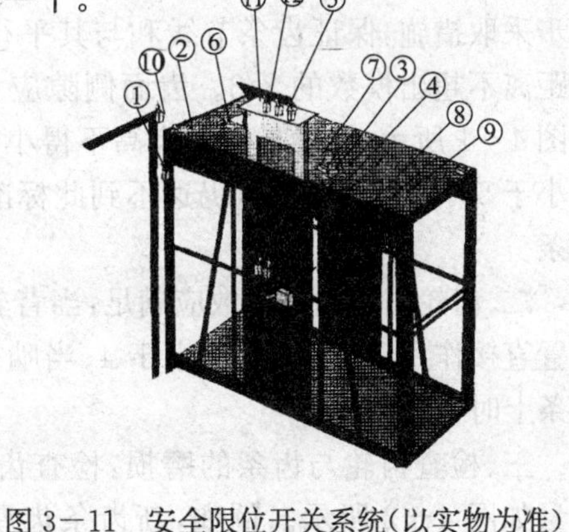

图3－11　安全限位开关系统(以实物为准)

1—吊笼门联锁；2—单开门开关；3—上限位开关；4—下限位开关/下减速限位(变频调速)

5—防冒顶开关；6—顶盖门开关；7—断绳保护开关；8—极限手动开关；9—双开门开关；10—外护拦联锁；11—上减速限位(变频调速)；12—下限位开关(变频调速)

五、施工升降机工作原理(齿轮齿条式)

操纵电气控制系统，使工作笼处的电动机通过联轴器带动蜗杆、驱动蜗轮轴端小齿轮旋转，小齿轮与固定在导轨架上的齿条相啮合，当电动机正反转时，小齿轮就带动吊笼做上、下运行。

固定在工作笼的滚轮可以沿着固定导轨架上的导轨作往复升降运动，防止在运行中偏斜或摆动。常闭盘式制动器在电动机工作时松闸，使其运转，在失电情况下制动，使工作笼停止升降，并在指定层上维持其静止状态，供人员和货物出入。对重用来平衡工作笼载荷、减少电动机功率。电气系统实现对电梯运动的控制，同时完成照明工作。安全装置保证电梯运行安全。

第四章　施工升降机的主要零部件的技术要求及报废标准

第一节　齿轮、齿条

施工升降机作业环境恶劣，水泥、砂浆、尘土散乱、飞扬，齿轮与齿条的相互研磨、啮合，应采取防止异物进入驱动齿轮或防坠安全器齿轮与齿条的啮合区间的措施。

一、正确的啮合应是：齿条节线和与其平行的齿轮节圆切线重合或距离不超出模数的 1/3。上述方法失效时应进一步采取措施，保证齿条节线和与其平行的齿轮节圆切线的距离不超出模数的 2/3。齿面侧隙应为 0.2～0.5 mm，如图 4－1 所示；接触长度沿齿高不得小于 40%，沿齿长不得小于 50%。若调整后，仍达不到此标准，必须更换齿轮、齿条。

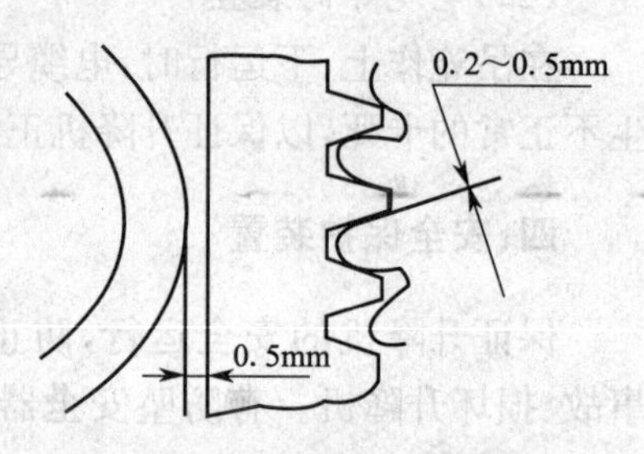

图 4－1　齿轮齿条啮合检测

二、齿轮与齿条的模数应满足：当背轮或其他啮合控制装置直接作用到齿条上，不小于 4；当啮合控制装置间接作用到齿条上时，不小于 6。

三、检查齿轮与齿条的磨损：检查齿条时，由齿厚游标卡尺测量如图 4－2 所示。例如，新齿条齿厚为 12.56 mm，弦高为 8 mm，齿条磨损后，齿厚从 12.56 mm 磨损到小于 10.6 mm 时，就达到报废标准，齿条一定要更换新配件。齿轮磨损，采用法线千分尺进行测量，跨两齿测公法线，当齿轮的公法线长度由37.1 mm磨损到小于 35.3 mm 时（2 个齿）就达报废标准，必须要更换新齿轮。

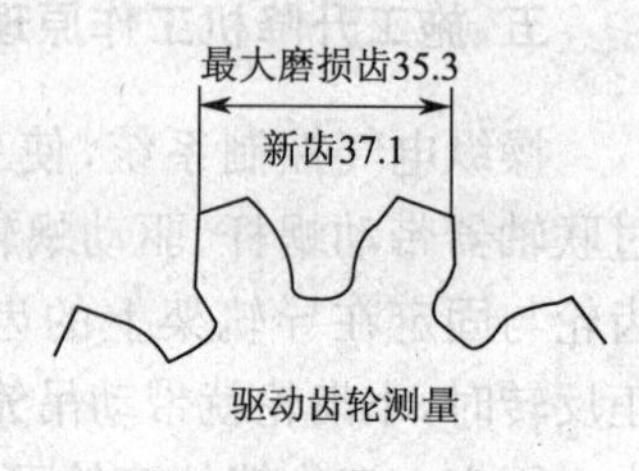

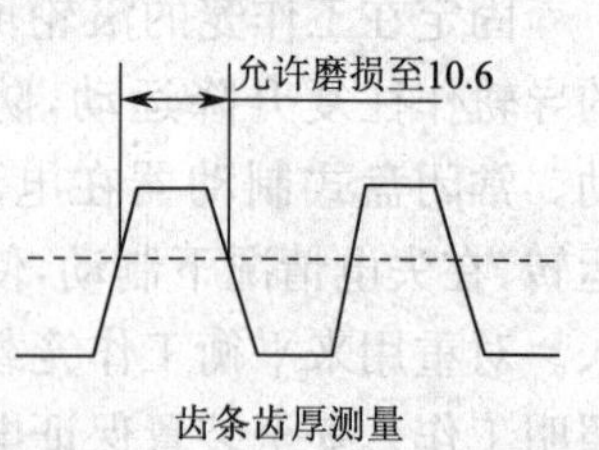

图 4－2　齿条齿厚测量

第二节　钢　丝　绳

钢丝绳在施工升降机中起着不可替代的重要作用，必须有高强度、抗磨损、抗锈蚀等特点，由于施工升降机工作的特殊性，具体要求如下：

一、钢丝绳不得有下列缺陷：钢丝绳直径减少超过绳径 7%；外层钢丝磨损达钢丝直径 40%；发生扭结、压扁、弯折、腐蚀和笼状畸变、断股、断芯、波浪形、钢丝或绳股挤出等现象。断丝数超过规定时应报废。

二、SS 型人货两用升降机对于 2008 年以后的产品，提升吊笼的钢丝绳不得少于两根且应是彼此独立的，钢丝绳的安全系数不得小于 12，直径不得小于 9 mm。

三、各部位的钢丝绳绳头应采用可靠连接方式，接头强度不低于钢丝绳强度的80%。

表4—1 与绳径匹配的绳卡数

钢丝绳直径	<10	10~20	21~26	28~36
最少绳卡数目	3	4	5	6

绳卡的间距不小于钢丝绳直径的6倍，绳头距最后一个绳卡的长度不小于140 mm，并须用细钢丝捆扎，钢丝绳受力前固定绳卡，受力后再一次紧固。

四、2008年以后生产的齿轮齿条式人货两用施工升降机悬挂对重的钢丝绳不得少于两根，且相互独立。每根钢丝绳的安全系数不应小于6，直径不应小于9 mm。齿轮齿条式货用施工升降机悬挂对重的钢丝绳为单绳时，安全系数不应小于8。

五、SS型防坠安全器上用钢丝绳的安全系数不应小于5，直径不应小于8 mm。

六、门悬挂装置的悬挂绳或链的安全系数不应小于6。

七、安装吊杆用提升钢丝绳的安全系数不应小于8，直径不应小于5 mm。

八、钢丝绳应尽量避免反向弯曲的结构布置。需要储存预留钢丝绳时，所用接头或附件不应对以后投入使用的钢丝绳截面产生损伤。

九、悬挂吊笼和对重的钢丝绳要及时润滑，当悬挂使用两根或两根以上相互独立的钢丝绳时，应设置自动平衡钢丝绳张力的装置，对用做以后改变吊笼运行高度的多余钢丝绳的贮存，应遵循以下要求：

1. 如果被固定的钢丝绳截面以后是悬挂绳的一部分，则固定用的连接件或装置不应损伤这些固定截面；

2. 卷筒直径与钢丝绳直径的比值不应小于15；

3. 在张紧力下贮存的多余钢丝绳，应卷绕在带有螺旋槽的卷筒上，螺旋槽式卷筒的槽宽应使相邻的钢丝绳有间隙；

4. 多层卷绕的钢丝绳可采用无槽卷筒，但钢丝绳不应受张紧力，且其弯曲直径不应小于钢丝绳直径的15倍；

5. 卷筒两端应装有挡板，挡板边缘应大于最上层钢丝绳直径的2倍；

6. 当过多的多余钢丝绳贮存在吊笼顶上时，应有限制吊笼超载的措施。

详见第二篇第十一章第一节。

第三节 导 轨 架

导轨架是施工升降机的主要结构件，用以支撑和引导吊笼，齿条、对重导轨安装在其上。

1. 当标准节立管有腐蚀或磨损减少至出厂厚度的25%时，要报废或降级使用。

2. 导轨架接茬各标准节、导轨之间应有保持对正的连接接头。连接接头应牢固、可靠。标准节应保证互换性。拼接时，相邻标准节的立柱结合面对接应平直，相互错位形成的阶差限制在：

吊笼导轨不大于0.8 mm；

对重导轨不大于0.5 mm。

标准节上的齿条联接应牢固，相邻两齿条的对接处，沿齿高方向的阶差不应大于0.3 mm，沿长度方向的齿距偏差不应大于 0.6 mm。

第四节 滑　　轮

1. 钢丝绳式人货两用施工升降机的提升滑轮名义直径与钢丝绳直径之比不应小于 30。

2. 吊笼对重用滑轮的名义直径与钢丝绳直径之比不得小于 30。

3. 平衡滑轮的名义直径不得小于 0.6 倍的提升滑轮名义直径。

4. 安全器专用滑轮的名义直径与钢丝绳直径之比不应小于 15。

5. 门悬挂用滑轮的名义直径与钢丝绳直径之比不应小于 15。

6. 所有滑轮、滑轮组均应有钢丝绳防脱装置，该装置与滑轮外缘的间隙不应大于钢丝绳直径 20%，且不大于 3 mm。

7. 绳槽应为弧形，槽底半径 R 与钢丝绳半径 r 关系应为：$1.05\ r \leqslant R \leqslant 1.075\ r$，深度不少于 1.5 倍钢丝绳直径。

8. 钢丝绳进出滑轮的允许偏角不得大于 2.5°。

9. 钢丝绳进出滑轮无异常现象。详见第二篇第十一章第三节。

第五节 制 动 器

驱动系统采用的电磁制动器是一种常闭式制动器，转动盘与衔铁之间的间隙由自动跟踪调整装置控制，能在一定范围内自动补偿制动块磨损的影响，使电磁铁与衔铁之间的距离保持恒定。如图 4—3 所示。

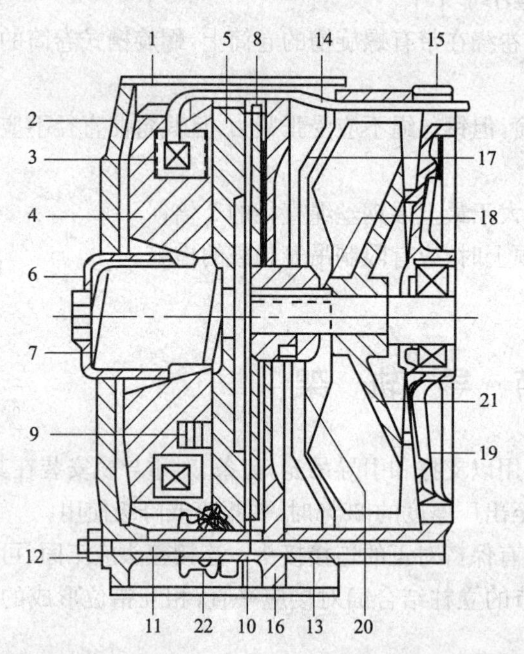

1—罩毂；2—后端盖；
3—磁铁线圈；4—电磁块；
5—御铁；6—调整块；
7—主弹簧；8—可转制动盘；
9—压缩弹簧；10—摩擦盘；
11—螺栓；12—螺母；
13—垫圈；14—线圈电缆；
15—电缆夹子；16—固定制动盘；
17—风扇罩；18—键；
19—端罩；20—紧定螺栓；
21—风扇；22—止退器

图 4—3　电磁制动器

当制动盘磨损到一定程度，应予更换，同时由于制动块的磨损产生粉尘阻塞作用，还必须定期对电磁制动器进行清理。制动器动作必须灵活，工作可靠。

1. 当采用两套以上独立的传动系统时，每套传动系统均应具备各自独立的制动器。

2. 应具有手动松闸功能。

3. 制动器的额定制动力矩对人货两用施工升降机不应低于作业时额定力矩的 1.75 倍。如图 4－4 所示。

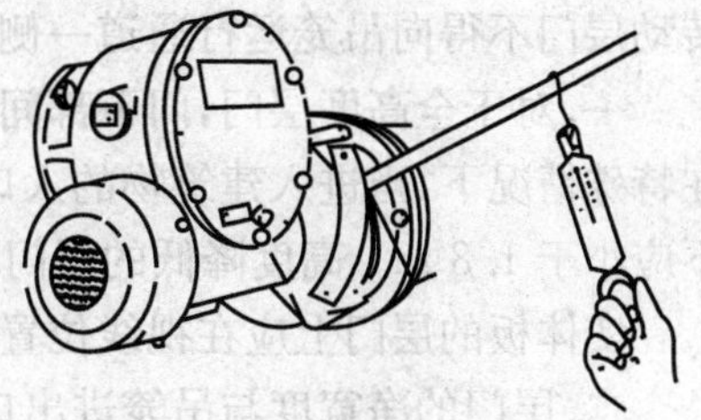

4. 制动器应能使装有 1.25 倍额定载重量、以额定提升速度运行的吊笼停止运行；也能使装有额定载重量而速度达到防坠安全器触发速度的吊笼停止运行。在任何情况下，吊笼的平均减速度都不应超过 1 g。

图 4－4　制动力矩测定

5. 制动作用应由压簧产生。压簧应有足够的支持力，且其应力不应超过材料的扭转弹性极限的 80％。

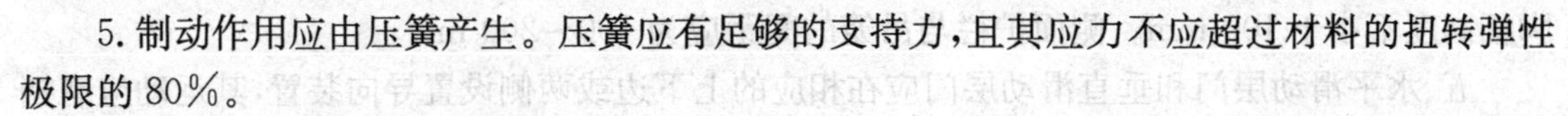

详见第二篇第十一章第四节。

第六节　滚　轮

滚轮对于保证吊笼的运行平稳性很重要，如果滚轮磨损至如图 4－6、表 4－2 所示的尺寸，或轴承损坏，应予以更换。

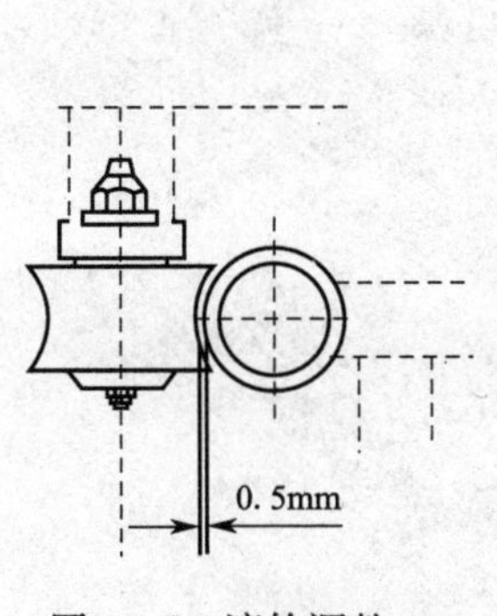

图 4－5　滚轮调整

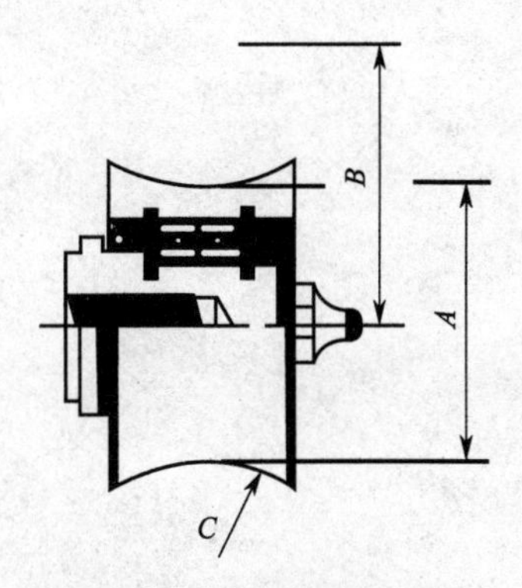

图 4－6　滚轮磨损尺寸图

表 4－2　滚轮磨损极限尺寸

滚轮配合立柱管直径(mm)	尺寸项(mm)	新滚轮尺寸(mm)	磨损极限尺寸(mm)
中 76	*A*	80	中 75
	B	78.5	最小 76
	C	*R*40	最小 *R*38 最大 *R*42
中 89	*A*	中 80	中 75
	B	85	最小 82.5
	C	*R*46	最小 *R*44.5 最大 *R*48

第七节　停　层　门

升降机各停层处都必须设置停层门，有水平滑动层门、垂直滑动层门及转动门三种形式，转动层门不得向吊笼运行通道一侧开启。

一、对于全高度层门，门下部间隙不应大于 50 mm，层门开启后的净高度不应小于 2.0 m。在特殊情况下，当进入建筑物的入口高度小于 2.0 m 时，则允许降低层门框架高度，但净高度不应小于 1.8 m。高度降低的层门不应小于 1.1 m。

实体板的层门上应在视线位置设观察窗，窗的面积不应小于 25 000 mm^2。

二、层门的净宽度与吊笼进出口宽度之差不得大于 120 mm。

三、层门与正常工作的吊笼运动部件的安全距离不应小于 0.85 m；如果施工升降机额定提升速度不大于 0.7 m/s 时，则此安全距离可为 0.5 m。

四、高度降低的层门两侧应设置高度不小于 1.1 m 的护栏，护栏的中间高度应设横杆，踢脚板高度不小于 100 mm。侧面护栏与吊笼的间距应为 100～200 mm。

五、水平滑动层门和垂直滑动层门应在相应的上下边或两侧设置导向装置，其运动应有挡块限位。垂直滑动层门至少应有两套独立的悬挂支承系统。

六、正常工况下，关闭的吊笼门与层门间的水平距离不应大于 200 mm。

装载和卸载时，吊笼门框外缘与登机平台边缘之间的水平距离不应大于 50 mm。

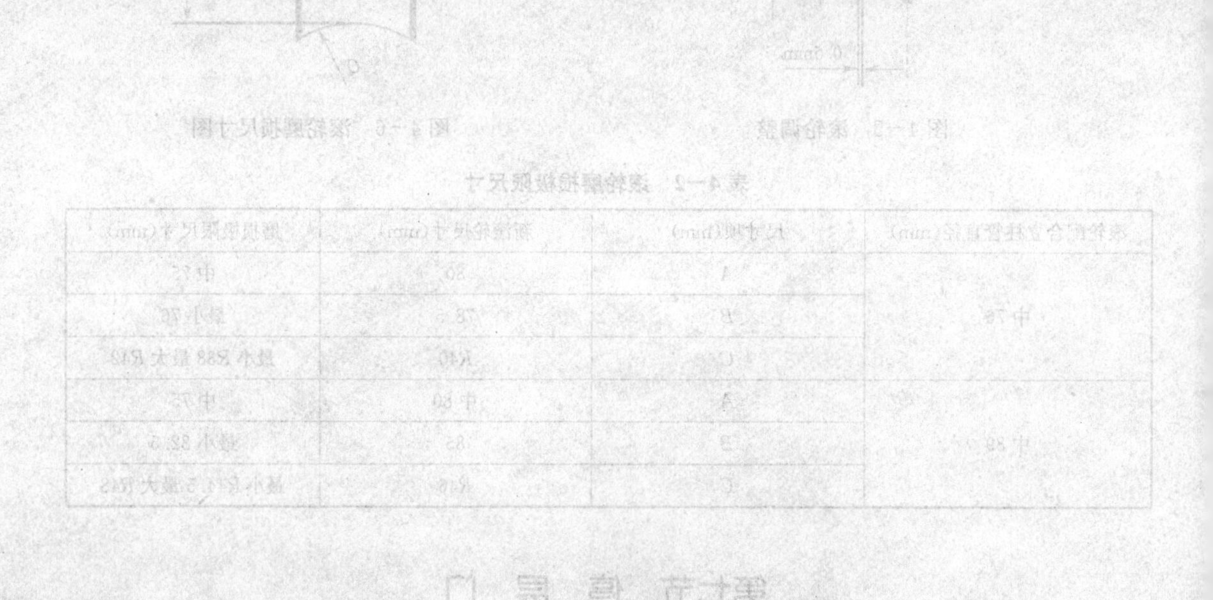

第五章　施工升降机安全保护装置的结构、工作原理

一、防坠安全器

防坠安全器是施工升降机上的重要保护装置，当吊笼上制动器由于各种原因制动失效后，依靠它来消除吊笼坠落事故的发生，保证乘员的生命安全。

(一)防坠安全器分类

防坠安全器是非电气、气动和手动控制的防止吊笼和或对重坠落的机械式安全保护装置。有瞬时式、渐进式、匀速式三种：

1. 瞬时式防坠安全器　初始制动力(或力矩)不可调，瞬间即可将吊笼或对重制停，用于钢丝绳式施工升降机。

2. 渐进式防坠安全器　初始制动力(或力矩)可调，制动过程中制动力(或力矩)逐渐增大，用于齿轮齿条式施工升降机。

3. 匀速式防坠安全器　制动力(或力矩)不足以制停吊笼和对重，但可以较低的速度平稳下滑，用于速度低，载荷小的施工升降机。

(二)结构、工作原理

目前在建筑施工现场广泛使用的齿轮齿条传动的人货两用施工升降机，配备的是齿轮锥鼓形渐进式防坠安全器。如图 5—1 所示。

防坠安全器(以下简称安全器)又称限速器，由齿轮轴、外毂、制动锥鼓、拉力弹簧、离心块、离心块座、蝶形弹簧、铜螺母、机电联锁开关等组成，安装在笼内，通过齿轮轴上的齿轮与导轨架齿条啮合，随吊笼运行，保证吊笼出现不正常超速运行时及时动作，将吊笼制停。

当吊笼在安全器额定速度内运行时，离心块在拉力弹簧的作用下，与离心块座紧紧贴在一起(图 5—1A)。

当吊笼运行速度超过安全器额定速度时，离心力加大，离心块克服拉力弹簧的作用向外甩出，其尖端与制动锥鼓的凸缘相顶，连为一体，带动制动锥鼓旋转(图 5—1B)。

此时铜螺母向内作轴向移动，并压紧蝶形弹簧(图 5—1C)，蝶形弹簧反向带动制动锥鼓，制动锥鼓与外锥鼓逐渐接触，摩擦制动力矩也渐渐加大，直至吊笼平缓制动。在螺母旋进的同时，带动电气联锁微动开关动作，使电机断电，安全制动，保证乘务员生命安全和设备完好无损。

安全器的有效检验期限不得超过一年。安全器无论使用与否，在有效检验期满后都必须重新进行检验标定。施工升降机防坠安全器的寿命为 5 年。

升降机的防坠安全器，在使用中不得任意拆检调整，需要拆检调整时或每用满一年后均应由法定单位进行调整、检修或鉴定。

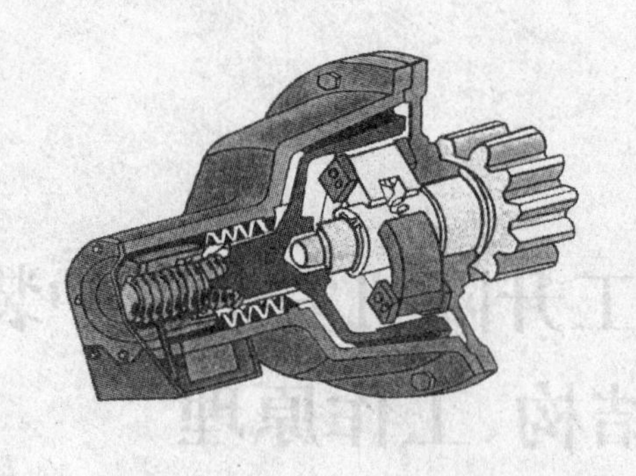

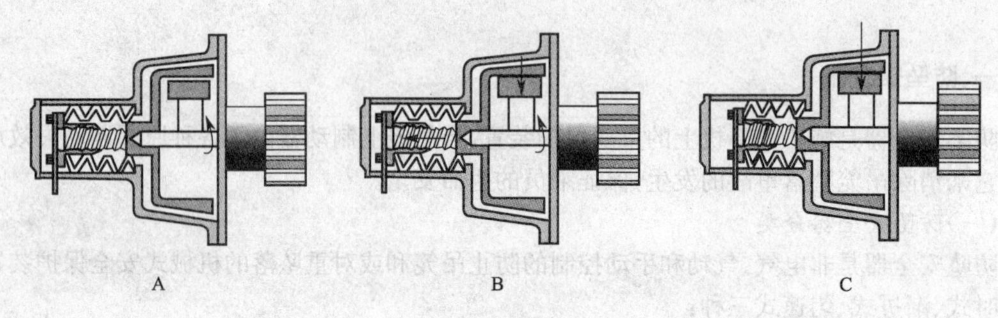

图 5—1　防坠安全器

新安装或转移工地重新安装以及经过大修后的升降机，在投入使用前，必须进行坠落试验。升降机在使用中每隔 3 个月，应进行一次坠落实验。试验程序应按说明书规定进行，当试验中梯笼坠落超过规定制动距离时，应查明原因，并应调整防坠安全器，切实保证不超过规定制动距离。试验后以及正常操作中每发生一次坠落动作，均必须对防坠安全器进行复位。（复位见下一章）

二、超载保护装置

吊笼牵引系统中设有超载保护装置，以避免因吊笼超载而发生的安全事故。一般为微电脑超载保护装置，在吊笼吊环与钢丝绳之间装有力传感器，该力传感器的输出端通过信号线与装在吊笼上的微电脑重量限载器的输入端相连，微电脑重量限载器的输出端通过导线与控制台内控制主回路串联连接。

三、上、下限位器

上、下限位器是为防止吊笼上、下超过需停位置时，因司机误操作和电气故障等原因继续上升或下降引发事故而设置。

四、上、下极限限位器

上、下限位器一旦不起作用，吊笼继续上升或下降到设计规定的最高极限或最低极限位置时能及时切断电源，以保证吊笼安全。

五、安 全 钩

安全钩安装在吊笼上的钢制勾形部件，为防止吊笼脱离导轨架或安全器输出端齿轮脱离齿条设置的。

六、吊笼门、底笼门联锁装置

联锁装置是为防止因吊笼或底笼门未关闭就启动运行而造成人员坠落和物料坠落，只有完全关闭时才能启动运行。基础围栏应装有机械联锁或电气联锁，机构联锁应使吊笼只能位于底部所规定的位置时，基础围栏门才能开启，电气联锁应使防护围栏开启后吊笼停车且不能启动。

七、急停开关

在吊笼的控制装置(含便携式控制装置)上应装有非自动复位型的急停开关，一般急停开关安装在司机操作的控制面板上，供紧急情况下(在其他限位、开关失灵时)，切断控制电路且停止吊笼运行，防止事故的发生。

八、停 层 门

施工升降机各停靠层应设置停靠安全防护门。运行时处于常闭状态，只有在吊笼停靠时才能由吊笼内的人打开，楼层内的人员无法打开此门。详见第三章8“停层”处内容。

九、对重松、断绳保护限位

对重设置非自动复位型的防松绳开关，当钢丝绳出现松绳或断绳时，该开关能切断控制电路，吊笼停止运行。

十、缓冲弹簧

施工升降机的底架上有缓冲弹簧，用于承受吊笼、配重的冲击，且起到缓冲的作用。有圆锥卷弹簧和圆柱螺旋弹簧。圆锥卷弹簧的制造工艺较难，成本高，但体积小，承载力强。每个吊笼、每块配重下侧对应的底架上装有数个弹簧，缓冲吊笼和配重着地时的冲击。

十一、升降机底层进出口处必须设置防护棚，防止落物伤人

顶部材料一般选用 50 mm 厚木板，防护棚按电梯高度符合坠落半径的要求，还应符合高处作业的有关规范。

第六章 施工升降机安全保护装置的维护保养和调整(试)方法

第一节 防坠安全器的调整

工地上使用中的升降机必须每三个月进行一次坠落试验,防坠安全器每年(以防坠安全器上出厂日期为准)必须送到法定的检验单位进行一次检验。

一、检测标志

每次检验标定合格后,均需加以铅封或漆封,并出具检验报告才能交付使用。使用、安装单位严禁调试、修理。

1. 安全器动作速度

正常情况下,安全器是不动作的,当吊笼运行速度达到安全器额定动作速度时,安全器才动作,安全器动作速度与施工升降机额定提升速度关系如表 6—1 所示。

2. 安全器在做坠落试验时,制动距离必须符合表 6—2 要求,否则,必须送到法定单位进行调试、修理。

表 6—1 安全器额定动作速度表

施工升降机额定提升速度 v(m/s)	安全器标定动作速度(m/s)
$v \leqslant 0.60$	$\leqslant 1.00$
$0.60 < v \leqslant 1.33$	$\leqslant v+0.40$
$v > 1.33$	$\leqslant 1.3\,v$

表 6—2 安全制动距离表

升降机额定提升速度(m/s)	安全器制动距离(m)
$v \leqslant 0.65$	0.15～1.40
$0.65 < v \leqslant 1.00$	0.25～1.60
$1.00 < v \leqslant 1.33$	0.35～1.80
$v > 1.33$	0.55～2.00

二、防坠安全器的坠落试验

首次使用的升降机或重新安装后的升降机,导轨架安装至 10.5 m 时,要进行额定安装载荷坠落试验。在安装完毕投入正常使用前还要进行一次额定载荷坠落试验,升降机在正常运行后,每三个月进行一次坠落试验。

坠落试验前要确保电机制动器工作正常,进行坠落试验时,笼内不能有人,带对重系统的升降机必须挂上对重体。

(一)基本要求

1. 安全器出厂时均已调整好并用铅封住,用户不得随便损坏铅封。

2. 坠落试验时,安全器动作不正常(如吊笼制动距离不在 0.25～1.2 m 间,或未实现机电联锁),应查明原因,送法定检测单位进行。

3. 安全器有异常现象(如零件损坏),应立即停止使用并更换。

4. 安全器动作后,必须按规定进行调整使其复位,否则不允许开动升降机。

(二)坠落试验步骤

1. 在安装工况下,按额定安装载重量加载,在工作工况下,按额定载重量加载,并使载荷分布均匀。

2. 切断下电箱主电源,将坠落试验按钮盒插头插入上电箱相应插座。

3. 将试验按钮盒拉出吊笼,并确保坠落试验时电缆不会被卡后,撤离笼内人员,关闭所有门,合上主电源。

4. 试按"上行"、"坠落"按钮,确保其功能的准确性。

5. 按"上行"按钮,使吊笼升至距地面 10 m 左右。

6. 按"坠落"按钮,不松开,吊笼自由坠落,待安全器动作后吊笼自动刹车。正常情况下,自听到安全器制动声"哐啷"响后算起,制动距离为 0.25～1.2 m,安全器使吊笼制动的同时,通过机电联锁切断电源。

7. 若安全器动作,但未切断电源,即按"上行"按钮,吊笼仍可上升。此时应调整或更换安全器机电联锁开关,按"三"复位后,重做坠落试验,直到合格。

注意:如果吊笼自由下落距地面 3 m 左右仍未停止,立即松开"坠落"按钮使吊笼刹车,点动落下,查明原因再作试验。

8. 按下侧"三"使安全器复位。

9. 复位完成后,开动吊笼向上运行约 1 m 左右,然后下降吊笼至地面,去除笼内载荷。

10. 拆除坠落试验线,将安全器盖上好。

11. 在所有承载条件下(超载除外),防坠安全器动作后,施工升降机结构和各连接部分应无任何损坏及永久性变形,吊笼底板在各个方向的水平度偏差改变值不应大于 30 mm/m,且能恢复原状而无永久变形。

注意:复位完成后,吊笼必须是先向上运行 1 m,否则安全器将再次动作。

三、安全器动作后的复位

坠落试验做完或安全器制动动作后,要进行安全器动的复位,如图 6—1 所示,需要由专门人员实施使施工升降机恢复到正常工作状态,其步骤、方法:

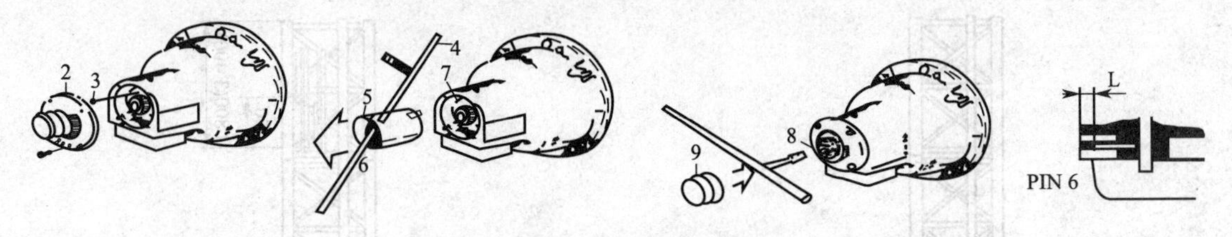

图 6—1　安全器复位

1. 关闭所有的门,使各限位开关、极限限位开关、急停按钮、电锁等均处于导通状态。

2. 拆下螺钉 1 和后盖 2。

3. 拆下螺钉 3。

4. 用专用复位工具松开圆螺钉 7,释放时应先将螺母退回,再用木锤敲打限速器内制动轮头部螺杆,释放摩擦片复位。直到销 6 的末端与安全器末端平齐,此时,安全器尾部限位开关随撞销复位而复位,使电箱控制回路中主交流按触器吸合。

5. 使圆螺母上 4 个螺孔对正后拧上螺钉 3。

6. 装上盖 2 和螺钉 1。

7. 拆下盖 9，尽量用手拧紧螺钉 8 后，用扳手再旋紧 30°。

8. 复位人员撤离吊笼。

9. 按“上行”按钮，使升降机上行至少约 1 m。

四、注意事项

1. 用专用工具复位时，安全器的型号不同，旋转的方向也不同。

2. 要随时检查其上小齿轮，其磨损量要在规定标准之内，否则立即更换。

3. 要严格区别放气孔与加油孔，椎面上放气孔内禁止注油。

第二节　下、上限位和极限限位的调整

上、下限位开关可用自动复位型，切断的是控制回路；极限开关不允许用自动复位型，切断的是总电源。

一、下(极限)限位器

1. 升起吊笼，根据驱动板限位开关实际位置，安装调整好下减速限位、下限位碰块和极限限位碰块，如图 6—2 所示，并用联接螺栓紧固。

2. 下限位开关的安装位置应保证吊笼以额定载重量下降时，触板触发该开关使吊笼制停，此时触板离下极限开关还应有一定行程。在正常作业状态下，吊笼碰到缓冲簧前，极限限位应首先动作，吊笼下降时，碰块先触发下减速限位，使吊笼减速至最低速度档运行，吊笼制动停机，接着碰块在下减速限位一直有效的情况下触发下限位，此时极限限位离极限碰块还有 30 mm距离。

二、上(极限)限位器

1. 上限位和极限限位开关的实际位置，按照图 6—3 安装、调整上限位、极限限位碰块。

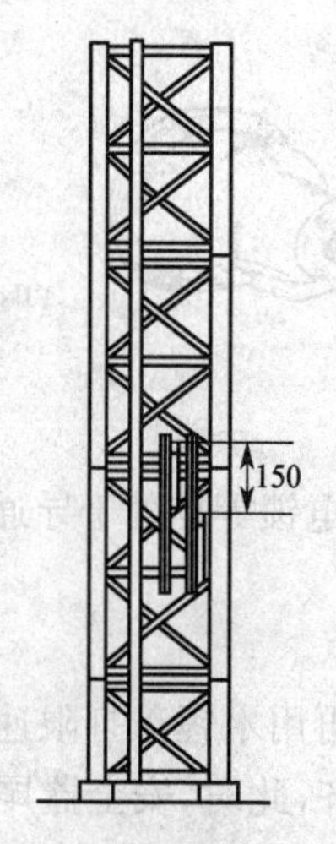

图 6—2　下限位、极限限位碰块位置(单位：mm)

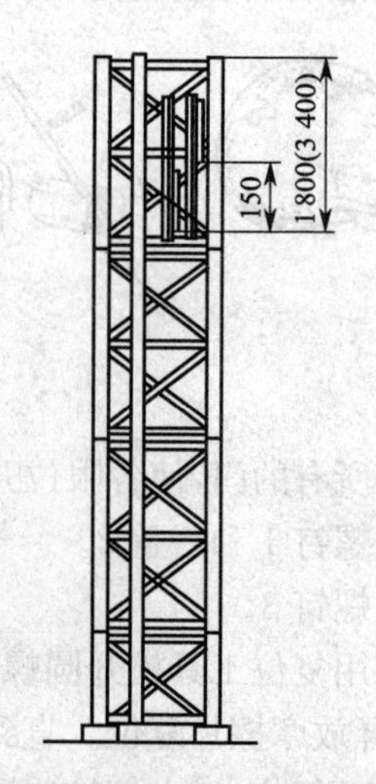

图 6—3　上限位、极限限位碰块位置(单位：mm)

2. 各碰块用勾形螺栓紧固在导轨架上，保证吊笼触发上限位后，留有上部安全距离不小于1.8 m，上极限限位与上限位间距离为0.15 m。

3. 上限位开关的安装位置应符合以下要求：

①当额定提升速度小于0.80 m/s时，上限位开关的安装位置应保证吊笼触发该开关后，上部安全距离不小于1.8 m；

②当额定提升速度大于或等于0.80 m/s时，上限位开关的安装位置应保证吊笼触发该开关后，上部安全距离能满足以下公式的计算值：

$$L=1.8+0.1v^2$$

式中 L——上部安全距离的数值(m)；

v——提升速度的数值(m/s)。

三、上、下极限开关的安装位置应符合以下要求

在正常工作状态下，上极限开关的安装位置应保证上极限开关与上限位开关之间的越程齿条式距离为0.15 m，钢丝绳式距离为0.5 m。

四、上、下限位开关应能自动地将吊笼从额定速度上停止

不应以触发上、下限位开关来作为吊笼在最高层站和地面站停站的操作。极限开关不应与限位开关共用一个触发元件。

五、行程限位开关均应由吊笼或相关零件的运动直接触发

第三节 其他安全保护装置的调整

(一)超载保护装置超载检测应在吊笼静止时进行。

1. 在载荷达到额定载重量的90%时给出清晰的报警信号；并在载荷达到额定载重量的110%前，中止吊笼启动。

2. 在设计和安装超载指示器、检测器时，应考虑到进行超载检测时不拆卸、不影响指示器和检测器的性能。

3. 应防止超载保护装置在经受冲击、振动、使用(包括安装、拆卸、维护)及环境影响时损坏。

(二)对重松绳、断绳保护限位在升降机上下循环的工作，随着钢丝绳的磨损，伸长，要及时调整，如图6-4所示。

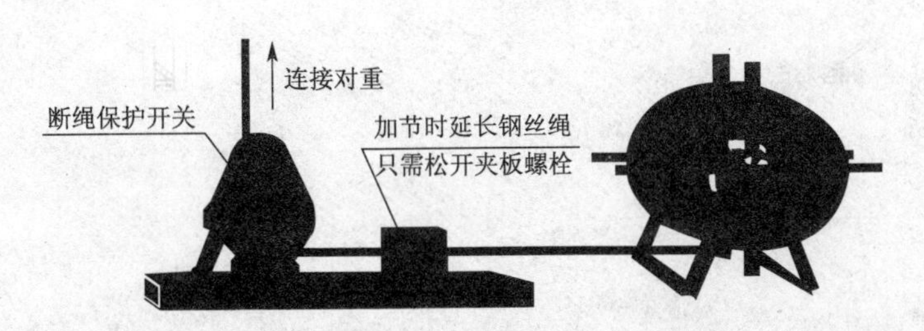

图6-4 断绳保护开关及钢丝绳夹持方式

（三）吊笼门、底笼门联锁装置、进出门限位、吊笼顶部检查门限位一经发现不灵敏，要及时调整。

第四节　维护保养

对重松绳保护限位、吊笼门、底笼门联锁装置、进出门限位、吊笼顶部检查门限位，防坠安全器小齿轮与齿条的啮合间隙及轴向接触在升降机上下循环的工作中，频繁地受到震动，原来已调整好的位置，存在松动、变位的可能，要求司机发现问题，及时采取措施，杜绝事故的发生。

一、每班前进行检查各种安全限位的安全可靠性，注意紧固。

二、每周要做到

1. 清除黏在表面的污物；

2. 检查限位开关转动转臂动作是否有效；

3. 限位碰铁、限位固定螺栓是否牢靠，拧紧固定螺丝(栓)；

4. 检查转臂的角度和伸出长度是否合适；

5. 防坠安全器小齿轮与齿条的啮合间隙、轴向接触符合要求否，缺油时，加适量润滑脂。其他详见第四章

三、暴风雨等恶劣天气后，应对升降机各有关安全装置进行一次维护检查，确认正常后，方可运行。

第七章　施工升降机的安全使用和安全操作

一、安全使用

1. 施工升降机应能在环境温度为−20℃～+40℃条件下正常工作。

2. 施工升降机应能在顶部风速大于 20 m/s 停止作业，在风速大于 13 m/s 条件下停止架设、接高和拆卸导轨架作业。

3. 施工升降机应能在电源电压值与额定电压值偏差为±5%、供电总功率不小于产品使用说明书规定值。

4. 施工升降机运动部件与除登机平台以外的建筑物和固定施工设备之间的距离不应小于 0.2 m。

5. 升降机梯笼周围 2.5 m 范围内应设置稳固的防护栏杆，各楼层平台通道应平整牢固，出入口应设防护栏杆和防护门。全行程四周不得有危害安全运行的障碍物。

6. 人货两用或额定载重量 400 kg 以上的货用施工升降机，其底架上应设置吊笼和对重用的缓冲器。

7. 施工升降机上的电动机及电气元件（电子元器件部分除外）的对地绝缘电阻不应小于 0.5 MΩ，电气线路的对地绝缘电阻不应小于 1 MΩ。

施工升降机金属结构和电气设备金属外壳均应接地，接地电阻不大于 4 Ω。零线和接地线必须分开。接地线严禁作载流回路。

8. 施工升降机的基础承受力必须满足使用说明书的要求，且要有排水措施。

9. 施工升降机应装有超载保护装置，该装置应对吊笼内载荷、吊笼自重载荷、吊笼顶部载荷均有效。其他安全限位齐全、有效。

10. 施工升降机应设置层楼联络装置。

11. 在进行安装、拆卸和维修操作的过程中，吊笼最大速度不应大于 0.7 m/s。

12. 安装垂直度的测定

吊笼空笼降至最低点，从垂直于吊笼长度方向（V 向）与平行于吊笼长度方向（P 向）分别测量导轨架的安装垂直度（见图 7—1），重复 3 次取平均值。导轨架轴心线对底座水平基准面的安装垂直度偏差应符合表 7—1 的规定。

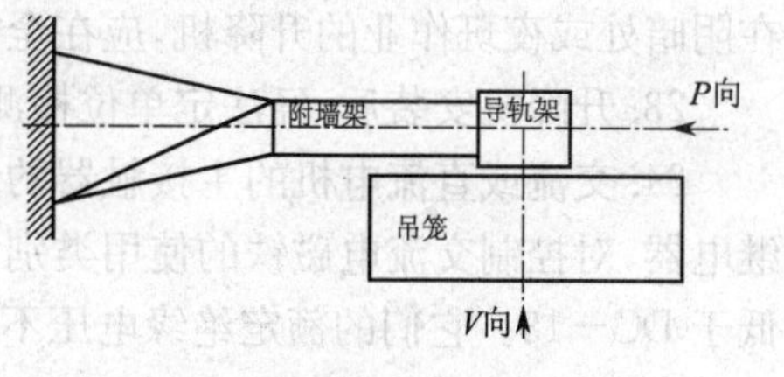

图 7—1　导轨架垂直度测定方向

表 7—1　安装垂直度偏差

导轨架架设高度 h(m)	$h \leqslant 70$	$70 < h \leqslant 100$	$100 < h \leqslant 150$	$150 < h \leqslant 200$	$h > 200$
垂直度偏差(mm)	不大于导轨架架设高度的 1/1 000	$\leqslant 70$	$\leqslant 90$	$\leqslant 110$	$\leqslant 130$

对钢丝绳式施工升降机，导轨架轴心线对底座水平基准面的安装垂直度偏差值不应大于导轨架高度的 1.5/1 000。

13. 外观质量：漆层应干透、焊缝应饱满，不应有未焊透等缺陷。铸、锻件表面应光洁平整。

14. 施工升降机严禁超载运行。吊笼的额定乘员数为额定载重量除以 80 kg，舍尾取整。吊笼底板的人均占有面积不应小于 0.18 m^2；当吊笼仅用于载人的场合时，人均占用面积不应大于 0.25 m^2。

15. 吊笼在额定载重量、额定提升速度状态下，按所选电动机的工作制工作 1 h，蜗轮蜗杆减速器油液温升不应超过 60℃，其他减速器和液压系统的油液温升不应超过 45℃。

16. 施工升降机正常工作时，防坠安全器不应动作。当吊笼超速运行，其速度达到防坠安全器的动作速度时，防坠安全器应立即动作，并可靠地制停吊笼。防坠安全器动作后，其电气联锁安全开关切断传动系统的控制电源，该安全开关应以常闭的方式连接。

17. 吊笼在某一作业高度停留时，不应出现下滑现象；在空中再次启动上升时，不应出现瞬时下滑的现象。

18. 吊笼顶部应设有检修或拆装时使用的控制盒，并具有在多种速度的情况下只允许以不高于 0.65m/s 的速度运行的控制能力。在使用吊笼顶部控制盒时，其它操作装置均起不到作用。此时吊笼的安全装置仍起保护作用。吊笼顶部控制应采用恒定压力按钮或双稳态开关进行操作，吊笼顶部应安装非自行复位急停开关，任何时候均可切断电路，停止吊笼的动作。

19. 导轨架的高度超过最大独立高度时，应设有附着装置，附墙撑杆平面与附着面的法向夹角不应大于 8°。导轨架顶端自由高度、导轨架与附壁距离、导轨架的两附壁连接点间距离和最低附壁点高度均不得超过出厂规定。

20. 升降机的防坠安全器，在使用中不得任意拆检调整，需要拆检调整时或每用满 1 年后，均应由法定单位进行调整、检修或鉴定。

21. 新安装或转移工地重新安装以及经过大修后的升降机，在投入使用前，必须经过坠落试验。升降机在使用中每隔 3 个月，应进行一次坠落试验。试验程序应按说明书规定进行，当试验中梯笼坠落超过规定制动距离时，应查明原因，并应调整防坠安全器，切实保证不超过制动距离。试验后以及正常操作中每发生一次坠落动作，均必须对防坠安全器进行复位。

22. 升降机安装在建筑物内部井道中间时，应在全行程范围井壁四周搭设封闭屏障。装设在阴暗处或夜班作业的升降机，应在全行程上装设足够的照明和明亮的楼层编号标志灯。

23. 升降机安装后，经法定单位检测试验合格后，方可投入运行。

24. 交流或直流电机的主接触器的使用类别不应低于 AC－3 或 DC－3；用作主接触器的继电器，对控制交流电磁铁的使用类别不应低于 AC－15；对控制直流电磁铁的使用类别不应低于 DC－13。它们的额定绝缘电压不应小于 250 V。

二、安全操作

司机应持有效证件上岗，无身体不适状况。

(一)作业前重点检查项目应符合下列要求

1. 各部结构无变形，连接螺栓无松动；
2. 齿条与齿轮、导向轮与导轨均接合正常；
3. 各部钢丝绳固定良好，无异常磨损；
4. 运行范围内无障碍。

(二)启动前

1. 应检查并确认电缆、接地线完整无损，控制开关在零位。

2. 电源接通后，应检查并确认电压正常，应测试无漏电现象。

3. 应试验并确认各限位装置、梯笼、围护门等处的电器联锁装置良好可靠，电器仪表灵敏有效。

4. 检查附着、钢丝绳、层门等。

5. 升降机在每班首次载重运行时，当梯笼升离地面 1～2 m 时，应停机试验制动器的可靠性；当发现制动效果不良时，应调整或修复后方可运行。

（三）作业中

1. 梯笼内乘人或载物时，应使载荷均匀分布，不得偏重。严禁超载运行。

2. 应根据指挥信号操作，要集中精力，严禁与他人闲谈。

3. 作业前应鸣声示意。

4. 在升降机未切断总电源开关前，操作人员不得离开操作岗位。

5. 当升降机运行中发现有异常情况时，应立即停机并采取有效措施将梯笼降到底层，排除故障后方可继续运行。在运行中发现电气失控时，应立即按下急停按钮；在未排除故障前，不得打开急停按钮。

6. 升降机在大雨、大雾、六级及以上大风以及导轨架、电缆等结冰时，必须停止运行，并将梯笼降到底层，切断电源。

7. 升降机运行到最上层或最下层时，严禁用行程限位开关作为停止运行的控制开关。

8. 当升降机在运行中由于断电或其他原因而中途停止时，可进行手动下降，将电动机尾端手动释放拉手缓缓向外拉出，使梯笼缓慢地向下滑行。梯笼下滑时，不得超过额定运行速度，手动下降必须由专业维修人员进行操纵。

（四）作业后，应将梯笼降到底层，各控制开关拨到零位，切断电源，锁好开关箱，闭锁梯笼门和围护门

第八章　施工升降机驾驶员的安全职责

1. 施工升降机司机由于经常往返于地面和数十米或百来米的高空（几十米甚至上百米），处于高空作业位置，必须具备良好的身体素质和正常的视力，经过专业培训，取得有效证件，做到持证上岗。

2. 掌握所操作的施工升降机构造原理、正确的使用方法、保养、维修的基本知识和安全操作规程，并能熟练地进行操作使用。

3. 司机必须认真做好日常维护保养，精心操作，不与乘员聊天闲谈。

4. 司机必须严格遵守操作规程的各项规定，拒绝执行违反操作规程的指挥，拒绝他人操作，对施工现场人员危害施工升降机安全的行为给予及时制止。

5. 严禁超载、偏载、长物料等超出笼门。

6. 保护机上各种安全、监测及报警装置灵敏有效。

7. 工作中，注意观察运行情况、听设备运转声音，发生异常，应立即停机排除，不得使施工升降机带病运转。

8. 坚持“十字”作业：清洁、调整、紧固、润滑、防腐。

9. 在操作时发生事故，应立即停机，并及时报告。

10. 坚守工作岗位，不擅自离岗。

11. 做好每班记录，认真交接班。

第九章　施工升降机的检查和维护保养常识

施工升降机往往需要直接载运人员做升降运动，其可靠性直接影响人身安全。检查和维护工作极为重要。

第一节　每班检查维护项目

一、运行范围内无障碍。

二、检查电缆完整无损，控制开关在零位。

三、应检查限位装置

1. 打开围护门限位开关、梯笼不能启动。

2. 打开梯笼单开门，梯笼不能启动。

3. 打开梯笼单双梯笼不能启动。

4. 触动断绳限位梯笼不能启动。

5. 按下紧急开关梯笼不能启动。

6. 检查上下限位、极限限位器及碰铁可靠。

四、各部钢丝绳固定、磨损情况。

五、将梯笼升离地面 1～2 m 时，停机试验制动器的可靠性。

六、检查警铃。

如检查中发现问题，立即采取相应措施处理完毕。

第二节　工作 50 h(首个一周)保养与维修

在升降机安装完成投入正常使用后，由于工作负荷的影响，引起各部件间连接、配合的变化，在使用一周后，必须进行如下调整：

1. 检测并调整导轨架垂直度。

2. 按要求紧固所有螺栓。

3. 按“第一章第一节八”的要求，对吊笼进行检查调整。

4. 调整电机制动器，保证同一吊笼内电机启制动同步。

5. 检查钢丝绳的磨损情况。

6. 检查电缆上下运行情况，若发现电缆在吊笼下降时自行盘绕混乱，应重新调整。带电缆滑车的升降机，电缆运行不畅时，应调整电缆滑车轨道直线度及轨道接缝，保证电缆不出现扭曲等状况。

7. 根据实际需要，适当调整上下限位碰块及极限限位碰块位置。

8. 更换减速器内润滑油，对整机进行润滑。

第三节　周检及维护

1. 检查驱动板联接螺栓，应无松动。

2. 检查各润滑部位，应润滑良好，减速器油液不足时，应予以补充。

3. 检查导轨架、附墙系统、电缆滑车及齿条紧固螺栓应牢固。

4. 检查电缆臂及电缆保护架应无螺栓松动或位置移动。

5. 检查对重体导轮应转动灵活。

6. 检查减速器有无异常发热及噪音。

(减速器温升不得超过 60 K)

7. 检查电器元件接头，应牢固可靠。

第四节　月检及维护

1. 检查驱动齿轮磨损情况，用法线千分尺测量，跨二齿侧公法线。

2. 检查齿条齿厚，用齿厚游标卡尺测量。

3. 检查电机制动力矩，用杠杆和弹簧秤检查力矩为 120 N·m±2.5%。

4. 检查电机制动器是否工作正常，同一吊笼内刹车是否同步，并及时更换制动盘和清理制动器。

5. 检查随行电缆，如有破损或老化应立即进行修理和更换。

第五节　季检及维护

1. 检查滚轮和导轮的轴承，根据情况进行调整或更换。

2. 检查滚轮磨损情况，并通过调整滚轮，使滚轮与立柱管间间隙为 0.5 mm。(松开螺母转动偏心轴，调准后再紧固。)

3. 测量升降机结构、电机和电气设备金属外壳接地电阻不超过 4 Ω，电气及电气元件的对地绝缘电阻不小于 0.5 MΩ，电气线路的对地绝缘电阻不小于 1 MΩ。

4. 进行坠落试验，安全器应工作可靠。

5. 检查对重钢丝绳有无断股断丝变形等情况，绳端连接是否牢固。一旦达到报废的缺陷，应予以更换。

6. 检查天轮，应转动灵活、无异常声音，连接部位牢固，天轮磨损严重时，应予以更换。

第六节　年检及维护

1. 检查减速器及蜗轮磨损情况。

2. 检查减速器和电机间联轴器弹性块是否老化、破损。

3. 全面检查零部件进行保养更换。

每年以及设备转场使用前必须对升降机结构件及焊缝进行一次彻底检查。

第七节　润　　滑

升降机每次安装试运行之前，必须对运动部位进行全面润滑，如图 9－1 所示。试运行满一周后，应全部更换减速器中的润滑油。以后按表 9－1 中周期进行润滑，如果升降机多于一班制工作，润滑周期相应缩短。

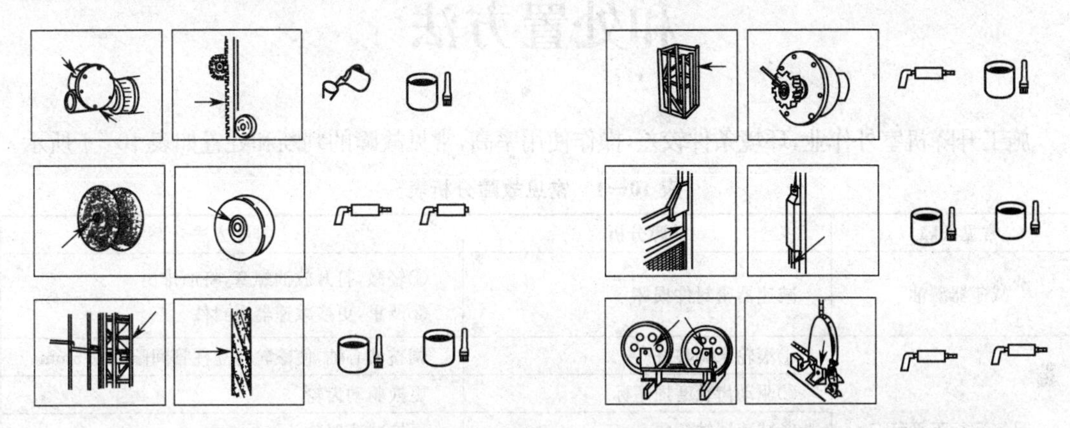

图 9－1　主要润滑部位示意图

表 9－1　各运动部位润滑表

周期	序号	润 滑 部 位	备　注
每周	1	减速器	检查观察孔油面，必要时加油
	2	驱动齿轮齿条	涂刷钙基油脂
	3	对重轨道	涂刷钙基油脂
	4	安全器	油枪加注钙基油脂
每月	5	滚轮	油枪加注钙基油脂
	6	背轮	油枪加注钙基油脂
	7	门滑道及门对重滑道	涂刷钙基油脂
	8	导轨架立柱管	涂刷钙基油脂
	9	对重钢丝绳	涂刷钙基油脂及润滑油混合物
每季	10	天轮	油枪加注钙基油脂
每半年	11	减速器	更换润滑油
每年	12	整机	

注意：减速器必须使用 N320 蜗轮蜗杆油，不得与其他类型油混合使用。

第十章　施工升降机常见故障的判断和处置方法

施工升降机室外作业，环境条件较差，操作使用率高，常见故障的判断和处置如表10—1所示。

表10—1　常见故障分析表

常见故障	故障分析	排除方法
减速器漏油	减速器密封件损坏	①轻微，打开放油螺塞，将油排出 ②严重，更换减速器密封件
吊笼运行不平稳	①滚轮未调整好	调整偏心轴，使滚轮与立柱管间隙为0.5mm
	②驱动齿轮磨损超标	更换驱动齿轮
	③减速器轴弯曲	更换减速器轴
	④齿条损坏或齿条间过渡不好	检查更换齿条
	⑤齿条齿轮啮合不良	调整
吊笼起、制动时动作异常猛烈	①电机制动器动作不同步	调整
	②驱动板联接部位松动	紧固
	③电机制动力矩过大	检查制动力矩并放松至合理值
制动器无动作或动作滞后	①制动电路出现故障	检查制动电路，排除故障
	②制动块磨损超标	更换制动块
	③拉手上的螺母拧得太紧	拧松螺母，退至开口销处
	④制动器有卡阻	清理、润滑制动器
吊笼启动困难，电机发热严重	①电源功率不足，电压降过大	停机，电压正常后，继续使用
	②动器动作不正常	检查、修复制动器
	③超载	禁止超载
滚轮卡阻，异响	①轴承损坏	更换轴承并保证润滑
	②滚轮磨损超标	更换滚轮
钢丝绳磨损严重或有断丝现象	①钢丝绳润滑不良	按要求润滑
	②天轮工作异常	检查、修复天轮
	③使用寿命已到	更换钢丝绳
漏电保护开关动作频繁单极开关跳闸	①电器绝缘性不良	检查各电器接地电阻，修理或更换
	②电路短路或漏电	检修电路
	③动作电流过低	调整动作电流或更换
交流接触器粘连	交流接触器触点烧结	更换交流接触器
供电电源及控制电路正常，电机不工作	①电缆断股	检修电缆，可靠连接
	②电机内一组线圈烧坏	检修电机
吊笼墩底	①超载	禁止超载
	②下限位和极限限位开关不正常	按要求检查各限位，保证使其处于正常工作状态

第十一章　施工升降机常见事故的原因及处置方法

施工升降机由于利用率高，如果使用、维护不当，就会造成事故的发生，常见事故及原因主要有以下五个方面。

一、冲顶事故原因及处置方法

冲顶即吊笼上升运行冲击导轨架顶，很容易导致坠落。

1. 使用时施工升降机上限位、上极限限位功能失效或未安装。

每班必须检查施工升降机上限位、上极限限位的可靠、有效性。

2. 安装加高时，上限位、上极限限位、天轮架未安装，使高度机械限位功能失效，将吊笼开出导轨架，高空倾翻坠落。

二、高处坠落事故原因及处置方法

(一)高空倾翻坠落

1. 导轨架顶端自由高度、导轨架与附壁距离超过出厂规定。应严格按使用说明书要求进行安装、设置，导轨架顶端自由高度、导轨架与附壁距离、导轨架的两附壁连接点间距离和最低附壁点高度均不得超过出厂规定。

2. 导轨架安装不牢固，紧固各处螺栓等。

3. 导轨架主弦杆磨损、锈蚀超标，更换符合标准的导轨架。

4. 暴风。施工升降机在顶部风速大于六级停止作业，在风速大于四级条件下停止架设、接高和拆卸导轨架作业。并将梯笼降到底层，切断电源。

5. 偏载、超载。梯笼内乘人或载物时，应使载荷均匀分布，不得偏重。严禁超载运行。

(二)垂直坠落

1. 制动器制动间隙过大。调整制动器制动间隙，制动器动作应灵活，工作可靠。

2. 制动轮上有油污，达不到规定的制动力矩。对其进行处理，至工作可靠。

3. 防坠安全器失效。到法定单位进行检测或更换新的有效防坠安全器。

4. 齿轮、齿条磨损超标、啮合不符合规定。有的齿轮齿条只挂住齿尖，啮合面连 1/3 都达不到。要调整啮合间隙，根据第九章内容进行，达不到要求更新齿轮、齿条。

5. 偏载、超载。梯笼内乘人或载物时，应使载荷均匀分布，不得偏重。严禁超载运行。

6. 钢丝绳达到报废标准断绳，而松绳限位又失效。更换新钢丝绳，对松、断绳限位重新调整。

7. 吊笼的驱动板固定螺栓松动。紧固驱动板固定螺栓。

8. 在工地维修时，拆下工作笼的驱动板，防坠安全器被拆下，导致对重的重量大于工作笼，造成工作笼冲顶后坠落。对发生故障的电梯进行修理时，必须采取措施，将梯笼可靠地固定住，使梯笼在修理过程中不产生升降运动。

三、导轨架倾斜

1. 基础地耐力不够，混凝土强度未达标准。发现上述情况必须立即停止作业，进行报告，采取措施。

2. 基础积水，产生不均匀沉降。如有沉降、溜坡、裂缝情况，应停止使用。

3. 附墙架安装不符合说明书要求。应严格按使用说明书要求进行安装、设置，不得超过出厂规定。

4. 标准节连接螺栓松动、安装时未紧固。安装时应紧固到位，使用一周后，重新紧固一遍。

四、工作笼或对重出轨

1. 相邻标准节的立柱结合面对接相互错位形成的阶差超标。标准节上的齿条相邻两齿条的对接处沿齿高方向的阶差超标。

导轨架接茬各标准节、导轨之间应有保持对正的连接接头。连接接头应牢固、可靠。标准节应保证互换性。拼接时，相邻标准节的立柱结合面对接应平直，相互错位形成的阶差吊笼导轨不大于 0.8 mm、对重导轨不大于 0.5 mm。

标准节上的齿条联接应牢固，相邻两齿条的对接处，沿齿高方向的阶差不应大于0.3 mm，沿长度方向的齿距偏差不应大于 0.6 mm。

2. 道轨架倾斜，见本章三道轨架倾斜内容。

五、其他事故

1. 升降机底层进出口处落物伤人。应搭设符合规定的防护棚。

2. 停层门进出口处落物伤人，没及时关上停层门或控制失效。

第十二章　施工升降机司机复习题

一、单项选择题

1. 施工升降机运动部分与建筑物及建筑物外围施工设施之间的最小距离不小于(　　)m。

A. 1　　B. 2　　C. 0.5　　D. 0.25

2. 施工升降机是一种由吊笼沿(　　)作垂直(或倾斜)运动用来运送人员和物料的机械。

A. 楼层通道　　B. 导轨架　　C. 导管　　D. 标准节

3. 垂直安装的齿轮齿条式施工升降机，高度 60 m，导轨架轴心线对底座水平基准面的安装垂直度偏差应符合不大于(　　)的规定。

A. 1/1 000　　B. ≤90 mm　　C. ≤110 mm　　D. ≤70 mm

4. 垂直安装的齿轮齿条式施工升降机，高度 80 m，导轨架轴心线对底座水平基准面的安装垂直度的偏差不大于导轨架架设高度的(　　)。

A. 1/1 000　　B. ≤90 mm　　C. ≤110 mm　　D. ≤70 mm

5. 垂直安装的齿轮齿条式施工升降机，高度 120 m，导轨架轴心线对底座水平基准面的安装垂直度的偏差不大于导轨架架设高度的(　　)。

A. 1/1 000　　B. ≤90 mm　　C. ≤110 mm　　D. ≤70 mm

6. 垂直安装的齿轮齿条式施工升降机，高度 160 m，导轨架轴心线对底座水平基准面的安装垂直度的偏差不大于导轨架架设高度的(　　)。

A. 1/1 000　　B. ≤90 mm　　C. ≤110 mm　　D. ≤70 mm

7. 对钢丝绳式施工升降机，导轨架轴心线对底座水平基准面的安装垂直度偏差值不应大于导轨架高度的(　　)。

A. 1.5/1 000　　B. 5/1 000　　C. 1/1 000　　D. 3/1 000

8. 当一台施工升降机的标准节有不同的立管壁厚时，标准节应(　　)标识。

A. 无　　B. 有　　C. 可有可无　　D. 随意

9. 在进行安装、拆卸和维修时，若在吊笼顶部进行控制操作，则其他操作装置均(　　)起作用，但吊笼的安全装置仍起保护作用。

A. 应　　B. 不应　　C. 可有可无　　D. 随意

10. 在施工升降机(　　)易于观察的位置设有表示性能的固定标牌。

A. 底部　　B. 中部　　C. 上部　　D. 对重

11. 附墙撑杆平面与附着面的法向夹角不应大于(　　)。

A. 18°　　B. 28°　　C. 38°　　D. 8°

12. 基础(　　)应有排水设施。

A. 底部　　B. 中部　　C. 上部　　D. 周围

13. 吊笼和对重升降通道(　　)应设置地面防护围栏。

A. 底部　　B. 中部　　C. 上部　　D. 周围

14. 施工升降机地面防护围栏的高度不应低于(　　)m。

A. 1　　B. 1.2　　C. 1.6　　D. 1.8

15. 围栏登机门应装有机械锁止装置和电气安全开关,使吊笼只有位于(　　)规定位置时,围栏登机门才能开启,且在门开启后吊笼不能启动。

A. 底部　　B. 中部　　C. 上部　　D. 周围

16. 当附件或操作箱位于施工升降机防护围栏(　　)时,应另设置隔离区域,并安装锁紧门。

A. 内　　B. 旁　　C. 上部

17. 各停层处(　　)设置停层门。

A. 必须　　B. 不应　　C. 可有可无

18. 通道处层门(　　)突出到吊笼的升降通道上。

A. 不能　　B. 应　　C. 可有可无

19. 层门应保证在关闭时人员(　　)进出。

A. 不能　　B. 应能　　C. 可有可无

20. 层门(　　)向吊笼运行通道一侧开启。

A. 应能　　B. 不能　　C. 可有可无

21. 层门的净宽度与吊笼进出口宽度之差不得大于(　　)mm。

A. 100　　B. 120　　C. 160　　D. 180

22. 层门与正常工作的吊笼运动部件的安全距离不应小于 0.85 m;如果施工升降机额定提升速度不大于 0.7 m/s 时,则此安全距离可为(　　)m。

A. 1　　B. 1.1　　C. 0.5　　D. 1.8

23. 正常工况下,关闭的吊笼门与层门间的水平距离不应大于(　　)mm。

A. 100　　B. 150　　C. 200　　D. 800

24. 装载和卸载时,吊笼门框外缘与登机平台边缘之间的水平距离不应大于(　　)mm。

A. 100　　B. 150　　C. 50　　D. 800

25. 人货两用施工升降机机械传动层门的开、关过程应由(　　)操作,不得受吊笼运动的直接控制。

A. 吊笼内乘员　　B. 吊笼旁乘员　　C. 楼层上部乘员　　D. 吊笼周围乘员

26. 层门应与吊笼电气或机械联锁。只有在吊笼底板离某一登机平台的垂直距离在(　　)m 以内时,该平台的层门方可打开。

A. 1　　B. 0.5　　C. 0.25　　D. 0.8

27. 对于机械传动的垂直滑动层门,采用手动开门,其所需力大于(　　)N 时,可不加机械锁止装置。

A. 100　　B. 105　　C. 500　　D. 0.8

28. 载人吊笼(　　)封顶,且在吊笼底板与顶板之间应全高度有立面(含门)围护。

A. 不能　　B. 应　　C. 可有可无　　D. 随意

29. 载人吊笼门框的净高度至少为(　　)m。

A. 1　　B. 0.5　　C. 2　　D. 0.8

30. 吊笼门净宽度至少为(　　)m。

A. 1　　B. 0.5　　C. 0.6　　D. 0.8

31. 吊笼门开启高度不应低于(　　)m。

A. 1　　B. 0.5　　C. 0.25　　D. 1.8

32. 如果吊笼顶作为安装、拆卸、维修的平台或设有天窗，则顶板应抗滑且周围应设护栏。该护栏的高度不小于(　　)m，护栏的中间高度处应设横杆，踢脚板高度不小于 100 mm。

A. 1　　B. 0.5　　C. 0.25　　D. 1.1

33. 封闭式吊笼顶部设有紧急出口，并配(　　)。

A. 打火机　　B. 专用扶梯　　C. 钢丝绳　　D. 麻绳

34. 封闭式吊笼顶部应有紧急出口应装有向(　　)开启的活板门，并设有电气安全开关，当门打开时，吊笼不能启动。

A. 内　　B. 外　　C. 内外均可　　D. 随意方向

35. 吊笼(　　)当作对重使用。

A. 不允许　　B. 特殊时　　C. 均可　　D. 随意

36. 闭式吊笼内应有(　　)的电气照明，在外接电源断电时，应有应急照明。

A. 随意　　B. 特殊　　C. 可用　　D. 永久性

37. 吊笼的额定乘员数为额定载重量除以(　　)kg。舍尾取整。

A. 100　　B. 50　　C. 60　　D. 80

38. 笼底板应能防滑、(　　)。

A. 防尘　　B. 特殊性　　C. 排水　　D. 永久

39. 门应装有机械锁止装置和电气安全开关，只有当门完全(　　)才能启动。

A. 打开　　B. 特殊　　C. 关闭　　D. 永久

40. 绳式人货两用施工升降机，提升吊笼的钢丝绳不得少于两根，且相互独立。每根钢丝绳的安全系数不应小于 12，直径不应小于(　　)mm。

A. 10　　B. 5　　C. 6　　D. 9

41. 齿条式人货两用施工升降机悬挂对重的钢丝绳不得少于两根，且相互独立。每根钢丝绳的安全系数不应小于 6，直径不应小于(　　)mm。

A. 10　　B. 5　　C. 6　　D. 9

42. 钢丝绳式人货两用施工升降机防坠安全器上用钢丝绳的安全系数不应小于 5，直径不应小于(　　)mm

A. 10　　B. 5　　C. 6　　D. 8

43. 吊杆用提升钢丝绳的安全系数不应小于 8，直径不应小于(　　)mm

A. 10　　B. 5　　C. 6　　D. 8

44. 钢丝绳式人货两用施工升降机的提升滑轮名义直径与钢丝绳直径之比不应小于(　　)

A. 10　　B. 30　　C. 6　　D. 8

45. 吊笼、对重用滑轮的名义直径与钢丝绳直径之比不得小于(　　)。

A. 10　　B. 30　　C. 6　　D. 8

46. 安全器专用滑轮的名义直径与钢丝绳直径之比不应小于(　　)。

A. 10　　B. 15　　C. 6　　D. 8

47. 所有滑轮、滑轮组均应有钢丝绳防脱槽装置，该装置与滑轮外缘的间隙不应大于钢丝绳直径 20%，且不大于(　　)mm。

A. 10　　B. 3　　C. 6.　　D. 8

48. 滑轮绳槽应为弧形，槽底半径 R 与钢丝绳半径 r 关系应为：1.05 r≤R≤1.075 r，深度不少于(　)倍钢丝绳直径。

A. 10　　B. 1.5　　C. 6　　D. 8

49. 钢丝绳进出滑轮的允许偏角不得大于(　　)。

A. 10°　　B. 2.5°　　C. 6°　　D. 8°

50. 标准节上的齿条联接应牢固，相邻两齿条的对接处，沿齿高方向的阶差不应大于(　)mm。

A. 0.10　　B. 2.5　　C. 0.3　　D. 8

51. 人货两用施工升降机传动系统制动器的额定制动力矩不低于作业时额定力矩的(　　)倍。

A. 1　　B. 1.75　　C. 2　　D. 8

52. 人货两用施工升降机制动器应具有手动松闸功能，并保证手动施加的作用力一旦撤除，制动器(　　)恢复动作。

A. 逐渐　　B. 滞后　　C. 立即　　D. 随意

53. 当吊笼停在完全压缩的缓冲器上时，对重上面的越程余量不应小于(　　)m。

A. 1　　B. 0.5　　C. 2　　D. 8

54. 防坠安全器试验时，吊笼(　　)载人。

A. 可以　　B. 按规定人数　　C. 不允许　　D. 随意

55. 防坠安全器只能在有效的标定期限内使用，有效标定期限不应超过(　　)年。

A. 1　　B. 0.5　　C. 2　　D. 8

56. 防坠安全器的寿命为(　　)年。

A. 10　　B. 5　　C. 2　　D. 8

57. 对于额定提升速度大于(　　)m/s 的施工升降机，还应设有吊笼上下运行减速开关，该开关的安装位置应保证在吊笼触发上下行程开关之前动作，使高速运行的吊笼提前减速。

A. 1　　B. 0.7　　C. 2　　D. 8

58. 施工升降机(　　)设置自动复位型的上、下行程限位开关。

A. 可以　　B. 必须　　C. 不允许　　D. 随意

59. 在正常工作状态下，齿轮齿条式施工升降机上极限开关的安装位置应保证上极限开关与上限位开关之间的越程距离为(　　)m。

A. 1　　B. 0.7　　C. 0.15　　D. 0.8

60. 电气及电气元件(电子元器件部分除外)的对地绝缘电阻不应小于 0.5 MΩ，电气线路的对地绝缘电阻不应小于(　　)MΩ。

A. 1　　B. 0.7　　C. 0.15　　D. 0.8

61. 施工升降机操作按钮中，(　　)必须采用非自动复位型。

A. 上升按钮　　B. 下降按钮　　C. 停止按钮　　D. 急停按钮

62. 施工升降机的(　　)与基础进行连接。

A. 吊笼　　B. 底笼　　C. 底架　　D. 导轨架

63. 施工升降机的(　　)用来传递和承受荷载,使吊笼沿其做上下运动的部件。

A. 导轨架　　B. 底架　　C. 标准节　　D. 高度限位

64. 8.8级以上等级的螺栓必须使用平垫圈,采用(　　)防松。

A. 弹垫　　B. 双螺母　　C. 销子　　D. 弹簧

65. 施工升降机的接地必须牢固可靠,其接地电阻不大于(　　)Ω。

A. 4　　B. 8　　C. 10　　D. 20

66. 施工升降机工作环境温度为(　　)℃。

A. －10～20　　B. －30～50　　C. －20～30　　D. －20～40

67. 当施工升降机顶部风速超过(　　)级时,应停止使用。

A. 6　　B. 8　　C. 10　　D. 12

68. 钢丝绳在破断前一般有(　　)预兆,容易检查,便于预防事故。

A. 表面光亮　　B. 生锈　　C. 已断丝、断股　　D. 表面有泥

69. 多次弯曲造成的(　　)是钢丝绳破坏的主要原因之一。

A. 拉伸　　B. 扭转　　C. 弯曲疲劳　　D. 变形

70. 当导轨架立管壁厚最大减少量为出厂厚度的(　　)时,此标准节应予报废或按立管壁厚规格降级使用。

A. 25%　　B. 5%　　C. 20%　　D. 2%

71. 安全电压为(　　)。

A. 60 V　　B. 110 V　　C. 36 V　　D. 220

72. 用绳卡固定钢丝绳时,当绳径为16 mm时,选用(　　)个绳卡。

A. 2个　　B. 3个　　C. 4个　　D. 5

73. 除固定圈数外,钢丝绳在卷筒上的安全圈数至少要保留(　　)。

A. 1圈　　B. 3圈　　C. 2圈　　D. 5圈

74. 多层缠绕的卷筒两端凸缘比最外层钢丝绳高出(　　)钢丝绳直径。

A. 2倍　　B. 3倍　　C. 3.5倍　　D. 4倍

75. 滑轮轮槽不均匀磨损达(　　)应报废。

A. 2 mm　　B. 3 mm　　C. 4 mm　　D. 5 mm

76. 制动轮表面磨损凸凹不平度达(　　)时,如不能修复,应更换。

A. 1 mm　　B. 1.5 mm　　C. 2 mm　　D. 5 mm

77. 钢丝绳断丝数在一个节距内达到总丝数(　　)应报废。

A. 8%　　B. 10%　　C. 12%　　D. 25%

78. 在用施工升降机械检验周期为(　　)。

A. 1年　　B. 2年　　C. 3年　　D. 5年

79. 施工升降机操作人员年龄应年满(　　)。

A. 16周岁　　B. 18周岁　　C. 20周岁　　D. 22周岁

80. 施工升降机操作人员应具备的文化程度为(　　)。

A. 小学毕业　　B. 初中毕业　　C. 高中毕业　　D. 中专毕业

81. 施工升降机主要由(　　)组成。

A. 基础、导轨架和安全保护装置　　B. 基础、架体和提升机构

C. 金属结构、提升机构和安全保护装置　　D. 金属结构、工作机构和控制系统

82. 施工升降机的拆装作业必须在(   )进行。

A. 温暖季节　　B. 白天

C. 晴天　　D. 良好的照明条件的夜间

83. 对施工升降机下降速度过快进行控制的安全装置是(   )。

A. 下限位　　B. 防坠安全器

C. 超载限制器　　D. 下极限限位

84. (   )能够防止钢丝绳在传动过程中脱离滑轮槽而造成钢丝绳卡死和损伤。

A. 下限位　　B. 防坠安全器

C. 超载限制器　　D. 钢丝绳防脱槽装置

85. 施工现场用电工程的基本供配电系统一般按(   )设置。

A. 一级　　B. 二级　　C. 三级　　D. 四级

86. 在驾驶室操作位置上应标明控制元件的(   )或动作方向。

A. 方向　　B. 用途　　C. 速度　　D. 力矩

87. 建筑物楼层门高度不应小于(   )m。

A. 1　　B. 1.1　　C. 1.6　　D. 1.8

88. 卷筒两侧边缘大于最外层钢丝绳的高度不应小于钢丝绳直径的(   )倍。

A. 10　　B. 2　　C. 6　　D. 8

89. 固定钢丝绳的绳卡，必须按规定使用，最后一个绳卡距绳头的长度不应小于(   )mm。

A. 100　　B. 120　　C. 130　　D. 140

90. 用绳卡固定钢丝绳时，当绳径为 22mm 时，选用(   )个绳卡。

A. 2 个　　B. 3 个　　C. 4 个　　D. 5

二、多项选择题

1. 施工升降机传动系统及其防护措施要便于维修检查，有关零部件必须防止(   )等有害物质侵入。

A. 雨　　B. 雪　　C. 泥浆

D. 灰尘　　E. 空气

2. 制动器存在下列(   )情况之一就应报废。

A. 表面有油及制动缺陷　　B. 制动轮有可见裂纹

C. 制动轮表面磨损量达 2 mm　　D. 制动轮表面有尘土

3. 在电气线路中，应设(   )保护。

A. 短路　　B. 失压　　C. 过压

D. 零位保护　　E. 缓冲器

4. 施工升降机安全防护装置有(   )。

A. 防坠安全器　　B. 起重性能曲线　　C. 防松绳装置

D. 下限位　　E. 上极限限位

5. 钢丝绳按捻制方向可分为(   )。

A. 同向捻　　B. 交互捻　　C. 混合捻　　D. 反向捻

6. 提升机构主要由(   )等部件组成。

A. 电动机　　B. 减速器　　C. 制动器
D. 控制器　　E. 行走限位器
7. 施工升降机金属结构基本部件包括(　　)。
A. 电动机　　B. 导轨架　　C. 吊笼
D. 卷扬机　　E. 底笼
8. 施工升降机的拆装作业时遇有下列(　　)天气时应停止作业。
A. 5 级风　　B. 36℃　　C. 潮湿
D. 雨雪　　E. 浓雾
9. 操作施工升降机司机工作中严禁下列行为(　　)。
A. 超载　　B. 作业前警铃示意
C. 工作笼门限位开关损坏因工期紧继续使用　　D. 让非司机操作
E. 用限位当开关使用
10. 钢丝绳出现下列情况之一时必须报废(　　)。
A. 钢丝绳断丝 40%
B. 断股占 50%
C. 当钢丝磨损或锈蚀严重，钢丝的直径减小达到其直径的 10%时
D. 钢丝绳表面黏土
E. 当钢丝磨损或锈蚀严重，钢丝的直径减小达到其直径的 40%时
11. 高处作业必佩戴安全带，下列作业面距地面(　　)m，属高处作业。
A. 1　　B. 2　　C. 3
D. 4　　E. 5
12. 滑轮达到下列条件之一时应报废(　　)。
A. 表面有泥沙
B. 槽底磨损量超过相应钢丝绳直径的 25%
C. 槽底壁厚磨损达原壁厚的 20%
D. 转动不灵活
E. 有裂纹
13. 手持移动式照明装置电源电压可以是(　　)。
A. 220 V　　B. 110 V　　C. 36 V
D. 24 V　　E. 12 V
14. 驱动机构有异常噪声振动过大的主要原因有(　　)。
A. 电机定转子相擦　　B. 电机和减速箱不同心
C. 轴承严重缺油或损坏　　D. 齿轮箱内缺油
E. 限位器动作
15. 提升机构电动机温升过高或冒烟的原因有(　　)。
A. 负载过大　　B. 负载持续及工作不符合规定
C. 极限限位不起作用　　D. 电机绕组接地或匝间、相间短路
E. 制动摩擦片间隙不对
16. 施工升降机按用途方式分类可分为(　　)。
A. SC 型　　B. 人货两用　　C. 双柱型

D. 货用　　　　　　E. SS 型

17. 凡属下列情况(　　),必须进行吊笼的坠落试验。

A. 升降机出厂时　　　　　　　　　B. 升降机安装过程中和安装完成时

C. 更换或重新检验的安全器装机时　　D. 从安全器装机之日每满三个月时

E. 升降机报废时

18. 安全器标牌上应有内容包括(　　)。

A. 制造厂名称　　　　　　　　　　B. 产品名称和型号

C. 主要技术性能参数(额定制动载荷、标定动作速度等)

D. 生产日期　　　　　　　　　　　E. 外观完好情况

19. 防坠安全器必须送到法定单位去进行检验,出厂检验报告应写明测量的标定(　　)。

A. 动作速度　　　B. 制动距离　　　C. 外观清洁情况

D. 试验载荷　　　E. 安全开关的动作情况

20. 司机作业前应检查(　　)。

A. 各部结构无变形,连接螺栓无松动

B. 齿条与齿轮、导向轮与导轨均接合正常

C. 风力小于 3 级

D. 各部钢丝绳固定良好,无异常磨损

E. 运行范围内无障碍

21. 若升降机在正常工作中,安全器发生动作,应按以下内容(　　)查明原因,并采取相应的措施后,才能进行复位。

A. 检查电磁制动器是否工作正常　　B. 检查减速器和联轴器是否工作正常

C. 检查吊笼滚轮、背轮是否工作正常　D. 检查对重系统是否工作正常

E. 检查上限位调整是否到位　　　　F. 检查齿轮齿条啮合是否正常

22. 吊笼运行不平稳的主要原因(　　)。

A. 滚轮未调整好　　　　　　　　　B. 驱动齿轮磨损超标

C. 减速器轴弯曲　　　　　　　　　D. 齿条损坏或齿条间过渡不好

E. 齿条齿轮啮合不良　　　　　　　F. 齿条齿轮有油

23. 吊笼起、制动时动作异常猛烈的主要原因(　　)。

A. 电机制动器动作不同步　　　　　B. 驱动板联接部位松动

C. 电机制动力矩过大　　　　　　　D. 上限位调整不到位

E. 未安装上限位

24. 钢丝绳磨损严重或有断丝现象,原因有(　　)。

A. 钢丝绳润滑不良　　　　　　　　B. 未安装松绳限位

C. 天轮工作异常　　　　　　　　　D. 使用寿命已到

E. 未安装上限位

25. 施工升降机按传动方式分类可分为(　　)。

A. SC 型　　　　B. 人货两用　　　C. 双柱型

D. 货用　　　　E. SS 型

26. 吊笼冲顶事故原因有(　　)。

A. 未安装上限位　B. 未安装下限位　C. 未安装上极限限位

D. 未安装下极限限位　　　　　　　E. 上限位和上极限限位开关不正常

27. 垂直坠落(吊笼墩底)的主要原因(　　)。

A. 制动器制动间隙过大

B. 制动轮上有油污,达不到规定的制动力矩

C. 防坠安全器失效

D. 齿轮、齿条磨损超标、啮合不符合规定

E. 偏载、超载

F. 吊笼的驱动板固定螺栓松动

G. 未安装上极限限位

28. 工作笼或对重出轨的主要原因(　　)。

A. 相邻标准节的立柱结合面对接相互错位形成的阶差超标

B. 标准节上的齿条相邻两齿条的对接处沿齿高方向的阶差超标

C. 各标准节、导轨之间相互错位形成的阶差超标

D. 未安装下限位

E. 未安装下极限限位

29. 施工升降机附墙装置超出说明书规定,要(　　)。

A. 经施工升降机生产厂同意　　　　B. 自行修改

C. 找有资质的单位进行设计　　　　D. 均可

30. 施工升降机按导轨架安装方式分类可分为(　　)。

A. 倾斜式　　　B. 人货两用　　　C. 双柱型

D. 货用　　　　E. 垂直式

三、判断题

1. 当采用两套或两套以上的独立传动系统时,每套传动系统均应具备各自独立的制动器。(　　)

2. 防坠安全器在施工升降机的接高和拆卸过程中不应起作用。(　　)

3. 在非坠落试验的情况下,防坠安全器动作后,吊笼应不能运行。只有当故障排除,安全器复位后吊笼才能正常运行。(　　)

4. 防坠安全器应防止由于外界物体侵人或因气候条件影响而不能正常工作。任何防坠安全器均不能影响施工升降机的正常运行。(　　)

5. 施工升降机额定提升速度 0.8 m/s,防坠安全器制动距离 0.25～2 m。(　　)

6. 双笼施工升降机每个吊笼应分别进行空载试验。(　　)

7. 坠落试验后应检查:结构及连接有无损坏及永久变形;吊笼底板在各个方向的水平度偏差改变值。(　　)

8. 安全器的有效检验期限不得超过一年。安全器无论使用与否,在有效检验期满后都必须重新进行检验标定。(　　)

9. 安全器齿轮的转动应灵活轻便,齿轮宽度应小于升降机齿条宽度。(　　)

10. 吊笼在某一作业高度停留时,不应出现下滑现象。(　　)

11. 吊笼在某一作业高度再次启动上升时,可以出现瞬时下滑的现象。(　　)

12. 升降机在每班首次载重运行时,当梯笼升离地面 1～2 m 时,应停机试验制动器的可

靠性；当发现制动效果不良时，应调整或修复后方可运行。 (　　)

13. 司机作业中手机铃声响起，可以立即接听。 (　　)

14. 每次加节到使用高度后，应及时安装并调整好上限位、极限限位、防冒顶限位的碰块位置，否则不准开动升降机。 (　　)

15. 吊笼应设有防坠安全器和安全钩。 (　　)

16. 防坠安全器应能保证当吊笼出现正常运行时及时动作，将吊笼制停。 (　　)

17. 安全钩能防止吊笼脱离导轨架或防坠安全器输出端齿轮脱离齿条。 (　　)

18. 防坠安全器动作时，设在防坠安全器上的安全开关应将电动机电路断开，制动器制动。 (　　)

19. 防坠安全器的速度控制部分应具有有效的铅封或漆封。 (　　)

20. 防坠安全器出厂后动作速度可以随意调整。 (　　)

21. 齿轮齿条式施工升降机和钢丝绳式人货两用施工升降机必须设置极限开关，吊笼越程超出限位开关后，极限开关须切断总电源使吊笼停车。 (　　)

22. 极限开关为非自动复位型的，其动作后必须手动复位才能使吊笼可重新启动。(　　)

23. 极限开关与限位开关共用一个触发元件。 (　　)

24. 施工升降机应设有限位开关、极限开关和防松绳开关。 (　　)

25. 行程限位开关均应由吊笼或相关零件的运动直接触发。 (　　)

26. 导轨架应能承受施工升降机在额定载重量偏载的情况下，以额定提升速度上、下运行和制动时的载荷，以及在此情况下防坠安全器动作时的附加载荷。 (　　)

27. 齿轮齿条式施工升降机吊笼与对重的导向应正确可靠，吊笼采用滚轮导向，对重采用滚轮或滑靴导向。 (　　)

28. 在正常工作状态下，下极限开关的安装位置在吊笼碰到缓冲器之后，下极限开关动作。 (　　)

29. 提升钢丝绳或对重钢丝绳出现松绳时，防松绳开关立即切断控制电路，制动器制动。 (　　)

30. 电路电源中应装有保险丝或断路器。 (　　)

31. 控制吊笼上、下运行的接触器不必电气联锁。 (　　)

32. 吊笼顶用作安装、拆卸、维修的平台时，则应设有检修或拆装时的顶部控制装置。 (　　)

33. 对多速施工升降机当在吊笼顶操作时，只允许吊笼以低速运行。 (　　)

34. 零线和接地线必须分开。接地线严禁作载流回路。 (　　)

35. 双笼施工升降机安装完毕，做载荷试验时只做一个笼就可以了。 (　　)

36. 施工升降机可以不设防坠安全器。 (　　)

37. 卷筒上保留圈数应大于5圈。 (　　)

38. 施工升降机的制动器必须是常闭式。 (　　)

39. 卷筒出现裂缝时要报废。 (　　)

40. 滑轮轮槽磨损不均匀达3 mm应报废。 (　　)

41. 从施工升降机上可以向下抛扔物品。 (　　)

42. 制动器制动轮表面磨损凹凸不平达1.5 mm时，可以使用。 (　　)

43. 钢丝绳外层钢丝磨损达钢丝直径的40%时应报废。 (　　)

44. 大于 3 t的施工升降机机应设防坠安全器。 ( )

45. 起升机构制动器可以选择常开式。 ( )

46. 钢丝绳检查合格,可超负荷使用。 ( )

47. 在特殊情况下,司机对任何人发出的紧急停止信号,均应服从。 ( )

48. 当施工升降机顶部风力在四级以上时,施工升降机不得进行按拆加节、作业。 ( )

49. 坠落试验做完后,安全器由专门人员进行复位。 ( )

50. 测量施工升降机导轨架垂直度时,在一个方向测量即可。 ( )

51. 施工升降机最附着点以下的导轨架垂直度偏差值应不超过相应高度的 3/1 000。 ( )

52. 司机作业时必须发出音响信号,以提醒作业现场人员注意。 ( )

53. 驱动机构的蜗轮蜗杆减速器应工作正常,不漏油,温度不大于 60℃。 ( )

54. 超载试验制动器运转过程中发热冒烟主要原因是制动瓦闸间隙过大。 ( )

55. 减速器温度过高的主要原因是润滑油缺少或过多。 ( )

56. 减速器轴承温度过高主要是润滑脂过量或太少,润滑脂质量差,轴承轴向间隙不符合要求或轴承已损坏。 ( )

57. 减速器漏油是由于联接部位贴合面的密合性差,轴端密封圈磨损环。 ( )

58. 驱动机构动作时,跳闸的主要原因一是起升电机过流,二是工地变压器容量不够或变压器至施工升降机动力电缆的线径不够。 ( )

59. 制动器打滑产生的主要原因是制动力矩过大。 ( )

60. 在驾驶室内可以任意堆放工具、零件。 ( )

61. 制动器负载冲击过猛的主要原因是制动时间过短闸瓦两侧间隙不均匀。 ( )

62. 制动器运转过程中发热冒烟主要原因是制动瓦(盘)间隙过大。 ( )

63. 制动器制动轮轮缘厚度磨损量达原厚度的 40%应报废。 ( )

64. 安装时,不慎丢了标准节螺栓,就近找了其他螺栓代替。 ( )

65. 在笼顶安装拆卸作业时,吊笼启动前不必按铃示警。 ( )

66. 安装、拆卸期间,每次启动吊笼前,应先检查运行通道是否畅通。如有人在笼顶、导轨架或附墙架上工作,不允许开动升降机。 ( )

67. 交接班时要认真做好交接手续,交班记录等齐全。当发现或怀疑机有异常情况时,交班司机和接班司机必须当面交接,严禁交班和接班司机不接头或经他人转告交班。 ( )

68. 在接通电源前,各控制器应处于零位。 ( )

69. 操作前检查电气元件工作正常,导线接头、各元器件的固定应牢固,导线可以裸露。 ( )

70. 操作前应对附墙装置进行检查。 ( )

71. 在吊笼顶上堆放工具、零件或杂物。 ( )

72. 司机作业中有事离开司机室,可以不锁门。 ( )

73. 司机室内可以放置鞭炮。 ( )

74. 作业后,司机应将梯笼降到底层,各控制开关拨到零位,切断电源,锁好开关箱,闭锁梯笼门和围护门。 ( )

75. 凡是在底笼以上无栏杆的各个部位做检查、维修、保养、加油等工作时必须系安全带。 ( )

76. 施工升降机标准节的普通节与加强节可以混装。 ( )

77. 当施工升降机有一施工空间或通道在对重下方时，则应设有防止对重坠落的安全防护措施。 ( )

78. 对重应涂成警告色。 ( )

79. 安装、加节时应留出对重在导轨架顶部越程余量，当吊笼的额定提升速度大于1.0 m/s时，对重越程不应小于 2.0 m。 ( )

80. 施工升降机运行到最上层或最下层时，可以采用限位装置作为停止运行的控制开关。 ( )

81. 施工升降机和脚手架等与建筑物通道的两侧边必须设防护栏杆。 ( )

82. 空载试验做工作循环动作，试验 1 次即可。 ( )

83. 施工升降机额定提升速度 0.6 m/s，防坠安全器制动距离应为 0.15～1.40 m。 ( )

四、复习题答案

(一)单项选择题

1. D	2. B	3. A	4. D	5. B
6. C	7. A	8. B	9. B	10. A
11. D	12. D	13. D	14. D	15. A
16. A	17. A	18. A	19. A	20. B
21. B	22. C	23. C	24. C	25. A
26. C	27. C	28. B	29. C	30. C
31. D	32. D	33. B	34. B	35. A
36. D	37. D	38. C	39. C	40. D
41. D	42. D	43. B	44. B	45. B
46. B	47. B	48. B	49. B	50. B
51. B	52. C	53. B	54. C	55. A
56. B	57. B	58. B	59. C	60. A
61. D	62. C	63. A	64. B	65. A
66. D	67. A	68. C	69. C	70. A
71. C	72. C	73. B	74. A	75. B
76. B	77. B	78. B	79. B	80. B
81. D	82. B	83. B	84. D	85. C
86. B	87. B	88. B	89. D	90. D

(二)多项选择题

1. ABCD	2. ABC	3. ABCD	4. ACDE	5. ABD
6. ABC	7. BCE	8. ADE	9. ACDE	10. ABCE
11. BCDE	12. BCE	13. CDE	14. ABCD	15. ABDE
16. BD	17. ABCD	18. ABCD	19. ABDE	20. ABDE
21. ABCDF	22. ABCDE	23. ABC	24. ACD	25. AE
26. ACE	27. ABCDE	28. ABC	29. AC	30. AE

（三）判断题

1.√	2.×	3.√	4.√	5.×
6.√	7.√	8.√	9.×	10.√
11.×	12.√	13.×	14.√	15.√
16.×	17.√	18.√	19.√	20.×
21.√	22.√	23.×	24.√	25.√
26.√	27.√	28.×	29.√	30.√
31.×	32.√	33.√	34.√	35.×
36.×	37.×	38.√	39.√	40.√
41.×	42.×	43.√	44.×	45.×
46.×	47.√	48.√	49.√	50.×
51.×	52.√	53.√	54.×	55.√
56.√	57.√	58.√	59.×	60.×
61.√	62.×	63.√	64.×	65.×
66.√	67.√	68.√	69.×	70.√
71.×	72.×	73.×	74.√	75.√
76.×	77.√	78.√	79.√	80.×
81.√	82.×	83.√		

第四篇　建筑起重机械司机（物料提升机）

物料提升机司机是指在房屋建筑工地和市政工程工地中从事物料提升机操作的特种作业人员。物料提升机司机要学习物料提升机的专业基础知识，掌握专业技术理论和操作规程，在实际工作中，达到懂机具原理、构造、性能、用途，会操作、保养、故障排除“四懂三会”的水平，具备本工种的技术能力。

第一章　物料提升机的分类、性能

物料提升机是工程建设中应用比较广泛的机械设备，由于其结构简单、造价低、安装方便，能满足一般工程的使用要求等优点，深受广大建筑施工者的欢迎。

第一节　物料提升机的性能与规格型号

物料提升机主要应用于建筑施工与维修工作的垂直运输机械，它是专为运送物料、禁止载人运行的，以地面卷扬机为动力，采用钢丝绳提升方式使吊篮沿导轨升降的垂直运输机械。

物料提升机的型号是由产品代号、主参数（额定起重量和最大安装高度）、分类代号和变型更新代号组成。

详细规格型号说明如下：

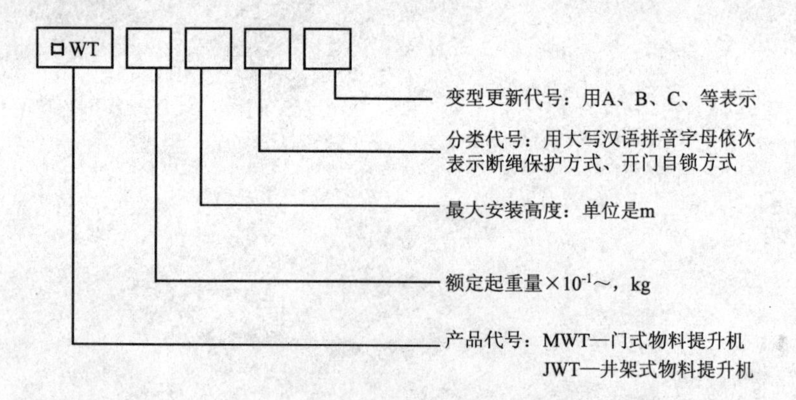

例如：MWT160—33—CK—B表示为：门式物料提升机、额定起重量 1 600 kg、最大安装高度 33 m、断绳保护方式为插块式、开门自锁方式为机械连锁中的开门联动式、第2次变型更新。

JWT80/80—70—XK—A表示为：井架式物料提升机、额定起重量 800 kg、双吊篮（吊笼）、最大安装高度 70 m、断绳保护方式为楔块式、开门自锁方式为机械联锁中的开门联动式、第1次变型更新。

第二节　物料提升机的分类

物料提升机按照不同的分类方法可分为不同的类型。

一、按架体结构分类

根据物料提升机的架体结构形式，可分为龙门式和井架式两大类。

龙门式物料提升机配用的吊笼较大，多用于装载较大重量。一般额定载重量为 800～2 000 kg。但其刚度和稳定性较差，因此提升高度一般在 30 m 以下。

井架式物料提升机安装拆卸更为方便，配以附墙装置，一般提升高度在 30 m 以上，但受到结构强度和吊笼空间的限制，仅适用于较小载重量的场合，额定载重量一般在 1 000 kg 以下。

二、按吊笼的数量和安装位置不同分类

1. 按吊笼的数量分类，物料提升机有单笼和双笼之分。

单笼物料提升机是指吊笼在架体的内部或两根立柱之间上下运行，如图 1—1 所示。

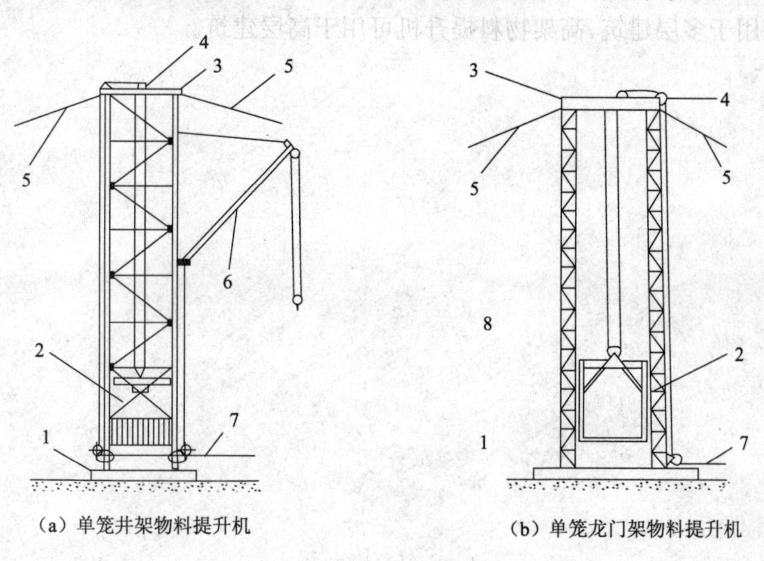

图 1—1　单笼物料提升机

1—基础；2—吊笼；3—天梁；4—滑轮；5—揽风绳；6—摇臂拔杆；7—卷扬钢丝绳；8—立柱

双笼物料提升机是指吊笼分别在架体的两侧或三根立柱的两个空间做上下运行，如图 1—2所示。

2. 根据吊笼的不同位置，可分为内置式或外置式物料提升机。

内置式物料提升机的架体因为有较大的截面供吊笼升降，并且吊笼位于内部。架体受力均衡，因此有较好的刚度和稳定性。由于进出料处要受缀杆的阻挡，常常需要拆除一些缀杆和腹杆，此时各层面在与通道连接的开口处都须进行局部加固。

外置式物料提升机的进出料较为方便，但架体的刚度和稳定性较低，而且安装拆卸较为复杂，运行中对架体有较大的偏心载荷，因此对架体的材料、结构和安装均有较高的要求。

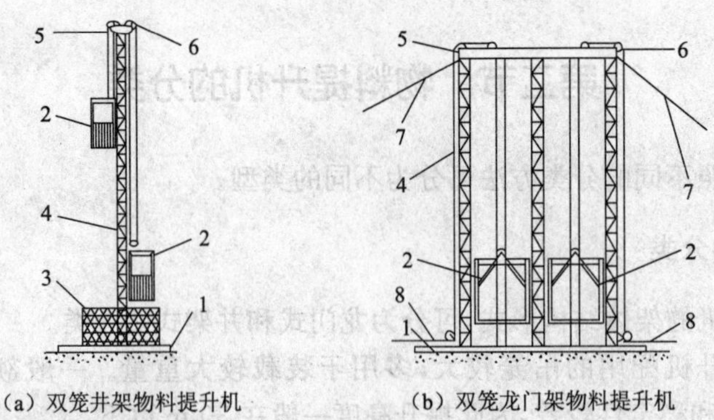

（a）双笼井架物料提升机　　（b）双笼龙门架物料提升机

图 1—2　双笼物料提升机

1—基础；2—吊笼；3—防护围栏；4—立柱；5—天梁；6—滑轮；7—揽风绳；8—卷扬钢丝绳

三、按提升高度分类

按提升高度，物料提升机可分为低架式和高架式。提升高度 30 m 以下(含 30 m)为低架物料提升机，提升高度 30 m 至 150 m 为高架物料提升机。

低架物料提升机和高架物料提升机在设计制造、安装、使用等方面具有不同的要求。低架物料提升机多用于多层建筑，高架物料提升机可用于高层建筑。

第二章　物料提升机的基本技术参数

物料提升机司机必须熟悉物料提升机的各项基本技术参数，掌握起重设备相应的技术数据。物料提升机的基本技术参数包括：额定起重量、最大安装高度、额定提升速度。

额定起重量：物料提升机吊篮内允许装载物料的最大重量。

最大提升高度：吊篮运行至最高正常作业状态的上限位位置时，吊篮底平面与物料提升机底座平面之间的垂直距离。

额定提升速度：吊篮内装载额定载重量，沿导轨架稳定上升的速度。

第三章 力学的基本知识、架体的受力分析

物料提升机虽是一种简单的起重机械，但仍具备起重机械及钢结构的工况，需对力学基本知识和架体的受力分析进行简单介绍。

第一节 力学的基本知识

物料提升机司机需要对力学的基本知识进行简单了解。

关于力学的基本知识详见第一篇第一章。

第二节 架体的受力分析

物料提升机的金属结构设计、制作均应符合《钢结构设计规范》及《起重机设计规范》的有关规定，应满足运输、安装、使用等各种工况下的强度、刚度和稳定性要求。

物料提升机架体的荷载计算应符合现行国家标准《建筑结构荷载规范》的规定。架体的组合荷载计算可分以下两种工况进行：

1. 工作状态：包括自重、升降荷载和工作状态下的风荷载。当使用断绳保护器时还应计算断绳情况下的坠落荷载。

2. 非工作状态：包括自重和非工作状态下的风荷载。

在进行风荷载计算时，可以将架体的单肢立柱视为多跨连续梁受均布荷载计算其内力。如图 3－1 所示：

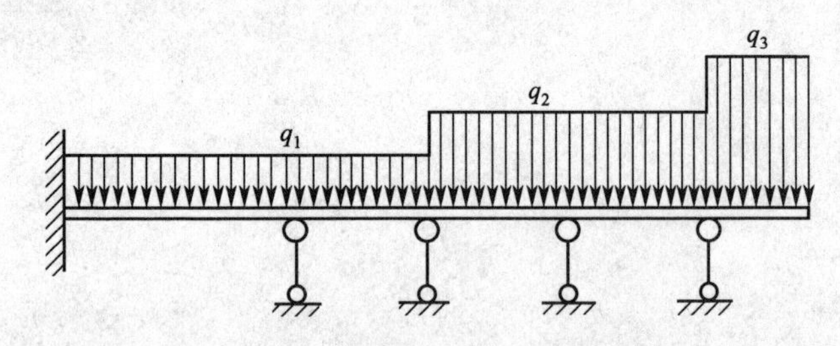

图 3－1 架体受风荷载时的计算简图

第四章　钢桁架结构基本知识

桁架结构是指由若干直杆组成的一般具有三角形区格的平面或空间承重构件。钢桁架是指用钢材制造的桁架。在荷载作用下，桁架杆件主要承受轴向压力或拉力，从而能充分利用材料的强度，在跨度较大时可比实腹梁节省材料，减轻自重和增大刚度，故在建筑起重机械的钢结构中常用三面、四面或多面空间钢桁架作为主要承重构件。

第一节　钢桁架的分类

钢桁架常按力学简图、外形和构造特点进行分类。

一、按力学简图分为简支的和连续的；静定的和超静定的；平面的和空间的。简支钢桁架应用最广。

二、按外形可分为三角形、梯形、平行弦和多边形。屋面坡度较陡的屋架常采用三角形钢桁架（如图 4－1a 所示），跨度一般在 18～24 m 以下；屋面坡度较平缓的屋架常采用梯形钢桁架（如图 4－1b、c 所示），跨度一般为 18～36 m，应用较广。其他各类钢桁架常采用构造较简单的平行弦钢桁架（如图 4－1d、e、f 所示及见桁架梁桥）。多边形钢桁架受力较好（如图 4－1g 所示），但制造较复杂，只在大跨度钢桁架中有时采用。塔架通常采用直线或折线的外形（见塔式结构）。

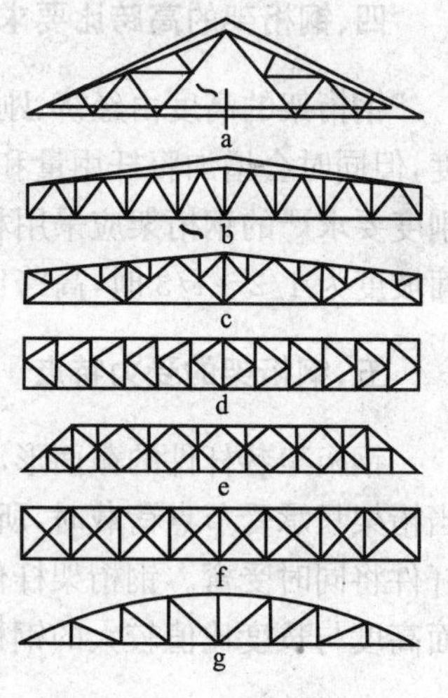

图 4－1　钢桁架型式

三、按杆件内力、杆件截面和节点构造特点分为普通、重型和轻型钢桁架。普通钢桁架一般用单腹式杆件，通常是两个角钢组成的 T 形截面，有时也用十字形、槽形或管形等截面，在节点处用一块节点板连接，构造简单，应用最广。重型钢桁架杆件用由钢板或型钢组成的工形或箱形截面，节点处用两块平行的节点板连接，常用于跨度和荷载较大的钢桁架，如桥梁和大跨度屋盖结构。轻型钢桁架用小角钢及圆钢或薄壁型钢组成，节点处可用节点板连接，也可将杆件直接相连，主要用于小跨度轻屋面的屋盖结构。

第二节　钢桁架结构特点

一、钢桁架的腹杆体系

钢桁架的腹杆体系通常采用人字式或单斜式。人字式腹杆的腹杆数和节点数较少，应用较广，为减小受有荷载的弦杆或受压弦杆的节间尺寸，通常增加部分竖杆。单斜式腹杆通常布置使较长的斜杆受拉，较短的竖杆受压，有时用于跨度较大的钢桁架。如需进一步减小弦杆及腹杆的长度，可采用再分式腹杆体系，钢桁架高度较大且节间较小时可采用K式或菱形腹杆体系。在支撑桁架和塔架中，常采用能较好承受变向荷载的交叉式腹杆体系，交叉斜杆通常按拉杆设计。斜腹杆对弦杆的倾斜角通常在30°～60°范围内。

二、钢桁架的支撑系统

为了保证平面钢桁架在桁架平面外的刚度和稳定性、减小弦杆在桁架平面外的计算长度、并承受可能有的侧向荷载，应在钢桁架侧向布置支撑。支撑通常可分为水平支撑(上弦和下弦平面、横向和纵向)、垂直支撑(桁架两端和中间)和系杆等类型。成对的钢桁架可在其间沿下弦及上弦平面分别布置横向水平支撑，并在钢桁架两端及中间每隔适当距离的竖杆平面布置垂直支撑。屋盖结构中有许多钢桁架，可只在两端及每隔一定距离的相邻两桁架间设置上、下弦横向水平支撑和垂直支撑，其余桁架只在上、下弦按适当间距设置系杆；当有较重吊车或必要时，还可在桁架下弦端节间增设纵向水平支撑。在四面或多面的塔架中应每隔一定高度设置横隔，以保证塔架刚度和横截面的几何不变性。

三、钢桁架的连接方法

钢桁架可用焊接、普通螺栓连接、高强度螺栓连接或铆接。焊接应用最广；普通螺栓连接常用于可拆卸的结构、输电塔和支撑系统；高强度螺栓连接常用于重型钢桁架的工地连接；铆接一般用于承受较大动力荷载的重型钢桁架，目前已逐渐被高强度螺栓连接所代替。

四、钢桁架的高跨比要求

钢桁架的高度由经济、刚度、使用和运输要求确定。增加钢桁架高度可减小弦杆截面和挠度，但同时会增加腹杆用量和建筑高度。钢桁架的高跨比通常采用1/5～1/12；钢材强度高、刚度要求严的钢桁架应采用相对偏高值。三角形钢屋架的高度通常由屋面坡高确定，一般屋面坡度为1/2～1/3时，高跨比相应为1/4～1/6。

五、钢桁架的受力特点

钢桁架各杆件的截面形心轴线应在节点处交汇于一点，内力计算一般按铰接桁架进行。当桁架只承受节点荷载时，所有杆件只受轴心拉力或压力；如在杆件节间内也承受荷载，则该杆件将同时受弯。钢桁架杆件一般较细，布置节点时应尽量避免或减小局部弯矩。对杆件截面高度与长度比值较大的钢桁架，必要时应考虑节点刚性引起的杆件次应力。

第五章　物料提升机技术标准及安全操作规程

物料提升机的操作者必须掌握本工种技术基础知识和操作制度，具有较强的工作责任心，自觉遵守提升机的安全操作规程，提高安全技能，严禁违章操作，效杜绝安全事故的发生。

第一节　物料提升机的技术要求

一、物料提升机架体的技术要求

1. 物料提升机架体的设计必须符合《龙门架及井架物料提升机安全技术规范》和《钢结构设计规范》的要求，必须有设计计算书和图纸并经有关部门审核审批。物料提升机生产厂家生产的定型产品，必须经法定的有关部门鉴定检验合格。

2. 物料提升机的架体或缆风绳与架空线路的最小安全距离应符合表 5－1 要求。

表 5－1　物料提升机的架体或缆风绳与架空线路的最小安全距离

外电线路电压(kV)	1 以下	1～10	35～110	145～220	330～500
最小安全距离(m)	4	6	8	10	15

3. 物料提升机与建筑物之间应采用刚性结构连接。连墙杆件的设置应符合设计要求，间隔不宜大于 9 m，且在建筑物顶层必须设置 1 组，架体的自由高度不应超过 6 m。连墙杆件材质应与架体材料相同。连墙杆件与架体及建筑结构之间，均应采用刚性连接，并形成稳定结构。禁止架体与建筑脚手架连接。

4. 当物料提升机受安装条件限制无法设置连墙杆件时，应采用缆风绳稳固架体。30 m 以上高架提升机在任何情况下均不得采用缆风绳。

5. 物料提升机龙门架的缆风绳应设在顶部。缆风绳必须采用钢丝绳，直径不小于 9.3 mm，与地面的夹角为 45°～60°，严禁使用铅丝、钢筋、麻绳等代替。缆风绳必须单独栓在各自的地锚上。缆风绳与地锚之间应采用花篮螺栓连接，严禁将缆风绳栓在树上、电杆及设备上。缆风绳穿越墙体、楼板时，应预先加套管，缆风绳与天梁、地锚的固定绳卡不得少于 3 个，且滑鞍必须卡受力绳。地锚设置应根据土质情况及受力大小经计算确定，一般应采用水平式地锚。当土质坚实，地锚小于 15 kN 时，也可选用桩式地锚。

二、物料提升机安全防护装置的安全技术要求

1. 物料提升机的吊篮必须设置定型化的停靠装置和断绳保护装置。停靠装置和断绳保护装置必须可靠、灵活。

2. 超高限位装置。在距天梁底部不少于 3 m 处或卷扬机机体上，设置超高限位装置。超高限位装置必须灵敏可靠。使用摩擦式卷扬机时，超高限位装置必须采用报警方式，禁止使用断电方式。

3.提升机还必须安装紧急断电装置开关和信号装置，且安装在司机方便操作的位置。

4.高架(30 m以上)提升机除具备上述的安全装置外，还应安装下极限限位、缓冲器、超载限位器和通讯装置。

5.吊篮两侧应设置固定栏板，其高度为1～1.2 m。

吊篮进、出料口必须设置定型化、工具化的安全门，进、出料时开放，垂直运输时关闭。安全门应开、关灵活、严密。

高架提升机应采用吊笼运送物料，吊笼的顶板可采用不小于50 mm厚的木板。

吊篮严禁使用单根钢丝绳提升。

6.楼层卸料平台的宽度不小于800 mm，采用木脚手板横铺，铺满、铺严、铺稳。严禁用钢模板做平台板。

平台两侧应设1.2 m高防护栏杆，并挂安全网。

卸料平台内侧均应设定型化、工具化的防护门，防护门要开、关灵活，使用方便、有效。

7.提升机进料口应设置防护棚和防护门。防护棚宽度应大于提升机的外部尺寸。防护棚长度：低架提升机应大于3 m，高架提升机应大于5 m；防护棚顶部铺不小于50 mm厚的木板，并铺满、铺严。防护门应在吊篮离开地面上升时自动落下，吊篮落下到地面时自动抬起。

三、传动系统的技术标准

1.物料提升机的卷扬机应符合国家标准的要求，宜选用可逆式卷扬机，高架提升机不得选用摩擦式卷扬机，卷筒与钢丝绳直径比应不小于30。卷扬机滚筒上必须设防止钢丝绳超越卷筒两端凸缘的保险装置。

卷扬机钢丝绳的第一个导向滑轮(地轮)与卷扬机卷筒中心线的距离，带槽卷筒应大于卷筒宽度的15倍，无槽卷筒应大于20倍。

卷扬机固定，必须埋设满足受力的地锚。地锚与卷扬机的拉结必须满足要求，不得利用树木、电杆或桩锚固定卷扬机。

禁止使用倒顺开关作为卷扬机的控制开关。

2.钢丝绳应维护保养良好，不得有严重的扭结、变形、锈蚀、断丝、缺油现象。

钢丝绳应用配套的天轮和地轮等滑轮。滑轮组直径与钢丝绳直径比值：低架提升机不应小于25，高架提升机不应小于30。滑轮组与架体(或吊篮)应采用刚性连接，严禁采用钢丝绳、铅丝等柔性连接和使用开口滑轮。

钢丝绳在卷筒上要排列整齐，不得咬绳和互相压绞，不得从卷筒下方卷入。运行中钢丝绳在卷筒上的圈数，剩余数不得少于3圈。

卷筒上的绳端固接应选用与其直径相应的绳卡、压板等固定牢固。采用绳卡固接时，工作绳卡数量不得少于3个，此外还应在尾端加一个安全绳卡。绳卡间距不小于钢丝绳直径的6倍，绳头距安全绳卡的距离不小于140 mm，并用细钢丝绳捆扎。绳卡滑鞍放在钢丝绳工作时受力的一侧，U型螺栓扣在钢丝绳的尾端，不得正反交错设置绳卡。在天梁上固定端应有防止钢丝绳受剪的措施。

钢丝绳在地面上的部分，不得拖地，应有拖滚，过路处要有保护措施。

3.卷扬机应搭设操作棚。操作棚要防雨、防砸。

操作棚对提升机的一面，严禁放置影响机手视线的障碍物。棚的其他三面要围护，地面要硬化。

第二节　物料提升机的安全操作规程

一、物料提升机使用前的安全注意事项

1.物料提升机安装完毕，必须进行检验验收。未经检验验收或验收不合格的物料提升机不得使用。

物料提升机在第一次投入使用前，还应按设计文件及说明书进行空载、额定载荷、超载试验，测试安全装置的可靠性。

2.物料提升机司机必须经过培训，熟知所操作卷扬机的结构和性能，掌握设备的操作方法，并经考核合格取得特种作业资格证后方可上岗。

3.清除工作场所周围的障碍物。卷扬机作业区内，不得有人员停留或通过。

4.使用物料提升机前要检查卷扬机与地面的固定，弹性联轴器不得松旷。

5.开动卷扬机试运转，检查安全装置、防护装置、电气线路、制动装置、钢丝绳等，全部合格后方可使用。

二、物料提升机使用中的安全注意事项

1.在使用中严禁任何人攀登、穿越物料提升机的架体，严禁用吊篮载人上下。

2.物料提升机吊篮提升载荷应在规定的额定值以内；物料在吊篮内应均匀分布，不得超出吊篮，当长料在吊篮中立放时，应采取防滚落措施，散料应装箱或装笼。

3.闭合主电源前，应将所有开关扳回零位。重新恢复作业前，应在确认提升机动作正常后方可继续使用。

4.作业中不得随意使用极限限位装置停车，如发现安全装置、通讯装置失灵时，应立即停机修复。

5.使用中要经常检查钢丝绳及绳卡、滑轮等工作情况，如发现磨损严重，必须按有关规定及时更换。

6.如物料提升机的卷扬机是倒顺开关的，要辨清电动机的旋转方向，旋转方向应与开关的方向一致，并应在钢丝绳上系一红色小布带，显示上下停车的位置。

7.吊篮因故需在空中停留时，除使用制动器外，并应用棘轮保险卡牢，机手不得离开岗位。

8.物料提升机工作时，吊篮下严禁站人，严禁进行维修保养作业，排除故障应在停机后进行。

9.在进行物料提升机的维修保养时，应将所有控制开关扳至零位，切断主电源，并在闸箱处挂“禁止合闸”标志，必要时设专人监护。

10.不准用人力释放机械制动装置的方式使吊篮快速降落，以免防坠装置卡死或制动轮散落伤害操作人员。

11.卷筒上的钢丝绳应排列整齐，当重叠或斜绕时，应停机重新排列，严禁在转动中用手拉脚踩钢丝绳。

12.高架物料提升机作业时，应配备通讯装置。

13.低架物料提升机在多楼层使用时，应设专人指挥，信号不清不得开机。

14.物料提升机司机在操作中，不论任何人发出紧急停车的信号，应立即停车。

15.物料提升机司机下班或暂时离开时，必须将吊篮降至地面，各控制开关扳至零位，并拉闸切断电源，锁好电箱后方可离开。

第六章　物料提升机的基本结构及工作原理

物料提升机的结构大体相同，主要有：架体、吊篮、操作平台、提升机构等。

第一节　物料提升机架体、吊篮及操作平台的构造及原理

一、架　　体

物料提升机的架体包括底架和立柱。

1. 底架：物料提升机的底架为避免管内存水发生冻胀损坏问题，底架一般采用无缝钢管制成，上面可固定标准节、地滑轮，用于承受所有负荷，下面通过预埋地脚螺栓与基础连成一体。

2. 立柱：物料提升机的类型不同，其立柱的结构型式有所不同。

门架式物料提升机的立柱由若干个长度相等且具有互换性的标准节连接组成。标准节由型钢或钢管组焊成，可根据建筑施工需要增减高度。标准节的种类分为两种：标准型和加强型。标准节的截面型式有方形和三角形之分。

井架式物料提升机的架体由立杆、横杆、斜杆、导轨等部分组成。在立柱角钢上通过翼板连接斜撑杆和横撑杆即可组成一个框架结构体，然后逐层往上加高至需要的高度，再装上顶架即成架体。架体内侧有四根导轨，它们一方面作为吊笼运行的导向装置，另一方面又对顶架起到支撑作用。

立柱的最上部设置天梁，用来承受吊篮荷载。

二、吊　　篮

吊篮是装载物料沿提升机导轨作上下运动的部件，一般是由型钢及连接板焊成吊篮框架，其中杆件连接板的厚度不得小于 8 mm，吊篮的结构架除按设计制作外，其底板材料可采用 50 mm厚木板或钢板横铺，当使用钢板时，应有防滑措施。吊篮的两侧应设置高度不小于 1 m 的安全挡板式挡网。

高架提升机（高度 30 m 以上）使用的吊篮应选用有防护顶板的吊笼。为防止物料从吊篮中洒落，进料口和卸料口均装设安全防护门，安全门不但要采用联锁开启装置，还应封闭吊篮的进出料口。

三、自升操作平台

物料提升机自升操作平台是拆装标准节的重要工作场所，主要用于提升机架体的安、拆工作。平台上设有自升操作卷筒、天梁、导向滑轮、介轮装置以及手摇小吊杆等升降机构，此套装置配有手摇蜗轮蜗杆减速机，用小吊杆进行标准节的吊装时，平台的活动爬爪可手动或自动复位，操作非常简单、省力。

第二节　物料提升机的提升机构

物料提升机的提升机构主要包括卷扬机、卷筒以及滑轮。

一、卷 扬 机

1.类型

卷扬机的种类较多,物料提升机常使用的卷扬机有以下两种:

摩擦式卷扬机,通过控制机构中的手柄进行工作。提升重物靠动力,下降重物靠重力,用带式制动器控制下降速度。

可逆式卷扬机,通过开关按钮控制卷扬机的电气及制动系统。提升重物和下降重物都靠动力来实现。卷筒正方向转动,重物上升,反方向转动重物下降,重物上升与下降为同一速度。切断电动机电源的同时,电磁制动器立即制动。

2.基本参数

卷扬机额定起重量。是指卷扬机的牵引力(卷扬能力),应满足吊篮及物料上下运行的最大起重量。卷扬机的牵引力是指卷筒上的钢丝绳在基准层(规定的缠绕层数)处的实际牵引力,也称额定牵引力。

卷扬机提升高度,也称卷筒的容绳量。是指卷扬机在额定牵引力的作用下,钢缆绳在卷筒上顺序紧密排列时,达到规定的缠绕层数所能容纳的钢丝绳工作长度的最大值。

卷扬机提升速度,也称平均卷扬速度。是指卷扬机在提升重物时,钢丝绳在卷筒上进行多层缠绕后速度的平均值。

二、卷　　筒

卷筒通过电动机驱动,收放钢丝绳,使提升机进行作业。

1.卷筒外形为圆柱形,按卷筒表面结构可分为光面卷筒和槽面卷筒(螺旋形槽),一般常用光面卷筒,它的优点是结构简单,钢丝绳可以在卷筒上紧密排列,缺点是紧密排列的钢丝绳挤压力大,绳间相互摩擦加速表面磨损。

2.卷筒的两端有凸缘,其高度不小于钢丝绳直径的两倍。由于钢丝绳不能承受径向压力,卷筒上钢丝绳缠绕层数不能过多,否则会加速钢丝绳的磨损。另外,如果钢丝绳缠绕层数过多,较大的侧向力易使卷筒边缘磨损变形,造成钢丝绳跳槽、脱出卷筒和断绳事故。

3.卷筒上的钢丝绳应排列整齐,润滑良好,不能产生重叠、斜绕等乱绳情况。否则会使钢丝绳出现死弯、绳芯挤出绳的结构破坏。实践证明,卷扬机钢丝绳损坏严重主要不是磨损造成,而是因为钢丝绳不能在卷筒上顺序排列,造成受力后相互挤压,从而破坏了钢丝绳的受力性能。

4.卷筒与钢丝绳的直径比值不应小于于30。“卷筒直径”包括卷筒本身直径+钢丝绳直径(按最外层钢丝绳直径中心计),又称卷筒节径。如果卷筒的直径过小钢丝绳弯曲度将较大,这将影响钢丝绳的使用寿命。

三、滑　　轮

在物料提升机架体的天梁上设置的定滑轮与吊篮上的动滑轮组成单联滑轮组,滑轮组克服了单个动滑轮不能改变方向、定滑轮不能省力的缺点。在吊篮上设置的动滑轮随吊篮同步上下运行，提升吊篮时，由于动滑轮上的两根钢丝绳同时受力，所以钢丝绳省力 1/2，但由于加大了钢丝绳行程，从而降低了吊篮运行速度。

物料提升机的提升机构是按重级工作级别考虑的，所以规定了提升机的滑轮直径与钢丝绳直径的比值不应小于 25。又考虑到高架提升机天梁的位置较高，平时检查保养不便，所以规定其比值不小于 30。这样不但保养滑轮的周期可以延长，同时使滑轮工作更加平稳。

物料提升机的提升机物是由卷扬机、卷筒、滑轮等组成的，其工作原理，如图 6－1 所示。

图 6－1　物料提升机牵引示意图

1—吊笼；2—笼顶动滑轮；3—导向滑轮；4—天梁；5—钢丝绳；6—卷筒

第七章　物料提升机安全装置的调试方法

物料提升机结构简单，操作完全由人的行为控制。因而需要安装各种保护装置，防止误操作以防安全事故的发生。下面以低架物料提升机和高架物料提升机分别讲述其安全装置的种类及调试要求。

第一节　低架物料提升机的安全装置

低架物料提升机应具备以下安全装置：

1. 安全停靠装置

由于物料提升机是为解决物料的上下运输而设计的，所以不准载人上下。但是当吊篮运行到位时，需由装卸物料的人员进入吊篮内作业，所以必须有安全停靠装置，防止在人员进入吊篮作业过程中吊篮发生意外坠落事故，以保障作业安全。

安全停靠装置为翻爪挂钩式结构，其工作原理如图 7－1 所示，停靠器装在吊笼上，停靠爪越过保险杆后靠自重打开，限制吊笼下降。如果吊笼要下降，首先使吊笼上升，待停靠器超出保险杆后，再使吊笼下降，保险杆拨动拨爪顺时针转动，弹簧拉停靠爪逆时针转动，使拨爪合在停靠爪的外面，保险杆从表面滑过。

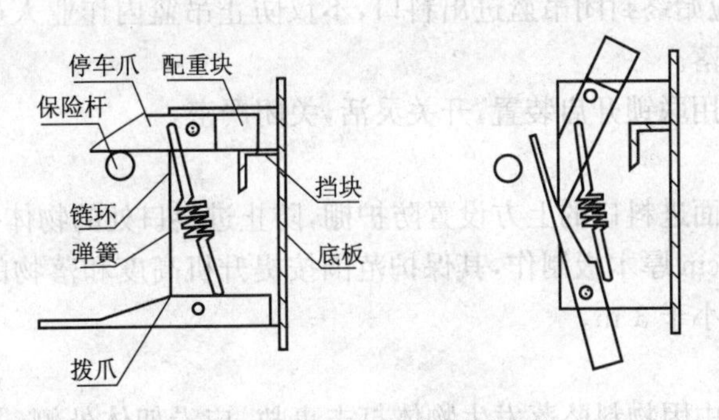

图 7－1　安全停靠装置原理图

调试方法：在额定载荷下，当吊篮运行到位时，观察停靠装置能否将吊篮准确定位。该装置应能承受吊篮自重、额定荷载及装卸物料者的荷载。

2. 断绳保护装置

当吊篮悬挂或运行中发生断绳时，该保护装置可以将吊篮可靠的停住并固定在架体上。

断绳保护装置按外形特点可分为：楔块式和偏心轮式。

按工作原理可分为：弹簧插销式、重锤式等几种，如图 7－2、7－3 所示。

调试方法：断绳保护装置应能将吊笼固定在架体上，且必须满足当吊篮满载时，其滑落行程不得超过 1 m。

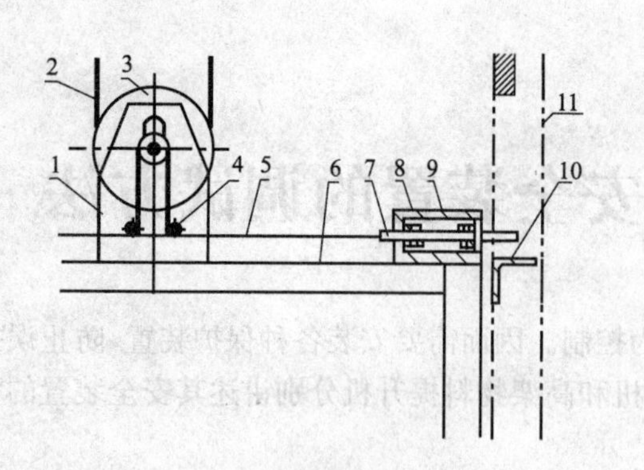

图 7－2　弹簧插销式

1—滑轮夹板；2—钢丝绳；3—滑轮；4—导向轮；
5—钢丝绳；6—吊笼；7—插销；8—弹簧；
9—导向套；10—标准节腹杆；11—导轨

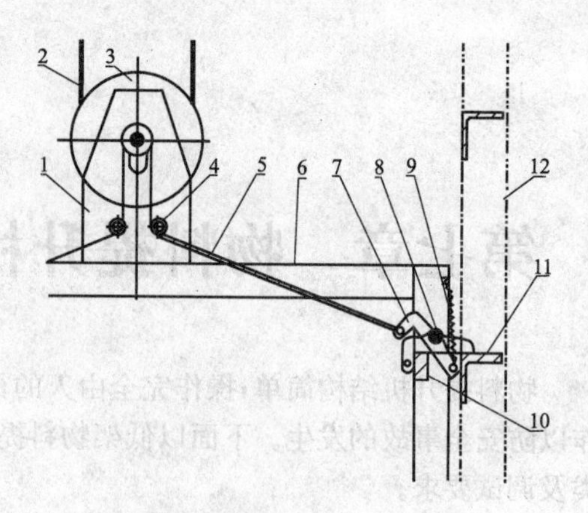

图 7－3　重锤式

1—滑轮夹板；2—钢丝绳；3—滑轮；4—导向轮；
5—钢丝绳；6—吊笼；7—提爪；8—转轴；
9—助力弹簧；10—挡块；11—标准节腹杆；12—导轨

3. 楼层口停靠栏杆(停靠门)

由于建筑施工常处于立体交叉作业，不同楼层都可能有作业人员，在建筑物各楼层的通道口处设置常闭型的停靠栏杆或停靠门，提升机向预定的楼层运料时，其它各层停靠栏杆或门不应开启，各层作业人员及物料不能提前进入通道口(应在停靠栏杆之后)，当吊篮运行到预定楼层时，该层停靠栏杆或门方可打开，防止吊篮运行中发生碰撞与坠落事故。

楼层口停靠栏杆(停靠门)的开关应灵活，关闭严密。

4. 吊篮安全门

吊篮安全门在吊篮运行到位时，可作为装卸人员进入吊篮内作业的临边防护，在吊篮上下运行过程中，安全门应始终封闭吊篮进出料口，不仅防止吊篮内作业人员发生高处坠落，也可防止物料从吊篮中滚落。

吊篮安全门应采用联锁开启装置，开关灵活，关闭严密。

5. 上料口防护棚

在提升机架体地面进料口的上方设置防护棚，防止进料口处的物体打击事故。

防护棚应采用 5 cm 厚木板制作，其保护范围按提升机高度和落物的坠落半径要求，低架提升机防护棚长度不小于 3 m。

6. 架体防护

为防止吊篮运行中因物料坠落发生物体打击事故，应沿架体外侧(井字架沿架体外侧，龙门架应搭设防护架)封挂立网。

应注意立网的封挂不能妨碍卷扬司机视线。

7. 上极限限位器

此装置的作用是控制吊篮上升的最大高度(吊篮上口与天梁部件最低处的距离不小于 3 m)，为防止吊篮运行到位因故不能停车时发生与天梁碰撞的事故。

由于采用的卷扬机类型不同，对极限限位器的调试要求也不同：

当采用可逆式卷扬机时，由于卷扬机可以自行制动，所以要求碰撞限位器后即切断电源，卷扬机自行制动使吊篮停住避免事故。

8. 紧急断电开关

当安全装置发生故障，不能保护提升机的安全运行或需要切断其他故障时，可直接采用紧急断电开关，切断提升机的总控制电源，避免故障扩大造成事故。

紧急断电开关应设置在便于司机操作的位置。

9.信号装置

当司机操作吊篮运行之前，应先发出音响信号，提醒提升机周围及各楼层人员远离提升机，保障运行安全。

第二节　高架物料提升机的安全装置

高架物料提升机除应满足低架提升机规定的安全装置外，还应具备以下安全装置：

1.下极限限位器

下极限限位器应安装在架体的底部，在吊笼下降时碰到缓冲器之前，限位器能够动作，切断电源，使吊笼停止下降。

2.缓冲器

缓冲器一般采用弹簧式或橡胶式，能承受相应的冲击力。当吊笼以额定载荷和规定的速度作用到缓冲器上时，可以平稳地停止。

3.超载限制器

超载限制器的作用是控制吊笼内物料不超过额定载荷。

当载荷达到额定载荷的90%时，应能发出报警信号，载荷超过额定荷载时，切断起升电源。

4.通讯装置

通讯装置是一个闭路的双向电气通讯系统，当司机不能清楚地看到操作者和信号指挥人员时，可以与每一层站取得联系，并能向每一层站讲话。

5.吊笼

由于高架提升机上下运行距离长，经过作业楼层多，进入吊篮内作业人员被落物击伤的可能性大，故规定高架提升机应使用吊笼。

吊笼除应设安全门及周围防护外，还应在上部设置防护顶板，其材料可选用5 cm厚木板或其他相当强度的材料。

第八章　物料提升机维护保养常识

物料提升机的维护保养可分为每班保养、一级保养和二级保养。物料提升机司机应做的维修保养工作主要是每班保养。其内容包括:作业前的检查准备工作和作业后的清洁保养工作。

一、作业前的检查准备工作

1. 首先要检查金属结构有无开焊和明显变形,卷扬机的位置是否合理。

2. 紧固架体各节点、附墙架、缆风绳、地锚位置的连接螺栓。

3. 查看电气设备及操作系统的可靠性;信号及通讯装置的使用效果是否良好清晰;提升机与输电线路的安全距离及防护情况。

4. 开车前,先用手扳动传动系统,检查各部零件是否灵活,钢丝绳、滑轮组的固接情况,安全防护装置是否灵敏可靠,特别是制动装置是否可靠灵敏。

5. 钢丝绳运行中应架起,使之不拖地面,不被水浸泡,必须穿越主要干道时,应挖沟槽并加保护措施。

6. 电动卷扬机长期不使用时,要做好定期保养和维修工作,其内容包括:测定电机绝缘电阻,拆洗检查零件,更换润滑油等。

二、作业后的清洁保养工作

1. 按说明书或其他规定对润滑部位加注润滑油。

2. 清除物料提升机机身上的灰尘和油污,雨雪后及时清除积水或积雪。

第九章　物料提升机常见事故原因及处置方法

第一节　物料提升机常见事故原因

物料提升机是建筑工地常用的一种物质垂直运输机械，由于它有着制造成本低、安装操作简便、适用性强的特点，所以被建筑施工企业广泛使用，特别是对一些中小型建筑工地来说更有着举足轻重的作用。随着建筑市场的发展，提升机数量随之增加，而提升机的安全事故发生率也明显提高，这向我们敲响了警钟，对物料提升机的规范管理已刻不容缓。分析归纳起来，常见事故原因主要有以下几方面：

一、设备质量方面

设备质量不合格主要是制造厂家不按标准和规范要求生产，这其中有两个原因：一是厂家本身对标准和规范理解不透；二是厂家为了降低成本迎合市场，人为取消一些安全保护装置，例如无安全停靠装置、吊篮的提升采用单根钢丝绳、吊篮无安全门、对高架、低架提升机安装要求区分不清等等，为事故的发生埋下了安全隐患。

二、安装方面

目前的提升机基本是施工企业自己安装，由于技术力量薄弱，人员素质差，不懂标准和规范要求，在安装中存在违章指挥、违章操作问题，因此急需规范这方面的管理。

三、使用方面

如何正确使用和操作设备是非常重要的，也就是说人的因素是关键。由于部分操作人员缺乏必要的安全知识和安全意识，主要表现在设备使用保养维护不够；违章作业；随意拆除设备上的一些安全保护装置式安全培训力度不够，也往往造成一些安全事故的发生。

第二节　常见物料提升机事故案例及分析

案例一：2008 年 10 月 10 日上午 8 时 30 分左右，某建筑公司五名施工人员在某项目进行脚手架拆卸作业，其中三人在作业平台拆卸脚手架钢管和竹笆片，其他两人甲、乙在物料提升机（在 9 楼处于停止状态）内进行钢管搬运装卸作业，物料提升机突然坠落，两人随物料提升机从 9 层坠落至地面，导致甲、乙受伤，两人在当天晚上 7 点至 9 点因抢救无效相继死亡。

事故原因：由于该物料提升机的起升钢丝绳固定方式不正确，当物料不断加载后超过允许荷载，使其受力状况恶化，加之有效钢丝绳绳卡数量不够且未夹紧，使起升钢丝绳从绳卡内滑脱（即起升钢丝绳从吊笼上部固定处松脱），同时停层保护器和防断绳保护器均失效，吊笼在重力的作用下坠落至地面，这是事故发生的直接原因。

防范措施：加强对施工现场安全生产监管，认真落实各项安全生产管理制度，按规定对施工现场建筑机械设备进行必要的检查、维修和保养是防范事故发生的主要措施。

案例二：2001 年 7 月 30 日，某市高新技术产业开发区某花园工程 A 栋在利用其吊篮升降方便进行落水管的安装工作时，该公司副经理直接安排 4 名作业人员在未采取任何安全措施的情况下，从建筑物内第 17 层处进入物料提升机吊篮，在司机启动电机提升吊篮过程中，钢丝绳突然断开，吊篮内作业的 4 名人员随吊篮一同坠落地面，造成 3 人死亡，1 人重伤。

事故原因：1. 该公司副经理擅自违章指挥，命作业人员进入提升机吊篮内升降作业，却又未采取任何安全措施，且使用之前未对提升机现状进行检查，由于蛮干，最终导致事故发生，这是直接原因。

2. 由于没有对物料提升机进行日常检查维修，未及时更换滑轮，导致运行中钢丝绳脱槽，当卷扬机继续转动时，钢丝绳被拉断。而该提升机既无断绳保护装置，作业人员又未增加安全带等个人防护措施，当吊篮滑落时人员也随之坠落地面，地面又未按规定设置缓冲装置，伤害加重，造成伤亡。

防范措施：

1. 应该组织企业主要负责人参加各级领导学习班，学习《建筑法》、《安全生产法》、《建设工程安全生产条例》等相关法律规定，提高法制观念。

2. 在学习法律规定的同时，学习必要的技术知识，防止在指导企业生产时出现违章指挥。

物料提升机因为原理简单、构造也不复杂，所以人们往往容易忽视其安全。为了更好地加强对物料提升机的管理，首先要做到使每个施工企业都能熟悉标准和规范，购买符合标准和规范的设备；同时加强与生产厂家的沟通，使其熟悉标准并制造出符合标准和规范的产品；其次必须加强设备的安装资质管理，做到具有相应技术水平的安装单位才能安装；最后就是要加强对操作人员的三级培训教育，提高工人操作设备的技术水平和安全防范意识。

第十章　物料提升机司机复习题

一、单项选择题

1. 物料提升机的型号是由产品代号、(　　)、分类代号和变型更新代号组成。

A. 规格　　B. 参数　　C. 主参数　　D. 型号

2. MWT 160—33—CK—B 表示提升机额定起重量为(　　)。

A. 1 600 kg　　B. 160 kg　　C. 330 kg　　D. 33 kg

3. MWT 160—33—CK—B 表示提升机最大安装高度为(　　)。

A. 1 600 m　　B. 160 m　　C. 330 m　　D. 33 m

4. JWT 80/80—70—XK—A 表示提升机额定起重量为(　　)。

A. 800 kg　　B. 80 kg　　C. 70 kg　　D. 700 kg

5. JWT 80/80—70—XK—A 表示提升机断绳保护方式为(　　)。

A. 插块式　　B. 楔块式　　C. 偏心轮式

6. MWT 160—33—CK—B 表示提升机断绳保护方式为(　　)。

A. 插块式　　B. 楔块式　　C. 偏心轮式

7. MWT 160—33—CK—B 表示提升机开门自锁方式为(　　)。

A. 开门联动式　　B. 电气联锁　　C. 手动拉杆式

8. JWT 80/80—70—XK—A 表示提升机开门自锁方式为(　　)。

A. 开门联动式　　B. 电气联锁　　C. 手动拉杆式

9. JWT 80/80—70—XK—A 表示提升机最大安装高度为(　　)。

A. 80 m　　B. 800 m　　C. 70 m　　D. 700 m

10. 物料提升机按提升架体的结构型式分为门式和(　　)两种。

A. 框架式　　B. 井架式　　C. 桁架式　　D. 吊篮

11. (　　)物料提升机配用的吊笼较大，多用于装载较大重量。一般额定载重量为 800～2 000 kg。但其刚度和稳定性较差，因此提升高度一般在 30 m 以下。

A. 龙门式　　B. 井架式　　C. 高架式　　D. 低架式

12. (　　)物料提升机安装拆卸更为方便，配以附墙装置，一般提升高度在 30 m 以上。

A. 龙门式　　B. 低架式　　C. 高架式　　D. 井架式

13. (　　)物料提升机受到结构强度和吊笼空间的限制，仅适用于较小载重量的场合，额定载重量一般在 1 000 kg 以下

A. 龙门式　　B. 井架式　　C. 高架式　　D. 低架式

14. 物料提升机的基本技术参数中额定提升速度是指吊篮内(　　)沿导轨架稳定上升的速度。

A. 装载平均载重量　　B. 装载额定载重量

C. 空载　　　　　　　　　　　　　　　　D. 装载最小载重量

15. 物料提升机的基本技术参数中最大提升高度是指吊篮运行至最高正常作业状态的上限位位置时，吊篮(　　)与物料提升机底座平面之间的垂直距离。

A. 底平面　　　　B. 上平面

16. 物料提升机的基本技术参数中最大提升高度是指吊篮运行至最高正常作业状态的上限位位置时，吊篮底平面与物料提升机(　　)之间的垂直距离。

A. 底座平面　　　　B. 上平面

17. 物料提升机的基本技术参数中额定起重量是指物料提升机吊篮内允许(　　)。

A. 装载平均载重量　　　　B. 装载额定载重量

C. 空载　　　　D. 装载最小载重量

18. 物料提升机的基本技术参数中额定提升速度是指吊篮内装载额定载重量沿导轨架(　　)的速度。

A. 稳定上升　　B. 稳定下降　　C. 加速上升　　D. 加速下降

19. 力是物体间的(　　)作用。

A. 机械　　B. 物理　　C. 相互　　D. 电磁

20. 物体间的相互作用有(　　)种。

A. 两　　B. 三　　C. 四　　D. 一

21. 力的国际单位为(　　)。

A. 千克力　　B. 米　　C. 吨　　D. 牛顿

22. 力的(　　)表示物体间相互作用的强弱程度。

A. 大小　　B. 方向　　C. 作用点　　D. 相互

23. 力的(　　)表示力对物体作用的位置。

A. 大小　　B. 方向　　C. 作用点　　D. 相互

24. 作用力与反作用力是分别作用在(　　)个物体上的。

A. 两　　B. 三　　C. 四　　D. 一

25. 在国际单位制中，力的单位是牛顿，简称“牛”，国际符号是(　　)。

A. “N”　　B. “T”　　C. “M”　　D. “A”

26. 力的大小，方向和作用点称为力的三要素，改变三要素中任何一个时，力对物体的作用效果会(　　)。

A. 不变　　B. 改变　　C. 不确定

27. 在力学中，把具有大小和(　　)的量称为矢量。

A. 方向　　B. 单位　　C. 作用点

28. 作用力与反作用力是作用在(　　)相互作用的物体上。

A. 同一个　　B. 两个　　C. 三个　　D. 四个

29. 几个力达成平衡的条件是：它们的合力(　　)零。

A. 不等于　　B. 等于　　C. 大于　　D. 小于

30. 作用在物体上某一点的两个力，(　　)合成一个合力。

A. 可以　　B. 不可以

31. 求两个互成角度共点力的合力，其方法有图解法和(　　)计算法。

A. 三角函数　　B. 代数

32. 将物体放在斜面上，物体的重力可(　　)为物体沿斜面的下滑力和垂直于斜面的正压力。

A. 分解　　B. 假定　　C. 合成

33. 在两个或两个以上力系的作用下，物体保持(　　)或做匀速直线运动状态，这种情况叫做力的平衡。

A. 静止　　B. 加速运动　　C. 自由落体

34. 力矩的国际单位为(　　)，国际符号为 N・m。

A. 牛顿・米　　B. 公斤・米　　C. 千牛・米　　D. 克・米

35. 力偶的国际单位为(　　)，国际符号为 N・m。

A. 牛顿・米　　B. 公斤・米　　C. 千牛・米　　D. 克・米

36. 钢桁架的腹杆体系通常采用人字式或(　　)等形式。

A. 斜式　　B. 双斜式　　C. 单斜式　　D. 桁架式

37. 物料提升机的架体或缆风绳与1～10 kV 电压外电架空线路的最小安全距离应为(　　)m。

A. 4　　B. 6　　C. 8　　D. 10

38. 物料提升机与建筑物之间应采用(　　)结构连接。

A. 柔性　　B. 刚性　　C. 锚固　　D. 钢

39. 物料提升机与建筑物之间连墙杆件的设置间隔不宜大于(　　)。

A. 7 m　　B. 8 m　　C. 9 m　　D. 10 m

40. 物料提升机架体的自由高度不应超过(　　)。

A. 4 m　　B. 5 m　　C. 6 m　　D. 7 m

41. 物料提升机龙门架的缆风绳应设在(　　)。

A. 顶部　　B. 上半部　　C. 接近顶部　　D. 中部

42. 物料提升机龙门架的缆风绳与地面的夹角为(　　)。

A. 45°～60°　　B. 30°～45°　　C. 45°～55°　　D. 45°～90°

43. 缆风绳必须采用钢丝绳，直径不小于(　　)。

A. 6 mm　　B. 7 mm　　C. 8 mm　　D. 9.3 mm

44. 缆风绳与天梁、地锚的固定绳卡不得少于(　　)个。

A. 4　　B. 2　　C. 3　　D. 5

45. 物料提升机的吊篮必须设置定型化的停靠装置和(　　)装置。

A. 断绳保护　　B. 限位　　C. 信号　　D. 断电保护

46. 在距天梁底部不小于(　　)处或卷扬机机体上，设置超高限位装置。

A. 4 m　　B. 1 m　　C. 2 m　　D. 3 m

47. 吊篮两侧应设置固定栏板，其高度为(　　)。

A. 1～1.2 m　　B. 1 m　　C. 1～1.3 m　　D. 1～1.5 m

48. 物料提升机楼层卸料平台的宽度不小于(　　)。

A. 600 mm　　B. 700 mm　　C. 800 mm　　D. 900 mm

49. 物料提升机吊笼的顶板可采用(　　)厚的木板。

A. 30 mm　　B. 40 mm　　C. 50 mm　　D. 45 mm

50. 物料提升机楼层卸料平台的两侧应设(　　)高防护栏杆，并挂安全网。

A. 1.0 m　　B. 1.1 m　　C. 1.2 m　　D. 1.5 m

51. 高架提升机进料口应设置的防护棚长度应大于(　　)。

A. 4 m　　B. 5 m　　C. 6 m　　D. 3 m

52. 低架物料提升机进料口应设置的防护棚长度应大于(　　)。

A. 4 m　　B. 5 m　　C. 6 m　　D. 3 m

53. 物料提升机防护棚顶部铺不小于(　　)厚的木板,并铺满、铺严。

A. 30 mm　　B. 40 mm　　C. 50 mm　　D. 60 mm

54. 低架提升机滑轮组直径与钢丝绳直径比值不应小于(　　)。

A. 15　　B. 20　　C. 25　　D. 30

55. 高架提升机滑轮组直径与钢丝绳直径比值不应小于(　　)。

A. 15　　B. 20　　C. 25　　D. 30

56. 运行中钢丝绳在卷筒上的圈数,不得少于(　　)圈。

A. 4　　B. 5　　C. 2　　D. 3

57. 卷筒上的绳端固接采用绳卡固接时,工作绳卡数量不得少于(　　)个。

A. 4　　B. 5　　C. 2　　D. 3

58. 卷筒上的钢丝绳应在尾端加一个安全绳卡。绳卡间距不小于钢丝绳直径的(　　)。

A. 5 倍　　B. 6 倍　　C. 7 倍　　D. 8 倍

59. 卷筒上的钢丝绳应在尾端加一个安全绳卡,绳头距安全绳卡的距离不小于(　　),并用细钢丝绳捆扎。

A. 130 mm　　B. 110 mm　　C. 120 mm　　D. 140 mm

60. 物料提升机安装完毕,必须进行(　　)。

A. 检验验收　　B. 试运行　　C. 检查安全装置　　D. 直接使用

61. 物料提升机的架体包括(　　)和标准节等构件。

A. 基础底座　　B. 吊篮　　C. 卷扬机　　D. 操作平台

62. 物料提升机的提升机构主要包括(　　)、卷筒以及滑轮。

A. 卷扬机　　B. 摩擦式卷扬机　　C. 可逆式卷扬机　　D. 钢丝绳

63. 物料提升机的提升机构是按重级工作级别考虑的,所以规定了提升机的滑轮直径与钢丝绳直径的比值不应小于(　　)。

A. 25　　B. 20　　C. 30　　D. 28

64. 高架物料提升机的提升机构规定了提升机的滑轮直径与钢丝绳直径的比值不应小于(　　)。

A. 25　　B. 20　　C. 30　　D. 28

65. 卷筒与钢丝绳的直径比值不应小于(　　)。

A. 25　　B. 20　　C. 30　　D. 28

66. 卷筒的两端有凸缘,其高度不小于钢丝绳直径的(　　)。

A. 2 倍　　B. 1.5 倍　　C. 3 倍　　D. 4 倍

66. (　　)是防止在人员进入吊篮作业过程中吊篮发生意外坠落事故,保障作业安全。

A. 安全停靠装置　　B. 短绳保护装置　　C. 停靠门　　D. 安全门

67. 断绳保护装置的设置必须满足当吊篮满载时,其滑落行程不得超过(　　)。

A. 2 m　　B. 0.5 m　　C. 1 m　　D. 1.5 m

68. 在提升机架体地面进料口的上方设置(　　),防止进料口处的物体打击事故。

A. 防护棚　　B. 短绳保护装置　　C. 停靠门　　D. 安全门

69. 低架提升机防护棚保护范围按提升机高度和落物的坠落半径要求，长度不小于(　　)。

A. 2 m　　B. 5 m　　C. 3 m　　D. 4 m

70. 高架物料提升机除应满足(　　)外，还应具备其它自己特有的安全装置。

A. 低架提升机规定的安全装置　　B. 下极限限位器

C. 超载限制器　　D. 断绳保护装置

71. 物料提升机司机应做的维修保养工作主要是(　　)。

A. 每班保养　　B. 一级保养　　C. 二级保养　　D. 班后清洁

72. 安全停靠装置为翻爪挂钩式结构，停靠器装在吊笼上，停靠爪越过保险杆后靠自重打开，限制吊笼(　　)。

A. 上升　　B. 下降　　C. 自由移动

73. 调试安全停靠装置时，在(　　)下，当吊篮运行到位时，观察停靠装置能否将吊篮准确定位。

A. 空载情况　　B. 额定载荷　　C. 最大载荷　　D. 最小载荷

74. 当吊篮悬挂或运行中发生断绳时，断绳保护装置可以将吊篮可靠地(　　)并固定在架体上。

A. 上升　　B. 下降　　C. 停住

75. 断绳保护装置应能将吊笼固定在架体上，且必须满足当吊篮(　　)时，其滑落行程不得超过 1 m。

A. 额定载荷　　B. 空载　　C. 满载

76. 由于建筑施工常处于立体交叉作业，不同楼层都可能有作业人员，在建筑物各楼层的通道口处设置(　　)的停靠栏杆或停靠门。

A. 常闭型　　B. 常开型　　C. 自锁型　　D. 联动型

77. 在提升机架体地面进料口的上方设置(　　)。

A. 吊篮安全门　　B. 上料口防护棚

C. 楼层口停靠栏杆(停靠门)　　D. 安全停靠装置

78. 当吊篮运行到位时，需由装卸物料的人员进入吊篮内作业，为防止在人员进入吊篮作业过程中吊篮发生意外坠落事故，必须有(　　)。

A. 吊篮安全门　　B. 上料口防护棚

C. 楼层口停靠栏杆(停靠门)　　D. 安全停靠装置

79. 当吊篮悬挂或运行中发生断绳时，(　　)装置可以将吊篮可靠的停住并固定在架体上。

A. 吊篮安全门　　B. 上料口防护棚

C. 断绳保护　　D. 安全停靠装置

80. 在吊篮运行到位时，(　　)可作为装卸人员进入吊篮内作业的临边防护。

A. 吊篮安全门　　B. 上料口防护棚

C. 断绳保护　　D. 安全停靠装置

81. 在提升机架体地面进料口的上方设置防护棚，防护棚应采用(　　)厚木板制作。

A. 5 cm　　B. 10 cm　　C. 3 cm　　D. 6 cm

82. 为防止吊篮运行到位因故不能停车时发生与天梁碰撞的事故，应设置(　　)。

A. 吊篮安全门　　B. 上极限限位器　　C. 断绳保护　　D. 安全停靠装置

83. (　　)的作用是：当安全装置发生故障，不能保护提升机的安全运行或需要切断其它故障时，可切断提升机的总控制电源，避免故障扩大造成事故。

A. 吊篮安全门　　B. 上极限限位器　　C. 紧急断电开关　　D. 安全停靠装置

84. 高架物料提升机的(　　)应安装在架体的底部，在吊笼下降时碰到缓冲器之前，限位器能够动作，切断电源，使吊笼停止下降。

A. 缓冲器　　B. 下极限限位器　　C. 超载限制器　　D. 断绳保护装置

85. 高架物料提升机的(　　)一般采用弹簧式或橡胶式，能承受相应的冲击力。

A. 缓冲器　　B. 下极限限位器　　C. 超载限制器　　D. 断绳保护装置

86. 高架物料提升机(　　)的作用是控制吊笼内物料不超过额定载荷。

A. 缓冲器　　B. 下极限限位器　　C. 超载限制器　　D. 断绳保护装置

87. 高架物料提升机当载荷达到额定载荷的(　　)时，应能发出报警信号，载荷超过额定荷载时，切断起升电源。

A. 70%　　B. 80%　　C. 90%　　D. 100%

88. 高架物料提升机使用时，当司机不能清楚地看到操作者和信号指挥人员时，可以通过(　　)与每一层站取得联系，并能向每一层站讲话。

A. 缓冲器　　B. 下极限限位器　　C. 通讯装置　　D. 断绳保护装置

89. 高架物料提升机使用时，吊笼除应设安全门及周围防护外，还应在上部设置防护顶板，其材料可选用(　　)厚木板或其它相当强度的材料制作。

A. 2 cm　　B. 3 cm　　C. 4 cm　　D. 5 cm

90. 物料提升机由于采用的卷扬机类型不同，对(　　)的调试要求也不同，当采用可逆式卷扬机时，要求碰撞限位器后即切断电源，当采用摩擦式卷扬机时，要求碰撞限位器后，应同时发出报警音响，提示操作人员立即分离离合器用手刹制动停止上升，然后再慢慢松开带式制动器，使吊篮缓缓降落。

A. 安全停靠装置　　B. 断绳保护装置　　C. 安全门　　D. 极限限位器

二、多项选择题

1. 物料提升机的型号是由(　　)组成。

A. 产品代号　　B. 主参数　　C. 分类代号　　D. 变型更新代号

2. 根据物料提升机的架体结构形式，可分为(　　)两大类。

A. 低架式　　B. 龙门式　　C. 高架式　　D. 井架式

3. 井架式物料提升机的优点有(　　)。

A. 安装拆卸更为方便　　B. 提升高度较高

C. 有较好的刚度和稳定性　　D. 载重量较大

4. 低架物料提升机和高架物料提升机在(　　)方面具有不同的要求。低架物料提升机多用于多层建筑，高架物料提升机可用于高层建筑。

A. 设计制造　　B. 安装　　C. 使用

5. 按提升高度，物料提升机可分为(　　)。

A. 低架式　　B. 高架式　　C. 井架式　　D. 龙门式

6. 物料提升机的基本技术参数包括:(　　)。

A. 额定起重量　　B. 最大安装高度　　C. 额定提升速度　　D. 额定宽度

7. 物体间的相互作用有(　　)。

A. 直接作用　　B. 间接作用　　C. 电磁作用

8. 力的(　　)称为力的三要素。

A. 大小　　B. 方向　　C. 作用点　　D. 尺度

9. 力是具有(　　)的物理量。

A. 大小　　B. 方向　　C. 位置　　D. 能量

10. 物体间的作用力和反作用力总是(　　)。

A. 大小相等　　B. 方向相反

C. 沿同一直线　　D. 作用在两个物体上

11. 二力平衡定律是指:一个物体上作用两个力使物体保持平衡时,两个力必须是(　　)。

A. 大小相等　　B. 方向相反

C. 作用在同一直线上　　D. 作用在两个物体上

12. 荷载根据其作用可分为(　　)三大类。

A. 永久荷载　　B. 可变荷载　　C. 偶然荷载　　D. 风载荷

13. 可变荷载是指物体在使用期间,其大小随时间发生变化,且其变化值与平均值相比是不可忽略的荷载。如(　　)。

A. 楼面使用荷载　　B. 施工荷载　　C. 风荷载　　D. 雪荷载

14. 偶然荷载是指在物体使用期不一定出现,一旦出现,往往力量很大,且持续时间较短的荷载。如(　　)。

A. 爆炸力　　B. 撞击力　　C. 地震力　　D. 风荷载

15. 实践表明力矩与(　　)有关。

A. 力 F 的大小　　B. 力臂 L　　C. 力的方向　　D. 力的作用点

16. (　　)在力学上称为力偶。

A. 相等　　B. 方向相反

C. 不共线的两个平行力　　D. 作用在同一直线上

17. 物料提升机的金属结构的设计应满足运输、安装、使用等各种工况下的(　　)要求。

A. 强度　　B. 硬度　　C. 刚度　　D. 稳定性

18. 物料提升机架体的组合荷载计算可分以下两种工况进行:(　　)。

A. 工作状态　　B. 非工作状态　　C. 额定载荷状态　　D. 空载状态

19. 物料提升机的金属结构的设计、制作均应满足(　　)等各种工况下的强度、刚度和稳定性的要求。

A. 维修　　B. 运输　　C. 安装　　D. 使用

20. 物料提升机与建筑物之间连墙杆件的设置应符合(　　)要求。

A. 间隔不宜大于 9 m　　B. 在建筑物顶层必须设置 1 组

C. 架体的自由高度不应超过 6 m　　D. 架体与建筑脚手架连接

21. 物料提升机的架体或缆风绳与架空线路的最小安全距离(　　)。

A. 1 kV 以下为 4 m　　B. 1～10 kV 以下为 6 m

C. 35～110 kV 以下为 8 m　　D. 110～220 kV 以下为 12 m

22. 物料提升机龙门架的缆风绳必须采用钢丝绳，还应满足(　　)。

A. 钢丝绳直径不小于 9.3 mm　　B. 钢丝绳与地面的夹角为 45°～60°

C. 缆风绳必须单独栓在各自的地锚上　　D. 缆风绳可以栓在树上、电杆及设备上

23. 物料提升机的超高限位装置必须满足(　　)。

A. 设置在距天梁底部不少于 3 m 处

B. 超高限位装置必须灵敏可靠

C. 使用摩擦式卷扬机时，超高限位装置必须采用报警方式

D. 使用摩擦式卷扬机时，超高限位装置必须采用断电方式

24. 物料提升机的吊篮必须设置定型化的(　　)。

A. 停靠装置　　B. 断绳保护装置

C. 紧急断电装置开关　　D. 信号装置

25. 高架(30 m 以上)提升机除具备低架的安全装置外，还应安装(　　)。

A. 下极限限位　　B. 缓冲器

C. 超载限位器　　D. 通讯装置

26. 提升机进料口应设置(　　)。

A. 停靠装置　　B. 防护门

C. 防护棚　　D. 信号装置物料提升机的

27. 卷扬机应符合《建筑卷扬机安全规程》的要求(　　)。

A. 宜选用可逆式卷扬机

B. 高架提升机不得选用摩擦式卷扬机

C. 卷筒与钢丝绳直径比应不小于 30

D. 卷扬机滚筒上必须设防止钢丝绳超越卷筒两端凸缘的保险装置

28. 卷扬机使用钢丝绳应(　　)。

A. 维护保养良好

B. 不得有严重的扭结、变形、锈蚀、断丝、缺油现象

C. 严禁使用拆减、接长钢丝绳

D. 严禁使用报废钢丝绳

29. 钢丝绳应用配套的天轮和地轮等滑轮，滑轮组直径与钢丝绳直径比值:(　　)。

A. 低架提升机不应小于 25　　B. 低架提升机不应小于 20

C. 高架提升机不应小于 30　　D. 高架提升机不应小于 25

30. 钢丝绳在卷筒上要排列整齐(　　)。

A. 不得咬绳和互相压绞

B. 不得从卷筒下方卷入

C. 运行中钢丝绳在卷筒上的圈数，不得少于 3 圈

D. 采用绳卡固接时，工作绳卡数量不得少于 3 个

31. 卷扬机应搭设操作棚(　　)。

A. 操作棚要防雨、防砸

B. 操作棚对提升机的一面，严禁放置影响机手视线的障碍物

C. 操作棚的其它三面要围护，地面要硬化

D. 卷扬机固定，必须埋设满足受力的地锚

32. 物料提升机使用前的安全注意事项(　　)。
A. 物料提升机安装完毕,必须进行检验验收
B. 未经检验验收或验收不合格的物料提升机不得使用
C. 物料提升机在第一次投入使用前,还应按设计文件及说明书进行空载、额定载荷、超载试验
D. 物料提升机在第一次投入使用前应测试安全装置的可靠性
33. 物料提升机在第一次投入使用前,还应按设计文件及说明书进行(　　)。
A. 空载试验　　B. 额定载荷试验
C. 超载试验　　D. 测试安全装置的可靠性
34. 物料提升机司机(　　)。
A. 必须经过培训考核合格　　B. 熟知所操纵卷扬机的结构和性能
C. 掌握设备的操作方法　　D. 取得特种作业资格证后方可上岗
35. 物料提升机使用前应开动卷扬机试运转必须(　　)钢丝绳等,全部合格后方可使用。
A. 检查安全装置　　B. 检查防护装置
C. 检查电气线路　　D. 检查制动装置
36. 物料提升机使用中的安全注意事项有(　　)。
A. 如物料提升机的卷扬机是倒顺开关的,要辨清电动机的旋转方向应与开关的方向一致,并应在钢丝绳上系一红色小布带,显示上下停车的位置
B. 在使用中严禁任何人攀登、穿越物料提升机的架体
C. 严禁用吊篮载人上下
D. 作业中不得随意使用极限限位装置停车,如发现安全装置、通讯装置失灵时,应立即停机修复
37. 物料提升机吊篮提升载荷应在规定的额定值以内,(　　)。
A. 物料在吊篮内应均匀分布
B. 物料不得超出吊篮
C. 当长料在吊篮中立放时,应采取防滚落措施
D. 散料应装箱或装笼
38. 物料提升机吊篮工作时(　　)。
A. 吊篮因故需在空中停留时,除使用制动器外,并应用棘轮保险卡牢
B. 机手不得离开岗位
C. 吊篮下严禁站人,严禁进行维修保养作业,排除故障应在停机后进行
D. 不准用人力释放机械制动装置的方式使吊篮快速降落,以免防坠装置卡死或制动轮散落伤害操作人员
39. 在进行物料提升机的维修保养时(　　)。
A. 应将所有控制开关扳至零位　　B. 切断主电源
C. 在闸箱处挂“禁止合闸”标志　　D. 必要时设专人监护
40. 物料提升机在使用中应(　　)。
A. 卷筒上的钢丝绳应排列整齐,当重叠或斜绕时,应停机重新排列,严禁在转动中用手拉脚踩钢丝绳
B. 物料提升机司机在操作中,不论任何人发出紧急停车的信号,应立即停车

C. 物料提升机司机下班或暂时离开时必须将吊篮降至地面

D. 物料提升机司机下班或暂时离开时必须将各控制开关扳至零位，并拉闸切断电源，锁好电箱后方可离开

41. 物料提升机的结构大体相同，主要结构有：(　　)。

A. 架体　　B. 吊篮　　C. 操作平台　　D. 提升机构

42. 高架提升机(高度 30 m 以上)使用的吊篮应选用(　　)。

A. 有防护顶板的吊笼　　B. 进料口装设安全防护门

C. 卸料口装设安全防护门安全门　　D. 防护门要采用联锁开启装置

43. 物料提升机的提升机构主要包括(　　)。

A. 摩擦式卷扬机　　B. 滑轮　　C. 可逆式卷扬机　　D. 卷筒

44. 物料提升机常使用的卷扬机有以下两种：(　　)。

A. 摩擦式卷扬机　　B. 可逆式卷扬机

C. 电动卷扬机　　D. 手动卷扬机

45. 卷扬机的基本参数包括(　　)。

A. 卷扬机额定起重量　　B. 卷扬机提升高度

C. 卷扬机提升速度　　D. 卷筒直径

46. 卷筒外形为圆柱形，按卷筒表面结构可分为(　　)。

A. 光面卷筒　　B. 槽面卷筒　　C. 螺旋形槽卷筒　　D. 长轴卷筒

47. 卷筒上如果钢丝绳缠绕层数过多，较大的侧向力易使卷筒边缘磨损变形，造成(　　)。

A. 钢丝绳跳槽　　B. 钢丝绳脱出卷筒

C. 钢丝绳断绳事故　　D. 钢丝绳加速磨损

48. 物料提升机卷筒应满足(　　)。

A. 卷筒外形一般常用光面圆柱形卷筒

B. 卷筒的两端有凸缘，其高度不小于钢丝绳直径的两倍

C. 卷筒上的钢丝绳应排列整齐，润滑良好，不能产生重叠、斜绕等乱绳情况

D. 卷筒与钢丝绳的直径比值不应小于于 30

49. 物料提升机的提升机构滑轮要求(　　)。

A. 滑轮直径与钢丝绳直径的比值不应小于 25

B. 滑轮直径与钢丝绳直径的比值不应小于 30

C. 高架提升机轮直径与钢丝绳直径的比值不应小于 25

D. 高架提升机轮直径与钢丝绳直径的比值不应小于 30

50. 在物料提升机架体的天梁上设置的定滑轮与吊篮上的动滑轮组成单联滑轮组，滑轮组克服了(　　)的缺点。

A. 单个动滑轮不能改变方向　　B. 单个动滑轮不能省力

C. 单个定滑轮不能省力　　D. 单个定滑轮不能改变方向

51. 低架物料提升机应具备以下安全装置(　　)。

A. 安全停靠装置　　B. 吊篮安全门　　C. 上料口防护棚　　D. 架体防护

52. 低架物料提升机应具备以下安全装置(　　)。

A. 安全停靠装置　　B. 断绳保护装置　　C. 停靠门　　D. 安全门

53. 低架物料提升机应具备以下安全装置(　　)。

A. 上极限限位器　B. 紧急断电开关　C. 信号装置　D. 架体防护

54. 低架物料提升机应具备以下安全装置(　　)。

A. 楼层口停靠栏杆　B. 吊篮安全门　C. 架体防护　D. 紧急断电开关

55. 低架物料提升机应具备以下安全装置(　　)。

A. 安全停靠装置　B. 断绳保护装置　C. 安全门　D. 极限限位器

56. 低架物料提升机应具备以下安全装置(　　)。

A. 下极限限位器　B. 楼层口停靠栏杆　C. 上料口防护棚　D. 架体防护

57. 高架物料提升机除应满足低架提升机规定的安全装置外，还应具备以下安全装置：(　　)。

A. 断绳保护装置　B. 下极限限位器

C. 超载限制器　D. 低架提升机规定的安全装置

58. 高架物料提升机除应满足低架提升机规定的安全装置外，还应具备以下安全装置：(　　)。

A. 缓冲器　B. 上极限限位器

C. 吊篮安全门　D. 通讯装置

59. 物料提升机的维护保养可分为(　　)。

A. 每班保养　B. 一级保养　C. 二级保养　D. 班前检查

60. 每班保养内容包括：(　　)。

A. 作业前的检查准备工作　B. 作业后的清洁保养工作

C. 二级保养　D. 一级保养

61. 作业前的检查准备工作包括：(　　)。

A. 首先要检查金属结构有无开焊和明显变形，卷扬机的位置是否合理

B. 紧固架体各节点、附墙架、缆风绳、地锚位置的连接螺栓

C. 按说明书或其他规定对润滑部位加注润滑油

D. 钢丝绳运行中应架起，使之不拖地面，不被水浸泡，必须穿越主要干道时，应挖沟槽并加保护措施

62. 作业前的检查准备工作包括：(　　)。

A. 首先要检查金属结构有无开焊和明显变形，卷扬机的位置是否合理

B. 查看电气设备及操作系统的可靠性；信号及通讯装置的使用效果是否良好清晰；提升机与输电线路的安全距离及防护情况

C. 开车前，先用手扳动传动系统，检查各部零件是否灵活，钢丝绳、滑轮组的固接情况，安全防护装置是否灵敏可靠，特别是制动装置是否可靠灵敏

D. 清除物料提升机机身上的灰尘和油污，雨雪后及时清除积水或积雪

63. 作业前的检查准备工作包括(　　)。

A. 钢丝绳运行中应架起，使之不拖地面，不被水浸泡，必须穿越主要干道时，应挖沟槽并加保护措施

B. 电动卷扬机长期不使用时，要做好定期保养和维修工作，其内容包括：测定电机绝缘电阻，拆洗检查零件，更换润滑油等

C. 开车前，先用手扳动传动系统，检查各部零件是否灵活，钢丝绳、滑轮组的固接情况，安全防护装置是否灵敏可靠，特别是制动装置是否可靠灵敏二、作业后的清洁保养工作

D. 查看电气设备及操作系统的可靠性；信号及通讯装置的使用效果是否良好清晰；提升机与输电线路的安全距离及防护情况

64. 作业后的清洁保养工作包括(　　)。

A. 首先要检查金属结构有无开焊和明显变形，卷扬机的位置是否合理

B. 紧固架体各节点、附墙架、缆风绳、地锚位置的连接螺栓

C. 按说明书或其他规定对润滑部位加注润滑油

D. 清除物料提升机机身上的灰尘和油污，雨雪后及时清除积水或积雪

65. 物料提升机常见事故原因主要有以下几方面：(　　)。

A. 设备质量方面　　B. 安装方面　　C. 使用方面　　D. 保养方面

三、判断题

1. MWT 160—33—CK—B 表示为：井架式物料提升机的额定起重量 1 600kg。(　　)

2. 物料提升机主要应用于建筑施工与维修工作的垂直运输机械。(　　)

3. 物料提升机是专为运送物料，可以载人运行的，以地面卷扬机为动力的垂直运输机械。(　　)

4. 物料提升机是以地面卷扬机为动力，采用钢丝绳提升方式使吊篮沿导轨升降的垂直运输机械。(　　)

5. 物料提升机的型号是由产品代号、主参数(额定起重量和最大安装高度)、分类代号和变型更新代号组成。(　　)

6. MWT 160—33—CK—B 表示物料提升机的最大安装高度 330 m。(　　)

7. MWT 160—33—CK—B 表示物料提升机的开门自锁方式为机械连锁中的开门联动式。(　　)

8. JWT 80/80—70—XK—A 表示物料提升机的断绳保护方式为插块式。(　　)

9. JWT 80/80—70—XK—A 表示物料提升机的额定起重量为 80 kg。(　　)

10. JWT 80/80—70—XK—A 表示物料提升机的开门自锁方式为机械联锁中的开门联动式。(　　)

11. 井架式物料提升机配用的吊笼较大，多用于装载较大重量。(　　)

12. 井架式物料提升机的提升高度一般在 30 m 以上。(　　)

13. 井架式物料提升机安装拆卸更为方便，配以附墙装置，但受到结构强度和吊笼空间的限制，仅适用于较小载重量的场合，额定载重量一般在 1 000 kg 以下。(　　)

14. 吊笼外置式物料提升机的架体受力均衡，因此有较好的刚度和稳定性。(　　)

15. 吊笼外置式物料提升机的进出料较为方便，但架体的刚度和稳定性较低，而且安装拆卸较为复杂，运行中对架体有较大的偏心载荷，因此对架体的材料、结构和安装均有较高的要求。(　　)

16. 提升高度 30 m 以下(含 30 m)为低架物料提升机。(　　)

17. 内置式物料提升机的架体因为有较大的截面供吊笼升降，并且吊笼位于内部，架体受力均衡，因此有较好的刚度和稳定性。(　　)

18. 力是物体间的相互作用。(　　)

19. 力的国际单位为千克。(　　)

20. 力的大小表示物体间相互作用的强弱程度。(　　)

21. 力的三要素中任何一种改变都不会改变力对物体的作用效果。（ ）

22. 力的作用点表示力对物体作用的位置。（ ）

23. 力使物体运动状态发生改变，称其为力的外效应。（ ）

24. 力使物体的形状发生变化，则称为是力的内效应。（ ）

25. 两个物体受到力的作用，必定有另一个物体对它施加这种作用。（ ）

26. 物体平衡时，作用力的合力一定不等于零。（ ）

27. 在国际单位制中，力的单位是牛顿，简称“牛”，国际符号是“N”。（ ）

28. 力作用在物体上所产生的效果与力的大小和方向有关，与力的作用点无关。（ ）

29. 改变力的三要素中任何一个时，力对物体的作用效果也随之改变。（ ）

30. 在力学中，把具有大小和方向的量称为矢量。（ ）

31. 作用力与反作用力是分别作用在两个相互作用的物体上，作用力与反作用力相互抵消。（ ）

32. 作用与物体上的同一点的两个力，可以合成为一个合力，由分力计算合力的过程称为力的合成。（ ）

33. 求几个已知力的合力的方法叫做力的分解。（ ）

34. 作用在同一直线上各力的合力，其大小可将各力相加，不必考虑力的方向。（ ）

35. 力的分解是力的合成的逆运算。（ ）

36. 力矩的国际单位为牛顿，简称“牛”。（ ）

37. 物料提升机的金属结构的设计、制作均应符合《钢结构设计规范》及《起重机设计规范》的有关规定。（ ）

38. 物料提升机的金属结构的设计、制作应满足运输、安装、使用等各种工况下的强度、刚度和稳定性的要求。（ ）

39. 物料提升机架体的组合荷载计算可分工作状态和非工作状态进行。（ ）

40. 物料提升机架体工作状态下荷载包括自重、升降荷载和非工作状态下的风荷载。（ ）

41. 物料提升机架体工作状态下荷载包括自重和非工作状态下的风荷载。（ ）

42. 在进行风荷载计算时，可以将架体的单肢立柱视为多跨连续梁受均布荷载计算其内力。（ ）

43. 钢桁架常按力学简图、外形和构造特点进行分类。（ ）

44. 钢桁架按杆件内力、杆件截面和节点构造特点可分为普通、重型和轻型钢桁架。（ ）

45. 物料提升机的架体或缆风绳与架空线路的必须符合最小安全距离。（ ）

46. 连墙杆件与架体及建筑结构之间，均应采用刚性连接，并形成稳定结构。（ ）

47. 物料提升机架体可以与建筑脚手架连接。（ ）

48. 当物料提升机受安装条件限制无法设置连墙杆件时，应采用缆风绳稳固架体。（ ）

49. 高架提升机在受安装条件限制无法设置连墙杆件时，应采用缆风绳稳固架体。（ ）

50. 缆风绳必须采用钢丝绳，直径不小于 9.3 mm，与地面的夹角为 45°～60°，严禁使用铅丝、钢筋、麻绳等代替。（ ）

51. 缆风绳必须单独栓在各自的地锚上。如果受安装条件限制可以将缆风绳栓在树上、电杆及设备上。（ ）

52. 使用摩擦式卷扬机时，超高限位装置必须采用报警方式，禁止使用断电方式。（ ）

53. 吊篮两侧应设置固定栏板，其高度不低于 1 m。（　）

54. 吊篮进、出料口必须设置定型化、工具化的安全门，进、出料时开放，垂直运输时关闭。（　）

55. 高架提升机应采用吊笼运送物料，如果受力允许吊篮可使用单根钢丝绳提升。（　）

56. 楼层卸料平台的宽度不小于 800 mm，采用木脚手板横铺，铺满、铺严、铺稳。严禁用钢模板做平台板。（　）

57. 提升机进料口应设置防护棚，防护棚顶部铺不小于 50 mm 厚的木板，并铺满、铺严。（　）

58. 卷扬机钢丝绳的第一个导向滑轮（地轮）与卷扬机卷筒中心线的距离，带槽卷筒应大于卷筒宽度的 20 倍。（　）

59. 卷扬机的控制开关可以使用倒顺开关。（　）

60. 钢丝绳应用配套的天轮和地轮等滑轮。滑轮组与架体（或吊篮）采用钢丝绳、铅丝等柔性连接。（　）

61. 卷筒上的绳端固接应选用与其直径相应的绳卡、压板等固定牢固。（　）

62. 卷筒上的绳端采用绳卡固接时，工作绳卡数量不得少于 3 个，此外还应在尾端加一个安全绳卡。绳卡间距不小于钢丝绳直径的 6 倍，绳头距安全绳卡的距离不小于 140 mm，并用细钢丝绳捆扎。（　）

63. 卷筒上的绳端固接绳卡滑鞍放在钢丝绳工作时受力的一侧，U 型螺栓扣在钢丝绳的尾端，不得正反交错设置绳卡。（　）

64. 卷扬机钢丝绳在天梁上固定端应有防止钢丝绳受剪的措施。（　）

65. 物料提升机安装完毕，必须进行检验验收。未经检验验收或验收不合格的物料提升机不得使用。（　）

66. 物料提升机在第一次投入使用前，还应按设计文件及说明书进行空载、额定载荷、超载试验，测试安全装置的可靠性。（　）

67. 物料提升机安装完毕，未经检验验收可以使用。（　）

68. 物料提升机司机必须经过培训，熟知所操纵卷扬机的结构和性能，掌握设备的操作方法，并经考核合格取得特种作业资格证后方可上岗。（　）

69. 卷扬机作业区内，不得有人员停留或通过。（　）

70. 卷扬机作业区内，有人员通过时须保证安全情况下快速通过。（　）

71. 使用物料提升机前要应检查卷扬机与地面的固定，弹性联轴器不得松旷。（　）

72. 开动卷扬机试运转，检查安全装置、防护装置、电气线路、制动装置、钢丝绳等，全部合格后方可使用。（　）

73. 如物料提升机的卷扬机是倒顺开关的，要辨清电动机的旋转方向应与开关的方向一致，并应在钢丝绳上系一红色小布带，显示上下停车的位置。（　）

74. 物料提升机在使用中严禁任何人攀登、穿越物料提升机的架体，严禁用吊篮载人上下。（　）

75. 物料提升机吊篮提升载荷应在规定的额定值以内；物料在吊篮内应均匀分布，不得超出吊篮，当长料在吊篮中立放时，应采取防滚落措施，散料应装箱或装笼。（　）

76. 物料提升机闭合主电源前，应将所有开关扳回零位。在重新恢复作业前，应在确认提升机动作正常后方可继续使用。（　）

77. 物料提升机作业中不得随意使用极限限位装置停车，如发现安全装置、通讯装置失灵时，应立即停机修复。 （ ）

78. 物料提升机使用中要经常检查钢丝绳及绳卡、滑轮等工作情况，如发现磨损严重，必须按有关规定及时更换。 （ ）

79. 吊篮因故需在空中停留时，除使用制动器外，并应用棘轮保险卡牢，机手不得离开岗位。 （ ）

80. 物料提升机工作时，吊篮下严禁站人，严禁进行维修保养作业，排除故障应在停机后进行。 （ ）

81. 在进行物料提升机的维修保养时，应将所有控制开关扳至零位，切断主电源，并在闸箱处挂"禁止合闸"标志，必要时设专人监护。 （ ）

82. 不准用人力释放机械制动装置的方式使吊篮快速降落，以免防坠装置卡死或制动轮散落伤害操作人员。 （ ）

83. 卷筒上的钢丝绳应排列整齐，当重叠或斜绕时，应停机重新排列，严禁在转动中用手拉脚踩钢丝绳。 （ ）

84. 高架物料提升机作业时，应配备通讯装置。 （ ）

85. 低架物料提升机在多楼层使用时，应设专人指挥，信号不清不得开机。 （ ）

86. 物料提升机司机在操作中，不论任何人发出紧急停车的信号，应立即停车。 （ ）

87. 物料提升机司机下班或暂时离开时，必须将吊篮降至地面，各控制开关扳至零位，并拉闸切断电源，锁好电箱后方可离开。 （ ）

88. 为避免管内存水发生冻胀损坏问题，底架一般采用无缝钢管制成，底架的下面用预埋螺栓与混凝土连为一体。 （ ）

89. 吊篮的两侧应设置高度不小于 1 m 的安全挡板式挡网。 （ ）

90. 高架提升机(高度 30 m 以上)使用的吊篮应选用有防护顶板的吊笼。 （ ）

91. 物料提升机自升操作平台是拆装标准节的重要工作场所，主要用于提升机架体的安、拆工作。 （ ）

92. 可逆式卷扬机通过控制机构中的手柄进行工作。提升重物靠动力，下降重物靠重力，用带式制动器控制下降速度。 （ ）

93. 可逆式卷扬机，通过开关按钮控制卷扬机的电气及制动系统。提升重物和下降重物都靠动力来实现。卷筒正方向转动时，重物上升，反方向转动重物下降，重物上升与下降为同一速度。（ ）

94. 平均卷扬速度是指卷扬机在提升重物时，钢丝绳在卷筒上进行多层缠绕后速度的平均值。 （ ）

95. 卷筒通过电动机驱动，收放钢丝绳，使提升机进行作业。 （ ）

96. 卷筒的两端有凸缘，其高度不小于钢丝绳直径的三倍。 （ ）

97. 卷筒上的钢丝绳应排列整齐，润滑良好，不能产生重叠、斜绕等乱绳情况。 （ ）

98. 卷筒与钢丝绳的直径比值不应小于 20。 （ ）

99. "卷筒直径"即为卷筒本身直径。 （ ）

100. "卷筒直径"即为卷筒本身直径＋钢丝绳直径(按最外层钢丝绳直径中心计)。（ ）

101. 卷筒的直径过小由于弯曲度大，影响钢丝绳的使用寿命。 （ ）

102. 物料提升机的提升机构是按重级工作级别考虑的，所以规定了提升机的滑轮直径与钢丝绳直径的比值不应小于 30。 （ ）

103. 高架提升机天梁的位置较高，平时检查保养不便，所以规定提升机的滑轮直径与钢丝绳直径的比值不小于40。（ ）

104. 安全停靠装置是防止在人员进入吊篮作业过程中吊篮意外发生坠落事故，保障作业安全。（ ）

105. 由于物料提升机是为解决物料的上下运输而设计的，所以不准载人上下。（ ）

106. 当吊篮运行到位时，需由装卸物料的人员进入吊篮内作业，所以必须有安全停靠装置。（ ）

107. 物料提升机在特殊情况下可以载人上下。（ ）

108. 安全停靠装置的调试方法是在额定载荷下，当吊篮运行到位时，观察停靠装置能否将吊篮准确定位。该装置应能承受吊篮自重、额定荷载及装卸物料的荷载。（ ）

109. 断绳保护装置是当吊篮悬挂或运行中发生断绳时，该保护装置可以将吊篮可靠的停住并固定在架体上。（ ）

110. 断绳保护装置的设置必须满足当吊篮满载时，其滑落行程不得超过0.5m。（ ）

111. 楼层口停靠栏杆也称停靠门。（ ）

112. 在建筑物各楼层的通道口处设置常闭型的停靠栏杆或停靠门，提升机向预定的楼层运料时，其他各层停靠栏杆或门不应开启。（ ）

113. 在建筑物各楼层的通道口处设置常开型的停靠栏杆或停靠门，以方便施工作业。（ ）

114. 楼层口停靠栏杆(停靠门)的开关应灵活，关闭严密。（ ）

115. 吊篮安全门不仅防止吊篮内作业人员发生高处坠落，也可防止物料从吊篮中滚落。（ ）

116. 吊篮安全门应采用联锁开启装置。（ ）

117. 在提升机架体地面进料口的上方设置防护棚是为了防止进料口处的物体打击事故。（ ）

118. 提升机进料口防护棚可以采用5 cm厚木板或竹架般制作。（ ）

119. 防护棚其保护范围按提升机高度和落物的坠落半径要求，低架提升机防护棚长度不小于2 m。（ ）

120. 架体防护的封挂立网的封挂不能妨碍卷扬司机视线。（ ）

121. 上极限限位器装置的作用是控制吊篮上升的最大高度为防止吊篮运行到位因故不能停车时发生与天梁碰撞的事故。（ ）

122. 当采用可逆式卷扬机时，极限限位器的调试要求碰撞限位器后，发出报警音响，提示操作人员立即分离离合器用手刹制动停止上升。（ ）

123. 当采用摩擦式卷扬机时，极限限位器的调试要求碰撞限位器后即切断电源，卷扬机自行制动使吊篮停住避免事故。（ ）

124. 物料提升机紧急断电开关应设置在便于司机操作的位置。（ ）

125. 当司机操作吊篮运行之前，应先发出音响信号，提醒提升机周围及各楼层人员远离提升机，保障运行安全。（ ）

126. 下极限限位器应安装在架体的底部，在吊笼下降时碰到缓冲器之前，限位器能够动作，切断电源，使吊笼停止下降。（ ）

127. 缓冲器是为了高架物料提升机吊笼以额定载荷和规定的速度作用到缓冲器上时，可以平稳的停止。（ ）

128. 超载限制器的作用是控制高架物料提升机吊笼内物料不超过额定载荷。 (　　)

129. 超载限制器当内载荷达到额定载荷的95%时，应能发出报警信号，载荷超过额定荷载时，切断起升电源。 (　　)

四、复习题答案

(一)单项选择题

1. C	2. A	3. D	4. A	5. B
6. A	7. A	8. A	9. C	10. B
11. A	12. B	13. A	14. B	15. A
16. A	17. B	18. A	19. C	20. A
21. D	22. A	23. C	24. A	25. A
26. B	27. A	28. B	29. B	30. A
31. A	32. A	33. A	34. A	35. A
36. C	37. B	38. B	39. C	40. C
41. A	42. A	43. D	44. C	45. A
46. D	47. A	48. C	49. C	50. C
51. B	52. D	53. C	54. C	55. D
56. D	57. D	58. B	59. D	60. B
61. A	62. A	63. A	64. C	65. C
66. A	67. C	68. A	69. C	70. A
71. A	72. B	73. B	74. C	75. C
76. A	77. B	78. D	79. C	80. A
81. A	82. B	83. C	84. B	85. A
86. C	87. C	88. C	89. D	90. D

(二)多项选择题

1. ABCD	2. BD	3. ABC	4. AB	5. AB
6. ABC	7. AB	8. ABC	9. AB	10. ABCD
11. ABC	12. ABC	13. ABCD	14. ABCD	15. ABC
16. ABC	17. ACD	18. AB	19. BCD	20. ABC
21. ABC	22. ABC	23. ABC	24. ABCD	25. ABCD
26. BC	27. ABCD	28. ABCD	29. AC	30. ABCD
31. ABC	32. ABCD	33. ABCD	34. ABCD	35. ABCD
36. ABCD	37. ABCD	38. ABCD	39. ABCD	40. ABCD
41. ABCD	42. ABCD	43. ABCD	44. AB	45. ABC
46. AB	47. ABC	48. ABCD	49. AD	50. AC
51. ABCD	52. ABCD	53. ABCD	54. ABCD	55. ABC
56. BCD	57. BC	58. AD	59. ABC	60. AB
61. ABCD	62. ABCD	63. ABCD	64. CD	65. ABC

(三)判断题

1.√	2.√	3.×	4.√	5.√
6.×	7.√	8.×	9.×	10.√
11.×	12.√	13.√	14.×	15.√
16.√	17.√	18.√	19.×	20.√
21.×	22.√	23.√	24.√	25.√
26.×	27.√	28.×	29.√	30.√
31.×	32.√	33.×	34.×	35.√
36.√	37.√	38.√	39.√	40.×
41.×	42.√	43.√	44.√	45.√
46.√	47.×	48.√	49.×	50.√
51.×	52.√	53.×	54.√	55.×
56.√	57.√	58.×	59.×	60.×
61.√	62.√	63.√	64.√	65.×
66.√	67.×	68.√	69.√	70.×
71.√	72.√	73.√	74.√	75.√
76.√	77.√	78.√	79.√	80.√
81.√	82.√	83.√	84.√	85.√
86.√	87.√	88.√	89.×	90.√
91.√	92.√	93.√	94.√	95.√
96.×	97.√	98.×	99.×	100.√
101.√	102.×	103.×	104.√	105.√
106.√	107.×	108.√	109.√	110.×
111.√	112.√	113.×	114.√	115.√
116.√	117.√	118.×	119.×	120.√
121.√	122.×	123.×	124.√	125.√
126.√	127.√	128.√	129.√	

第五篇　建筑起重机械安装拆卸工（塔式起重机）

塔式起重机(简称塔吊或塔机)是一种塔身直立,塔臂与塔身铰接、能做360°回转的起重机械,见第二篇图1—1。塔式起重机由于塔身高、臂架长、覆盖面广,效率高,使用广泛,安装(顶升)、拆卸频繁,在安装、拆卸等环节上稍有不慎或误操作,都容易引发整机倾倒、机毁人亡、群死群伤的恶性事故,因此,塔式起重机的安装、拆卸是一项危险性较高、专业技术要求很强的工作。这就要求安拆作业人员具备有关的力学知识、液压传动基本知识、电气基础知识,掌握塔式起重机的一般构造及工作原理,起重机的拆装、顶升、爬升、附着锚固等有关工艺过程和方法,物体重量目测,吊具、索具的种类选择、使用方法、报废标准及重物的捆扎方法,起重作业技术,指挥与信号,有关登高作业、电气安全、消防及简单的安全救护知识,有关法规、法令、标准、规定等,并且要熟练掌握不少于三个机型的安装和拆卸的工艺方法。

本篇叙述了塔式起重机安装拆卸工应掌握的相关知识点,主要包括14个部分。

1. 塔式起重机的分类。详见第二篇第一章有关内容。

2. 塔式起重机的基本技术参数。塔式起重机的基本技术参数是衡量其技术性能、工作能力的重要指标。详见第二篇第二章有关内容。

3. 塔式起重机的基本构造和工作原理。详见第二篇第三章有关内容。

4. 塔式起重机基础、附着及塔式起重机稳定性知识。包括:塔式起重机基础;塔式起重机附着;塔式起重机稳定性知识。

5. 总装配图及电气控制原理知识。包括:电控系统的组成;电气系统图;安全用电知识;电气防火安全;拆装中电工作业要求。

6. 塔式起重机安全防护装置的构造和工作原理。详见第二篇第六章有关内容。

7. 塔式起重机的安装、拆卸的程序、方法。包括:安装、拆卸前的准备;安装环境及场地的要求;地基基础;自升平臂式塔式起重机的立塔程序、方法;自升平臂式塔式起重机顶升加节;自升平臂式塔式起重机拆塔;其他类型的塔机安装、拆卸。

8. 塔式起重机调试和常见故障的判断与处置。包括:塔式起重机安装后的调试;常见故障的判断与处置。

9. 塔式起重机安装自检的内容和方法。

10. 塔式起重机维护保养的基本知识。塔身连接螺栓要求定期检查预紧力矩防松,在第一次安装后使用一周(100 h)应普遍均匀地检查拧紧,以后每工作一个月后均应检查一次。详见第二篇第十章有关内容。

11. 塔式起重机零部件及易损件的报废标准。详见第二篇第十一章有关内容。

12. 塔式起重机安装、拆除的安全操作规程。

13. 塔式起重机安装、拆除常见事故原因及处置方法。详见第二篇第十三章第一、二、三节及第四节第六款的有关内容。

14. 塔式起重机起重吊运指挥信号。塔机安装、拆卸工作现场一般人多物杂,立体交叉,安装、拆卸人员应严格依据指挥信号操作。在作业的全过程中,还必须设置现场指挥人员,严禁无指挥操作,更不允许不服从指挥信号,擅自行事。发现问题时,必须与指挥人员取得联系。其他详见第一篇第八章有关内容。

第一章　塔式起重机基础、附着及塔式起重机稳定性知识

在安装、拆卸、使用等环节,塔式起重机基础、附着一旦发生故障,容易导致塔机的倾翻,酿成重大安全事故。因此,正确地选用、制作基础、附着是保证塔机整机稳定性的关键之一。

第一节　塔式起重机基础

塔式起重机基础有多种形式,轨道(碎石)式、混凝土现浇式(也称一次性)、预制式(多次使用)等等。无论哪一种形式,选择安装位置时,必须特别注意地基承载和附着条件;现场和附近其他危险因素;在工作和非工作状态下风力的影响;满足安装架设(拆卸)空间和运输通道(含辅助起重机站位)要求等。

塔式起重机基础是影响塔吊整体稳定性的一个重要因素,因塔机路基、混凝土基础下沉、道轨横纵向误差超过标准、钢轨接头间隙、钢轨接头处两顶高度差过大导致塔机倾斜、倒塔的例子举不胜举。

一、基础的地耐力

地耐力即土壤的许用应力,塔吊基础的作用有以下两点:一是将塔机上部荷载均匀地传给地基并不得超过地耐力;二是要使塔机在各种不利工况下均能保持整体稳定而不致倾翻。因此,制作塔吊轨道路基、基础,首先一定要确保地耐力符合设计要求,倾覆倒塔事故中许多是由于地耐力不够而产生不均匀的沉降,造成严重的安全事故。在表层土质条件较差的情况下,必须先将地基夯实或做灰土垫层等,处理结果满足要求后,再做混凝土基础或铺碎石道砟、枕木、钢轨。

混凝土基础对不同的地耐力有不同的制作尺寸,如表1—1为某TC5613塔机固定支腿基础尺寸及地耐力大小对应表。

表1—1　塔机固定支腿基础尺寸表

最大独立安装高度(m)	基础尺寸 [长(m)×宽(m)×高(m)]	地耐力(kPa)
46	5×5×1.35	210
	5.5×5.5×1.35	150
	6×6×1.35	120

二、基础的制作

(一)混凝土基础

1.混凝土基础应由专业工程师进行设计使用单位应根据塔机原制造商提供的基础设计尺

寸制造，当受到现场客观情况的限制，不能按图施工，要改变设计时，必须按本章第三节给出的几种情况计算，最后，按最不利状况来确定基础的相关尺寸或加压重。混凝土基础应能承受工作状态和非工作状态下的最大载荷，并应满足塔机抗倾翻稳定性的要求。

2. 现浇钢筋混凝土基础的强度必须达到使用说明书的要求。混凝土基础底面要平整夯实，基础内部要振捣密实。

3. 基础的固定支腿、预埋节和地脚螺栓应按原制造商规定的材质、安装方法使用，其尺寸误差必须严格按照基础图的要求，地脚螺栓要保持足够的露出地面的长度，每个地脚螺栓要双螺帽预紧。

4. 在安装前要对基础表面进行处理，保证基础的水平度不能超过1/1 000。

(二)塔机轨道敷设应符合下列要求

1. 碎石基础：

当塔机轨道敷设在地下建筑物(如暗沟、防空洞等)的上面时，应采取加固措施。

敷设碎石前的路面应按设计要求压实，碎石基础应整平捣实，轨枕之间应填满碎石。

2. 轨道应通过垫块与轨枕可靠地连接，每间隔6 m应设一个轨距拉杆。钢轨接头处应有轨枕支承，不应悬空。在使用过程中轨道不应移动。

3. 轨距允许误差不大于公称值的1/1 000，其绝对值不大于6 mm。

4. 钢轨接头间隙不大于4 mm，与另一侧钢轨接头的错开距离不小于1.5 m，接头处两轨顶高度差不大于2 mm。

5. 塔机安装后，轨道顶面纵、横方向上的倾斜度，对于上回转塔机应不大于3/1 000；对于下回转塔机应不大于5/1 000。在轨道全程中，轨道顶面任意两点的高度差应小于100 mm。

6. 轨道行程两端的轨顶高度宜不低于其余部位中最高点的轨顶高度。

7. 路基两侧或中间应设排水沟，保证路基无积水。

8. 接地装置的组数和质量，测量接地电阻应符合规定。

9. 轨道两端尽头大于1 m处，应设置牢固的缓冲止档装置，在其前方大于1 m处，装设与行走台车上限位开关相对应的碰块，这些保护装置应灵敏有效。

特别注意：塔吊基础、轨道路基不得积水，积水会造成塔吊基础的不均匀沉降。在塔吊基础附近内不得随意挖坑或开沟。

施工现场条件复杂多变，塔机的基础、轨道路基施工受现场条件限制，往往不能按生产厂提供的基础施工图施工，需要专业人员作相应的设计，不能擅自行事。

第二节　塔式起重机附着

自升式塔式起重机超过自由高度后，必须与建筑物、构筑物进行附着，以加强塔机的稳定性。

一、附着装置的组成

附着装置由框架梁、长短撑杆组成，附着框架四顶点处有四根撑杆与之铰接，四根撑杆的端部有连接耳座与建筑物附着处铰接，四根撑杆应尽量保持在同一水平内，见图1－1，通过调节螺栓可以推动内撑杆固定塔身。除此之外，附着的形式有多种，见图1－2。

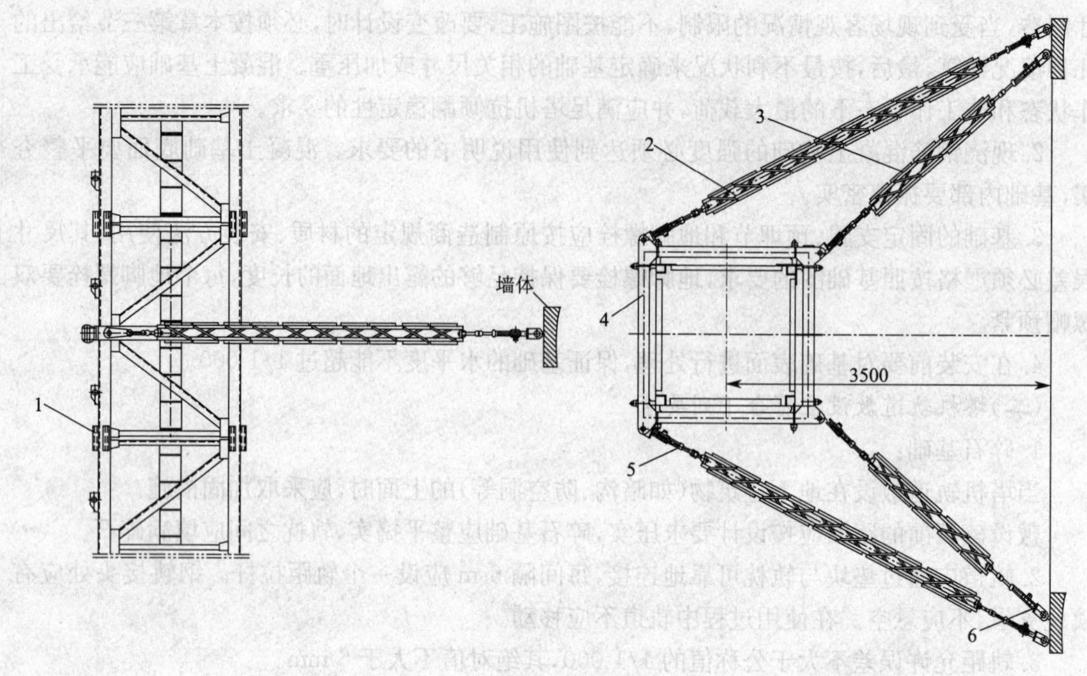

图 1—1　附着装置

1—塔身标准节；2—长撑杆；3—短撑杆；4—环梁框架；5—调节螺杆；6—预埋件

附着杆系的布置方式、相互间距和附着距离等，应按出厂使用说明书规定执行。

附着架按照塔机中心线距离建筑物一定的距离设置(一般为 4～6 m)，撑杆的角度也有要求，若实际使用时与设计值不符，与建筑物相互间距大于使用说明书规定、附墙角度过小或过大的情况下，不得擅自改变，必须取得原厂同意或有相应资格单位另行设计。撑杆与建筑物的连接方式可以根据实际情况而定。与起重机附着的建筑物，其锚固点的受力强度应满足起重机的设计要求。

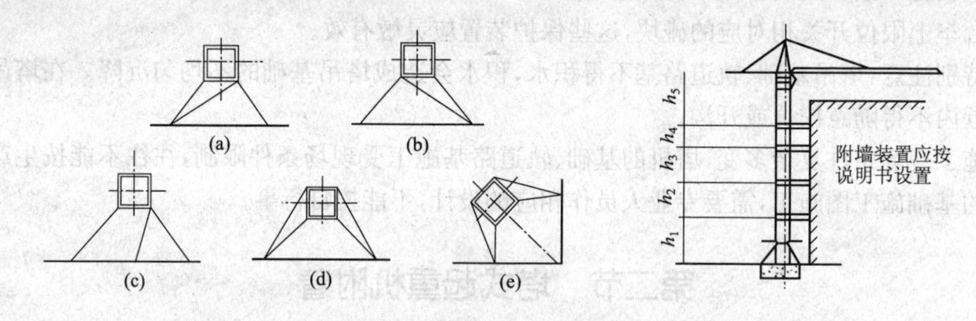

图 1—2　附着的主要布置形式

二、安装方法

1. 先将附着框架套在塔身上，并通过四根内撑杆将塔身的四根主弦杆顶紧，并与塔身腹杆连接好，通过销轴将附着杆的一端与框架连接，另一端与固定在建筑物上的基座连接。

2. 每道附着架的四组附着撑杆应尽量处于同一水平面上。但在安装附着框架和内撑杆时，若与塔身标准节的某些部位发生干涉，可适当升高或降低附着框架的安装高度。附着框架与连接基座的高度差应遵守说明书规定。

3. 附着撑杆上允许搭设供人从建筑物通向塔机的跳板，但严格禁止堆放重物。

4. 附着点的承载能力在安装塔机前，应对建筑物附着点(连接基座固定处)的承载能力以及影响附着点强度的钢筋混凝土骨架的施工日期等因素，进行预先估计。

5. 装设附着框架和附着杆件，应采用经纬仪测量塔身垂直度，并应采用附着杆进行调整，在最高锚固点以下垂直允许偏差为 2/1 000。允许用调节附着撑杆的长度来达到。附着撑杆与附着框架，连接基座，以及附着框架与塔身、内撑杆的连接必须可靠。内撑杆应可靠地将塔身主弦杆顶紧，并与塔身的腹杆夹紧，各连接螺栓应紧固好。各调节螺栓调整好后，应将螺母可靠地拧紧。开口销应按规定张开，运行后应经常检查是否发生松动，并及时进行调整。

三、各层附着的间隔距离及自由高度，必须小于或等于说明书要求的高度

第三节　塔式起重机稳定性知识

塔式起重机高度与底部支承尺寸比值较大，且塔身的重心高、臂架长、扭矩大、起动与制动频繁、冲击力大，而风荷载也对安全使用产生很大影响，当工作幅度加大或重物超过相应的额定荷载，或安装、拆卸时顺序颠倒，都会造成不平衡力矩过大，倾覆力矩远远超过它的稳定力矩，就会造成塔机倾翻、折臂等恶性事故。

一、塔机的稳定性

塔机的稳定性是指塔机在各种工况下能保持整机的稳定而不致倾翻的能力，它是保证塔机安全使用的重要因素之一。根据 GB/5031－2008《塔式起重机》、GB/T2030《塔式起重机稳定性要求》，塔机的稳定性由稳定力矩的代数和$\sum M_{稳}$、倾覆力矩代数和$\sum M_{倾}$来表示，当如式(1－1)时，塔机则处于稳定状态：

$$\sum M_{稳} \geqslant \sum M_{倾} \qquad (式 1-1)$$

式中　$M_{稳}$——塔机的自重、基础重和平衡重对塔式起重机倾翻边缘所产生的保持塔机稳定作用的力矩(N·m)；

$M_{倾}$——起着倾翻塔机作用的外力(风力、吊物、制动时或加(减)速引起的运动冲击惯性力)对塔式起重机倾翻边缘产生的力矩(N·m)。

稳定力矩和倾翻力矩随着工况的变化而变化，塔机的稳定性大致有两种情况：

1. 非工作状态时的稳定性：塔机结构的所有部件在全部外荷载作用下(包括暴风侵袭)，抵抗失稳定的特性。

2. 工作状态时额定载荷下的稳定性：塔机抵抗外荷载作用，保持塔机总体稳定不致倾翻，并能继续工作的特性。

塔机非工作状态时的稳定性分为暴风侵袭、安装拆卸稳定性两种状况，工作状态时的稳定性又可分基本稳定性、动态稳定性、向后倾翻等三种状况。一般在塔机安装使用中，塔机的混凝土基础，是预先设计好的，按说明书制作即可，但一旦基础图受到现场客观情况的限制，不能按图施工，要改变设计，就必须进行下面几种情况的计算，最后，按最不利状况来确定基础的重量或加压重。

二、稳定性计算

计算稳定性时，各种载荷须乘以标准中规定的载荷系数，塔机及其部件的位置和所有载荷的作用，都应该按最不利的组合和方向来考虑。

(一)基本稳定性

塔机处于静载工作状态，不考虑工作状态风载荷，验算最大吊重情况下，塔机向前倾翻的可能性。根据式1—1：

$M_{稳}$ 为塔机自重(包括压重和平衡重)对倾翻边的力矩；

$M_{倾}$ 是1.6倍起升载荷对倾翻边的力矩。

据此两项算出力矩代数和，是否满足要求。

(二)动态稳定性

塔机处于运行的工作状态，需要考虑工作状态最大风载荷。

式1—1中 $M_{倾}$ 为工作状态风载荷对倾翻边的力矩及各种惯性载荷对倾翻边的力矩。惯性载荷应考虑塔机工作机构组合动作时几种惯性力的最不利组合。

(三)突然卸载时稳定性

式1—1中 $M_{倾}$ 为塔机在工作中发生吊具脱落等突发情况，引起向后倾翻，对后倾翻边产生的力矩，同时需考虑工作状态最大风载荷，风向从起重臂吹向平衡重一侧(向后吹)。

(四)非工作状态(暴风侵袭)稳定性

式1—1中 $M_{倾}$ 为塔机空载，需考虑非工作状态风载荷，向后吹。

(五)安装拆卸状态稳定性

主要计算两种情况：

1.塔身已竖立、起重臂尚未安装，平衡臂、平衡重安装1～2块，风向后吹的状态；

2.起重臂已安装，平衡重尚未全部安装，风向前吹的状态。

安装工况根据实际需要，可使用临时辅助装置(如拉缆风绳)来满足其稳定性的要求。

可见，倾翻力矩和倾翻边是不断变化的，我们要清楚在每种状态下的危险因素，及时防范、化解，按最不利状况来确定基础的重量或加压重。

三、影响稳定性的因素

1.塔机垂直度超规范。在起吊重物时，塔机的自重、平衡重的重心会移向重物一方，减小了稳定力矩，同时，吊钩远离塔机重心加大了倾翻力矩，因此，塔机稳定性系数随之减小，倾翻危险加大。安装、顶升过程要随时测量塔机垂直度，使用时定期检查。

2.塔机混凝土基础尺寸和质量小于规定要求。减小了稳定力矩。在浇筑塔机基础时其尺寸和质量必须满足稳定性的要求，不能任意减小尺寸、浇筑时振捣密实。要求检查塔机垂直度，基础不能沉陷，轨道平直达标，混凝土基础上表面平整。

3.平衡重、吊臂安装、拆卸程序颠倒。最有代表性的是塔机在安装时应先装平衡臂，再装1～2块平衡重，才能装吊臂。安装吊臂后，再装其余平衡重。如果安装人员一次性把平衡重全部装上，会致使倾覆力矩过大，塔机倾倒。在拆塔时，一定要先拆平衡重，最多留1～2块，才能拆吊臂，最后再拆留下的平衡重。如果拆卸吊重臂前，不先拆平衡重，会导致吊臂拆下后，造成倾覆力矩过大，稳定性系数过小，塔吊失去平衡倾倒。因此，装拆塔机人员必须经过专业培训、懂性能、懂原理，严格按照塔机的装拆方案和操作规程中的有关规定、程序进行装拆。

4.自升式起重机超过自由高度后，未安装附着或附着相互间距和附着距离等超出使用说明书规定。

5.大风

其他见第二篇第十三章第一节一、1、2、3、4；三、1、2、3、4、5第三节三、3；第四节一。

第二章　塔式起重机总装配图及电气控制原理知识

电气系统是塔机的中枢控制系统，虽然在整体重量上占的比例不大，但是当塔机各部件安装完毕，一旦电气系统出现问题，塔机这个庞然大物就会失去作用，因此，必须懂得电气控制的基本原理，正确安装、调试、使用，才能使塔机正常运转。

第一节　电控系统的组成

电控系统主要有电源开关箱、主电控柜、驾驶室电控箱、联动操作台或凸轮控制器、电动机、电缆卷筒（只用于行走塔机）、中央集电环（多用于下回转塔机）和辅助电器组成，用连接电缆线将其连接成一个有机系统，如图 2－1 所示。

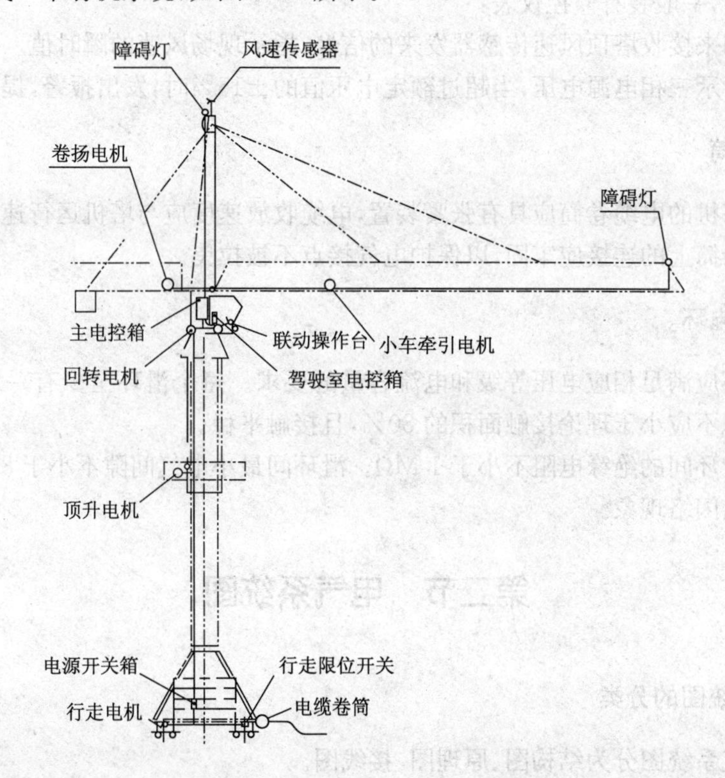

图 2－1　电气设备总体布置图（江麓 QTZ80）

电源开关箱设置在底架上，内装一刀开关，做开闭总电源用。主控电柜一般装在回转塔身或在平衡臂处，驾驶室内装有驾驶室电控箱、联动操作台及监控仪表等。

一、联动操作台

塔机上使用的多为联动操作台和凸轮控制器，又称操作电器，供塔吊司机发出主令信号用。小型塔机使用凸轮控制器，中、大型塔机上使用的多为联动操作台，分左台和右台。对于手柄控制或轮式控制器，一般选择右手控制起升和行走机构，左手控制回转和小车变幅或动臂变幅机构，见第二篇图 3—13。

二、主电控柜

主电控柜接受联动操作台（凸轮控制器），发来的主令信号，分别对吊钩升降、小车变幅、吊臂回转、大车行走和液压顶升进行控制。主电控柜里有相当数量的接触器、继电器等等，电控柜必须防雨、防灰尘，设有门锁。门内应有原理图或布线图、操作指示等，门外应有警示标志。

三、驾驶室电控箱

内装有电源变压器、电源插座、照明开关、过欠、压报警线路板等。

四、监控仪表

在驾驶室内，一般装有监控仪表：

1. 风速表用来接收塔顶风速传感器发来的信号，指示现场风速的瞬时值。

2. 电压表指示三相电源电压，当超过额定电压值的±15%时，发出报警，提醒司机注意。

五、电缆卷筒

1. 轨道式塔机的电缆卷筒应具有张紧装置，电缆收放速度应与塔机运行速度同步。

2. 电缆在卷筒上的连接应牢固，以保护电气接点不被拉曳。

六、中央集电环

1. 集电滑环应满足相应电压等级和电流容量的要求。每个滑环至少有一对碳刷，碳刷与滑环的接触面积不应小于理论接触面积的 80%，且接触平稳。

2. 滑环与滑环间的绝缘电阻不小于 1 MΩ。滑环间最小电气间隙不小于 8 mm，且经过耐压试验，无击穿、闪络现象。

第二节　电气系统图

一、电气系统图的分类

塔机的电气系统图分为结构图、原理图、接线图。

1. 结构图又称布置图，用来表示各重要电气装置的部位和功能，如图 2—1 所示。

2. 原理图（又称电路图）表明主电路、控制电路以及照明电路、信号电路等，主要反映电动机如何启动、控制。如图 2—2、2—4、2—5 所示。

3. 接线图又称安装图、装配图，用来指挥安装施工和检修如图 2—3 所示。

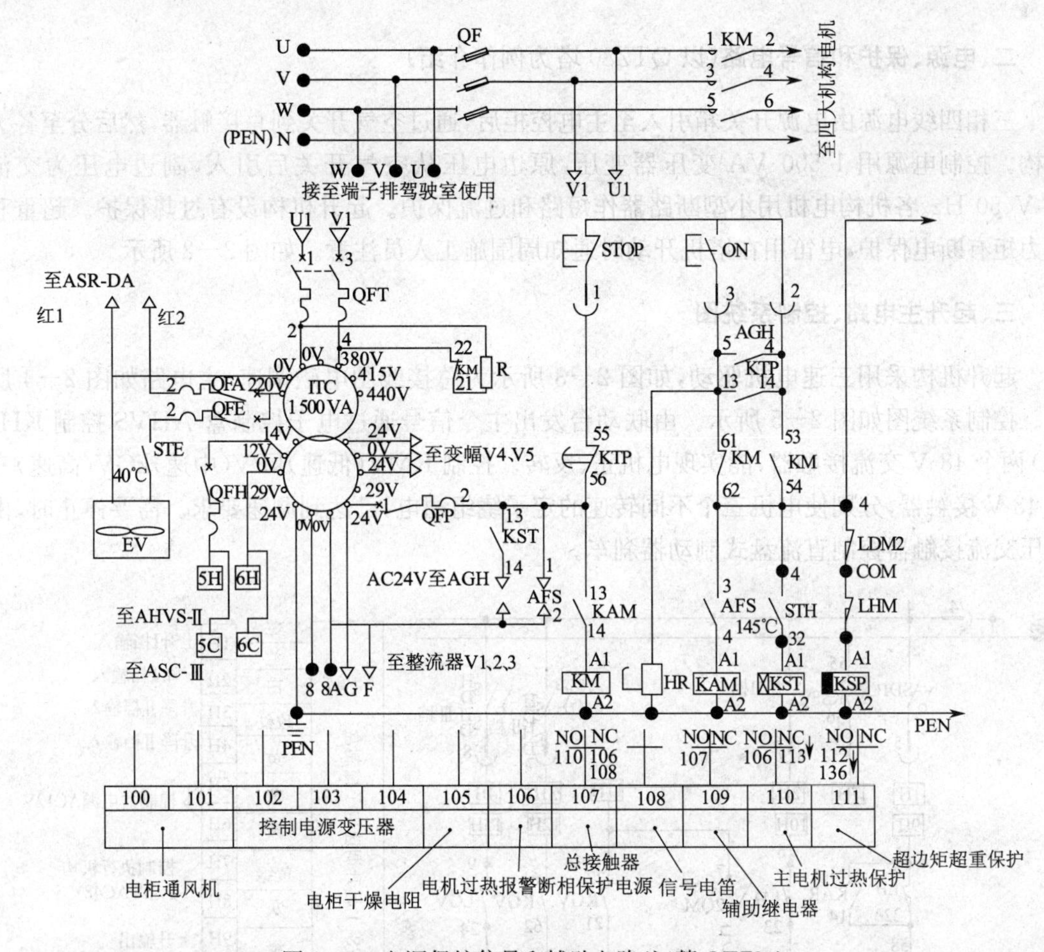

图 2—2　电源保护信号和辅助电路(江麓 QTZ80)

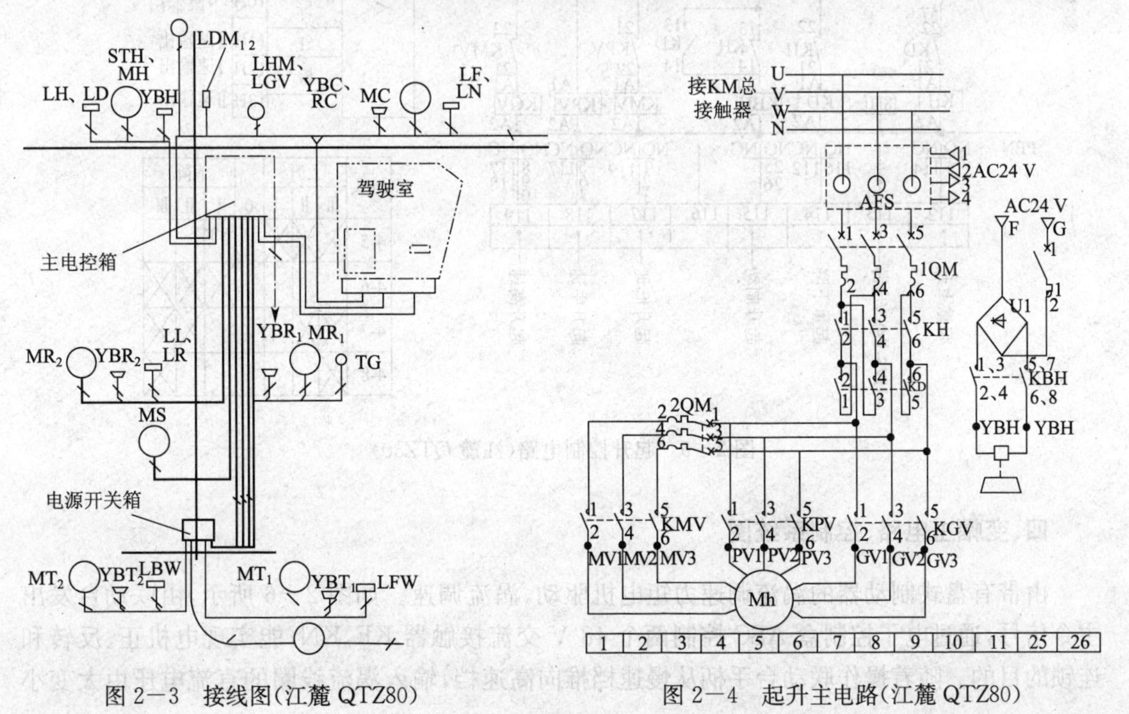

图 2—3　接线图(江麓 QTZ80)　　　图 2—4　起升主电路(江麓 QTZ80)

二、电源、保护和信号电路(以 QTZ80 塔为例作介绍)

三相四线电源由电源开关箱引入至主电控柜后，通过空气开关到总接触器，然后分至各大机构。控制电源用 1 500 VA 变压器变压，原边电压从空气开关后引入，副边电压为交流 48 V、50 Hz。各机构电机用小型断路器作短路和过流保护。起升机构设有过热保护。超重和超力矩有断电保护，电笛用在塔机开动时通知周围施工人员注意。如图 2－2 所示。

三、起升主电路、控制系统图

起升机构采用三速电机驱动，如图 2－3 所示为总接线图电磁调速，主电路如图 2－4 所示。控制系统图如图 2－5 所示。由联动台发出主令信号通过电子控制盒 AHVS 控制 KH，KD 两个 48 V 交流接触器，能实现电机正、反转。控制 KMV(低速)kPV(中速)kGV(高速)三个 48 V 接触器，分别使电机三个不同转速的定子绕组通电，已达到调速要求。需要停止时，由低压交流接触器控制直流盘式制动器刹车。

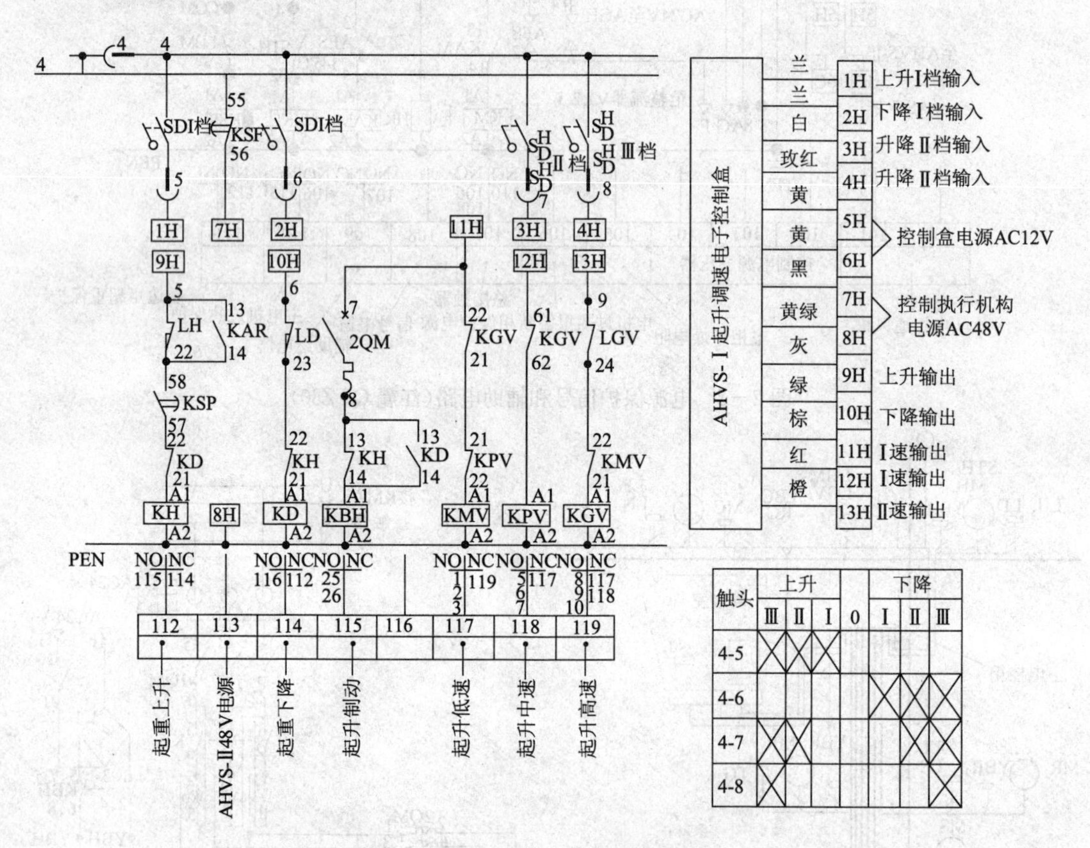

图 2－5　起升控制电路(江麓 QTZ80)

四、变幅主电路、控制系统图

由带有盘式制动器的涡流调速力矩电机驱动，涡流调速。如图 2－6 所示，由联动台发出主令信号，通过电子控制盒 ASC 控制两个 48 V 交流接触器 KF，KN，能实现电机正、反转和连锁的目的。随着操作联动台手柄从慢速档推向高速档，输入涡流线圈的直流电压由大变小

20—10—0，则作用于电机上的涡流制动力矩逐渐减小，使电机逐渐加速，反之亦然。小车停止时，切断控制盒输给盘式制动器的电流，电机制动停车。

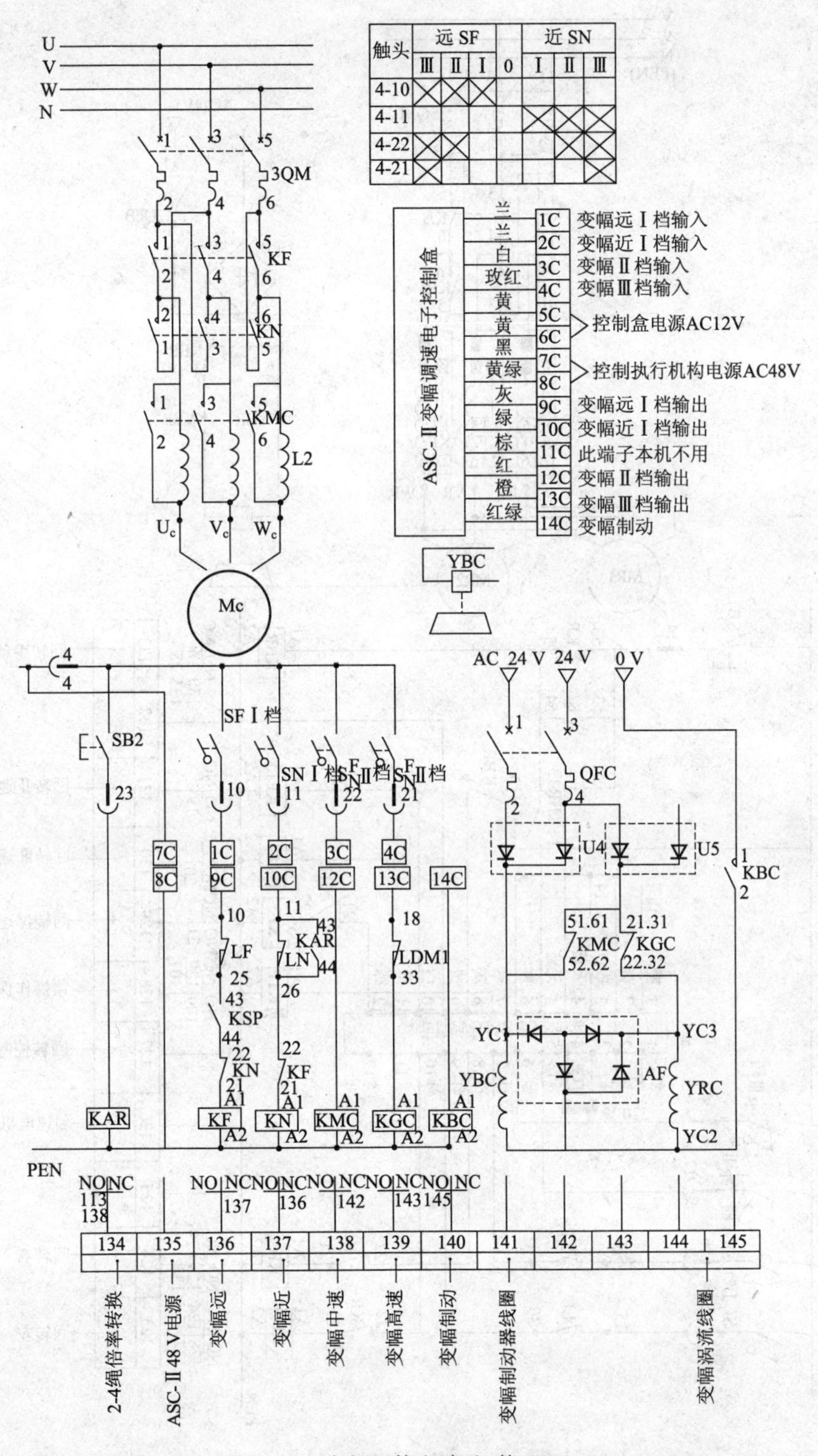

触头	远 SF				近 SN		
	Ⅲ	Ⅱ	Ⅰ	0	Ⅰ	Ⅱ	Ⅲ
4-10	×	×	×				
4-11					×	×	×
4-22	×	×				×	×
4-21	×						×

图 2—6　变幅机构电路(江麓 QTZ80)

五、回转主电路、控制系统(如图 2—7 所示)

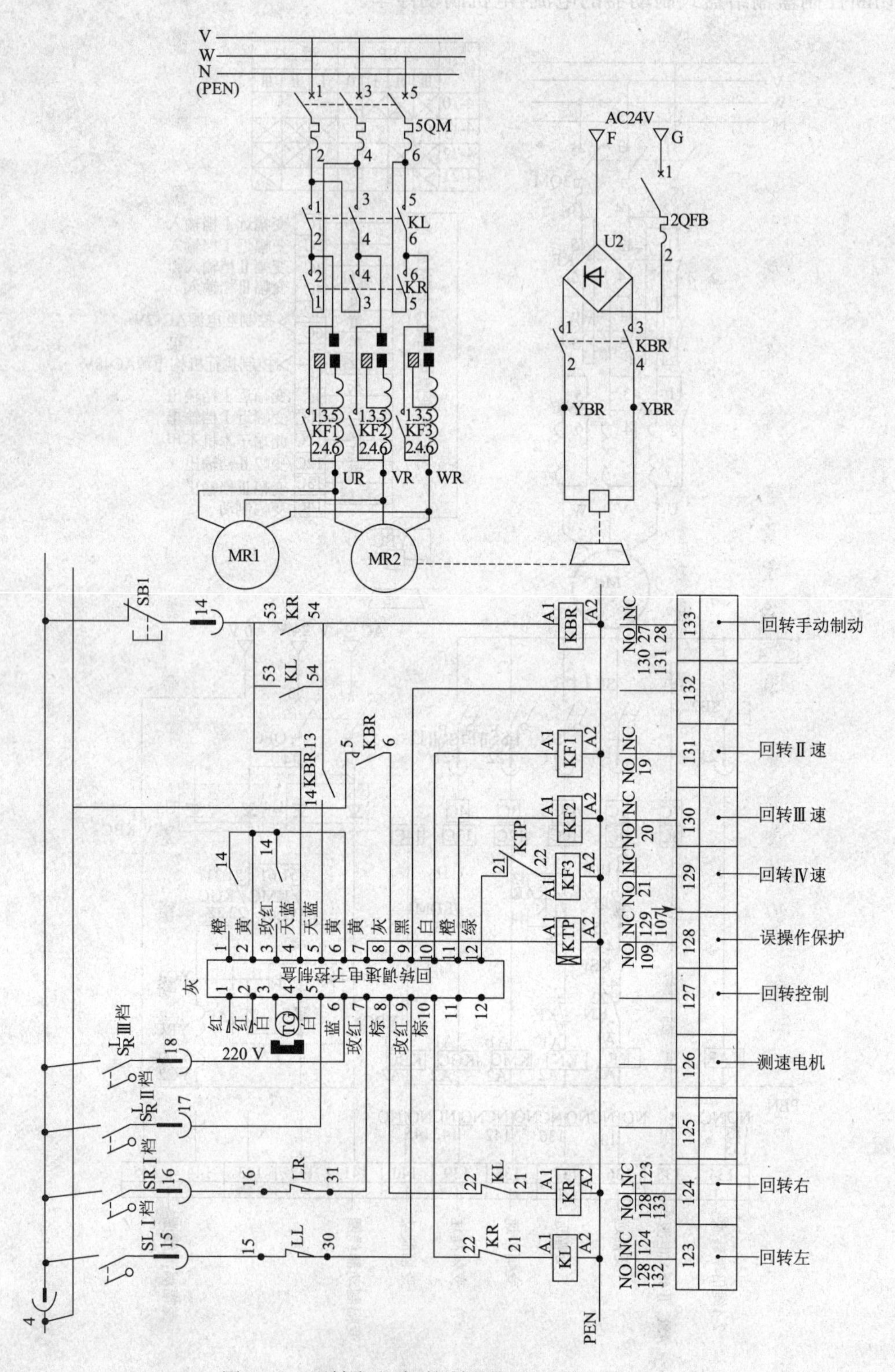

图 2—7　回转主电路、控制系统图(江麓 QTZ80)

由带有盘式制动器的交流力矩电机驱动，(由联动台发出主令信号，通过回转电子控制盒 ASR－DA 控制 KL，KR 两个 48 V 交流接触器，能实现电机正、反转和连锁)，控制三个交流接触器，逐个动作，正常情况下，回转速度由 0 到最大或由最大到 0，全过程时间约 8 秒。回转启、制动程度根据臂长不同进行调节。回转制动按钮只能在特殊情况下使用，正常情况下严禁使用。

六、行走主电路、控制系统

有两个交流异步电动机驱动两个主动台车，从而带动整个塔机行走，联动台发出主令信号，通过接触器控制运行。如图 2－8 所示，行走机构设有常闭式盘式制动器，继电器 KBT 使电机停电后延时制动，延时时间根据实际情况调整。

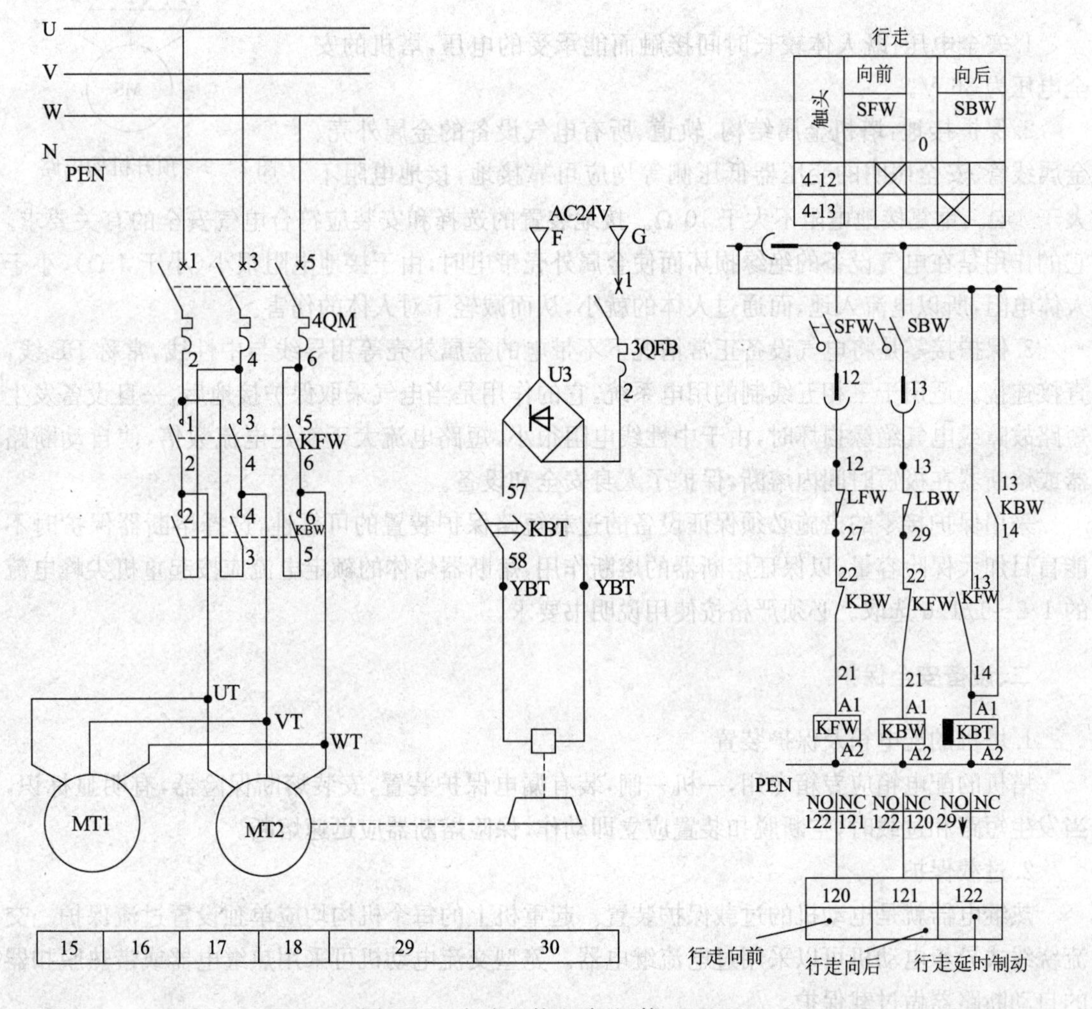

图 2－8　行走机构电路(江麓 QTZ80)

七、液压顶升机构控制系统

用自动开关 6 QM 控制液压顶升机构油泵电机，如图 2－9 所示。

在油泵电机旁的防雨罩内，还装有一只自动开关 QFS，在接通的情况下，可就近操作。

第三节　安全用电知识

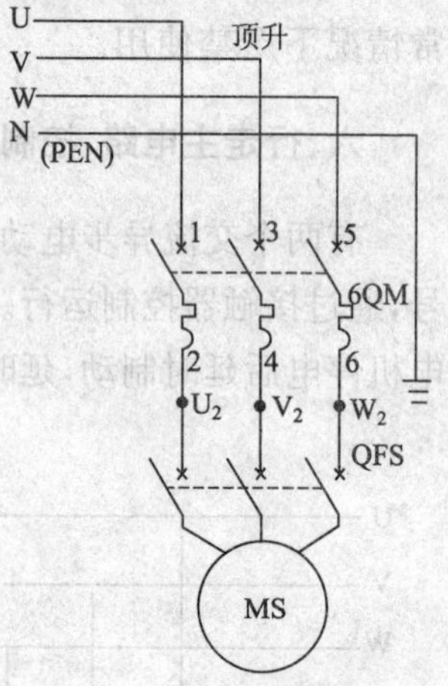

图 2－9　预升机构电路

塔机工作环境恶劣，启动、制动频繁，司机就在金属构件(可以说是导体)上作业，而且电的控制不像机械传动那样直观，所以，司机必须懂得电气基本原理，掌握安全用电知识。

一、人身安全保护

1. 安全电压：既人体较长时间接触而能承受的电压，塔机的安全电压为 36 V。

2. 保护接地：塔机金属结构、轨道、所有电气设备的金属外壳、金属线管、安全照明的变压器低压侧等均应可靠接地，接地电阻不大于 4 Ω。重复接地电阻不大于 10 Ω。接地装置的选择和安装应符合电气安全的有关要求。它的作用是在电气设备的绝缘损坏而使金属外壳带电时，由于接地电阻很小(小于 4 Ω)，小于人体电阻，所以电流入地，而通过人体的就小，从而减轻了对人体的伤害。

3. 保护接零是将电气设备正常情况下不带电的金属外壳等用导线与中性线，常称 PE 线，直接连接。适用于三相五线制的用电系统，它的作用是当电气采取保护接地后，一旦设备发生短路故障或电气绝缘损坏时，由于中性线电阻很小，短路电流大于额定电流数倍，使自动断路器或熔断器在极短时间内熔断，保护了人身安全和设备。

采用保护接零的措施必须保证设备的过载短路保护装置的可靠性，选择熔断器保护时不能盲目加大保险容量，以保证熔断器的熔断作用，熔断器熔体的额定电流应按起重机尖峰电流的 1/2～1/1.6 选取。必须严格按使用说明书要求。

二、设备安全保护

1. 塔机的配电箱及保护装置

塔机的配电箱应专箱专用，一机一闸，装有漏电保护装置，安装熔断保险器，有明显标识，当发生短路和过载时，空断脱扣装置应立即动作，保险熔断器应迅速熔断。

2. 过载保护

热继电器就是电动机的过载保护装置。起重机上的每个机构均应单独设置过流保护。交流绕线式异步电动机可以采用过电流继电器。笼型交流电动机可采用热继电器或带热脱扣器的自动断路器做过载保护。

采用过电流继电器保护绕线式异步电动机时，在两相中设置的过电流继电器的整定值应不大于电动机额定电流的 2.5 倍。在第三相中的总过电流继电器的整定值应不大于电动机额定电流的 2.25 倍加上其余各机构电动机额定电流之和。保护笼型交流电动机的热继电器整定值应不大于电动机额定电流的 1.1 倍。

3. 失压保护

失压保护是为了防止电压过低时，保护电机不至烧坏而设置的，其装置一般设在过流自动脱扣空气开关内，自耦降压补偿器也设有失压脱扣装置。当供电电源中断时，必须能够自动断开总电源回路，恢复供电时，不经手动操作，总电源回路不能自行接通。

4. 电源错相及断相保护，主要是防止主电路换相或缺相带来的误操作，供电电源必须设断错相保护装置。

5. 零位保护。塔机必须设有零位保护（机构运行采用按钮控制的除外）。开始运转和失压后恢复供电时，必须人为先将控制器手柄置于零位后，该机构或所有机构的电动机才能启动。

6. 塔机主电路设主隔离开关，或采取其它隔离措施。隔离开关应有明显标记。

7. 在司机室，设置非自动复位的、能切断塔机总控制电源的紧急断电开关。该开关应设在司机操作方便的地方。

8. 照明、信号

塔机应有良好的照明，照明的供电不受停机影响，固定式照明装置的电源电压不应超过 220 V，严禁用金属结构作为照明线路的回路，可携式照明装置的电源电压不应超过 48 V，交流供电的严禁使用自耦变压器。

①塔顶高度大于 30 m 且高于周围建筑物的塔机，应在塔顶和臂架端部安装红色障碍指示灯，该指示灯的供电不应受停机的影响。

②在司机室内明显位置安装有总电源开合状况的指示信号。

③安全装置的指示信号或声响报警信号应设置在司机和有关人员视力、听力可及的地方。

三、导线及其敷设

1. 塔机所用的电缆、电线应符合说明书及相关规定。

2. 电线若敷设于金属管中，则金属管应经防腐处理。如用金属线槽或金属软管代替，应有良好的防雨及防腐措施。

3. 导线的连接及分支处的室外接线盒应防水，导线孔应有护套。

4. 导线两端应有与原理图一致的永久性标志和供连接用的电线接头。

第四节　电气防火安全

塔机发生电气火灾的原因主要是电气设备的安装、保养不当，使用中超负荷，发生线路短路、过热等。因此，在塔机驾驶室必须配置符合规定的灭火器。

一、发生火灾的原因

（一）设备过热

1. 短路　发生短路故障时，线路中的电流增加为正常时的几倍，产生的热量与电流成正比。此时若温度达到可燃物的燃点时，就会造成火灾。

2. 过载　过载也会引起设备发热。造成过载有以下三种情况：一是设计选用线路和设备不合理，导致在额定负荷下出现过热；二是使用不合理，起重机长时间超负荷运行，造成线路或设备过热；三是故障运行，如三相电源缺一相。

3. 接触不良　各种接触器触点没有足够压力或接触面粗糙不平，均会导致触头过热。

4. 散热不良　电阻器安装不合理或使用时损坏、变形，热量积蓄过高。

（二）起重机周围存在可燃物

1. 塔机上的电气线路、开关柜、熔断器、插销、照明器具、电动机、电加热设施等电气设备接触或接近可燃物极易发生火灾。润滑系统缺油，也可导致火灾的发生。

2. 在塔机或建筑物处进行维修、施工时，电气焊产生的火花飞溅物，落在起重机上而发生的火灾。

3. 起重机司机、登机检修人员随地抛掷的烟头，容易造成火灾。

二、灭火方法

发现塔机电气装置或线路及塔机附近着火时，应迅速切断电源（防止触电），以防火势蔓延和灭火时造成触电，立即使用灭火器材灭火。用1211、干粉或二氧化碳等不导电灭火器材，并保持一定的距离。此外，还可用干沙灭火。

操作灭火器，正确方法是站在上风头，防止中毒和窒息。

第五节　拆装中电工作业要求

一、拆装前的准备

1. 熟悉所安装、拆卸塔机的电气系统图。

2. 持有效电工作业证，两人或两人以上在岗。

2. 检查电源闸箱及供电线路，保证电动机作业时电压波动不大于±5%。

3. 对各电器装置进行检测，及时修理或更换有故障的电器元件。

4. 测量各电机及控制线路的绝缘电阻，应不小于0.5 MΩ。

二、拆装中作业

1. 适时配合拆装工进行电气系统的拆装作业。

2. 对临时接用的电源线要按规定接用，用完后及时拆除。

3. 安装中，对起重臂和平衡臂上的导线应在地面接好，并注意检查有无断头、裸露等缺陷。

4. 接线螺栓要紧固，塔身的电缆线、导线的固定要用线卡固定。多余的导线应有规则地存放在不妨碍作业的地方，并注意防潮、防晒、防砸。

5. 拆卸中要及时配合作好电源接通和切断工作，注意保护电器及导线，要妥善收存。

三、安装后的调试

1. 安装后要及时接通电路，经检查无误后方可起动运转，各操纵手柄和电机旋转方向应符合要求。

2. 调试中要调整各限位器、限位开关灵敏有效，作超载试验时，对起重力矩、超载限制器进行调整。

第三章　塔式起重机安装、拆卸的程序、方法

塔式起重机规格、种类较多，作业场地转移频繁，而且施工项目的地质条件、安装环境都不相同，因此安装、拆卸人员不但要熟悉被安装塔机的结构特点，还要对安装环境等了解清楚，才能做到心中有数，工作有序。

第一节　安装、拆卸前的准备

一、前期准备工作

塔机安装、拆卸及塔身加节或降节作业前，熟读塔机使用说明书，懂塔机工作原理、结构性能，熟悉安装、(顶升)拆卸工作过程，知晓各部件的重量、装配关系、吊点位置，按使用说明书中有关规定及注意事项进行。

下面以施工现场广泛使用的固定式自升塔式起重机 TC 5613 为例作介绍，其整体尺寸、各组件的装配关系、各组件重量分别如图 3－1、3－2、表 3－1 所示，安装前要心中有数，以准备辅助起重机(汽车吊等)、相应的索具、吊具等。

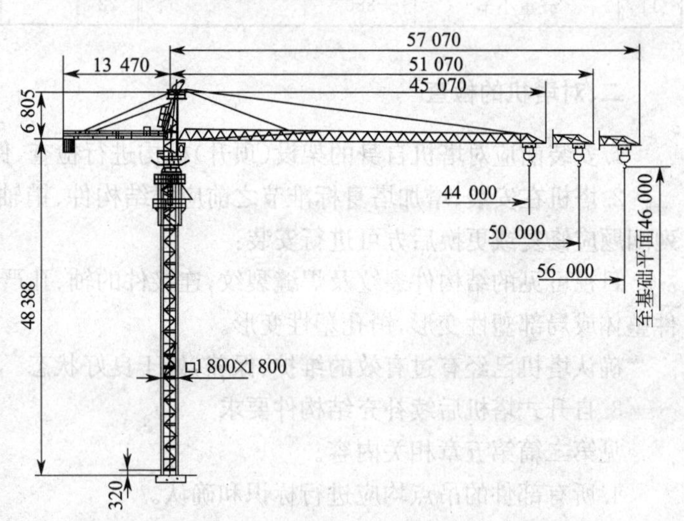

图 3－1　TC5613A 塔式起重机外形尺寸(单位:mm)

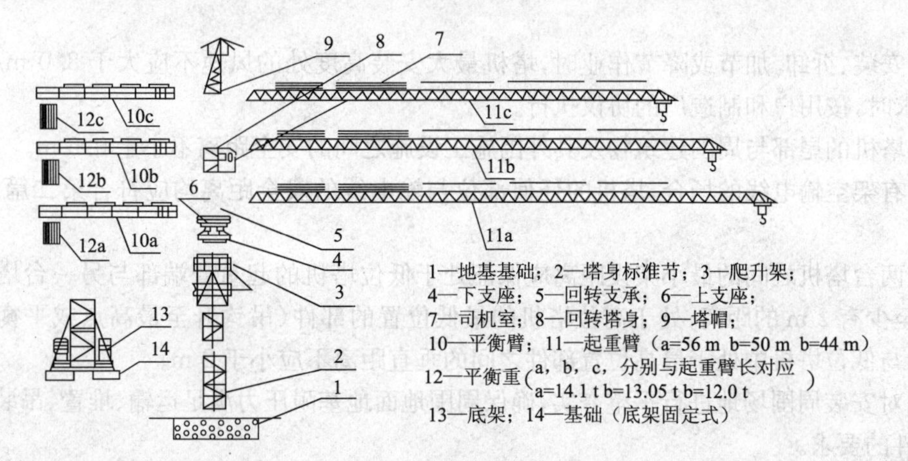

图 3－2　主要组件装配关系

表 3—1 中联(TC 5613A)塔机各主要部件重量表

序号	部件名称	重量(kg)	备注	序号	部件名称	重量(kg)	备注
1	平衡臂	2 700		12	电气系统	400	
2	起升机构	2 800		13	回转塔身	1 200	含起重量限制器
3	平衡臂拉杆	600		14	回转机构	600	两套总重
4	塔顶	1 500		15	上支座	1 675	
5	力矩限制器	13		16	下支座	1 550	
6	司机室	560		17	回转支承 $X=+0.5$	500	徐州回转支承厂
7	牵引机构	600		18	爬升架	3 300	
8	起重臂	5 500		19	顶升机构	800	
9	起重臂拉杆	1 650		20	标准节	940/节	
10	吊钩组	258		21	底架	6 200	不包括 54 t 压重
11	载重小车	380		22	附着架	1 700/个	6 个

二、对塔机的检查

1. 安装前应对塔机自身的架设(顶升)机构进行检查,保证机构处于正常状态。

2. 塔机在安装、增加塔身标准节之前应对结构件、销轴和高强度螺栓进行检查,若发现下列问题应修复或更换后方可进行安装:

目视可见的结构件裂纹及焊缝裂纹;连接件的轴、孔严重磨损;结构件母材严重锈蚀;结构件整体或局部塑性变形,销孔塑性变形。

确认塔机已经有过有效的维护、保养,处于良好状态。

3. 自升式塔机后续补充结构件要求

见第二篇第五章相关内容。

4. 所有部件的吊点均应进行标识和确认。

第二节 安装环境及场地的要求

一、安装、拆卸、加节或降节作业时,塔机最大安装高度处的风速不应大于 8.0 m/s,当有特殊要求时,按用户和制造厂的协议执行。

二、塔机的尾部与周围建筑物及其外围施工设施之间的安全距离不小于 0.6 m。

三、有架空输电线的场合,塔机的任何部位与输电线的安全距离均应符合第二篇表 5—1 的规定。

四、两台塔机之间的最小架设距离应保证处于低位塔机的起重臂端部与另一台塔机的塔身之间至少有 2 m 的距离;处于高位塔机的最低位置的部件(吊钩升至最高点或平衡重的最低部位)与低位塔机中处于最高位置部件之间的垂直距离不应小于 2 m。

五、对安装周围场地进行平整夯实,确保周围地面地基耐压力满足运输、堆置、吊装塔式起重机部件的要求。

六、现场应配备专用塔式起重机电源箱,设置在塔吊附近,箱内必须设隔离开关及具有漏电、短路、过载保护功能的漏电断路器，工作电压的波动不得超过额定电压的±5%。

七、建筑物竣工后，保证塔机能顺利拆卸、运输。

第三节　地 基 基 础

一、该塔采用整体钢筋混凝土基础，要求如下：

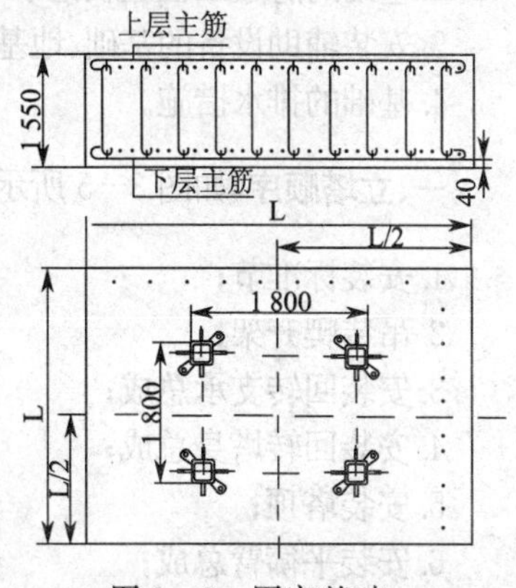

图 3－3　固定基础

基础下土质应坚固夯实，根据土质情况，可选用不同的基础，图 3－3；

1. 混凝土强度等级不得低于 C30，地耐力不小于表 3－2 中的规定。

2. 混凝土基础的深度应大于 1 350 mm。

3. 混凝土基础的 4 只固定支腿上表面应校平，平面度误差小于 1/500。

4. 按设计要求施工完毕，经有关人员验收合格，并做好隐蔽工程验收记录，须有混凝土试压合格报告。

表 3－2　地基基础各项规定

L	上层筋	下层筋	地耐力 MPa	混凝土 m^3	重量 t	架立筋
5 000	纵横向各 27－ϕ25	纵横向各 27－ϕ25	0.21	33.75	81	ϕ12－81
5 500	纵横向各 30－ϕ25	纵横向各 30－ϕ25	0.15	40.8	98	ϕ12－100
6 000	纵横向各 33－ϕ25	纵横向各 33－ϕ25	0.12	48.6	116	ϕ12－121

二、固定支腿的安装

1. 固定支腿的安装很重要，必须保证以下几点：

①将 4 只固定支腿与一个标准节装配在一起，见图 3－4（标准节上有踏步的一面应位于准备安装平衡臂的下方）。

②根据施工要求，如图 3－3 所示当钢筋捆扎到一定程度时，将装配好的固定支腿和标准节整体吊入钢筋网内。

③固定支腿周围的钢筋数量不得减少和切断。

④主筋通过支腿有困难时，允许主筋避让。

⑤吊起装配好的固定支腿和标准节整体，浇筑混凝土。在标准节两个方向的中心线上挂铅垂线，保证预埋后标准节中心线与水平面的垂直度≤1.5/1 000。

⑥固定支腿周围混凝土充填率必须达 95% 以上。

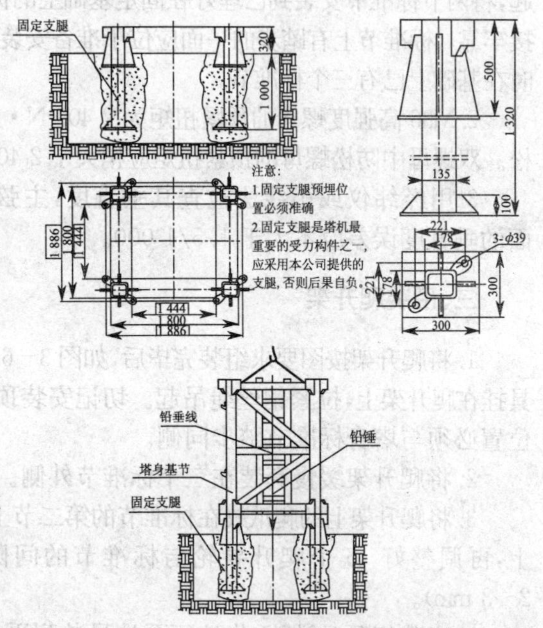

图 3－4　固定支腿安装方式及浇筑

第四节　立　塔

立塔前应根据专项施工方案,对塔式起重机基础的下列项目进行检查,确认合格后方可实施:

1. 基础的位置、标高、尺寸;

2. 基础的隐蔽工程验收记录和混凝土强度报告等相关资料;

3. 安装辅助设备的基础、地基承载力、预埋件等;

4. 基础的排水措施。

一、立塔顺序(如图 3—5 所示)

1. 安装标准节;

2. 吊装爬升架;

3. 安装回转支承总成;

4. 安装回转塔身总成;

5. 安装塔顶;

6. 安装平衡臂总成;

7. 安装平衡臂拉杆;

8. 吊装一块 2.4 t 重的平衡重;

9. 安装司机室;

10. 安装起重臂总成;

11. 安装起重臂拉杆;

12. 吊装平衡重(余下的)。

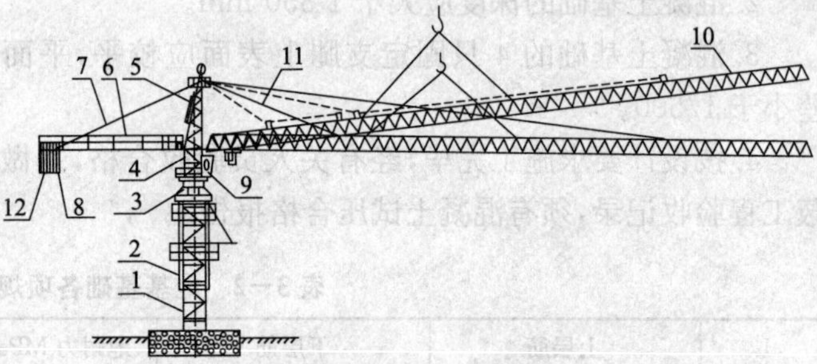

图 3—5　塔机安装顺序示意图

二、吊装两个标准节

1. 将吊具挂在标准节上,将其吊起,将两节标准节安装到已埋好在固定基础上的标准节上,每个标准节用 8 件 10.9 级高强度螺栓连接牢靠,(标准节上有踏步的一面应位于准备安装平衡臂的下方,与上一个标准节的踏步对齐)。此时在基础上已有三个标准节。

2. M36 高强度螺栓的预紧扭矩为 2 400 N·m。每根高强度螺栓均应拧入两个螺母并拧紧防松。双螺母中防松螺母的预紧扭矩应稍大于 2 400 N·m。

3. 用经纬仪或吊线法检查其垂直度,主弦杆四个侧面的垂直度误差应不大于 1.5/1 000。

三、吊装爬升架

1. 将爬升架按图要求组装完毕后,如图 3—6 所示,将吊具挂在爬升架上,拉紧钢丝绳吊起。切记安装顶升油缸的位置必须与塔身标准节踏步同侧。

2. 将爬升架缓慢套装在三个标准节外侧。

3. 将爬升架上的爬爪放在标准节的第二节上部的踏步上,再调整好 16 个爬升导轮与标准节的间隙(间隙为 2～3 mm)。

4. 安装好顶升油缸,将液压泵站吊装到平台一角,接

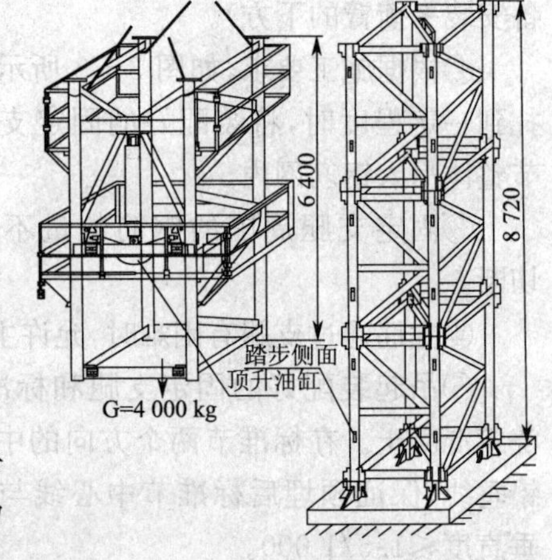

图 3—6　吊装爬升架(单位:mm)

好油管，检查液压系统的运转情况，应保证油泵电机风扇叶片旋向为右，与外壳箭头标识一致，以避免烧坏油泵。如有错误，则应重新接好电机接线。

四、吊装回转支承总成

1. 检查与回转支承，下支座、上支座连接用 80 件 8.8 级的 M24 高强螺栓的预紧扭矩是否达到了 640 N·m。

2. 如图 3—7 所示，将吊具挂在上支座四个支柱耳套下，将回转支承总成吊起。

3. 下支座的八个连接套对准标准节四根主弦杆的八个连接套缓慢落下，将回转支承总成放在塔身顶部。切记下支座的斜腹杆方向应与塔身标准节装爬梯斜腹杆方向一致；下支座与套架连接时，应对好四角的标记。

4. 用 8 件 10.9 级的 M36 高强度螺栓将下支座与标准节连接牢固（每个螺栓用双螺母拧紧防松，螺栓的预紧扭矩 2 400 N·m）。

5. 操作顶升系统，将液压油缸伸长至第 2 节标准节的下踏步上，将爬升架顶升至与下支座的法兰盘接触，用 16 件 M24 的螺栓将爬升架与下支座连接牢固（每个螺栓用双螺母拧紧防松，螺栓的预紧扭矩为 640 N·m）。

五、安装回转塔身

1. 如图 3—8 所示，将吊具挂在回转塔身四根主弦杆处，拉紧吊索。

2. 吊起回转塔身（安装时注意用于安装平衡臂和起重臂支耳的方向），使靠近起重量限制器一边的支耳与上支座的起重臂方向一致。

3. 用 8 件 10.9 级的 M36 高强度螺栓和 16 件 10 级的 M36 高强度螺母（双螺母防松）将回转塔身与上支座紧固。螺栓的预紧力矩为 2 400 N·m。

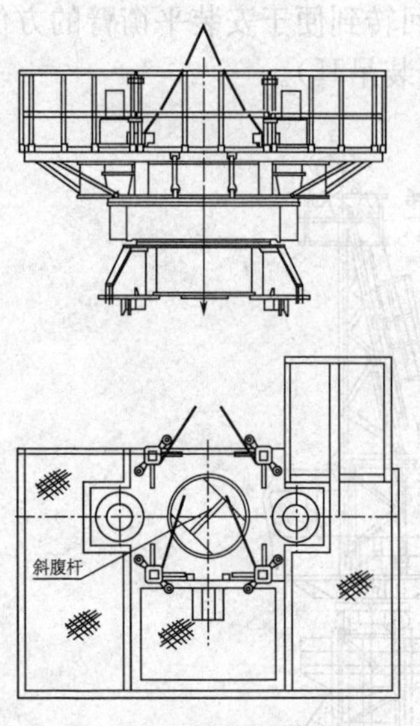

图 3—7　吊装回转支承总成

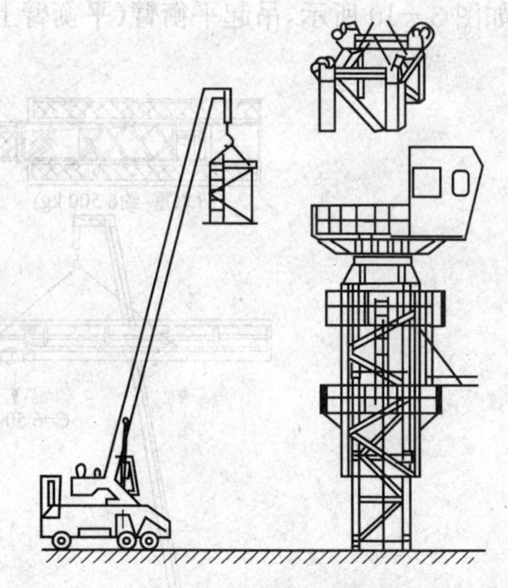

图 3—8　吊装回转塔身

六、安装塔顶

1. 吊装前在地面上先把塔顶上的平台、栏杆、扶梯及力矩限制器装好，为使安装平衡臂方便，在塔顶的后侧左右两边各装上两根平衡臂拉杆。

2. 如图 3—9 所示，将吊具挂在塔顶上。

3. 将塔顶吊到回转塔身上，应注意将塔顶垂直的一侧应对准上支座的起重臂方向。

4. 用 4 件销轴将塔顶与回转塔身连接，穿好并充分张开开口销。

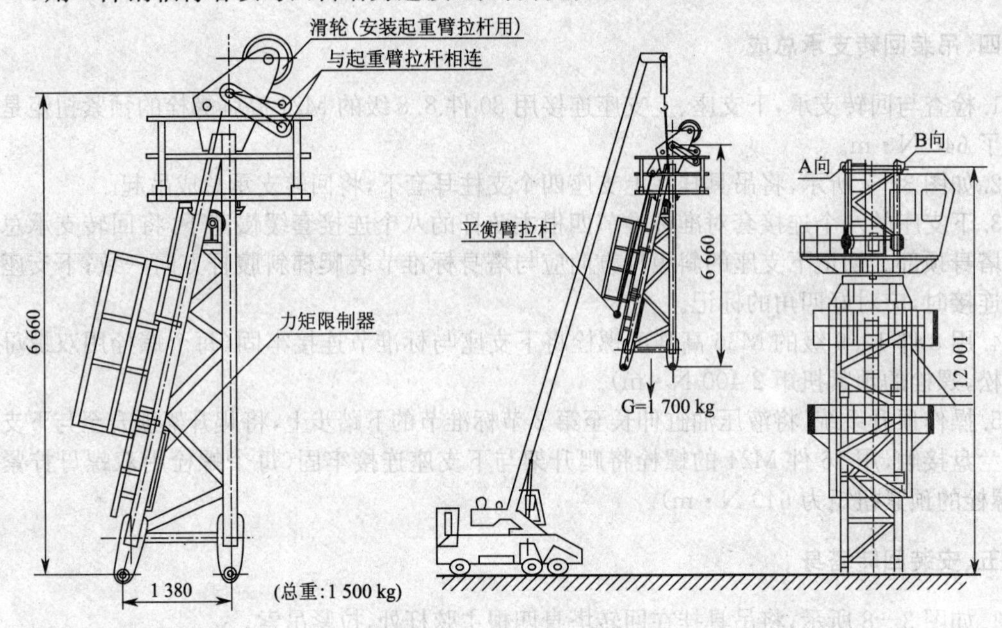

图 3－9　吊装塔顶(单位:mm)

七、吊装平衡臂总成

在地面上把两节平衡臂组装好，将起升机构、电控箱、电阻箱、平衡臂拉杆装在平衡臂上，并固接好。回转机构接上临时电源，将回转支承以上部分回转到便于安装平衡臂的方位。

1. 如图 3－10 所示，吊起平衡臂(平衡臂上设有 4 个安装吊耳)。

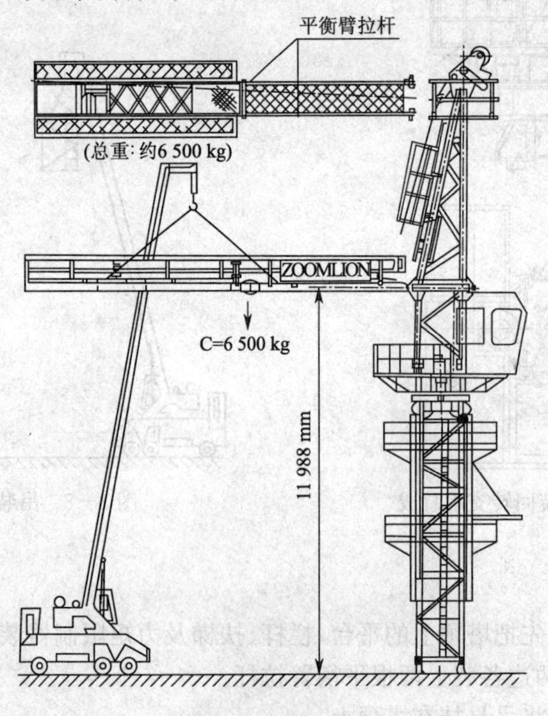

图 3－10　吊装平衡臂

2.用定轴架和销轴将平衡臂与回转塔身固定联接好。

3.平衡臂拉杆示意如图 3－11 所示，如图 3－12 所示将平衡臂逐渐抬高至适当的位置，使平衡臂上的拉杆与塔顶上平衡臂拉杆用销轴相接，穿好销轴并张开开口销。

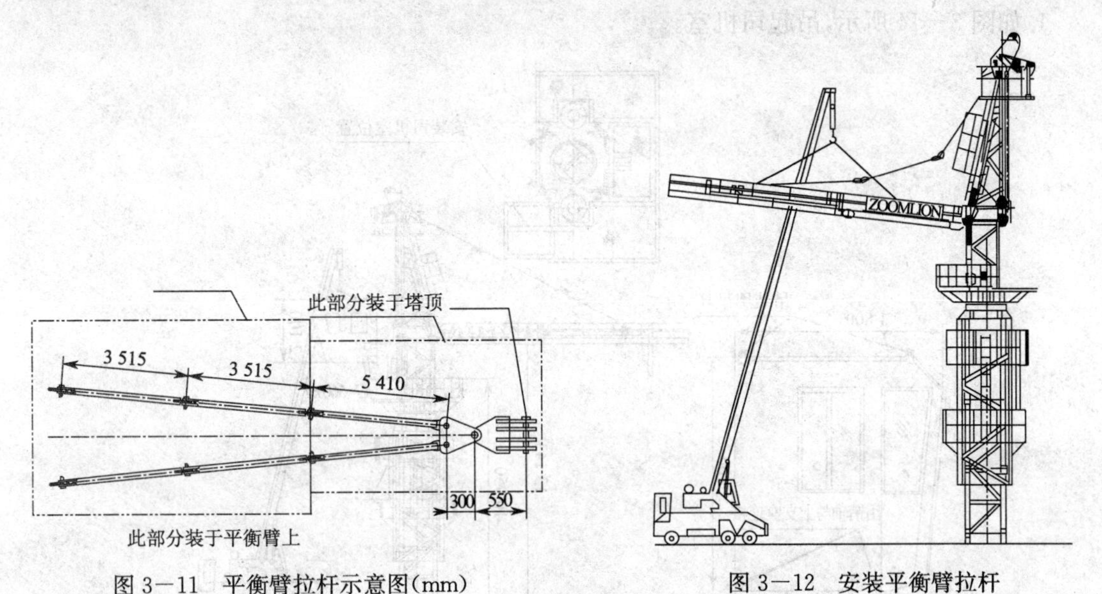

图 3－11　平衡臂拉杆示意图(mm)　　　图 3－12　安装平衡臂拉杆

4.缓慢地将平衡臂放下，再吊装一块 2.40 t 重的平衡重安装在平衡臂最前面的安装位置上，如图 3－13 所示。

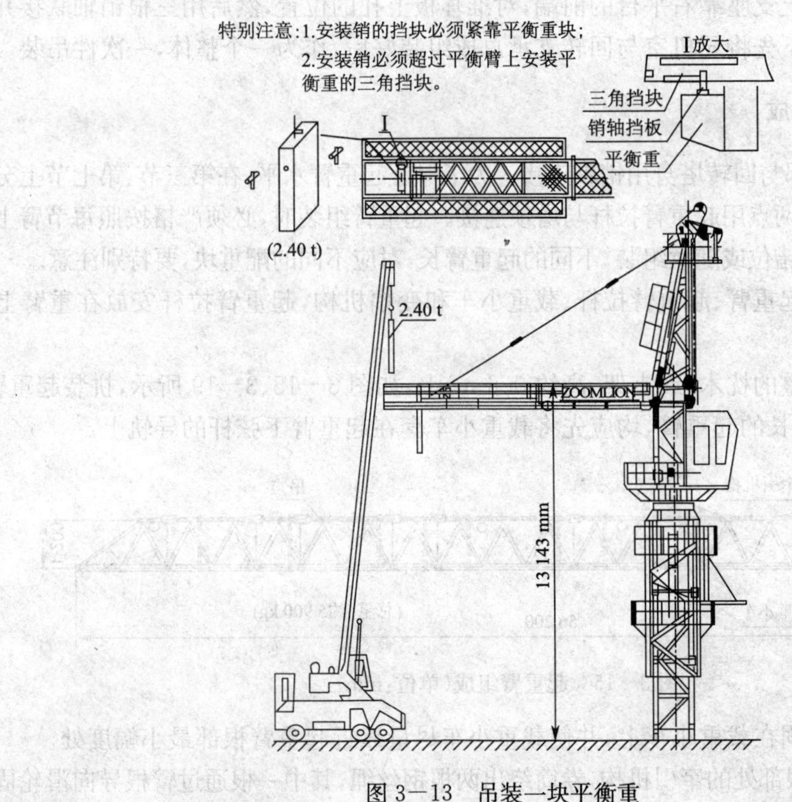

图 3－13　吊装一块平衡重

八、吊装司机室

司机室内的电气设备安装齐全后

1. 如图 3－14 所示，吊起司机室。

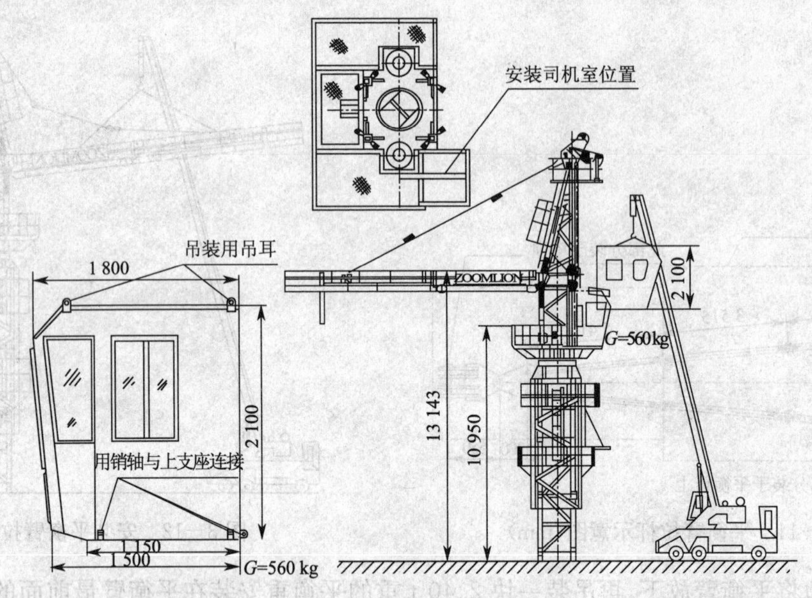

图 3－14　吊装司机室(单位：mm)

2. 把司机室吊到上支座靠右平台的前端，对准耳板上孔的位置，然后用三根销轴联接并穿好开口销。也可在地下先将司机室与回转支承总成组装好后，作为一个整体，一次性吊装。

九、安装起重臂总成

起重臂第一节根部与回转塔身用销轴连接。为了保证起重臂水平，在第三节、第七节上分别设有一个吊点，通过这两点用起重臂拉杆与塔顶连接。起重臂组装时，必须严格按照每节臂上的序号标记组装，不允许错位或随意组装，不同的起重臂长，对应不同的配重块，要特别注意。

起重臂总成包括起重臂、起重臂拉杆、载重小车和变幅机构，起重臂拉杆安放在重臂上弦杆的拉杆固定架上。

1. 在塔机附近平整的枕木(或支架，高约 0.6 m)上，如图 3－15、3－19 所示，拼装起重臂。注意：无论组装多长的起重臂，均应先将载重小车套在起重臂下弦杆的导轨上。

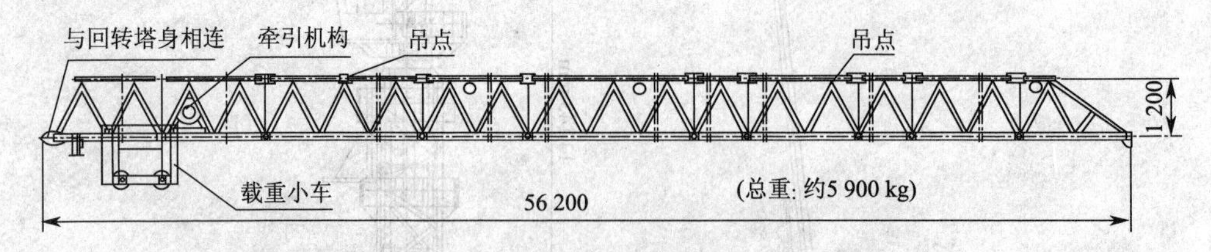

图 3－15　起重臂组成(单位：mm)

2. 将维修吊篮紧固在载重小车上，并使载重小车尽量靠近起重臂根部最小幅度处。

3. 安装好起重臂根部处的牵引机构，卷筒绕出两根钢丝绳，其中一根通过臂根导向滑轮固定于载重小车后部，另一根通过起重臂中间及头部导向滑轮，固定于载重小车前部，如图3－16所示。

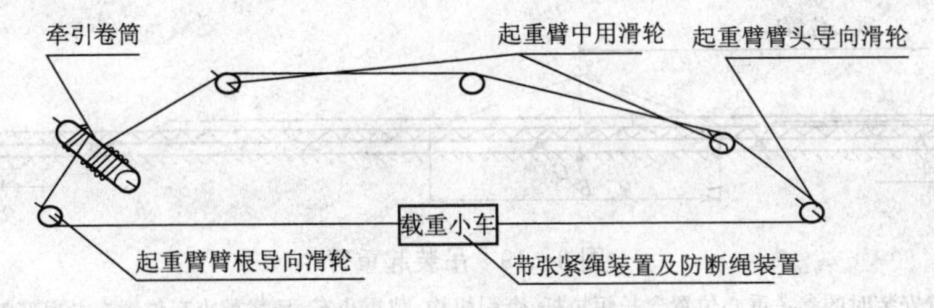

图 3－16　牵引钢丝绳绕绳示意图

在载重小车后部设有 3 个绳卡，绳卡压板应在钢丝绳受力一边，绳卡间距为钢丝绳直径的 6～9 倍。钢丝绳与载重小车的前端设有张紧装置，如果牵引钢丝绳松弛，调整张紧装置即可将钢丝绳张紧。在起重臂根部还有另一套牵引钢丝绳张紧装置，在使用过程中，出现牵引钢丝绳松弛时，可用该装置将钢丝绳张紧。

4. 将起重臂拉杆按图 3－17 所示拼装好后与起重臂上的吊点用销轴铰接，穿好开口销，放在起重臂上弦杆的定位托架内。

5. 检查起重臂上的电路是否完善。使用回转机构的临时电源将塔机上部结构回转到便于安装起重臂的方位。

6. 按图 3－18 挂绳，试吊是否平衡，否则可适当移动挂绳位置，起吊起重臂总成至安装高度。如图 3－19 所示用定轴架和销轴将回转塔身与起重臂根部连接固定。注意：记录下吊装起重臂的吊点位置，以便拆塔时使用。

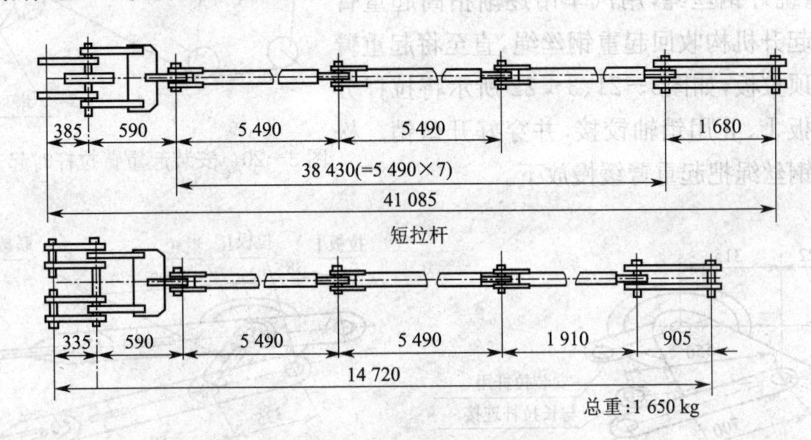

图 3－17　起重臂拉杆组成示意图（单位：mm）

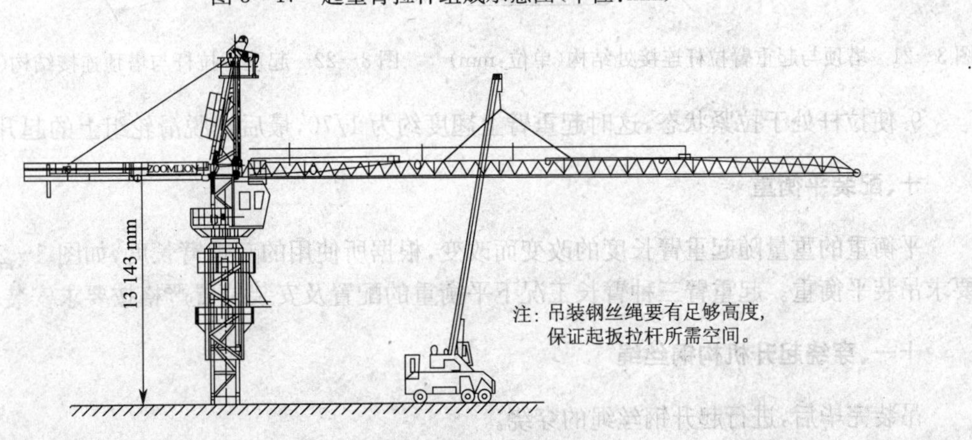

图 3－18　起重臂拼装及吊点位置

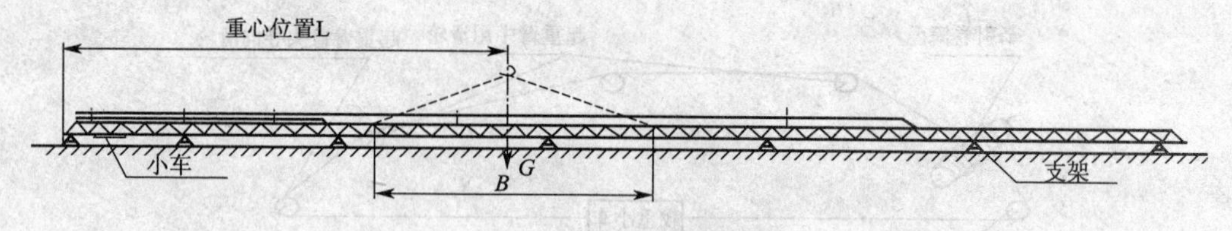

图 3—19　吊装起重臂

注：1. 起重臂安装时的参考重心位置含长短拉杆，牵引机构，载重小车，且载重小车位置在最根部时

56 m 臂长：$L=19.8$ m，$G=8\ 100$ kg

50 m 臂长：$L=18$ m，$G=7\ 700$ kg

11 m 臂长：$L=16.2$ m，$G=7\ 300$ kg

2. 吊装时 8 m＜B＜20 m。

3. 组装好的起重臂用支架支承在地面时，严禁为了穿绕小车牵引钢丝绳的方便仅支承两端，全长内支架不应少于 5 个，且每个支架均应垫好受力，为了穿绕方便，允许分别支承在两边主弦杆下。

7. 小车变幅的塔机在起重臂组装完毕准备吊装之前，应检查起重臂的连接销轴、安装定位板等是否连接牢固、可靠。

当起重臂的连接销轴轴端采用焊接挡板时，则在锤击安装销轴后，应检查轴端挡板的焊缝是否正常，开口销是否分叉。

8. 接通起升机构的电源，放出起升钢丝绳如图 3—20 所示缠绕好钢丝绳，用汽车吊逐渐抬高起重臂的同时开动起升机构收回起重钢丝绳，直至将起重臂拉杆拉近塔顶拉板，如图3—21、3—22 所示将拉杆分别与塔顶拉板Ⅰ、Ⅱ用销轴铰接，并穿好开口销。松弛起升机构钢丝绳把起重臂缓慢放下。

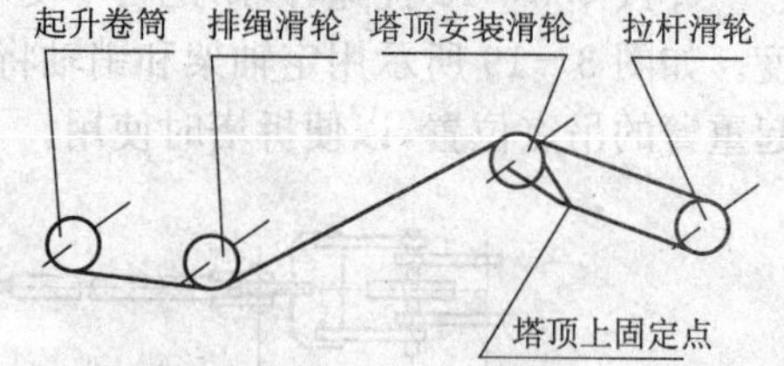

图 3—20　安装起重臂拉杆时起升钢丝绳绕法

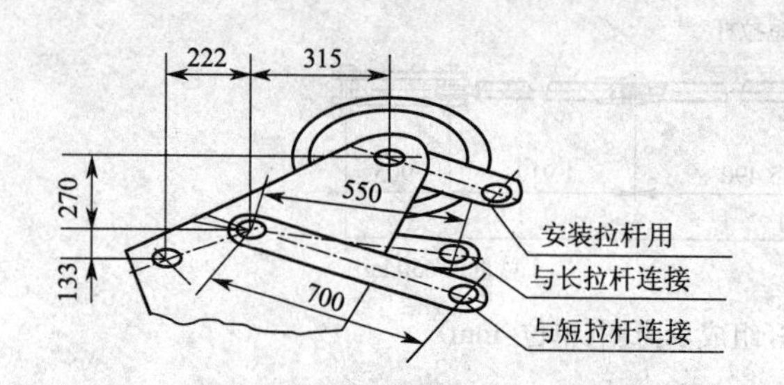

图 3—21　塔顶与起重臂拉杆连接处结构(单位：mm)

拉板Ⅰ　拉板Ⅱ　滑轮　联接板　长拉杆　385　590　335　590　短拉杆

图 3—22　起重臂拉杆与塔顶连接结构(单位：mm)

9. 使拉杆处于拉紧状态，这时起重臂上翘度约为 1/70，最后松脱滑轮组上的起升钢丝绳。

十、配装平衡重

平衡重的重量随起重臂长度的改变而改变，根据所使用的起重臂长度，如图 3—23 所示的要求吊装平衡重。起重臂三种臂长工况下平衡重的配置及安装位置严格按要求安装。

十一、穿绕起升机构钢丝绳

吊装完毕后，进行起升钢丝绳的穿绕。

图 3—24 所示，起升钢丝绳由起升机构卷筒放出，绕过塔顶导向滑轮向下进入回转塔身上

起重量限制器滑轮，向前再绕到载重小车和吊钩滑轮组，最后将绳头通过绳夹，用销轴固定在起重臂头部的防扭装置上。

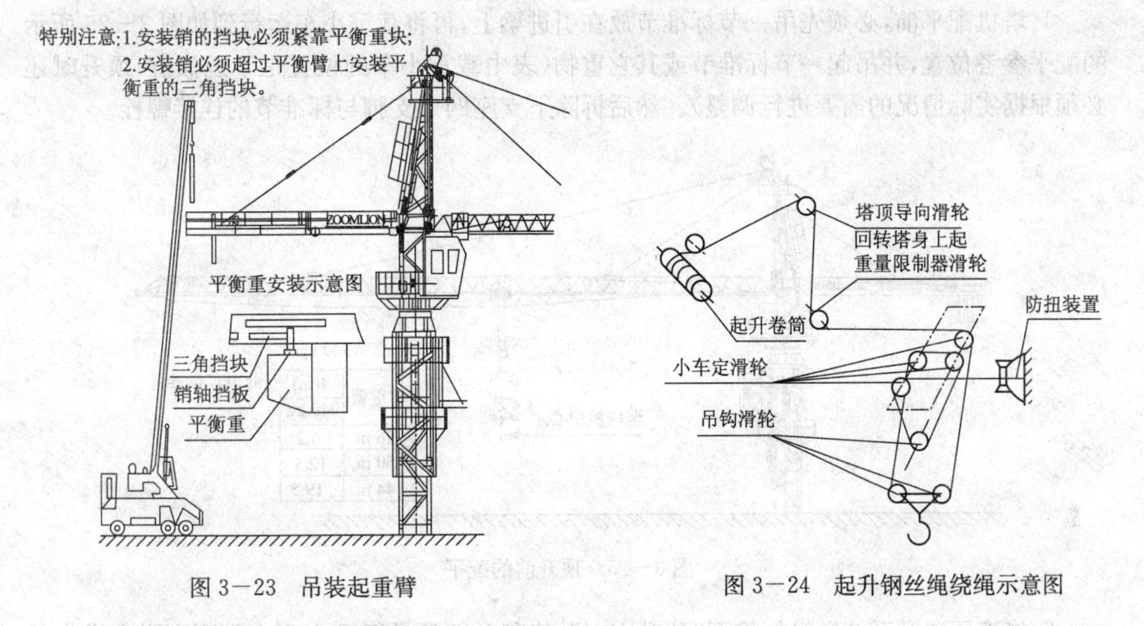

图 3－23　吊装起重臂　　　　图 3－24　起升钢丝绳绕绳示意图

十二、接电源及试运转

当整机按前面的步骤安装完毕后，在无风状态下，检查塔身轴线的垂直度，允差为 4/1 000；再按电路图的要求接通所有电路的电源，试开动各机构进行运转，检查各机构运转是否正确，同时检查各处钢丝绳是否处于正常工作状态，是否与结构件有摩擦，所有不正常情况均应予以排除。

第五节　顶 升 加 节

一、顶升前的准备

1. 检查顶升套架等部位：一是导向轮是否齐全有效；二是支撑爬不正常有效。（包括降节）

2. 按液压泵站要求给油箱加油。确认电动机接线正确，风扇旋向右旋，手动阀操纵杆操纵自如，无卡滞。

3. 清理好各个标准节，在标准节连接套的孔内涂上黄油，将待顶升加高用的标准节排成一排，放在顶升位置时起重臂的正下方，这样能使塔机在整个顶升加节过程中不用回转机构，能使顶升加节过程所用时间最短。

4. 放松电缆长度略大于总的顶升高度，并紧固好电缆。

5. 将起重臂旋转至爬升架前方，平衡臂处于爬升架的后方(顶升油缸正好位于平衡臂正下方)。

6. 在引进平台上准备好引进滚轮，爬升架平台上准备好塔身高强度螺栓。

7. 顶升系统必须完好。

8. 结构件必须完好。

9. 顶升前，塔式起重机下支座与顶升套架应可靠连接。

10. 顶升加节的顺序，应符合使用说明书的规定。

二、顶升前塔机的配平（如图 3－25 所示）

1. 塔机配平前，必须先吊一节标准节放在引进梁上，再将载重小车运行到如图 3－25 所示的配平参考位置，并吊起一节标准节或其它重物（表中载重小车的位置是个近似值，顶升时还必须根据实际情况的需要进行调整）。然后拆除下支座四个支脚与标准节的连接螺栓。

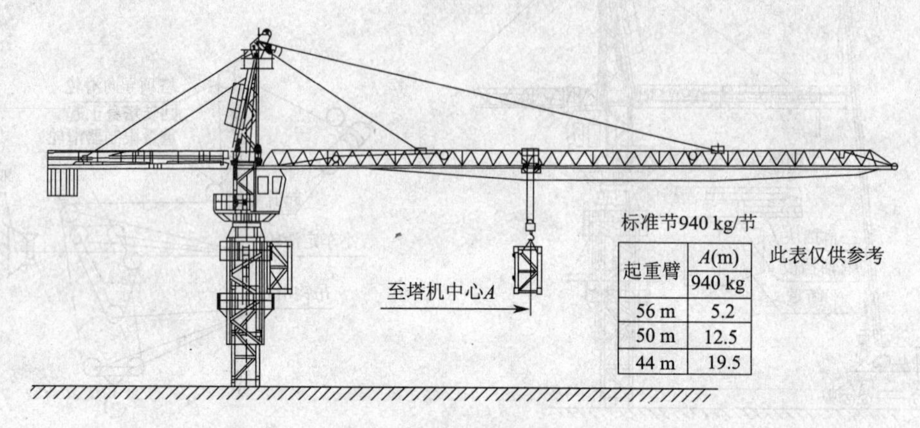

起重臂	A(m) 940 kg
56 m	5.2
50 m	12.5
44 m	19.5

图 3－25　顶升前的配平

2. 将液压顶升系统操纵杆推至“顶升方向”，使爬升架顶升至下支座支脚刚刚脱离塔身的主弦杆的位置。

3. 检验下支座与标准节相连的支脚与塔身主弦杆是否在一条垂直线上，并观察爬升架上 8 个导轮与塔身主弦杆间隙是否基本相同，如图 3－26 所示，以检查塔机是否平衡，若不平衡，则调整载重小车的配平位置，直至平衡，使得塔机上部重心落在顶升油缸梁的位置上。

4. 记录载重小车的配平位置，但要注意，这个标志的位置随起重臂长度不同而改变，要随时更新。

5. 操纵液压系统使套架下降，连接好下支座和标准节间的连接螺栓。

三、顶升作业（如图 3－27 所示）

1. 将一节标准节吊至爬升架引进横梁的正上方，在标准节下端装上四只引进滚轮，缓慢落下吊钩，使装在标准节上的引进滚轮比较合适地落在引进横梁上，然后摘下吊钩。

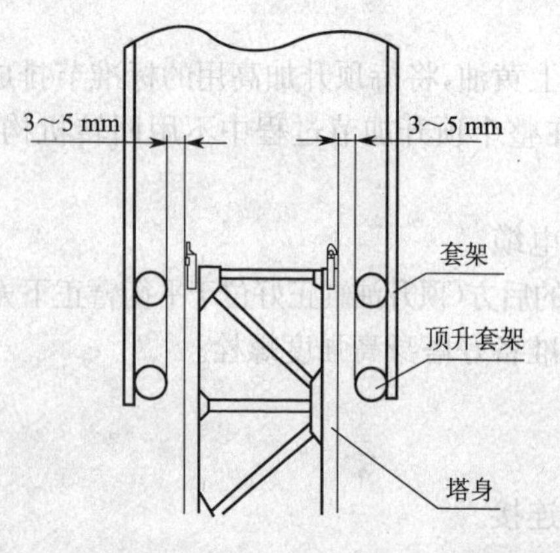

图 3－26　爬升套架与标准节的间隙

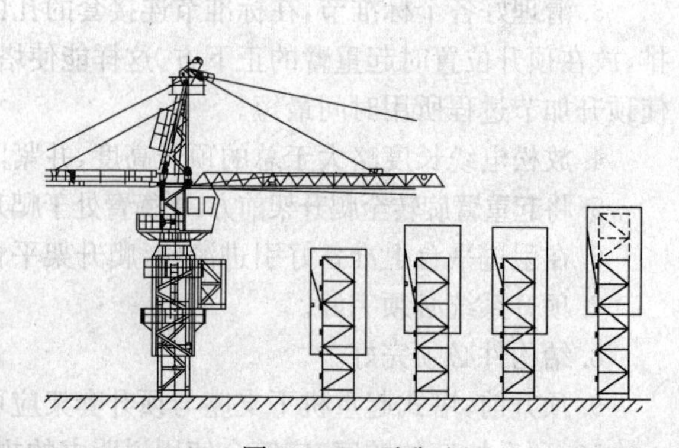

图 3－27　顶升过程

2. 将载重小车开至顶升平衡位置，如图 3－25 所示。

3. 使用回转机构上的回转制动器，将塔机上部机构处于制动状态，不允许有回转运动。

4. 卸下塔身顶部与下支座连接的 8 个高强度螺栓。

5. 将顶升横梁放在距离最近的标准节踏步的圆弧槽内(要特别注意观察顶升横梁两端销轴是否在爬爪圆弧槽内)。开动液压系统，使活塞杆伸出，将爬升架及其以上部分顶起10～50 mm时停止，检查顶升横梁、爬升架等传力部件是否有异响、变形等异常现象，确认正常后，继续顶升；顶起略超过半个标准节高度并使爬升架上的活动爬爪滑过一对踏步并自动复位后，停止顶升，并回缩油缸，使爬升架的活动爬爪搁在顶升横梁所顶踏步的上一对踏步上。确认两个活动爬爪准确地挂在踏步顶端后，将油缸活塞全部缩回，提起顶升横梁，重新使顶升横梁顶在爬爪所搁的踏步的圆弧槽内，再次伸出油缸，将塔机上部结构再顶起略超过半个标准节高度，此时塔身上方恰好有能装入一个标准节的空间，将爬升架引进横梁上的标准节引至塔身正上方，稍微缩回油缸，将新引进的标准节落在塔身顶部，对正，卸下引进滚轮，用 8 件 M36 的高强度螺栓(每根螺栓必须有两个螺母和两个垫圈)将上，下标准节连接牢靠(螺栓预紧力矩为 2 400 kN·m)。

再次缩回油缸，将下支座落在新的塔身顶部上，并对正，用 8 件 M36 高强度螺栓将下支座与塔身连接牢靠，至此完成一节标准节的加节工作，若连续加几节标准节，则可按以上步骤重复几次即可。为使下支座顺利地落在塔身顶部，并对准连接螺栓孔，在缩回油缸之前，可在下支座四角的螺栓孔内从上往下插入四根(每角一根)导向杆，然后再缩回油缸，将下支座落下。

四、顶升降节过程的注意事项

1. 塔机最高处风速大于四级风时，不得进行顶升作业，严格按使用说明书要求作业。

2. 顶升过程中必须保证起重臂与引入标准节方向一致，并利用回转机构制动器将起重臂制动住，载重小车必须停在顶升配平位置。

3. 若要连续加高几节标准节，则每加完一节后，塔机起吊下一节标准节前，塔身各主弦杆和下支座必须有 8 个 M36 的螺栓连接，唯有在这种情况下，允许这 8 根高强度螺栓每根只用一个螺母。

4. 所加标准节上的踏步，必须与已有标准节对正。

5. 在下支座与塔身没有用 M36 螺栓连接好之前，严禁回转、变幅和吊装作业。

6. 在顶升过程中，若液压顶升系统出现异常，应立即停止顶升，收回油缸，将下支座落在塔身顶部，并用 8 件 M36 高强度螺栓将下支座与塔身连接再排除液压系统的故障。

7. 塔机加节达到所需工作高度(但不超过独立高度)后，应旋转起重臂至不同的角度，检查塔身各接头处、基础支腿处螺栓的拧紧情况(哪一根主弦杆位于平衡臂正下方，就把这根弦杆从下到上的所有螺母拧紧，上述连接处均为双螺母防松)。

8. 顶升完毕，必须由相关人员进行检查，安全装置调整到位，各部分安装正确，填写验收单。

9. 塔式起重机加节后需进行附着的，应按照先装附着装置、后顶升加节的顺序进行，附着装置的位置和支撑点的强度应符合要求。

第六节 拆 塔

一、拆卸注意事项

1. 塔机拆出工地之前，顶升机构由于长期停止使用，应对顶升机构进行保养和试运转。

2. 在试运转过程中，应有目的地对限位器、回转机构的制动器等进行可靠性检查。

3. 在塔机标准节已拆出，但下支座与塔身还没有用 M36 高强度螺栓连接好之前，严禁使用回转机构、牵引机构和起升机构。

4. 塔机拆卸对顶升机构来说是重载连续作业，所以应对顶升机构的主要受力件经常检查。

5. 顶升机构工作时，所有操作人员应集中精力观察各相对运动件的相对位置是否正常（如滚轮与主弦杆之间，爬升架与塔身之间），如果爬升架在上升时，爬升架与塔身之间发生偏斜，应停止顶升，并立即下降。

6. 拆卸时风速应低于四级（5.5～7.9 m/s）。由于拆卸塔机时，建筑物已建完，工作场地受限制，应注意工件的吊装堆放位置。不可马虎大意，否则容易发生人身安全事故。

二、拆塔的具体程序

特别提醒：拆塔是技术性很强的工作，尤其是塔身标准节、平衡臂、起重臂的拆卸。稍有疏忽，就会导致机毁人亡、因此，用户在拆卸这些部件时，需严格按照本说明书的规定操作。上塔工作人员，必须是经过培训并取到证书的人员。

特别注意：两个活动爬爪因锈蚀等原因，很可能不能自动恢复到水平状态，故引进标准节或拆卸标准节时，对爬爪应特别注意，应事先进行检查和保养。

1. 将塔机旋转到拆卸区域，该区应无影响拆卸作业障碍物。

2. 拆卸顺序，如图 3－28 所示的顺序，进行塔机拆卸。其步骤与立塔组装的步骤相反。必须严格执行产品说明书的规定，严禁违反操作程序。拆塔具体程序如下：

①降塔身标准节（如有附着装置，相应地拆卸）；

②拆下平衡臂配重（留一块 2.40 t 的配重）；

③拆卸起重臂；

④拆卸平衡臂；

⑤拆卸司机室（亦可待至与回转总成一起拆卸）；

⑥拆卸塔顶；

⑦拆卸回转塔身；

⑧拆卸回转支座总成；

⑨拆卸爬升架及塔身标准节；

⑩拆卸压重及底架（仅限于底架固定式塔）。

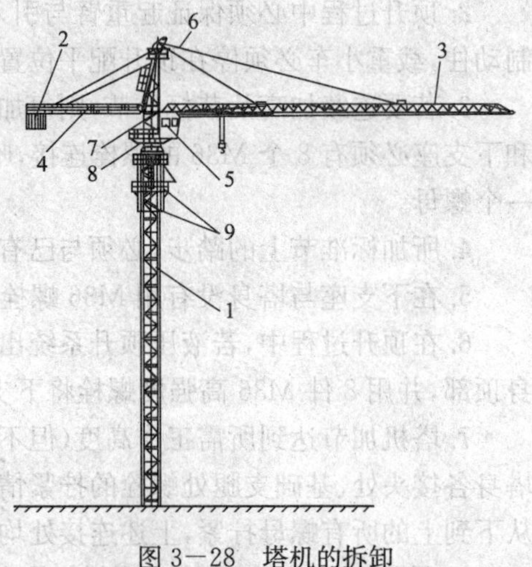

图 3－28　塔机的拆卸

1—降塔身标准节；2—拆卸平衡臂配重（保留一块 2.40 t 配重）；3—起重臂的拆卸；4—平衡臂的拆卸（先拆留下的一块 2.40 t 配重）；5—拆卸司机室；6—拆卸塔顶；7—拆卸回转塔身；8—拆卸回转总成；9—拆走爬升架及标准节

三、拆卸塔身（图 3－28）

1. 将起重臂回转到标准节的引进方向（即爬升架中有开口的一侧），使回转制动器处于制动状态，载重小车停在配平位置（即与安装塔机中顶升加节时载重小车的配平位置一致）。

2. 拆掉最上面塔身标准节的上、下连接螺栓，并在该节下部连接套装上引进滚轮。

3. 伸长顶升油缸，将顶升横梁顶在从上往下数第四个踏步的圆弧槽内，将上部结构顶起；当最上一节标准节（即标准节 1）离开下部标准节 2～5 cm左右，即停止顶升。

4. 顶起的标准节沿引进梁推出。

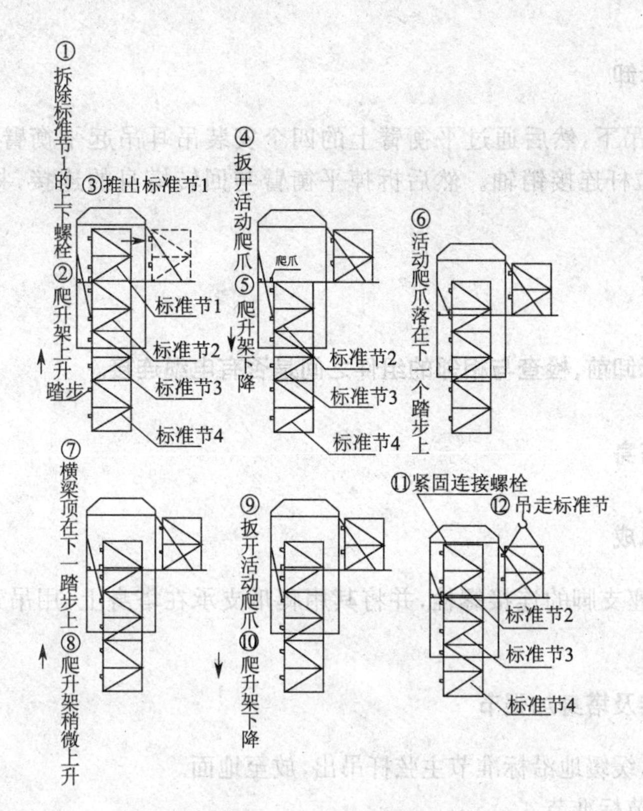

图 3－29　塔身的拆卸

5. 扳开活动爬爪，回缩油缸，让活动爬爪躲过距他最近的一对踏步后，复位放平，由爬爪支承，继续下降至活动爬爪支撑在下一对踏步上，支承住上部结构后，回缩油缸。

6. 将顶升横梁顶在下一对踏步上，稍微顶起至爬爪翻转时能躲过原来支撑的踏步后停止，拨开爬爪，继续回缩油缸，至下一标准节，与下支座相接触为止。

7. 下支座与塔身标准节之间用螺栓连接，用小车吊钩将标准节降至地面。

注意：将拆掉的标准节推到引进横梁的外端后，在顶升套架的下落过程中，当顶升套架上的活动地爬爪通过塔身标准节主弦杆踏步和标准节连接螺栓时，须用人工翻转活动爬爪，同时派人看管顶升横梁和导向轮，观察在顶升套架的下落过程中被障碍物卡住的现象。以便顶升套架能顺利地落到下一个标准节的顶端。

重复上述动作，将顶升加节上来的塔身标准节依次拆下。

四、拆卸平衡臂配重

将小车固定在吊臂根部借助辅助吊车拆卸配重。拆开配重块的连板，按装配重的相反顺序，将各块配重依次卸下。仅留下一块配重块。

五、起重臂的拆卸

从小车及吊臂将起升钢丝绳卸下，同时应对钢丝绳全长认真进行检查。

1. 据图对吊装点进行拆卸；

2. 轻轻提起起重臂，拉位杆系统放松，拆掉连接销轴；

3. 放下起重臂，并搁在垫有枕木的支座上。

六、平衡臂的拆卸

将配重块首先吊下，然后通过平衡臂上的四个安装吊耳吊起平衡臂，使平衡臂拉杆处于放松状态，拆下拉杆连接销轴。然后拆掉平衡臂与回转塔身的连接，将平衡臂轻轻放至地面。

七、拆卸司机室

八、拆卸塔顶拆卸前，检查与相邻的组件之间是否有电缆连接。

九、拆卸回转塔身

十、拆卸回转总成

拆下其与下支座支脚的连接螺栓，并将其用爬爪支承在塔身上，用吊索将回转总成吊起卸下。

十一、拆爬升架及塔身加强节

1. 吊起爬升架，缓缓地沿标准节主弦杆吊出，放至地面。
2. 依次吊下各节标准节

十二、塔机拆散后的注意事项

1. 塔机拆散后由工程技术人员和专业维修人员进行检查。
2. 对主要受力的结构件应检查金属疲劳，焊缝裂纹，结构变形等情况，检查塔机各零部件是否有损坏或碰伤等。
3. 检查完毕后，对缺陷、隐患进行修复后，再进行防锈、刷漆处理。

第七节　其他类型的塔机安装、拆卸

一、内爬式塔式起重机的安装、拆卸

内爬式塔式起重机是安装在建筑物内部电梯井或楼梯间里的，根据施工进度进行爬升，可以看作是自升式塔机的特例。如第二篇图 1－5、1－6 所示。随着高层、超高层建筑的增多，内爬式塔式起重机大有增加的趋势，其初次安装与自升式塔机安装的方法顺序类似，也是使用辅助安装用的汽车吊。但需要随建筑施工进度在建筑物内爬升，塔机有两套环梁支撑，如图3－30所示，安装时，塔机被这两套环梁夹持住，要爬升到上一个平面时，在塔机上环梁上部合适的距离再安装一套环梁，然后通过配平使塔机处于平衡状态，松开环梁中夹持塔身的装置，使用塔身底部的爬升部件和液压装置将塔机升高，当塔身底部到达中环梁时，将塔机夹持在中环梁和上环梁之间，即可将下环梁移开留作下次使用，以此类推，随建筑施工进度在建筑物内爬升。

要注意：

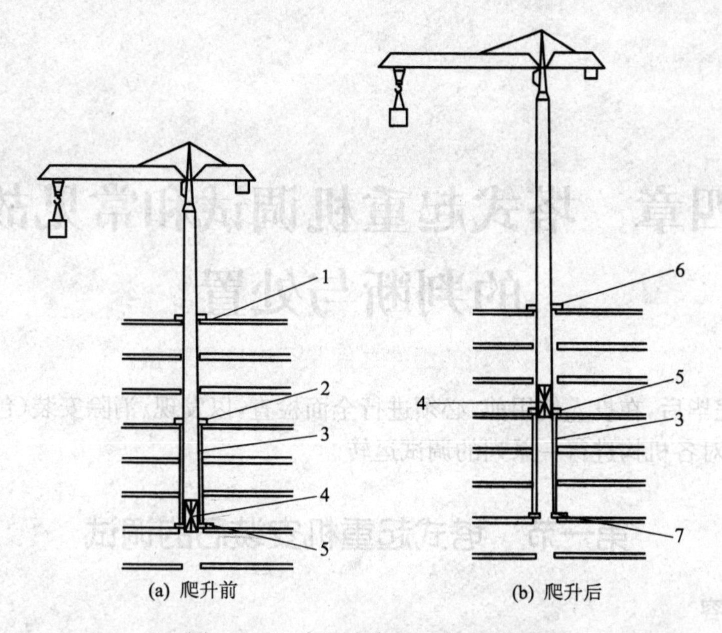

图 3－30　内爬式塔机的爬升过程

1—新的顶部环梁(爬升前安装)；2—中部环梁(先前的顶部环梁)；3—爬升支撑；4—爬升部件和液压装置；5—底部环梁；6—顶部环梁；7—旧的底部环梁(要移走的)

1.内爬升塔式起重机的固定间隔不宜小于 3 个楼层；

2.对固定内爬升框架的楼层楼板，在楼板下面应增设支柱作临时加固。搁置起重机底座支承梁的楼层下方两层楼板，也应设置支柱作临时加固；

3.每次内爬升完毕后，楼板上遗留下来的开孔，应立即采用钢筋混凝土封闭；

4.起重机完成内爬升作业后，应检查内爬升框架的固定、底座支承梁的紧固以及楼板临时支撑的稳固等，确认可靠后，方可进行吊装作业。

内爬塔机拆卸却不尽相同，没有统一的模式，据工程竣工后，现场的实际情况、拆卸人员的素质以及对拆卸工具、设备的使用熟练程度定出可行的方案，目前，较多的是采用人字扒杆(两步搭)或(三步塔)、滑轮组、慢动卷扬机的方式。无论采用哪种方式，都要经过合法审批后，方可实施。

二、动臂式塔式起重机

动臂式塔式起重机变幅机构滑轮组的平衡轮因平常情况它不动作，容易被忽视。所以，在安装前一定要查其转动的灵活性。

其他类型的塔机安装的方法顺序，严格按各自的使用说明书要求进行。

第四章　塔式起重机调试和常见故障的判断与处置

塔机安装完毕后，在投入使用前，必须进行全面检查，以发现、消除安装（包括设计制造）中存在的缺陷，并对各机构进行一系列的调试运转。

第一节　塔式起重机安装后的调试

一、检查内容

1. 各部件之间的紧固联接状况检查；
2. 检查支承平台及栏杆的安装情况；
3. 检查钢丝绳穿绕是否正确，及是否有与其相干涉或相摩擦的地方；
4. 检查电缆通行状况；
5. 检查平衡臂配重的固定状况；
6. 检查平台上有无杂物，防止塔机运转时杂物下坠伤人；
7. 检查塔身轴线的垂直度。

二、按电路图的要求

接通所有电路的电源，开动各机构进行试运转，检查各机构运转是否正确（按使用说明书要求）。

具体检查内容、调试项目如表 4—1 所示。

表 4—1　立塔后检查、调试项目表

检查项目	检查内容
整体稳定及外部环境情况	检查地脚螺栓的紧固情况、压重配置、固定情况； 检查输电线距塔机最大旋转部分的安全距离、验证塔式起重机运动部分与建筑物及外围施工设施之间的安全操作距离，应符合不小于 0.6 m 的要求；与附近其他塔式起重机在水平和垂直方向的距离，应符合不小于 2.0 m 的要求；与输电线路的距离，则应不小于《塔式起重机安全规程》GB 5144 的规定
塔身	检查标准节连接螺栓的紧固情况，塔身垂直度在无风状态下，不得大于被测高度的 4‰； 测量方法：标尺固定在被测高度上，与地面平行，将臂架转到使其纵向轴线与塔身截面中心线重合的位置，经纬仪在互相垂直的两个方向上进行测量
爬升架	检查与下支座的连接情况； 检查活动爬爪是否灵活可靠，连接是否牢固； 检查走道，栏杆的紧固情况

续上表

检查项目	检查内容
上、下支座	检查与回转支承连接的螺栓紧固情况，检查电缆的通行状况。检查平台，栏杆的紧固情况
司机室	司机室内严禁存放润滑油、油棉纱及其他易燃物品； 司机室的安装位置及连接牢固； 司机室内操作指示标牌、起重性能曲线表、通风、取暖、照明、雨刷器、灭火器、绝缘地板等要配备齐全； 检查门窗和通道，应开闭可靠，进出方便、安全
塔顶	检查起重臂、平衡臂拉杆的安装情况，检查扶梯、平台、护栏的安装情况，检查起升钢丝绳穿绕是否正确
起重臂	检查各处连接销轴、垫圈、开口销安装的正确性，检查载重小车安装运行情况，载人吊篮的紧固情况，检查起升、变幅钢丝绳的缠绕及紧固情况； 起重臂拉杆处于拉紧状态，起重臂约上翘度约为 1/70，安装不当或制造错误，臂架拉杆长度增大、拉臂绳过长，上翘值超标，使用后，造成溜车，导致严重事故
平衡臂	检查平衡臂、平衡重的固定情况； 检查平衡臂栏杆及走道的安装情况，保证走道无杂物
吊具	检查换倍率装置，吊钩的防脱绳装置是否安全可靠；检查吊钩组有无影响使用的缺陷；检查起升、变幅钢丝绳的规格、型号是否符合要求检查钢丝绳的磨损情况
结构部分	检查结构外表无变形、开焊、裂纹等； 检查部件、附件、联结件安装质量和螺栓等连接件的紧固程度； 检查销轴与孔的配合情况，各种安全销、保险销、轴端卡板、开口销安装应正确、齐全； 检查螺栓预紧力应符合使用说明书要求
机构调试	检查各机构的安装、运行情况； 检查各机构的制动器间隙调整是否合适； 当载重小车分别运行到最小和最大幅度处时，牵引机构卷筒上钢丝绳是否有 3 圈以上安全圈，检查各钢丝绳绳头的压紧有无松动
电气系统	检查电缆型号规格符合使用说明书规定，电缆在塔机各部通过情况，无挤伤、摩擦、折断等损坏； 检查供电能保证正常作业；各接触器、继电器触点良好；仪表、照明、报警系统完好、可靠，控制、操纵装置动作灵敏、可靠； 各安全保护装置齐全、可靠；绝缘电阻符合规定； 检查主电路、控制电路，对地绝缘电阻不得小于 0.5 MΩ。检验方法见本节； 检查接地装置，应正确可靠，接地电阻不大于 4 Ω，重复接地电阻不大于 10 Ω； 检查电气接线，应与电气接线图一致，接头牢固，标志清楚； 检查控制部分，操纵系统应灵活可靠，各种接触器、继电器等动作灵敏准确，紧急开关和零位保护应安全可靠
安全装置调试	按第二篇第七章内容及使用说明书调整起升高度限位器、回转限位器、幅度限位器、动臂变幅防止臂架反弹后倾装置等、起重力矩限制器、起重量限制器、风速仪、小车变幅断绳、防断轴保护装置； 检查塔机上所有扶梯、栏杆、休息平台的安装紧固情况
润滑	根据使用说明书检查润滑情况

三、进行空载、静载、动载、超载试验

按第二篇第八章内容，以测定整机的技术性能。通过试运转发现的安装质量问题，由安装单位及时处理。填写试验报告。

按规定周期报法定检测单位检测检验。

第二节　常见故障的判断与处置

表4—2　塔式起重机常见故障原因及处置方法

序号	故障现象	故障原因	排除方法
1	塔身垂直度超标	塔身螺栓紧固程度不均匀	按对角线方向，结合平衡臂旋转重新紧固
2	按启动按钮后 各机构均不能动作	1. 熔断器损坏 2. 错相或断相 3. T2损坏 4. KMO有故障	1. 更换 2. 调相找原因 3. 更换 4. 修理或更换
3	不能起升	1. 延时有故障 2. 超载、超力矩 3. 超载或超力矩开关故障 4. 高度限位动作	1. 修理或更换 2. 卸载或向内变幅 3. 修理或更换 4. 只能下降
4	起升只有1、2档低速	1. 延迟头故障 2. KGW断不开	1. 修理或更换 2. 修理或更换
5	起升无五档高速	1. 进入换速区 2. KGO故障 3. MG高速绕阻故障 4. SZY断开	1. 继续工作 2. 修理或更换 3. 修理或更换 4. 修理或更换
6	起升无力	外电源电压过低	检查外电源线路
7	起升电机温度过高	起升刹车没打开	时间、检查刹车
8	回转速度上不去	1. 外电源电压过低 2. 制动器不能完全打开 3. 调速电位器故障 4. 调速器故障 5. 液力耦合器缺油	1. 检查外电源 2. 检查制动器 3. 修理或更换 4. 更换 5. 加油
9	回转不能制动	1. 回转速度未降到一定速度 2. 测速发电机TH故障 3. KHS故障 4. 调速器故障	1. 等速度降下 2. 检查TH回路 3. 修理或更换 4. 更换
10	不能向外变幅	1. 超力矩 2. 超力矩开关SLC断开 3. 外限位开关SXW断开 4. KXW损坏	1. 向内变幅 2. 修理或更换 3. 修理或更换 4. 修理或更换
11	不能向内变幅	1. 内限位开关SXL断开 2. SXK接触不良	1. 修理或更换 2. 修理
12	变幅只有1档速度	1. 进入换速区 2. 换速开关断开或断线 3. 时间继电器TX1损坏	1. 继续工作 2. 修理或更换 3. 修理或更换
13	变幅只有2、3档速度	1. KXD故障 2. SXK接触不良	1. 修理或更换 2. 修理

第五章　塔式起重机安装自检的内容和方法

为了保证塔式起重机的安装质量，及时消除安装中存在的质量问题，必须根据安装进度，对安装全过程每一个环节进行检查、验收。准备齐检查、验收用的仪表和工具，包括：点检锤、万用表、兆欧表、经纬仪、水平仪、钢卷尺、塞尺、直尺、力矩扳手等，这些工具必须经计量部门检定。

具体检查项目如表5－1所示。

表5－1　塔式起重机安装自检表

塔式起重机安装自检表

设备型号		设备编号		
设备生产厂		出厂日期		
工程名称		安装单位		
工程地址		安装日期		
资料检查项				
序号	检查项目	要求	结果	备注
1	隐蔽工程验收单和混凝土强度报告	齐全		
2	安装方案、安全交底记录	齐全		
3	塔式起重机转场保养作业单或新购设备的进场验收单	齐全		
基础检查项				
序号	检验项目	实测数据	结果	备注
1	地基允许承载能力(kN/m²)	—		
2	基坑围护形式	—	—	
3	塔式起重机距基坑边距离(m)	—	—	
4	基础下是否有管线、障碍物或不良地质	—	—	
5	排水措施(有、无)	—	—	
6	基础位置、标高及平整度			
7	塔式起重机底架的水平度			
8	行走式塔式起重机导轨的水平度			
9	塔式起重机接地装置的设置	—	—	
10	其他	—	—	

续上表

机械检查项					
名称	序号	检查项目	要求	结果	备注
标识与环境	1	登记编号牌和产品标牌	齐全		
	2*	塔式起重机与周围环境关系	尾部与建(构)筑物及施工设施之间的距离不小于0.6 m		
			两台塔式起重机之间的最小架设距离应保证处于低位塔式起重机的起重臂端部与另一塔式起重机的塔身之间至少有2 m的距离;处于高位塔式起重机的最底位置的部件与低位塔式起重机中处于最高位置部件之间的垂直距离不应小于2 m		
			与输电线的距离应不小于《塔式起重机安全规程》GB 5144的规定		
金属结构件	3*	主要结构件	无可见裂纹和明显变形		
	4	主要连接螺栓	齐全,规格和预紧力达到使用说明书要求		
	5	主要连接销轴	销轴符合出厂要求,连接可靠		
	6	过道、平台、栏杆、踏板	符合《塔式起重机安全规程》GB 5144的规定		
	7	梯子、护圈、休息平台	符合《塔式起重机安全规程》GB 5144的规定		
	8	附着装置	设置位置和附着距离符合方案规定,结构形式正确,附墙与建筑物连接牢固		
	9	附着杆	无明显变形,焊缝无裂纹		
金属结构件	10	在空载,风速不大于3 m/s状态下:独立状态塔身(或附着状态下最高附着点以上塔身)	塔身轴心线对支承面的垂直度≤4/1 000		
	11	在空载,风速不大于3 m/s状态下:附着状态下最高附着点以下塔身	塔身轴心线对支承面的垂直度≤2/1 000		
	12	内爬式塔式起重机的爬升框与支承钢梁、支承钢梁与建筑结构之间的连接	连接可靠		
爬升与回转	13*	平衡阀或液压锁与油缸间连接	应设平衡阀或液压锁,且与油缸用硬管连接		
	14	爬升装置防脱功能	自升式塔式起重机在正常加节、降节作业时,应具有可靠的防止爬升装置在塔身支承中或油缸端头从其连接结构中自行(非人为操作)脱出的功能		
	15	回转限位器	对回转处不设集电器供电的塔式起重机,应设置正反两个方向回转限位开关,开关动作时臂架旋转角度应不大于±540°		
起升系统	16*	起重力矩限制器	灵敏可靠,限制值<额定载荷110%,显示误差≤±5%		
	17*	起升高度限位	对动臂变幅和小车变幅的塔式起重机,当吊钩装置顶部升至起重臂下端的最小距离为800 mm处时,应能立即停止起升运动		
	18	起重量限制器	灵敏可靠,限制值<额定载荷110%,显示误差≤±5%		

续上表

机械检查项					
名称	序号	检查项目	要求	结果	备注
变幅系统	19	小车断绳保护装置	双向均应设置		
	20	小车断轴保护装置	应设置		
	21	小车变幅检修挂篮	连接可靠		
	22*	小车变幅限位和终端止挡装置	对小车变幅的塔机,应设置小车行程限位开关和终端缓冲装置。限位开关动作后应保证小车停止时其端部距缓冲装置最小距离为 200 mm		
	23*	动臂式变幅限位和防臂架后翻装置	动臂变幅有最大和最小幅度限位器,限制范围符合使用说明书要求;防止臂架反弹后翻的装置牢固可靠		
机构及零部件	24	吊钩	钩体无裂纹、磨损、补焊,危险截面,钩筋无塑性变形		
	25	吊钩防钢丝绳脱钩装置	应完整可靠		
	26	滑轮	滑轮应转动良好,出现下列情况应报废:1.裂纹或轮缘破损;2.滑轮绳槽壁厚磨损量达原壁厚的 20%;3.滑轮槽底的磨损量超过相应钢丝绳直径的 25%		
	27	滑轮上的钢丝绳防脱装置	应完整、可靠,该装置与滑轮最外缘的间隙不应超过钢丝绳直径的 20%		
	28	卷筒	卷筒壁不应有裂纹,筒壁磨损量不应大于原壁厚的 10%;多层缠绕的卷筒,端部应有比最外层钢丝绳高出 2 倍钢丝绳直径的凸缘		
	29	卷筒上的钢丝绳防脱装置	卷筒上钢丝绳应排列有序,设有防钢丝绳脱槽装置。该装置与卷筒最外缘的间隙不应超过钢丝绳直径的 20%		
	30	钢丝绳完好度	见表 A 钢丝绳检查项		
	31	钢丝绳端部固定	符合使用说明书规定		
	32	钢丝绳穿绕方式、润滑与干涉	穿绕正确,润滑良好、无干涉		
	33	制动器	起升、回转、变幅、行走机构都应配备制动器,制动器不应有裂纹、过度磨损、塑性变形、缺件等缺陷。调整适宜,制动平稳可靠		
	34	传动装置	固定牢固,运行平稳		
	35	有可能伤人的活动零部件外露部分	防护罩齐全		
电气及保护	36*	紧急断电开关	非自动复位,有效,且便于司机操作		
	37*	绝缘电阻	主电路和控制电路的对地绝缘电阻不应小于 0.5 MΩ		
	38	接地电阻	接地系统应便于复核检查,接地电阻不大于 4Ω		
	39	塔式起重机专用开关箱	单独设置并有警示标志		
	40	声响信号器	完好		
	41	保护零线	不得作载流回路		

续上表

机械检查项					
名称	序号	检查项目	要求	结果	备注
电气及保护	42	电源电缆与电缆保护	无破损，老化。与金属接触处有绝缘材料隔离，移动电缆有电缆卷筒或其他防止磨损措施		
	43	障碍指示灯	塔顶高度大于 30 m 且高于周围建筑物时应安装，该指示灯的供电不应受停机的影响		
轨道	44	行走轨道端部止挡装置与缓冲	应设置		
	45*	行走限位装置	制停后距止挡装置≥1 m		
	46	防风夹轨器	应设置，有效		
	47	排障清轨板	清轨板与轨道之间的间隙不应大于 5 mm		
	48	钢轨接头位置及误差	支承在道木或路基箱上时，两侧错开≥1.5 m；间隙≤4 mm；高差≤2 mm		
	49	轨距误差及轨距拉杆设置	<1/1 000 且最大应<6 mm；相邻两根间距≤6 m		
司机室	51	门窗和灭火器、雨刷等附属设施	齐全，有效		
	52*	可升降司机室或乘人升降机	按《施工升降机》GB/T10054 和《施工升降机安全规程》GB 10055 检查		
	53	平衡重、压重	安装准确，牢固可靠		
	54	风速仪	臂架根部铰点高于 50 m 时应设置		

钢丝绳检查项					
序号	检验项目	报废标准	实测	结果	备注
1	钢丝绳磨损量	钢丝绳实测直径相对于公称直径减小 7%或更多时			
2	常用规格钢丝绳规定长度内达到报废标准的断丝数	钢制滑轮上工作的圆股钢丝绳、抗扭钢丝绳中断丝根数的控制标准参照《起重机用钢丝绳检验和报废实用规范》(GB/T 5972)			
3	钢丝绳的变形	出现波浪形时，在钢丝绳长度不超过 25 d 范围内，若波形幅度值达到 4 d/3 或以上，则钢丝绳应报废			
		笼状畸变、绳股挤出或钢丝挤出变形严重的钢丝绳应报废			
		钢丝绳出现严重的扭结、压扁和弯折现象应报废			
		绳径局部严重增大或减小均应报废			
4	其他情况描述				
检查结果	保证项目不合格项数		一般项目不合格项数		
	资料		结论		
检查人			检查日期	年 月 日	

注：1 表中序号打*的为保证项目，其他为一般项目；
2 表中打"—"的表示该处不必填定，而只需在相应"备注"中说明即可；
3 对于不符合要求的项目应在备注栏具体说明，对于要求量化的参数应按规定量化在备注栏内；
4 表中 d 表示钢丝绳公称直径；
5 钢丝绳磨损量＝[(公称直径－实测直径)/公称直径]×100%

一、安装前的检查

1. 查阅所安装塔式起重机的技术资料，如：制造许可证、出厂合格证，使用说明书、电气原理及布线图、液压系统原理图、大修、事故、运转记录等。

2. 检查、计算将要安装的塔式起重机运动部分与建筑物及外围施工设施之间的安全操作距离，应符合不小于 0.5 m 的要求；与附近其他塔式起重机在水平和垂直方向的距离，应符合不小于 2.0 m 的要求；与输电线路的距离，则应符合《塔式起重机安全规程》GB 5144 的规定。为验证塔机基础位置正确与否，用钢卷尺进行实测。

3. 考虑竣工后塔机拆卸的方式是否方便、可行。

二、基础的检查

轨道及基础下土质地耐力有符合使用要求的文字证明（包括隐蔽工程验收记录），用点检锤、兆欧表、水平仪等进行如下项目检查：

（一）混凝土基础

1. 使用单位应根据塔机原制造商提供的载荷参数设计制造混凝土基础，现浇钢筋混凝土基础的强度要达到使用说明书要求。

2. 基础的水平度不能超过 1/1 000。

3. 基础的固定支腿、预埋节和地脚螺栓应按原制造商规定的材质（要有文字材质质量证明），安装方法使用，其尺寸误差必须严格按照基础图的要求施工，地脚螺栓要保持足够的露出地面的长度，每个地脚螺栓要双螺帽预紧。

4. 预埋件位置、排水沟设置等，均应符合要求。

（二）塔机轨道敷设

1. 碎石基础：

检查当塔机轨道敷设在地下建筑物（如暗沟、防空洞等）的上面时，采取的加固措施可靠。

2. 检查路基两侧或中间排水沟，保证路基无积水。

3. 轨道应通过垫块与轨枕可靠地连接，每间隔 6 m 应设一个轨距拉杆。钢轨接头处应有轨枕支承，不应悬空。

4. 轨距允许误差不大于公称值的 1/1 000，其绝对值不大于 6 mm。

5. 钢轨接头间隙不大于 4 mm，与另一侧钢轨接头的错开距离不小于 1.5 m，接头处两轨顶高度差不大于 2 mm。

6. 轨道行程两端的轨顶高度宜不低于其余部位中最高点的轨顶高度。

7. 检查接地装置的组数和质量，测量接地电阻应符合规定。

8. 轨道两端尽头约 1～1.5 m 处，应设置牢固的缓冲止档装置，在其前方 1.5 m 处，装设与行走台车上限位开关相对应的碰块，这些保护装置应灵敏有效。

特别注意：塔吊基础、轨道路基不得积水，积水会造成塔吊基础的不均匀沉降。在塔吊基础附近不得随意挖坑或开沟。

三、安装过程中技术检验

（一）行走底架、基础节、中心压重安装完毕后应重点检查

用点检锤、经纬仪、水平仪、钢卷尺、直尺、力矩扳手等。

1. 夹轨钳与道轨应牢固夹紧、固定可靠，用点检锤检验。

2. 水平拉杆、斜拉杆和固定销轴应安装齐全，位置正确，开口销分叉，符合规定。

3. 基础节和底架的安装位置（包括水平和垂直偏差）在允许范围内，螺栓或销轴齐全，紧固；固定式塔机基础节用地脚螺栓与基础固定的要双螺母锁紧。

4. 中心压重数量、安装位置正确，采取了防震动措施。

（二）标准节、顶升套架、回转平台安装完毕后应重点检查

用点检锤、经纬仪、钢卷尺、直尺、力矩扳手等。

1. 标准节的加强节或多种标准节塔身是否符合原厂说明书的规定；标准节和基础节螺栓的预紧力应附合技术规定。

2. 顶升套架和标准节相对位置是否符合顶升要求，检查活动爬爪是否灵活可靠，连接是否牢固。

3. 检查走道，栏杆的紧固情况。

4. 引进小车的方向是否正确。顶升套架和回转平台的连接应牢固可靠，连接螺栓的预紧力应符合技术规定。

（三）驾驶室、回转塔身、塔帽安装完毕后，应重点检查

1. 塔帽和驾驶室之间、驾驶室和回转平台之间的连接应牢固可靠，连接螺栓的预紧力应符合技术规定。

2. 检查扶梯、平台、护栏的安装情况。

3. 检测行走台车各行走轮和轨道支承点所组成的平面，对行走底架安装回转支承平面的不平行度应不大于1/1 000。

4. 检测塔身轴心和支承面的垂直度误差应不大于4/1 000。

（四）平衡臂、起重臂、平衡重安装拼装完毕、吊装前应重点检查

1. 检查平衡臂栏杆及走道的安装情况，保证走道无杂物。

2. 平衡臂、起重臂各节之间连接是否紧固可靠，连接销轴应无窜动，销轴与孔的配合情况，各种安全销、保险销、轴端卡板、开口销安装应正确、齐全。

3. 平臂式塔机起重臂上的变幅小车安装运行情况、及其上的检修工作栏是否紧固可靠，安装连接是否紧固可靠。

4. 护栏、护圈等安全装置是否齐全，牢固可靠。

5. 平衡臂、起重臂的拉索（或拉杆）安装是否正确，拉杆要进入拉杆夹板内，连接紧固应符合技术规定。

6. 平衡重的重量（1～2块）、安装位置和固定情况是否符合技术规定。

7. 司机室内严禁存放润滑油、油棉纱及其他易燃物品，司机室的安装连接牢固。

司机室内操作指示标牌、起重性能曲线表、通风、取暖、照明、雨刷器、灭火器、绝缘地板等要配备齐全。

检查门窗和通道，应开闭可靠，进出方便、安全。

检测驾驶室供电电压，其值应为380 V±5%。

（五）平衡臂、起重臂、平衡重安装完毕后应重点检查

1. 平衡臂、起重臂和塔身之间连接是否紧固可靠，连接销轴应无窜动，紧固符合技术要求。

2. 护栏、护圈等安全装置是否齐全，牢固可靠。

3. 平衡臂、起重臂的拉索（或拉杆）安装是否正确，张力均匀，连接紧固应符合技术规定。

4. 平衡重的重量、安装位置和固定情况压重与配重的检查。

配重的数量、质量、位置应符合使用说明书规定，并与塔身、臂架的安装高度和长度相适应。配重的固定必须牢固可靠，固定用的螺杆、拉板、销轴应安装正确，保证无摆动、摇晃、滑移，能抵抗振动、倾斜，应符合技术规定。

5. 检测驾驶室供电电压，其值应为 380±5%。

6. 检查换倍率装置，吊钩的防脱绳装置是否安全可靠，检查吊钩组有无影响使用的缺陷，检查起升、变幅钢丝绳的规格、型号是否符合要求，检查钢丝绳的磨损情况。

7. 对起升、变幅、回转、行走(必要时)等工作机构进行试运转，应平稳无异响，制动灵敏可靠。

8. 试验各安全限位保护装置，动作应灵敏可靠。

四、顶升过程中检验

(一)顶升前的准备和检查

1. 检查准备顶升的标准节。标准节的型号及数量应和需要顶升的高度相符，标准节和爬爪应无变形、开焊等现象。

2. 检查爬升架上 8 个导轮与塔身主弦杆间隙是否相同，如图 3－26 所示，且必须符合原厂技术规定，进而检查塔机是否平衡，使得塔机上部重心落在顶升油缸梁的位置上。

3. 检查顶升套架和回转平台连接螺栓(或销轴)是否牢固可靠，紧固应符合技术规定。

4. 检查液压顶升系统，要求压力稳定，压力值符合规定，油路畅通无泄漏。

(二)顶升时应重点检查

1. 每次松开标准节和回转平台(或过渡节)连接螺栓、销轴之前，应检验塔式起重机是否处于顶升平衡状态。回转机构是否锁定，制动器工作是否可靠。

2. 每次吊运下一节新加标准节之前，应检查标准节和回转平台(或过渡节)之间的接口四角是否用代用销或螺栓临时固定。

3. 顶升全部完成后，检查全部螺栓，销轴的紧固应符合技术规定。

五、附着锚固检验

(一)附着锚固前的准备和检查

1. 检查附着框架、附着杆及附着支座等结构件应无变形、开焊、裂纹，附着杆长度符合附着要求，螺栓、销轴、垫铁等紧固件齐全。

2. 附着杆最大长度是否符合设计要求，超长附着杆、角度过大、过小时必须有资质单位设计证明资料。

3. 检验建筑物上锚固点的强度应满足附着的技术要求，结构尺寸符合安装要求，锚固点混凝土结构设计图纸应存底备查。

4. 对固定基础、地脚螺栓等进行检验，特别是对行走塔机，其固定点是否已加固，固定点的地面强度应符合附着要求。

(二)附着锚固完成后的重点检查

1. 附着框架与塔身节的固定应牢固可靠，并应符合使用说明书中的有关规定。

2. 各联接件不应缺少或松动。

3. 附着杆有调整装置的应按要求调整后锁紧。

4. 与附着杆相联接的建筑物混凝土、预埋件等不应有裂纹或损坏。

5. 在工作中附着杆与建筑物的锚固联接必须牢固。

6. 附着杆的布置方式，水平面角度和垂直面角度应符合原厂技术要求。

7. 附着杆各节之间、附着杆和附着支座以及附着框架之间连接紧固可靠，符合技术规定。

8. 附着锚固完毕顶升到预定高度后，应检查锚固点到起重臂铰点的自由高度应符合原厂技术要求。标准节的组合方式符合技术规定。

9. 检测最高锚固点以下的塔身轴线垂直度偏差值应不超过相应高度的 2/1 000。

六、整机安装完毕后检查和试运转

详见本篇第四章内容。

第六章　塔式起重机安装、拆除的安全操作规程

一、拆装工人必须是年满18周岁的男性公民，并应具备初中以上的文化程度，身体健康。

二、拆装工人必须经过省、市级主管部门或其指定的单位培训，合格后，发给作业证者，方可担任拆装工作。

三、正确使用所有个人安全防护装备。

四、每个拆装工人在每次拆装作业前，必须了解工作现场周围环境、架空电线、建筑物及从事的项目、部位、内容及要求。对所拆装的部件必须做到：

1.准确地了解其重量；

2.吊点位置；

3.选择合适的吊挂位置；

4.正确的选择吊具和索具。

五、塔机安拆和顶升(降)必须在白天、4级风以下进行，不应在超过安装说明书规定的最大风速、雨、雪、大雾和塔机结构上结冰等气候条件下进行。特别注意对顶升(降)风速的限制。塔式起重机不宜在夜间进行安装作业；当需要在夜间进行塔式起重机安装和拆卸作业时，应保证提供足够的照明。

六、参加高处作业的人员要严格遵守高空作业的安全技术规程，连接螺栓、轴销、开口销、工具要装袋运送，严禁上下抛掷工具、材料等物件，作业时要用软绳索套牢固定在某一位置，防止在施工时滑脱发生意外事故。

七、认真检查吊装用的钢丝绳套、卡环是否可靠，严格按更新标准及时更新。

八、液压顶升系统各部分的有关接头紧固严密，螺丝扣固紧固牢。

九、检查电缆、电线的绝缘性能良好，电机接线是否正确。

十、现场设置安全警戒线应设安全标志，作业区内禁止一切无关人员进入，应检查起吊物下方有无人员停留或通过。

十一、附着式塔式起重机的顶升需注意以下几点：

1.四级风以上应停止爬升，如爬升过程中突然遇到大风必须停止作业，并将塔身螺栓(销轴)紧固。

2.爬升过程中，严禁回转，必须按说明书规定步骤操作，注意撑脚和销子的到位，塔吊的升节必须有专职安全员监护。

3.附着形式和位置必须符合使用说明书的规定要求。垂直偏差需校正在标准之内。

4.每次附着升节后必须按规定验收通过后，才能投入施工。

十二、各拆装工人必须在指定的专门指挥人员的指挥下作业，其他人不得发出指挥信号。如发现信号不明或错误时停止作业，待联络清楚后再进行作业。

十三、拆装工人在进入工作现场时，必须带安全帽，登高作业时还必须穿防滑鞋、系安全带、穿工作服、带手套等。酒后不得作业。

十四、作业前，拆装工人必须对所使用的钢丝绳、链条、卡环、吊钩、板钩、耳钩等各种吊具、索具按有关规定做认真检查。合格者方准使用，不准超载使用。

十五、起重作业中，不允许把钢丝绳和链条等不同种类的索具混合用于一个重物的捆扎或吊运。

十六、起重机在运转过程中，不准中途改用未经约定的指挥信号种类。在需要更换时，必须使起重机停止运转，指挥人员与司机取得联系，并经双方认可方可更换。

十七、有下列情况之一的塔机严禁使用：

1. 国家明令淘汰的产品。

2. 超过规定使用年限，以评估不合格的产品。

3. 不符合国家现行相关标准的产品。

4. 没有完套安全技术档案的产品。

十八、塔机在安装前和命名 用过程中，发现有下列情况之一的，不得安装和使用：

1. 结构件上有可见裂纹和严重锈蚀的。

2. 主要受力杆件存在裂性变形的。

3. 连接件存在严重磨损和裂性变形的。

4. 钢丝绳达到报废标准的。

5. 安全装置不齐全或者失效的。

十九、塔机的安全装置必须齐全，并应按照程序进行调试合格。

二十、连接件及其防松脱件严禁用其他代用品代用，连接件及防松脱件应使用力矩扳手活其他专用工具筋骨连接螺栓。拆卸时应先降节，后拆除附着装置。

二十一、每安装一道附着、加节以后均应验收，达到要求，方可使用。

二十二、当与特殊情况安装作业不能连续进行时，必须将已安装的部位固定牢靠并达到安全状态，经检查确认无隐患后，方可停止作业。

二十三、电气设备应按照使用说明书的要求进行安装，安装所用的电源线路应符合现行行业标准《施工现场临时用电安全技术规范》JGJ 46 的要求。

第七章　塔式起重机械安装拆卸工复习题

塔式起重机安装拆卸工除掌握本章复习题外，还需掌握第二篇复习题内容。

一、多项选择题

1. 塔机的任何部位、(　　)与1 kV架空输电线路之间的水平安全距离不得小于1 m。

A. 吊具　　B. 钢丝绳　　C. 重物　　D. 高度限位器

2. 每个拆装工人在每次拆装作业中，对所拆装的部件必须做到(　　)。

A. 准确地了解其重量　　B. 购买地点

C. 选择合适的吊挂位置　　D. 正确的选择吊具和索具

E. 吊点位置

二、判断题

1. 安装及拆卸必须详细了解并严格按照说明书中所规定的安装及拆卸的程序进行作业，严禁对产品说明书中规定的拆卸程序做任何改动。　(　　)

2. 安装工应熟知起重机拼装或解体各拆装部件相连接处所采用的联接形式和所使用的联接件的尺寸、规定及要求。　(　　)

3. 安装工可以不了解每个拆装部件的重量和吊点位置。　(　　)

4. 作业过程中，拆装工人必须对所使用的机械设备和工具的性能及操作规程有全面了解，并严格按规定使用。　(　　)

5. 安装起重机的过程中，对各个安装部件的联接件，必须特别注意要按说明书的规定，安装齐全、固定牢靠，并在安装后做详细检查。　(　　)

6. 在拆除因损坏而不能用正常的方法拆卸的起重机或拆除缺少工作平台、栏杆和安全防护装置的起重机时，必须有经过技术安全部门批准的确保安全的拆卸方案。　(　　)

7. 钢丝绳绕进或绕出滑轮时偏斜的最大角度不能大于4°。　(　　)

8. 检查塔身是否带电的方法是用试电笔检查塔身金属结构，塔机三相五线制中的零线应接地良好。　(　　)

9. 轨道两端尽头大于1 m处，应设置牢固的缓冲止档装置，在其前方大于1 m处，装设与行走台车上限位开关相对应的碰块，这些保护装置应灵敏有效。　(　　)

10. 塔机的基础、轨道路基施工受现场条件限制，往往不能按生产厂提供的基础施工图施工，需要专业人员作相应的设计，不能擅自行事。　(　　)

11. 选择塔机安装位置时，必须特别注意地基承载和附着条件；现场和附近其他危险因素；在工作和非工作状态下风力的影响；满足安装架设(拆卸)空间和运输通道(含辅助起重机站位)要求。　(　　)

三、复习题答案

(一)多项选择题

1. ABC　　2. ACDE

(二)判断题

1. √　　2. √　　3. ×　　4. √　　5. √
6. √　　7. √　　8. √　　9. √　　10. √
11. √

第六篇　建筑起重机械安装拆卸工（施工升降机）

施工升降机安装、拆卸是一项风险大，专业性强的工作，要求安拆人员具备相关的力学知识，电气基础知识，电气安全、消防及简单的安全救护知识，掌握施工升降机一般构造及工作原理，维护、保养知识，物体重量目测，有关法规、法令、标准、规定等，掌握安装、拆卸要领。

本篇叙述了施工升降机安装拆卸工应掌握的相关知识点，主要包括 12 个部分。

1. 施工升降机的分类、性能。详见见第三篇第一章有关内容。
2. 施工升降机的基本技术参数。详见第三篇第二章有关内容。
3. 施工升降机的基本构造和工作原理。详见第三篇第三章有关内容。
4. 施工升降机的主要零部件的技术要求及报废标准。详见第三篇第四章有关内容。
5. 施工升降机安全保护装置的结构、工作原理。详见第三篇第五章有关内容。
6. 施工升降机安全保护装置的调整(试)方法。详见第三篇第六章有关内容。
7. 施工升降机安装、拆除程序、方法。
8. 施工升降机安装、拆除安全操作规程。
9. 施工升降机主要零部件安装后的调整(试)。
10. 施工升降机维护保养要求。详见见第三篇十章有关内容。
11. 施工升降机安装自检的内容和方法。
12. 施工升降机安装、拆卸常见事故原因及处置方法。

第一章　施工升降机安装、拆除程序、方法

第一节　施工升降机安装

施工升降机安装、拆卸及加节或降节作业前，必须熟读使用说明书，清楚施工升降机的工作原理、结构性能，熟悉安装(拆卸)工作过程，知晓各部件的重量、装配关系、吊点位置，具备排除故障的能力，严格按使用说明书中有关规定及注意事项进行。

一、基　　础

施工升降机的混凝土基础一般有三种设置方式，其特点附后，如图 1—1 所示。

基础设置方案(见图 1—1)

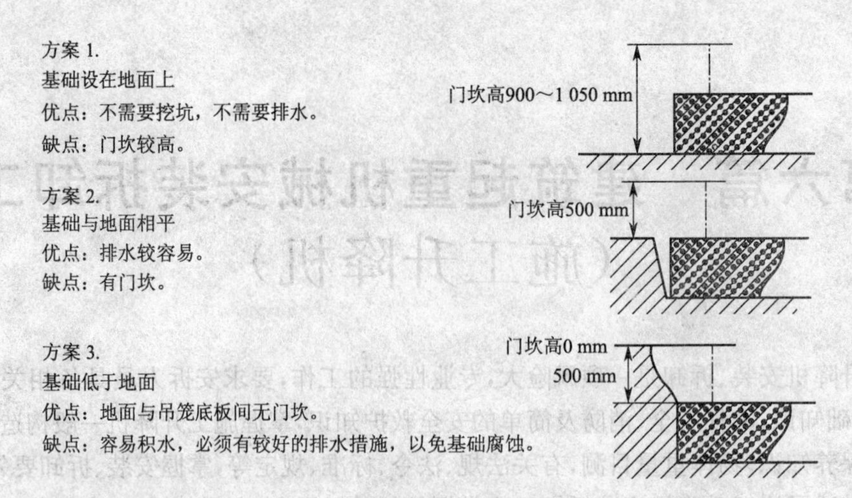

图 1－1　基础的三种主要形式

混凝土基础的承载能力等必须符合使用说明书的要求，混凝土基础必须达到所规定强度，并应有排水设施。为了升降机的整体稳定性，施工升降机导轨架的纵向中心线至建筑物外墙面的距离宜选用较小的安装尺寸。以 SC(D)双笼升降机(江汉)为例，如图 1－2 所示。

技术要求

1. 基础厚度为 400 mm，配双层加强钢筋网格，钢筋直径 10 mm，网格间距 200 mm。
2. 预留 12 孔尺寸为 200 mm×200 mm，深 350 mm，孔内钢筋网外露，供二次浇注。
3. 基础预埋件必须牢固地固定在基础加强钢筋上。
4. 基础平面度为 1/1 000，地脚螺栓中心距最大允许偏差±5 mm。
5. 基础下地面承载能力不小于 0.15 MPa，为回填土时必须夯实，保证强度。
6. 基础平面必须保证排水良好。
7. 制作基础时必须同时埋好接地装置。
8. 当架高超过 250 m 时，基础厚度为 550 mm。

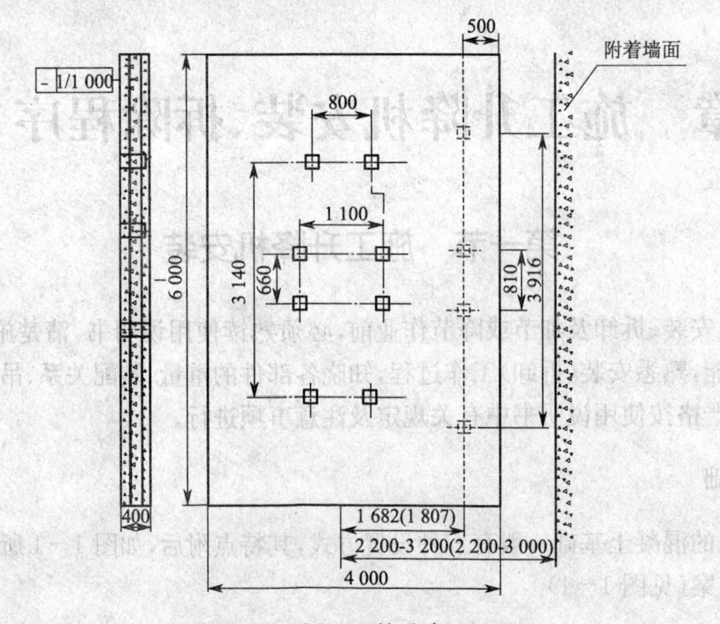

图 1－2　SC(D)双笼升降机基础图

二、安装前的准备

1. 确保安装地点具备运输和堆置升降机部件的道路和场地，且满足第三篇第七章规定的要求。

2. 升降机的专用电源箱(工地自备)应直接从工地变电室引入电源，距离不得超过 30 m，专用电源箱离升降机下电箱距离不得超过 20 m。升降机工作电源电压值上下波动不得超过 5%。

3. 配备合适的起重设备及安装工具。

4. 按"第三篇第九章定期检查"要求检查零部件是否变形、损坏，并相应更换或修复。若齿轮、齿条、滚轮、对重体导轮等零部件磨损到极限尺寸，要提前更换；若防坠安全器已到重新标定周期，必须送专门机构标定或更换。

5. 必须按要求制作好基础，并有相应的质量合格文字证明。

6. 确定附墙方案，按需要准备好预埋件或固定件，如图 1－3 所示，并提前在符合附墙要求的附着墙面内安装就位，预埋件脚钩必须钩住建筑物中加强钢筋并焊牢。

7. 准备好停层附件，如门、支架等。

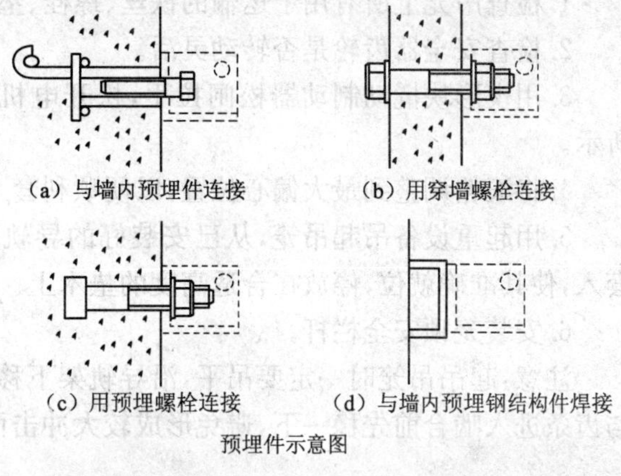

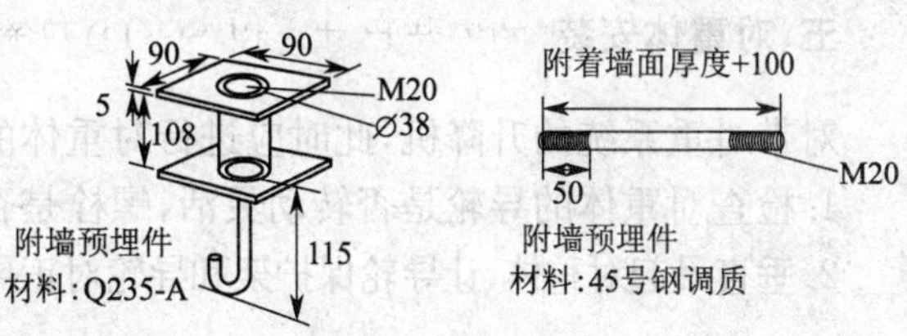

图 1－3　附墙预埋件和穿墙螺栓简图(单位:mm)

三、底架及基础节埋件

先将待安装的标准节、附墙架、对重系统等零部件的插口、销孔、螺孔等部位除锈，并在这些部位及齿条上和对重导轨上涂适量润滑脂，对滚动部件确保其润滑充分及转动灵活。

(一)护栏安装

待基础达到许用强度后，才能进行护栏安装。

1. 清扫基础表面，清除预留孔中积水、杂物。

2. 将底盘(架)放在基础平面上，在底盘上安装三节标准节，将地脚螺栓放入预留孔，使其钩住基础钢筋，与底盘适当紧固。

3. 调整底盘与附着墙面相对位置，使导轨架中心位置与附墙预埋件中心对正，且使底盘对称中心与附着墙面平行。

4. 用经纬仪测量导轨架与水平面的垂直度，误差不得超过 1.5 mm，并用钢垫片将底盘与基础之间垫实。也可以用水平尺检查导轨架顶部四根立柱管端面的水平度，误差不得超过 1 mm。

5. 调整符合要求后，进行二次灌浆，将地脚螺栓固定，必须选用高标号水泥，同时将底盘与基础之间的缝隙抹平。可以在底盘中部易积水处留一段 50 mm 长排水口。

6. 待二次灌浆达到许用强度后，用 350 N · m 力矩拧紧地脚螺栓，并再次进行调整，符合要求后，用 450 N · m 的力矩进一步紧固。

7. 按图安装各扇护网。

8. 将缓冲弹簧放入弹簧座内。

(二)紧固底盘上安装三节标准节,测量垂直度在 1/1 000 以内

测量方法见第三篇第七章测量垂直度。

四、吊笼安装

1. 检查吊笼上所有用于运输的铁丝、螺栓、垫板等包装捆扎物是否全部清除干净。

2. 检查安全器齿轮是否转动灵活。

3. 用楔形块撬动制动器松闸拉手,松开电机制动器,如图 1—4 所示。

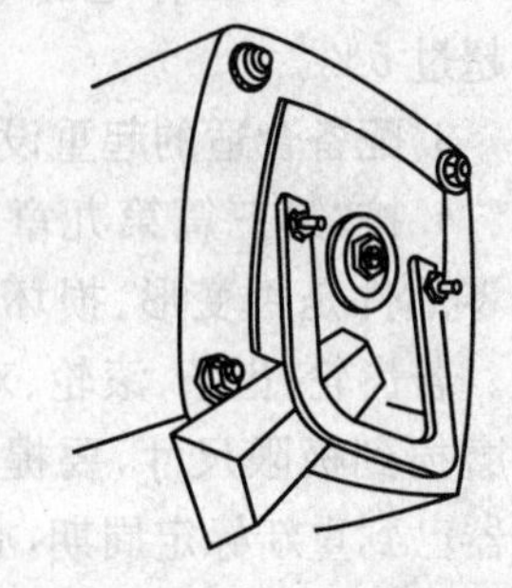

图 1—4　松开电机制动器

4. 将滚轮调整到最大偏心位置,以便顺利套入导轨架。

5. 用起重设备吊起吊笼,从已安装好的导轨架上方将吊笼平稳套入,使其准确就位,停放在合适高度的垫木上。

6. 安装笼顶安全栏杆。

注意:起吊吊笼时一定要吊平,沿导轨架下移时应轻缓。在齿轮与齿条进入啮合前先稳一下,避免形成较大冲击而导致损伤。

五、对重体安装

对带对重系统的升降机,此时应进行对重体的安装。

1. 检查对重体的导轮是否转动灵活,螺栓是否拧紧。

2. 垂直吊起对重体,让导轮保护架和导轮对正导轨架上的对重轨道后,缓缓下落到缓冲簧上。

六、吊杆安装

吊杆分手动和电动两种,均安装在笼顶上。先将吊杆座插入笼顶,然后将吊杆插入吊杆座内,若为电动吊杆,使用时接入电源即可。

注意:笼顶吊杆不用时取下,待用时再装。

七、导轨架加高

将导轨架加高至 10.5 m,将标准节两端清理干净,在对接接头、齿条销子和销孔上涂适量的钙基脂后,四节联为一体,用 M24×230 的 8.8 级高强度联接螺栓,以 350 N·m 力矩拧紧。用自备起重设备(如塔机、吊车)吊装到已安装好的导轨架上,用联接螺栓紧固。此时需按要求设置第一道附墙,并用经纬仪测量导轨架与水平面的垂直度,误差不得超过 4 mm。

八、吊笼安装后的调整

(一)通过调整吊笼上滚轮偏心轴,以满足如下要求:

1. 齿轮与齿条的齿侧间隙为 0.2～0.5 mm,啮合长度沿齿高不得小于 40%,沿齿长不得小于 50%。如第三篇图 6—1 所示。

2. 背轮与齿条背面间隙为 0.5 mm。如第三篇图 6—1 所示。

3. 各滚轮与导轨架立柱管的间隙不大于 0.5 mm。如图 1—5 所示。

4. 齿轮、齿条的齿线平行。

(二)检查所有的门,保证开启灵活。

(三)松开楔形块,使电机制动器复位(如采用拧紧制动器松闸拉手上的两个螺母的方法松

开制动器，则必须将这两个螺母退至开口销处）。

（四）将一根撬棒插入联轴节孔内向上撬动，如图1—6所示，撬动时，应同时松开电机刹车。每向上撬一次后，应松手合闸一次，反复撬动，使吊笼上升1 m左右。此时可对原调整情况进行检查，再调整至合乎要求后拆去垫木，用手轻拉松闸把手，使吊笼缓缓下降，停靠在缓冲簧上。

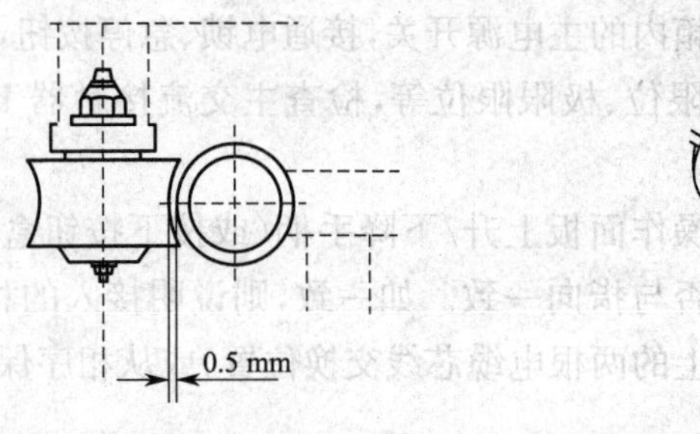

图1—5　滚轮与立柱管啮合

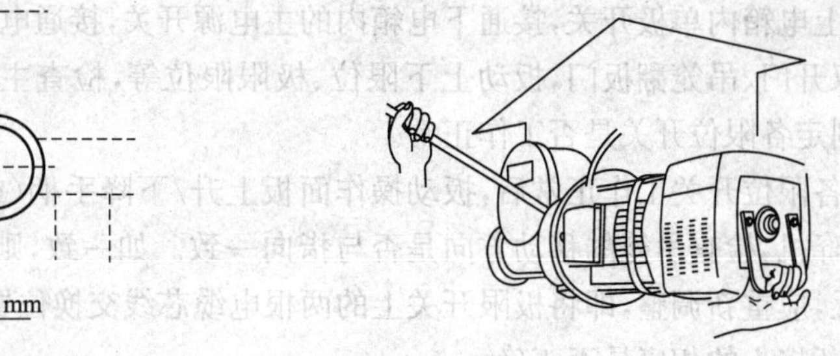
图1—6　手动上升检查

九、电气控制系统安装

（一）变频调速型升降机电气控制系统安装

1. 把已盘好电缆的电缆筒吊放至护栏后侧部位，使电缆筒护圈中心对正吊笼电缆臂臂头。

2. 将电缆筒底部引出的电缆端头穿过后护栏，接到下电箱。

3. 将电缆筒上部的电缆端头穿过吊笼电缆臂，引向驱动板极限限位开关并接线，同时用电缆臂将电缆固定。

4. 从工地准备好的升降机专用电源箱引出供电电缆，接至下电箱。

5. 接通下电箱内的主电源开关，合上上电箱内单极开关，接通电锁、急停按钮，通过开启吊笼双开门、吊笼翻板门，扳动上下限位、极限限位等，检查PLC输出端相应发光二极管是否发光，以此来判定各限位开关是否工作正常。

6. 本机运行方式为无级调速，设有三个运行速度。验证各限位开关工作正常后，扳动操作面板上升，下降手柄，以最低速度点动升降机上行，检查吊笼的移动方向是否与指向一致。如一致，则说明接入的相序正确；反之，相序接反，应重新调整，即将极限开关上的两根电缆芯线交换位置（从相序保护器指示灯工作情况也可判断接入的相序是否正确）。

注意：连接电缆和换接电缆芯线位置时必须切断主电源。

7. 升起吊笼，根据驱动板限位开关实际位置，安装调整好下减速限位、下限位碰块和极限限位碰块，并用联接螺栓紧固。

具体调整要求如下：保证吊笼下降时，碰块先触发下减速限位，使吊笼减速至最低速度挡运行，如图1—7所示。

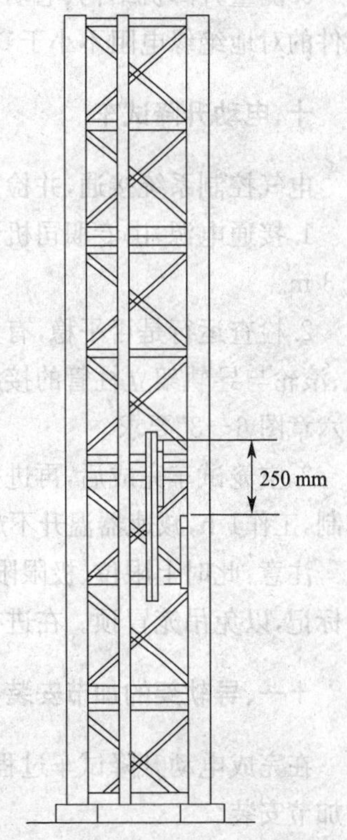

图1—7　下减速限位、下限位、极限限位碰块的安装

吊笼制动停机，接着碰块在下减速限位一直有效的情况下触发下限位，此时极限限位离极限碰块还有30 mm距离。在正常作状态下，吊笼碰到缓冲簧前，极限限位应首先动作。

8.测量升降机结构、电动机和电气设备金属外壳的接地电阻，应不大于4 Ω；电气及电气元件的对地绝缘电阻不小于0.5 MΩ，电气线路的对地绝缘电阻不小于1 MΩ。

注意：严禁对变频器采用摇表进行绝缘测试。

（二）单一速度升降机电控系统的安装

1.按上一项中1～4条操作。

2.合上上电箱内单极开关，接通下电箱内的主电源开关，接通电锁、急停按钮，通过开启护栏门、吊笼双开门、吊笼翻板门，扳动上下限位、极限限位等，检查主交流接触器KM2是否吸合，以此来判定各限位开关是否工作正常。

3.验证各限位开关工作正常后，扳动操作面板上升/下降手柄（或按下按钮盒上的升降按钮），点动升降机，检查吊笼的移动方向是否与指向一致。如一致，则说明接入的相序正确；反之，相序接反，应重新调整，即将极限开关上的两根电缆芯线交换位置，或从相序保护器指示灯工作情况判断接入的相序是否正确。

注意：连接电缆和交换电缆芯线位置时必须切断主电源。

4.升起吊笼，按下急停按钮，根据驱动板限位开关实际位置，安装调整好下限位碰块和极限限位碰块，并用联接螺栓紧固。具体调整要求如下：

保证吊笼额定载荷下降时，下限位碰块触发该开关，使吊笼制停，此时极限限位离极限碰块还有30 mm左右的距离。在正常工作状态下，吊笼碰到缓冲簧前，极限限位应首先动作。如第三篇图6—5所示。

5.测量升降机结构、电动机和电气设备金属外壳的接地电阻，应不大于4 Ω；电气及电气元件的对地绝缘电阻不小于0.5 MΩ，电气线路的对地绝缘电阻不小于1 MΩ。

十、电动升降试车

电气控制系统接通，并检查无误后，方可电动升降试车。

1.接通电源，由专职司机谨慎地操作升降机，使吊笼上下运行数次，每次行程高度不得超过3 m。

2.检查运行是否平稳，有无跳动、异响，制动器工作是否正常。停机后，对齿轮齿条啮合情况、滚轮与导轨架立柱管的接触情况重新检查、调整，直到下限位、极限限位安装符合“第三篇第六章图6—3”要求。

3.空笼试车完成后，再进行安装载重试验。在空笼中装入额定安装载荷，按电机适用的工作制，工作1 h，减速器温升不超过60 K。

注意：此时上限位、极限限位碰块未安装，操作时必须谨慎。可在导轨架适当部位做上醒目标记，以免吊笼冒顶。在进行检查调整时，必须切断主电源，以防误操作。

十一、导轨架的加节安装

在完成电动升降试车过程后，还需按要求进行额定安装载荷的坠落试验，方可进行导轨架的加节安装。

导轨架的加节因使用方式和安装阶段的不同，具体分类如下：

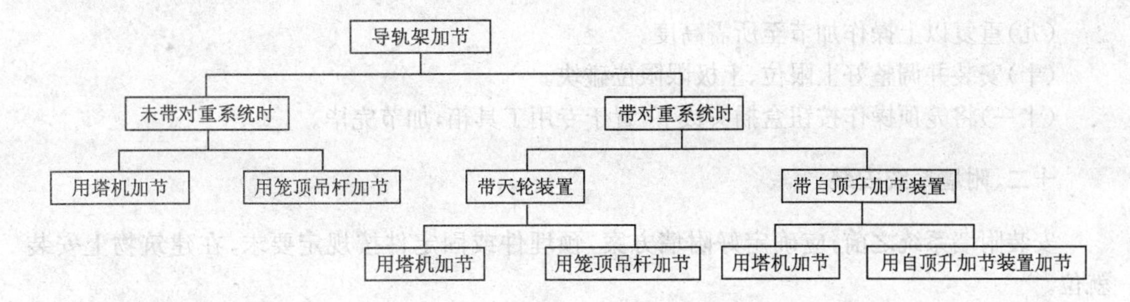

在进行完电动升降试车后，还未带对重系统，可用塔机、自顶升加节装置或笼顶吊杆加节，这里只叙述笼顶吊杆情况下的安装。

(一)注意事项：

1.加节时应在笼顶操作，运行前鸣铃示警，验证笼顶操作按钮盒上各开关功能的准确性。

2.变频调速升降机加节时只能以低速1挡运行。

3.通过触动防冒顶限位，验证其功能的灵敏可靠性。先拆除上限位碰块，然后拆最上一节标准节的上框、中框间安装冒顶限位碰块，使碰块对正防冒顶限位杆，再拆除上极限限位碰块。当吊笼升至靠近导轨架顶部时，改为点动上升，距导轨架顶端350 mm时停止(此时防冒顶限位碰杆离碰块应只有30 mm左右的距离)。只有在吊笼运行停止后才能进行安装作业。此时按下笼顶操作按钮盒上的急停按钮，以防错误操作。

4.加节的同时，应按要求进行附墙安装，每加高10 m用经纬仪分别在平行和垂直于吊笼长度的方向上检查导轨架的垂直度，测量方法及要求见第三篇第七章12导轨架垂直度测量。

如发现垂直度超标应及时加以调整，可用千斤顶、手动葫芦、丝杠、钢丝绳、铁丝等，借助于建筑物对导轨架进行推拉，调整到位。

5.标准节必须用M24×230的8.8级高强度螺栓连接，对角上紧，且螺栓安装方向应统一由下朝上，螺母强度等级不低于9级，拧紧力矩为350 N·m。

6.连接标准节时，必须保证各立柱管对接处的错位阶差不大于0.5 mm；有对重轨道时，轨道对接处错位阶差不大于0.5 mm，否则应进行修磨校正。

7.每次加节到使用高度后，应及时安装并调整好上限位、极限限位、防冒顶限位的碰块位置，具体要求见“十三、8”。

注意：任何情况下，防冒顶限位碰杆离碰块应在最上一节标准节上安装好，否则不准开动升降机。

(二)将吊杆插入笼顶的吊杆座孔内，接好电源。

(三)放下吊钩，用专用吊具(如图1－8所示)吊起一节标准节。使带锥套的一端向下，并平稳地放置在笼顶，每次笼顶最多允许放置两节标准节。

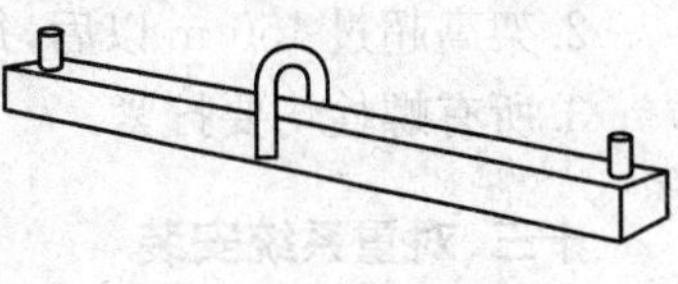

图1－8　专用吊具

(四)卸掉吊具上的标准节，将吊杆固定。

(五)笼顶操作，开动升降机，当吊笼接近导轨架顶部时，拆除上限位、上极限限位碰块，点动上升，在防冒顶限位处停止。

(六)按下按钮盒上急停按钮，切断电源，以防误操作。

(七)吊杆吊起标准节，将对接接头、齿条销子和销孔全部擦干净，加少许润滑脂。

(八)旋转吊杆，使标准节锥套垂直套入，用联接螺栓紧固，松开吊钩，将吊杆转回并拆除。

(九)重复以上操作加节至所需高度。

(十)安装并调整好上限位、上极限限位碰块。

(十一)将笼顶操作按钮盒插头拔下,置于专用工具箱,加节完毕。

十二、附墙系统安装

安装附墙系统之前,应确定好附墙方案,预埋件或固定件按规定要求,在建筑物上安装就位。

附墙系统安装与导轨架加节应同步进行。对各停层点应设置停层层门或停层栏杆,层门或停层栏杆不应突出到吊笼的升降通道上。停层门应与吊笼电气或机械联锁。

导轨架通过附墙架与建筑物连接,附墙架的间距和最大自由端高度取决于所选附墙类型。在具体安装时,为确保附墙系统所规定附墙间距和最大自由端高度要求,有时需加设一个临时附墙。随着导轨架的加高,在正常位置安装好附墙系统后,即可将临时附墙拆除,并移到正常附墙位置进行安装。

下面,介绍Ⅱ型附墙系统安装,属直接附墙,附墙间距 9 m,最大自由端高度不超过 6 m,如图 1－9 所示。

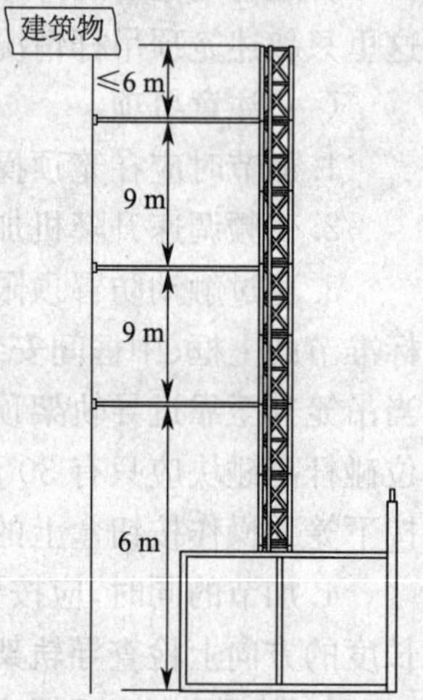

图 1－9　Ⅱ型附墙系统

1. 用四只 U 型螺栓将两根方联接杆对称固定在标准节上下框架角钢上,先不必将 U 型螺栓拧得太紧,以便与前联接杆连接后调整位置。

2. 用 M20×60 的螺栓将附墙联接座架与墙内预埋件连接。

3. 用 M24×70 螺栓及扣件,将前联接杆、可调中联接杆,圆联接杆、可调长联接杆连接成一体,吊运到附墙位置,用 M20×70 螺栓与方联接杆连接后,再用 $\phi35$ 的销轴及开口销与附墙架联接座架连接。

4. 校正导轨架垂直度,采用伸缩二圆联接杆方法,使导轨架回转或单边位移。如果要使导轨架侧向位移,须移动附墙架联接座架。

5. 旋紧所有联接螺栓,调整杆必须旋至撑紧,并用螺母锁住,确保吊笼、对重体等不与附墙架干涉。

注意:1. 首次附墙在离地 4.5～6 m 处,以后每隔 9 m 左右附墙一次。

2. 架高超过 150 m 以后,每隔 6～7.5 m 左右附墙一次。

3. 所有螺栓均要拧紧。

十三、对重系统安装

带对重系统的升降机,当导轨架安装到使用高度后,在正常使用前,必须安装对重系统,以达到设计的额定载重量。安装、加节时应留出对重在导轨架顶部越程余量,当吊笼的额定提升速度大于 1.0 m/s 时,对重越程不应小于 2.0 m。

1. 检查对重轨道,对接处错位不得大于 0.5 mm,否则应按要求校正到位。

2. 将钢丝绳架(已盘好钢丝绳)、对重绳轮吊至笼顶,并安装好。

3. 笼顶操作,开动升降机,当吊笼接近导轨架顶部时,点动上升,距导轨架顶端 350 mm 处停止。将天轮装置吊至导轨架顶部(自顶升加节装置需借助外部起重设备)安装就位,用联接螺栓紧固。

4. 将钢丝绳架上放出的钢丝绳在对重绳轮上绕三圈后引至天轮，然后下返到对重体。注意钢丝绳的上引端一定要靠近导轨架，下返过程中应穿过过渡架或联柱支架与对重轨道间形成的方形空间。

5. 下返钢丝绳的端头绕过钢丝绳索具后，用四只钢丝绳夹夹紧，四只绳夹朝向一致，且间距不小于 140 mm，钢丝绳外露自由端长度不小于 270 mm。绳头用细钢丝绳捆扎，钢丝绳受力前固定绳卡，受力后要再度紧固。通过钢丝绳索具，用销轴将钢丝绳与对重体联为一体，插上开口销。

6. 笼顶操作，开动吊笼，其顶部离天轮装置或顶升套架下端 0.5 m 处停止，使对重体落到缓冲簧上，以此为基准将钢丝绳收紧并固定好。此时对重绳轮应直立。

7. 调整松绳保护限位使其灵敏可靠。

8. 按照此时上限位和极限限位开关的实际位置，安装、调整上限位、极限限位碰块。具体要求为：各碰块用钩形螺栓紧固在导轨架上，保证吊笼触发上限位后，留有上部安全距离不小于 1.8 m，上极限限位与上限位间距离为 0.15 m。如第三篇第六章图 6—6 所示。

试运行正常后安装完毕。

十四、带对重系统时的再次加节

1. 将吊杆插入笼顶的吊杆座孔内（若为电动吊杆，先将吊杆电器插头接入笼内上电箱吊杆插座），用专用吊具吊起一节标准节，使带锥套的一端向下，平稳放置在笼顶，每次笼顶最多允许放置两节标准节。

2. 卸掉吊具上的标准节，将吊杆固定。笼顶操作升降机至上限位碰块处，卸掉上限位、极限限位碰块，十分小心地点动，吊笼继续上升一小段，让钢丝绳松弛，对重体停在缓冲簧上，调整好松绳保护限位。

3. 按下笼顶操作按钮盒上的急停按钮，以防错误操作。

4. 取掉对重体上的销轴、开口销，将对重体与钢丝绳分开。

5. 卸掉天轮装置与导轨架间的联接螺栓，取掉天轮罩。

6. 从天轮上取下钢丝绳，并用吊杆取下天轮装置。

7. 用吊杆吊起标准节，将标准节对接接头、齿条销子和销孔全部擦干净，加少许润滑脂。

8. 旋转吊杆，使标准节锥套对正接口后放下，用联接螺栓紧固。松开吊具，将吊杆转回并拆除。吊笼升降时一定要时刻注意钢丝绳及电缆长度的变化，及时收放绳缆。

9. 加节到位后，将天轮装置重新安装于导轨架顶部，上紧联接螺栓；钢丝绳放入天轮槽中，上好天轮罩。

10. 点动升降机，当笼顶撞块离天轮装置下端 0.5 m 处停下，将钢丝绳放长相当于加节高度后，重新夹紧，穿上对重体销轴及开口销，使钢丝绳与对重体可靠连接。重复以上操作，可依次加节到所需高度。

11. 安装并调整上限位、极限限位碰块，调整松绳保护限位，试运行正常后，将笼顶操作按钮盒插头拔下，并置于专用工具箱内，加节完毕。

注意：钢丝绳从天轮上卸掉后，不允许吊笼下降运送货物，若要运送配件、工具也必须先将两吊笼的钢丝绳及天轮装置安装完全后才能开动吊笼或用塔机吊运。

十五、电缆保护架安装

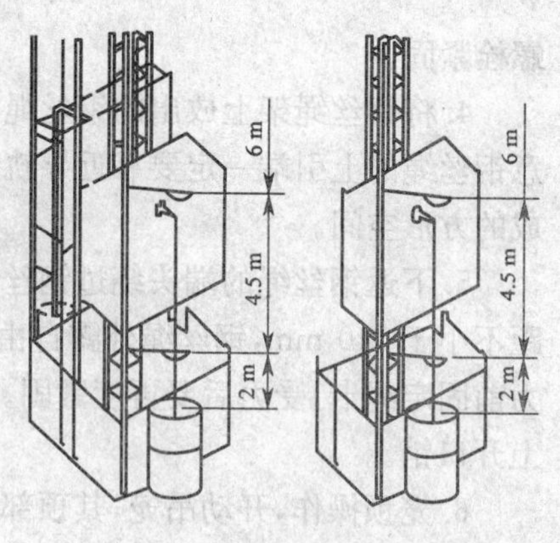

图 1—10　电缆护架布置图

在导轨架加节、附墙系统安装的同时，应进行电缆保护架的安装。对于不带电缆滑车的用户，应在电缆筒上方2 m处安装第一个电缆保护架，向上4.5 m安装第二个，以后每隔 6 m 安装一个，如图1—10所示。要求电缆保护架的护圈中心与电缆筒中心对正，并保证电缆臂顺利通过。

安装完毕后，应在笼顶操作试运行，保证电缆臂在电缆保护架内运行畅通，电缆很自如地落入电缆筒。

第二节　施工升降机拆除

一、拆除前的准备

1. 凡参加拆卸的工作人员，应仔细阅读并熟练掌握升降机拆卸有关内容。

2. 应制订拆卸方案和计划并确保拆卸人员分工明确，统一指挥，步调一致。

3. 应确保地面有足够大的拆卸场地，并加以标示。

4. 准备好合适起重设备。

5. 拆卸前进行安全检查断绳保护装置、限位开关等零部件，应从严检查其动作的可靠性和灵敏度，不符合要求的应调整(包括刹车制动检查及安全器坠落试验)，确保整机处于良好状况。

6. 对笼顶操作按钮盒进行检查，并进行不少于 5 次运行试验，确保各按钮功能准确，反应灵敏，安全可靠。

二、升降机的拆卸

升降机的拆卸顺序基本上与安装相反。

1. 将升降机周围围出足够大的场地，挂上“注意空中落物”等标牌加以警示。

2. 笼顶操作按钮盒移至笼顶，试运行，并将加节开关扳至“加节”位置。

3. 升起吊笼，使对重体落在缓冲簧上，卸掉钢丝绳，将钢丝绳收回到钢丝绳架上盘好，并连同对重绳轮等从笼顶拆除，留出更多空间，便于操作。

4. 有辅助起重设备时(如塔吊)，可一次拆除四节标准节。

5. 无辅助起重设备时，用笼顶吊杆逐节进行拆卸。

6. 同时拆除相应的附墙装置、电缆保护架等。

注意：始终保持导轨架最大自由端高度不超过允许范围。

7. 当导轨架拆至 10 m 以下时，可用吊车等起重设备拆除加节装置、护栏、吊杆、导轨架等。

8. 手动下降吊笼，落在缓冲弹簧上。

9. 切断主电源，拆除电源线。

10. 松开电机制动器，将吊笼、对重体吊离导轨架。

11. 拆除最后三节标准节和底盘。

注意：按照顺序进行拆除，配件应专人保管防止丢失。

第二章　施工升降机安装、拆除的安全操作规程

根据(GB/T 10054－2005)《施工升降机》、(GB/T 10055－2007)《施工升降机安全规程》、(JGJ 160－2008)《施工现场机械设备检查技术规程》等，规定如下：

1. 将安装场地清理干净，围出工作场地并作出标示，禁止非工作人员入内。

2. 防止安装地点上方掉落物体，必要时应加安全防护网和警示牌。

3. 不允许在风速超过 13 m/s 和下雨下雪等恶劣天气进行拆卸工作。

4. 安装过程中，必须指定专人负责，统一指挥。

5. 安装、拆卸人员必须系安全带，穿防滑鞋，戴安全帽和手套。不要穿过于宽松的衣服，以免衣服卷入运动部件，发生安全事故。

6. 在安装拆卸期间，绝对不允许与拆卸工作无关的人员使用、登上升降机。

7. 不允许任何人站在悬吊物下。

8. 安装、拆卸期间吊笼升降必须使用笼顶操作按钮盒，将加节开关扳至“加节”位置，切断笼内操作。

9. 升降机运动部件与建筑物和施工设备(如脚手架)之间的距离不得小于 0.25 m；升降机运行时，乘员身体的任何部位及装运物件绝对不允许超出吊笼安全栏杆。

10. 吊笼载荷不允许超过额定安装载重量。

11. 在笼顶安装拆卸作业时，必须将笼顶操作按钮盒电源开关扳至“总停”位置。启动前应按铃示警。

12. 不允许非专业人员进行电气安装拆卸工作，在电气安装拆卸时必须切断主电源。

13. 主电源未完全切断时，任何人不得在护栏内、吊笼、对重体通道、导轨架立柱管、附墙架等位置停留。

14. 使用吊杆时，不允许超载。吊杆只能用来安装或拆卸升降机零部件。

15. 笼顶吊杆上有悬挂物时，不允许开动升降机。

16. 每次启动吊笼前，应先检查运行通道是否畅通。如有人在笼顶、导轨架或附墙架上工作，不允许开动升降机；吊笼运行时，严禁有人进入护栏。

17. 装拆操作的过程中，吊笼最大速度应≤0.7 m/s。

18. 不允许吊笼超载运行。

19. 吊笼启动前，应全面检查，消除所有不安全隐患，并按铃示警。

20. 必须使用合格的零部件，未经许可，不允许使用其他件代替。

21. 严格保管好工具、螺栓，作业期间应注意工具、螺栓的放置，以防高空坠落。

第三章　施工升降机主要零部件安装后的调整（试）

在施工升降机安装后，各部件间连接、配合发生了变化，投入使用前，必须进行如下调整：

1. 检测并调整导轨架垂直度，偏差过大时利用附着杆进行校正，使垂直度偏差控制在规定的范围内，调整见本篇第一章十一导轨架的安装。导轨架导轨阶差、齿条错差的调整、齿轮、齿条间隙的调整第三篇第四章。

2. 按要求紧固所有螺栓。

3. 按“第一章吊笼安装”的要求，对吊笼进行检查调整。

4. 调整电机制动器，保证同一吊笼内电机启制动同步，制动灵活、可靠，见第三篇第四章。

5. 调整、紧固钢丝绳，见第三篇第四章。

6. 检查电缆上下运行情况，若发现电缆在吊笼下降时自行盘绕混乱，应重新调整，保证电缆不出现扭曲等状况。

7. 根据实际需要，适当调整防坠安全器小齿轮上与齿条的啮合情况、下限位碰块及极限限位碰块位置、松绳限位、吊笼、围栏等等限位及安全栏杆、停层门等，见第三篇第六章。

8. 更换或添加减速器内润滑油，并按第三篇第九章第七节润滑要求对整机各部位进行润滑。

第四章　施工升降机安装自检的内容和方法

为了保证施工升降机的安装质量，达到安全、高效，必须根据安装进度，对安装全过程每一个环节进行检查、验收。

在检定期内首先准备齐检查、验收用的仪表和工具，包括：点检锤、万用表、兆欧表、经纬仪、水平仪、钢卷尺、塞尺、直尺、力矩扳手等。

一、安装前的检查

1. 查阅所安装施工升降机的技术资料，如：制造许可证、出厂合格证、使用说明书、电气原理及布线图、大修记录、事故记录、运转记录等。

2. 检查即将安装施工升降机运转部分与输电线路的安全距离；施工升降机运动部分与建筑物及建筑物外围施工设施之间的最小距离不小于 0.25 m。以验证施工升降机基础位置正确与否，目测检查，必要时用钢卷尺进行实测。

二、基础的检查

要有合格的文字施工验收资料(包括隐蔽工程验收记录)。

1. 基础下土质地耐力有符合使用要求的文字证明。

2. 对固定基础应检查其表面平整度、混凝土强度、预埋件位置、排水沟设置等，均应符合要求。用水平仪和标尺测量。

3. 测量接地电阻应符合规定。用兆欧表测量。

三、安装过程中技术检查

(一)底架、导轨架基础节安装完毕后应重点检查

用点检锤、水平仪、钢卷尺、直尺、力矩扳手等，检查底架的安装位置包括水平偏差是否在允许范围内，螺栓是否齐全，紧固；导轨架中心位置与附墙预埋件中心是否对正，且底盘对称中心与附着墙面是否平行。

(二)吊笼安装完毕后应重点检查

用点检锤、经纬仪、塞尺、直尺、力矩扳手等检查：

1. 齿轮与齿条的齿侧间隙、啮合长度，特别是安全器的齿轮与齿条的间隙，安全器的固定情况。

2. 背轮与齿条背面间隙。

3. 各滚轮与导轨架立柱管的间隙。

4. 检查所有的门，保证开启灵活。

5. 检查吊笼工作平台的栏杆是否牢固。

6. 用吊杆加节时，检查吊杆座的完好程度。

(三)标准节、附墙架安装完重点检查

1. 每加高 10 m 用经纬仪分别在平行和垂直于吊笼长度的方向上检查导轨架的垂直度，测量方法及要求见第三篇第七章 12 导轨架垂直度测量。

2. 用力矩扳手检查标准节螺栓拧紧力矩是否符合规定值。

3. 标准节各立柱管对接处的错位阶差、轨道对接处错位阶差、齿条阶差是否符合要求。

4. 附墙架与建筑物、导轨架的连接是否正确、牢固，高度是否符合说明书要求。

(四)对重、天轮安装完毕后，应重点检查

1. 钢丝绳固定情况。

2. 松绳保护限位器灵敏可靠。

3. 上限位和极限限位碰块的距离、紧固程度。

4. 笼顶剩余待用的钢丝绳安置是否符合要求。

四、整机安装完毕后检查和试运转

(一)检　查

1. 验证施工升降机运动部分与建筑物及外围施工设施之间的安全操作距离不小于 0.25 m；与输电线路的距离，应符合规定要求。

2. 检查供给电源的电压误差不应大于±10%，供电总容量则不小于使用说明书的规定，可用电压表在总电源进线端测量。

3. 导轨架垂直度，附墙架与建筑物的连接和进入建筑物各层通道等，均须符合规定的技术要求。

4. 底笼(外笼)、吊笼(里笼)各部不得有变形、损裂、开焊等缺陷。

5. 梯笼所有限位开关，安装位置牢固，导向轮与导轨配合正常。

6. 齿条与导轨架联接牢固，主动齿轮与齿条啮合正常。

7. 钢丝绳的选用，穿绕，固定方法应符合原厂规定，不应有断丝、松股、扭结等影响安全使用的缺陷。

8. 制动器间隙应调整符合要求，保证灵敏、可靠。

9. 对重、电缆及导向装置等的安装，应符合原厂规定。

(二)试 运 转

1. 安全限速制动性能试验：在地面操纵“坠落按钮”，将梯笼升离地面 4 m 高度处，放松电动机电磁制动器，使梯笼自由降落达到安全制动为止，其制动距离，允许不大于 1～1.5 m。确认制动效果良好后，再上升梯笼 20 cm，放松摩擦锥体离心块。

2. 全程上升、停车、下降等动作，反复试验不得少于 3 次。

3. 要求：各部运行正常，无异响，无卡滞。各限位开关，安全装置，灵敏可靠。各部连接销钉，螺栓均无松动。电气控制装置，灵敏有效。

(三)额定载荷试验

1. 装载最大额定起重量，提升梯笼到 4 m 高度，打开电动机电磁制动器，使梯笼自由降落，观察安全制动效果应灵敏可靠。

2. 全程提升、下降 3 次，运行中停车数次，应运行正常，无卡滞，无异响。

(四)超载试验

1. 装载额定起重量的 110%,作全程升、降、制动,运行不得少于 3 次。

2. 在超载试验中,各部位应不出现异常现象,安全制动可靠。各金属结构件,无变形,无损裂。电机温升正常,过流保护、短路保护、安全接地保护,均应良好,调整正确。

通过试运转发现的安装质量问题,由安装单位及时处理。填写技术试验报告如表 4—1 所示。

表 4—1　施工升降机技术试验报告表

机型：　　编号：　　试验日期：

试验时间(min/次)		空载试验	额定载荷试验	超载试验
技术状况	传动装置			
	防坠安全器			
	金属结构			
	钢丝绳			
	电气系统			
	与建筑物连接及通道			
安全制动				
各种限位器				
结论				
机械工程师		试验人员		

第五章　施工升降机安装、拆卸常见事故原因及处置方法

随着施工升降机在施工现场的广泛使用，安装、拆卸相对频繁，由此引发的伤亡事故也不断增加，对于常见的伤亡事件要及时处置，具体常见事故、原因及处置方法如下：

一、冒　顶

安装加节时，未及时安装并调整好上限位、防冒顶限位的碰块，或限位失灵，就开动升降机。

处置方法：安装加节时，必须及时安装并调整好上限位、防冒顶限位的碰块位置，并使限位灵敏可靠。

二、倾翻坠落

拆卸导轨架时，一次过多地拆除了相应的附墙装置，导致导轨架最大自由端高度超过允许范围。

处置方法：拆卸导轨架时，必须随时保持导轨架最大自由端高度不超过允许范围。

其他见第三篇第十一章。

注：图例后未写字均与图片字相同

第六章　建筑起重机械安装拆卸工（施工升降机）复习题

施工升降机安装拆卸工除掌握本章复习题外，还需掌握第三篇复习题内容。

一、多项选择题

1. 吊笼安全完毕应检查（　　）。

A. 齿轮与齿条的齿侧间隙、啮合长度　　B. 背轮与齿条背面间隙

C. 各滚轮与导轨架立柱管的间隙　　D. 检查所有的门，保证开启灵活

E. 检查松绳限位

2. 标准节、附墙架安装完重点检查（　　）。

A. 每加高 10 米用经纬仪分别在平行和垂直于吊笼长度的方向上检查导轨架的垂直度

B. 用力矩扳手检查标准节螺栓拧紧力矩是否符合规定值

C. 是否有天轮

D. 标准节各立柱管对接处的错位阶差、轨道对接处错位阶差、齿条阶差是否符合要求

E. 附墙架与建筑物、导轨架的连接是否正确、牢固，安装高度是否符合说明书要求

3. 对重、天轮安装完毕后，应重点检查（　　）。

A. 钢丝绳固定情况　　B. 是否有 3 级风

C. 松绳保护限位其灵敏可靠　　D. 上限位和极限限位碰块的距离、紧固程度

E. 笼顶剩余待用的钢丝绳安置是否符合要求

二、判断题

1. 吊杆只能用来安装或拆卸升降机零部件。（　　）

2. 笼顶吊杆上有悬挂物时，允许开动升降机。（　　）

三、复习题答案

（一）多项选择题

1. ABCD　　2. ABDE　　3. ACDE

（二）判断题

1. √　　2. ×

第七篇　建筑起重机械安装拆卸工（物料提升机）

物料提升机是一种简单的建筑起重机械，与塔式起重机、施工电梯相比较，其显著的特点是安装拆卸工艺简单，缺点是如果疏于管理和操作不当，就极易造成倾覆、吊篮高处坠落及冲顶等生产安全事故。为减少和预防此类事故的发生，物料提升机的安、拆作业人员必须要经过起重机械规范、标准的技术培训，懂得机械的基本原理和安装拆卸程序，取得特种设备资格证，具备一定的安装技术后方可上岗。

本篇叙述了物料提升机安装拆卸工应掌握的相关知识点，主要包括 9 个部分。

1. 物料提升机的分类、性能。详见第四篇第一章相关内容。

2. 物料提升机的基本技术参数。详见第四篇第二章相关内容。

3. 物料提升机的基本结构和工作原理。其基本结构和工作原理，详见第四篇第六章相关内容。

4. 物料提升机的安装、拆卸的程序、方法。

5. 物料提升机安全保护装置的结构和工作原理和调整(试)方法。

6. 物料提升机安装，拆卸的安全操作规程。

7. 物料提升机安装自检内容和方法。

8. 物料提升机的维护保养要求。

9. 物料提升机安装、拆卸常见事故原因及处置方法。

第一章　物料提升机的安装、拆卸的程序、方法

一、物料提升机安装拆卸前的准备

1. 查验物料提升机的产品合格证、特种设备制造许可证及其他随机资料。

2. 根据现场工作条件编制专项施工方案并经过审批。方案内容应包括工程概况、设备性能参儆、人员配备情况、现场条件及要求、安全保证措施、安装工期等。

3. 根据说明书要求，进行基础施工技术交底，浇注混凝土基础。

物料提升机的基础应符合生产厂家规定，在现场浇筑混凝土时，为防止螺栓与孔错位，应将地脚螺栓固定在底架上同时浇筑，并保证基础上表面的水平偏差不应大于 10 mm。

4. 根据编制的安装拆卸方案对全体作业人员进行安全技术交底，明确人员分工，确定技术

负责人、指挥、专职安全员，所有特种作业人员必须持证上岗。

5. 确定安全警戒区、设置安全警示绳、警告牌，指定监护人员。

二、物料提升机安装顺序和要求

1. 将底架安装于混凝土基础上，用水平仪测量底架与立柱的连接面高差，使其控制在1/1 000以内，紧固预埋螺栓。

2. 安装立柱。

在进行立柱的安装时，两边立柱应交替进行，同时还应采取临时支撑或临时揽风绳固定，并校正垂直度，使其垂直度偏差不超过高度的3/1 000。

3. 安装附墙架

物料提升机附墙架的设置应符合产品说明书的要求，附墙架与立柱及建筑物之间应采用刚性连接，并形成稳定结构。

4. 校正架体的垂直度

安装到预定高度时，对物料提升机架体作最后的垂直度校正，再次紧固地脚螺栓及附墙连接螺栓或调紧揽风绳。

5. 安装物料提升机的天梁、滑轮以及底架导向轮。

6. 穿绕钢丝绳

把物料提升机吊杆固定在最上一节立柱上，将钢丝绳返回卷筒，由卷筒向上穿过相对应的天梁滑轮，从天梁外滑轮放下，绕吊笼滑轮向上，钢丝绳头固定在天梁销轴上，按标准卡牢。见图1—1所示。

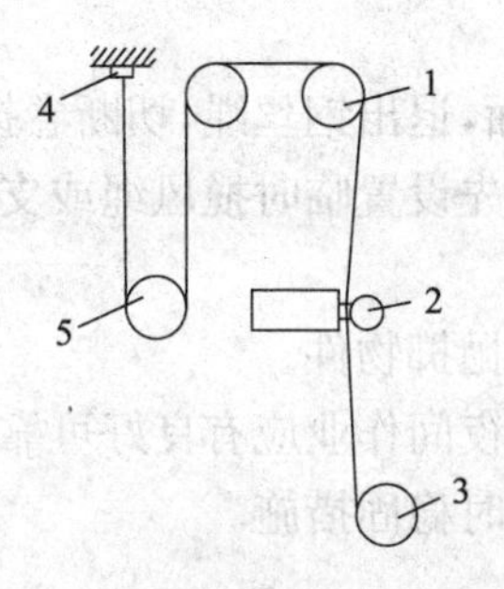

图1—1　起升机构钢丝绳穿绕示意图

1—天梁滑轮；2—超重限制器；3—卷扬机卷筒；4—钢丝绳天梁固定点；5—吊笼滑轮

7. 安装吊笼

开动卷扬机将物料提升机的吊笼吊起，使其底部滚轮包容导轨。然后放下吊笼并装入全部滚轮，导轨由底向上安装至最高位置，可用吊笼将导轨提起，随提随安装。

8. 安装调试各种安全装置

物料提升机的安全停靠装置、断绳保护装置及极限限位器必须安装可靠、动作灵活。上极限限位器要保证吊笼越程不得小于3 m。

吊笼安全门和楼层停靠门应开启灵活，关闭可靠，并与吊笼有机械或电气连锁机构。

物料提升机的紧急断电开关应安装在司机方便操作的地方，并选用非自动复位的形式。

高架物料提升机的缓冲装置、超载限制器、下极限限位器以及通讯装置等必须可靠、有效。

三、物料提升机的调试和验收

1. 空载提升吊篮在全行程范围内做升降、变速、运行三次(楔块取下),验证架体的稳定性、两导轨间的距离是否达到技术要求,并同时观察进出料口是否灵敏,不允许有振颤冲击现象。

2. 将吊篮悬挂离地面 100～200 mm,调整导靴滚轮与架体导轨的间隙,各处一致后,装好楔块,达到锁紧状态,再将升降滑轮轴降到下止点,调整调节螺栓至拉紧状态。在额定载荷下将吊篮提升到离地面 3～4 m 高停机,将上翻防护门打开锁住,调整钢丝绳长度,检查制动夹持的可靠性,吊篮不下滑。

3. 升降吊篮内加施额定载荷,使其运行三次,并作开门自锁试验。再将吊篮提高到 3－4 m高度,进行模拟断绳试验,其滑落行程不能超过 100 mm。

4. 在升降吊篮上取额定起重量的 125%(按 5%逐级加量)作提升、下降、开门停靠自锁试验(此时不做断绳试验),下滑不能超过 100 mm,下降速度在 30～40 m/min 时,要求动作准确可靠,无异常现象,金属结构不变形,无裂痕及油漆脱落和连接松动损坏等现象。

四、物料提升机的拆卸

物料提升机的拆卸工作比安装要危险的更多,在拆卸过程中,如处理不当,很容易引发安全事故。物料提升机的拆卸按照安装架设的相反程序进行。

在进行物料提升机的拆卸前,应先查看现场环境,如架空线路位置、附墙架或地锚揽风绳的设置、电气装置等,根据现场工作条件编制专项施工方案,安排人员配备情况、安全保证措施、拆卸工期等。

拆卸作业应注意以下几点:

1. 将物料提升机的吊笼降至地面,退出钢丝绳,切断卷扬机电源。

2. 在拆卸揽风绳或附墙架前,应先设置临时揽风绳或支撑,确保物料提升机立柱的自由高度始终不大于 8 m。

3. 拆卸作业中,严禁从高处向下抛掷物件。

4. 拆卸作业应在白天进行,如需夜间作业应有良好可靠的照明。大雨、大风等恶劣天气应停止作业,因故中断作业时应采取临时稳固措施。

第二章 物料提升机安装、拆卸的安全操作规程

物料提升机作为一种特种设备，它的安装拆卸必须由具有安、拆资质的队伍进行，必须充分考虑工作空间、环境安全，保证操作者能够安全而有效地工作。

第一节 物料提升机安装拆卸安全技术要求

一、物料提升机安装时的安全技术要求

1. 高架物料提升机的基础应进行设计，其埋深和做法应符合设计和使用要求规定。低架提升机基础必须满足：土层压实后承载力应不小于 80 kPa；浇筑 300 mm 厚 C20 混凝土并预埋地脚螺栓；基础表面应平整，水平度偏差不大于 10 mm；基础上平面略高于地坪，并做排水沟。

2. 架体安装的垂直偏差、架体与吊篮间隙应符合《龙门架井架物料提升机安全技术规范》规定。

3. 架体的外侧必须采用安全网全封闭。

4. 井字架与各楼层通道连接处，必须采取加强措施。

5. 提升机设摇臂把杆时，必须进行设计计算。

二、物料提升机拆除工作中的安全技术注意事项

1. 提升机拆除前，操作人员要仔细检查现场周围环境，清除障碍物，划定危险区并设置围栏或警戒标志，拆除时要设专人监护。

2. 拆除时要有专人统一指挥，操作人员要服从领导、密切配合，严格按交底顺序、安全措施进行，特别是拆除缆风绳时要注意架体的稳定情况。

3. 拆除作业中，严禁从高处向下抛掷物体。拆下的杆、件等应及时清理，放置在规定的位置，并码放整齐。

4. 拆除卷扬机时，必须先切断电源，经检查无误后才能进行拆除作业。

5. 拆除缆风绳或连墙杆件前，应先设置临时缆风绳或支撑，确保架体自由高度不大于 2 个标准节。

6. 拆除龙门架天梁前，应先分别对两立柱采取稳固措施，保证立柱的稳定。

7. 拆除作业宜在白天进行，如需夜间作业则应有良好的照明，因故中断作业时，应采取临时稳固措施。

第二节 物料提升机的安装拆卸操作规程

一、编写专项施工方案

由于物料提升机架体的安装与拆卸工作比较危险，作业环境多变，许多事故都发生在安装

和拆卸作业中，所以应该在作业之前根据现场作业条件和物料提升机的类型、安装高度编写施工方案，作业的过程中要设专人统一指挥。

二、安装与拆卸架体

1. 安装拆卸之前，应对基础、地锚、附墙架预埋件等进行检查。

2. 对架体各标准节或标准件的配套情况进行核对检查，架体安装的垂直度应满足<3‰的要求。

3. 导轨应保持各节之间顺直，避免由于架体标准节不规则在两节连接处出现折线或过大变形。两边导轨的间距要上下保持一致，使吊篮导靴与导轨之间的间隙控制在5～10 mm以内。防止因轨道不直或导靴与导轨间隙过大，造成吊篮上下运行中的撞击或脱轨。

4. 分节安装（或拆除）架体时，必须有安装（或拆除）过程中临时的固定措施，保持架体安装（或拆除）过程中的整体稳定性。

5. 整体安装（或放倒）架体时，必须预先对龙门架进行绑扎加固，防止吊起（放倒）架体时，因自重弯矩过大使架体标准节连接点变形破坏。架体吊起垂直地面就位与基础连接，需待缆风绳或附墙架连接牢固后，吊车方可摘钩。

三、安装卷扬机

1. 卷扬机的位置应选择在视线良好，远离危险作业区域内；

2. 卷扬机位置应满足从卷筒中心至第一个导向滑轮的距离：带槽卷筒应大于卷筒宽度的15倍，无槽卷筒大于20倍。当钢丝绳在卷筒中间位置时，导向滑轮应与卷筒轴心垂直；

3. 稳固卷扬机时，除在卷扬机后面埋设地锚用钢丝绳与卷扬机底座拴牢外，还应在卷扬机底座前方打入两根竖桩，防止因卷扬机受力后底座发生转动；

4. 卷扬机与提升机架体之间不得有障碍物影响司机视线和妨碍钢丝绳运行。钢丝绳穿越道路时，应有防护措施，防止碾轧。钢丝绳应防止拖地运行造成的污染和磨损。

四、穿绕钢丝绳

1. 在卷筒上缠绕钢丝绳时，应根据钢丝绳的捻向，如果选用右交互捻的钢丝绳，应从卷筒右向左卷绕；如果选用左交互捻的钢丝绳应从左向右卷绕。正确的卷绕方法，可避免钢丝绳拉力放松时，已缠好的钢丝绳自动松开，卷筒再旋转时相互错叠的现象。

钢丝绳应顺序整齐缠绕并从卷筒下方引出接近水平状态，以增强卷扬机身的稳定性。

2. 钢丝绳的端头与卷筒应采用压紧装置卡牢固定在卷筒侧板上。为便于检查和更换钢丝绳，压紧装置一般采用压板固定法，绳端头用铁丝绑扎，压板上的螺钉必须压紧，使钢丝绳不松动。

3. 卷筒上钢丝绳全部放出后，应留有不少于3圈的安全圈。

(1)钢丝绳头虽有压板连接，但压板一般设计只承受钢丝绳额定最大拉力的0.134倍，其余的拉力是靠钢丝绳与卷筒的摩擦力来承受，当钢丝绳在卷筒上绕两圈时，压板处受力为钢丝绳拉力的0.17倍，仍大于0.134倍，当绕三圈时，压板处受力为钢丝绳拉力的0.07倍小于0.134倍，满足安全要求；

(2)卷筒上设置钢丝绳安全圈，还可以起到保障运行安全的作用，否则如果在提升机吊篮降至地面后，卷筒上钢丝绳已全部放出，当卷筒稍有转动或反向转动，钢丝绳将会从反向又继续缠绕到卷筒上，使吊篮再度上升，产生误动作；

(3)安全圈不应过多(一般不超过5圈)，如钢丝绳过长应把余下的绳切掉，不要都缠绕在卷筒上。当卷筒的钢丝绳超过一层时，下层往往会发生松绳，吊重时，下层绳松，上层绳拉力大紧压，造成绳之间磨损加大，减少使用寿命。

第三章　物料提升机安装自检内容和方法

物料提升机在每次重新组装后都应经检查验收，确认符合要求后才能使用。

一、外观检查

按照设计图纸和说明书要求检验金属结构及连接、传动、电气及安全装置，测量安装精度并对已存在的缺陷进行整改。

1. 架体

主要检查标准节之间和附墙架之间的连接，要求螺栓连接无松动，无缺损，主弦杆和腹杆间的焊接部位不得有脱焊和裂纹，杆件不得有塑性变形扭曲现象，两轨道间距离偏差不得大于10 mm。

2. 吊篮

对吊篮的检验，包括检查构件节点的焊接情况以及底板铺设是否坚固平整，自动升降的安全门栏上下移动是否顺畅，吊篮与导轨接触的滚轮滚动是否自如以及滚轮与轨道间隙不大于5 mm。

3. 卷扬机

卷扬机是物料提升机的动力设备，需要检查以下内容：

(1)卷扬机应安装在视野宽阔、地面平整的场地，卷扬机与架体距离一般不小于卷筒宽度的20倍。

(2)钢丝绳的牵引方向应与卷筒轴线相垂直。钢丝绳应从卷筒下方绕入，并略高于地面。不得与地面或其他障碍物摩擦。

(3)卷扬机底座应用地锚牢固固定，防止卷筒绕绳受力时卷扬机滑动或倾覆。

(4)卷扬机上应设立防晒、防雨、防高空落物的操作棚。

(5)卷扬机电动机要接零，并做重复接地，接地电阻≤10 Ω。

二、垂直度的测量

应对架体的垂直度用经纬仪在两个方向上进行测量。导轨的垂直度不超过3‰，同时应满足从底面向上部用肉眼检查无弯曲及折线的要求。导轨连接点截面错位不大于1.5 mm，吊篮导靴与导轨安装间隙在5～10 mm以内。

三、空载试验

在空载条件下，提升机以各种工作速度进行上升、下降、变速、制动等动作，在全程范围内，反复试验不少于3次。检查运行机构是否平稳，在进行空载试验的同时，应对下列各安全装置进行灵敏度试验。

1. 吊篮停层装置

吊篮停层装置要在吊篮实际上下运行中检验。手动挂钩式吊篮停层装置要保证操作方便、安全可靠。自动停层装置要保证动作无卡阻、有效，并保证不影响吊篮的正常升降。

2. 限位装置

吊篮起升到限位高度，碰撞限位开关，如断电、停止运行，则证明限位装置起作用，否则应整改。

3. 防护设施

物料提升机一般应设防护栏杆、防护平网和立网及防护棚等，这些设施要安全可靠、有效。

四、额定载荷试验

吊篮内施加额定载荷(在偏移吊篮中心 1/6 的交点处)，按空载试验动作进行逐项检验。

安装断绳保护装置的提升机，应在试验的同时进行吊篮坠落试验。在做模拟断绳试验时，即将吊篮装上额定载荷起升离地面 3～4 m，人为断绳后，考察防断绳装置的作用效果，即是吊篮的制动距离小于 1 m，牢固悬停在提升机架体上。如失败，应立即修理。检验时，应保证动作灵敏、可靠、无卡阻，弹簧和连杆机构工作有效。

第四章　物料提升机的维护保养要求

物料提升机在安装后应进行维修保养工作，其主要包括以下几个方面：

1. 物料提升机在安装调试完毕后，检查减速器油箱油量和纯度，查看各润滑部分是否有油。

2. 物料提升机安装后一星期应全面检查一次，查看螺栓是否松动，底架下基础有无沉陷，立柱是否倾斜，钢结构有无变形，导轨直线度是否超差，各安全装置是否灵敏可靠，焊缝有无开裂，传动滑动部位是否缺油，如发现问题应及时解决再使用。

3. 工程结束，对卸下的构件都要全面清洗、除锈、刷油，对各安全装置、卷扬机、电器要全面进行保养。

4. 工程结束后，对卸下的标准节、吊篮、平台等结构要全面清洗，除锈刷漆。电机、手动卷扬机、安全装置等要进行维修保养。

5. 构件在储存、转场运输中禁止乱堆码、碰撞、挤压，要求有序放置，搬动时捆扎牢固，储存时加遮盖物，防止生锈。凡储运中引起的构件变形，须修复检验合格后方可使用。

第五章　物料提升机安装、拆卸常见事故原因及处置方法

物料提升机作为一种常见的建筑起重机械，其安装拆卸工作尤为重要，一旦操作不当，极易发生安全事故。物料提升机由于安装拆卸不当引发的安全事故有架体倒塌和吊笼坠落等。

一、物料提升机安装拆卸常见事故原因

1. 基础处理不当，如混凝土强度、厚度、表面平整度等不符合要求，预埋件布置不正确，影响了架体的垂直度和连接强度。

2. 架体或附墙架直接与脚手架相连。

3. 安全装置不符合安装要求，如上极限限位的越程小于 3 m，安全停靠装置和防坠安全器装置不进行调试，安装后失灵。

4. 缆风绳的数量不符合要求，端部固定不规范，绳夹的数量、间距、方向设置不符合要求。

5. 楼层通道不安装安全门或安全门残缺不全，设置不规范。

6. 在电气控制箱内，未按规定设置急停开关，当出现意外时，无法及时切断电源。

二、处置方法

为预防和控制物料提升机因安装拆卸而引发的事故，应做好以下几项：

1. 物料提升机的安装拆卸工作必须由具备特种设备安装资质的单位进行，安装拆卸作业人员必须取得特种作业资格上岗证。

2. 物料提升机安装拆卸前，应制定安装拆卸方案，并按规定进行审批，组织现场的安全技术交底。

3. 施工企业要加强现场管理，建立和健全安全责任制度，在安装、拆卸过程中加强检查，消除隐患。

4. 物料提升机的安装拆卸作业人员应严格按照安装拆卸工艺、顺序进行，对天梁、滑轮和钢丝绳等重要部件不得随意用其他物件替代。

5. 在物料提升机安装后，应认真执行安装验收制度，认真调试安全装置，验收合格后方可使用。

案例一

一、事故经过

2001 年 8 月 5 日，湖南省某市某综合楼工程发生一起物料提升机吊篮坠落事故。该工程楼板为预应力空心预制板，采用了物料提升机垂直运输，然后由人力将板抬运到安装位置。当天，该工程主体已进入到第五层且已安装完 3 层楼板，当准备安装第 4 层楼板时，由 8 人自提升机吊

篮内抬板，此时突然吊篮从5层高度处坠落，造成4人死亡，3人重伤，1人轻伤的重大事故。

二、事故原因

1. 物料提升机不符合要求是发生事故的直接原因。该施工单位由于不具备特种设备安装资质，作业人员未经培训，由电工安装钢丝绳卡子，而电工不懂安装相关要求，提升机安装后未经鉴定确认合格就在现场使用，管理比较混乱，导致了事故发生。

2. 提升钢丝绳尾端锚固按规定不应少于3个卡子，而该提升机只设置2个，且其中1个丝扣已损坏拧不紧，当钢丝绳受力后自固定端抽出，造成吊篮坠落。

3. 该提升机采用了中间为立柱，两侧跨2个吊篮的不合理设计，导致停靠装置不好安装和操作不便，给安全使用造成隐患，吊篮钢丝绳滑脱时，因无停靠装置保护，造成吊篮坠落。

4. 该提升机架体高30 m，仅设置一道缆风绳，且材料采用了相关规范严禁使用的钢筋（$\phi 6$），使架体整体稳定性差，给吊篮运行使用造成晃动带来危险。

三、预防措施

1. 各地建设主管部门应加强管理和建筑安全执法队伍建设，严格执法。

2. 加强对物料提升机设备管理，凡使用提升机设备必须有设计计算、施工图纸并经有关部门鉴定，确认符合有关规范规定方可投入运行；监理单位应学习相关规范，工地对每次机械重新组装后必须进行试运转检验，并对安全装置的灵敏度进行确认。

3. 对建筑市场应加强管理，定期组织检查，对在建工程办理报建、招标、监理及施工许可进行检查；并检查施工队伍及项目经理是否具有相应资质，严禁挂靠、转包等非法行为；同时抽查施工人员的上岗证，是否经培训教育达到合格，对检查中发现的问题应有记录并检查整改情况和采取严肃处理办法。

案例二

一、事故经过

2007年9月8日上午9时10分某市建筑安装工程有限公司四名工人在某住宅工地2#房拆除物料提升机过程中贪图方便，拆除上部两节标准节放进吊笼后三名工人一起搭乘吊笼下地面，当下降到5楼高位置时，联接吊笼起升钢丝绳端部因存在缺陷脱落，发生吊笼坠落事故，造成二死一伤。酿成惨祸。

二、事故原因

事故发生后，调查组委托机械检测中心对发生事故的物料提升机进行了检测，检测结论：(1)发生事故的物料提升机存在缺陷，起升钢丝绳端部固定强度不够，设备安全保护装置失效；(2)设备拆卸前未进行有效检查，未能发现并消除安全隐患，拆卸操作人员安全意识淡薄，违章搭乘吊笼。

三、预防措施

加强拆卸过程中的安全管理，施工现场从事物料提升机拆卸作业的企业必须取得起重安装资质，并按照规定的范围承接任务。物料提升机的拆卸必须根据施工现场的环境和条件、设备状况以及辅助起重设备条件，制定拆卸方案和安全技术措施，由拆装企业技术负责人和工程监理负责人审批。

第六章　物料提升机安装拆卸工复习题

物料提升机安装拆卸工除掌握本章习题外，还应掌握第四篇复习题内容。

一、单项选择题

1. 物料提升机的拆卸顺序与安装(　　)，必须遵守安装时所有注意事项。

A. 顺序相反　　B. 顺序相同

2. 进行物料提升机的模拟断绳试验时，应将吊篮提高到(　　)高度，其滑落行程不能超过100 mm。

A. 1～2 m　　B. 2～3 m　　C. 3～4 m　　D. 4～5 m

3. 在升降吊篮上取额定起重量的125%(按5%逐级加量)作提升、下降、开门停靠自锁试验时(此时不做断绳试验)，下滑不能超过(　　)。

A. 100 mm　　B. 200 mm　　C. 300mm　　D. 400 mm

4. 调整导靴滚轮与架体导轨的间隙时，一般将吊篮悬挂离地面(　　)。

A. 50～100 mm　　B. 100～200 mm

C. 200～300 mm　　D. 300～400 mm

5. 物料提升机司机和安装拆卸工必须具有(　　)，并按规程作业。

A 职称证　　B. 项目经理证

C. 特种作业操作资格证书　　D. 身份证

6. 物料提升机现场浇筑混凝土基础时，先整平安装场地，素土夯实，土层压实后承载能力应大于(　　)，不得存在积水浸泡。

A. 150 kPa　　B. 120 kPa　　C. 80 kPa　　D. 200 kPa

7. 物料提升机现场浇筑混凝土基础时，混凝土基础面平面偏差(　　)。

A. ±10 mm　　B. ±20 mm　　C. ±30 mm　　D. ±50 mm

8. 物料提升机安装中，依次将各标准节安装时，对接套位移不大于(　　)。

A. 1 mm　　B. 1 cm　　C. 5 mm　　D. 2 mm

9. 物料提升机标准节安装垂直度在两个方向均不得超过被测高的(　　)。

A. 1/1 000　　B. 3/1 000　　C. 4/1 000　　D. 5/1 000

10. 进行模拟断绳试验时，吊篮滑落行程不能超过(　　)。

A. 100 mm　　B. 200 mm　　C. 300 mm　　D. 500 mm

11. 在升降吊篮上取额定起重量的(　　)(按5%逐级加量)作提升、下降、开门停靠自锁试验。

A. 110%　　B. 100%　　C. 125%　　D. 150%

12. 拆除缆风绳或连墙杆件前，应先设置临时缆风绳或支撑，确保架体自由高度不大于(　　)个标准节。

A. 1　　B. 2　　C. 3　　D. 4

13. 架体各标准节或标准件的配套情况进行核对检查，架体安装的垂直度应满足小于(　　)的要求。

A. 2‰　　B. 3‰　　C. 4‰　　D. 5‰

14. 卷扬机位置应满足从卷筒中心至第一个导向滑轮的距离：带槽卷筒应大于卷筒宽度的(　　)。

A. 5 倍　　B. 10 倍　　C. 15 倍　　D. 20 倍

15. 在卷筒上缠绕钢丝绳时，应根据钢丝绳的捻向，如果选用右交互捻的钢丝绳，应从卷筒(　　)卷绕。

A. 左向右　　B. 右向左

16. 钢丝绳应顺序整齐缠绕并从卷筒(　　)引出接近水平状态，以增强卷扬机身的稳定性。

A. 上方　　B. 下方

17. 卷筒上钢丝绳全部放出后，应留有不少于(　　)圈的安全圈。

A. 3　　B. 4　　C. 5　　D. 6

18. 卷扬机应安装在视野宽阔、地面平整的场地，卷扬机与架体距离一般不小于卷筒宽度的(　　)。

A. 10 倍　　B. 20 倍　　C. 30 倍　　D. 15 倍

19. 卷扬机电动机要接零，并做重复接地，接地电阻不大于(　　)。

A. 5 Ω　　B. 8 Ω　　C. 10 Ω　　D. 15 Ω

20. 在空载条件下，提升机以各种工作速度进行上升、下降、变速、制动等动作，在全程范围内，反复试验不少于(　　)。

A. 1 次　　B. 2 次　　C. 3 次　　D. 4 次

21. 物料提升机安装后(　　)应全面检查一次，查看螺栓是否松动。

A. 一星期　　B. 二星期

二、多项选择题

1. 物料提升机安装拆卸方案的编制依据主要有(　　)。

A. 龙门架及井架物料提升机安全技术规范

B. 建筑施工扣件式钢管脚手架安全技术规范

C. 物料提升机安装使用说明书

D. 技术图纸等资料

2. 根据(　　)编写工程概况，查看施工现场的场地情况，熟悉物料提升机的安装条件。

A. 建筑工程的施工组织设计

B. 技术图纸等资料

C. 物料提升机安装使用说明书

D. 建筑施工扣件式钢管脚手架安全技术规范

3. 物料提升机安装拆卸人员有(　　)。

A. 现场总指挥　　B. 物料提升机司机

C. 安装拆卸工　　D. 安装机具负责人

4. 物料提升机现场浇筑混凝土基础应满足(　　)。

A. 土层压实后承载能力应大于 150 kPa,不得存在积水浸泡

B. 应将地脚螺栓固定在底架上同时浇注,以免螺栓与孔错位

C. 混凝土养护期 15 天以上

D. 混凝土基础面平面偏差±20 mm

5. 物料提升机的拆卸要求有(　　)。

A. 拆卸顺序与安装顺序相反,必须遵守安装时所有注意事项

B. 拆卸物件必须用卷扬机送下,不可向下扔

C. 先拆除的导轨应存放整齐,不得压弯

6. 低架提升机基础要求有:(　　)。

A. 土层压实后承载力应不小于 80 kPa

B. 浇注 300 mm 厚 C20 混凝土并预埋地脚螺栓

C. 基础表面应平整,水平度偏差不大于 10 mm

D. 基础上平面略高于地坪,并做排水沟

7. 高架提升机的基础应进行设计,其埋深和做法应符合(　　)规定。

A. 操作　　B. 设计　　C. 使用　　D. 安装

8. 在物料提升机安装拆卸作业之前根据(　　)编写施工方案,在作业的全过程要设专人统一指挥。

A. 现场作业条件　　B. 提升机的类型

C. 物料提升机的高度　　D. 物料提升机的型号

9. 安装拆卸之前,应对(　　)等进行检查。

A. 物料提升机的高度　　B. 地锚

C. 附墙架预埋件　　D. 基础

10. 物料提升机在每次重新组装后都应经检查验收,主要包括(　　)。

A. 外观检查　　B. 垂直度的测量　　C. 空载试验　　D. 额定载荷试验

11. 物料提升机在每次重新组装后应进行的外观检查主要包括(　　)。

A. 架体　　B. 吊篮　　C. 卷扬机　　D. 说明书

12. 对吊篮的检验,包括(　　)。

A. 检查构件节点的焊接情况以及底板铺设是否坚固平整

B. 自动升降的安全门栏上下移动是否顺畅

C. 吊篮与导轨接触的滚轮滚动是否自如

D. 滚轮与轨道间隙不大于 5 mm

13. 物料提升机一般应设(　　)等,这些设施要安全可靠、有效。

A. 防护栏杆　　B. 防护平网　　C. 立网　　D. 防护棚

14. 工程结束后,对卸下的(　　)等结构要全面清洗,除锈刷漆。电机、手动卷扬机、安全装置等要进行维修保养。

A. 标准节　　B. 吊篮　　C. 平台

15. 安全停靠装置应能承受(　　)。

A. 吊篮自重　　B. 额定荷载　　C. 装卸物料者的荷载　　D. 架体

16. 楼层口停靠栏杆(停靠门)的设置应满足(　　)。

A. 停靠栏杆或停靠门设置为常闭型

B. 提升机向预定的楼层运料时，其他各层停靠栏杆或门不应开启，各层作业人员及物料不能提前进入通道口

C. 停靠栏杆或停靠门设置为常开型

D. 楼层口停靠栏杆(停靠门)的开关应灵活，关闭严密

三、判断题

1. 物料提升机的拆卸顺序与安装顺序相反，必须遵守安装时所有注意事项。（　）

2. 在进行物料提升机的拆卸工作时，拆卸下的物件可以向下扔，而不必用卷扬机送下。（　）

3. 在进行物料提升机的拆卸工作时，必须先拆除的导轨应存放整齐，不得压弯。（　）

4. 进行物料提升机的模拟断绳试验时，其滑落行程不能超过 100 mm。（　）

5. 在升降吊篮上取额定起重量的 125%(按 5%逐级加量)作提升、下降、开门停靠自锁试验时(此时不做断绳试验)，下滑不能超过 200 mm。（　）

6. 高架物料提升机吊笼和低架物料提升机一样。（　）

7. 物料提升机作为一种特种设备，它的安装拆卸必须由有安、拆资质的队伍进行。（　）

8. 现场物料提升机的安装、拆卸比较简单，可不必充分考虑工作空间、环境安全，就能保证操作者安全而有效地工作。（　）

9. 高架提升机的基础应进行设计，其埋深和做法应符合设计和使用规定。（　）

10. 架体安装的垂直偏差、架体与吊篮间隙应符合《龙门架井架物料提升机安全技术规范》规定。（　）

11. 架体的外侧可不必采用安全网全封闭。（　）

12. 提升机拆除前，操作人员要仔细检查现场周围环境，清除障碍物，划定危险区并设置围栏或警戒标志，拆除时要设专人监护。（　）

13. 拆除要统一指挥，操作人员要服从领导、密切配合，严格按交底顺序、安全措施进行，特别是拆除缆风绳时要注意架体的稳定情况。（　）

14. 拆除卷扬机，不要切断电源，经检查无误后才能进行拆除作业。（　）

15. 拆除龙门架天梁前，应先分别对两立柱采取稳固措施，保证立柱的稳定。（　）

16. 拆除作业宜在白天进行，夜间作业应有良好的照明，因故中断作业时，应采取临时稳固措施。（　）

17. 在物料提升机安装拆卸作业之前根据现场作业条件和提升机的类型、高度编写施工方案，在作业的全过程要设专人统一指挥。（　）

18. 物料提升机导轨应保持各节之间顺直，避免由于架体标准节不规则在两节连接处出现折线或过大变形。（　）

19. 分节安装(或拆除)架体时，必须有安装(或拆除)过程中临时的固定措施，保持架体安装(或拆除)过程中的整体稳定性。（　）

20. 整体安装(或放倒)架体时，必须预先对龙门架进行绑杆加固，防止吊起(放倒)架体时，因自重弯矩过大使架体标准节连接点变形破坏。（　）

21. 卷扬机的位置应选择视线良好，远离危险作业区域。（　）

22. 当钢丝绳在卷筒中间位置时，导向滑轮不必卷筒轴心垂直。（　）

23. 卷扬机与提升机架体之间不得有障碍物影响司机视线和妨碍钢丝绳运行。钢丝绳穿

越道路时，应有防护措施，防止碾轧。 ( )

24. 在卷筒上缠绕钢丝绳时，应根据钢丝绳的捻向，如果选用右交互捻的钢丝绳，应从卷筒左向右卷绕。 ( )

25. 在卷筒上缠绕钢丝绳时，应根据钢丝绳的捻向，如果选用左交互捻的钢丝绳应从右向左卷绕。 ( )

26. 卷筒上钢丝绳全部放出后，应留有不少于3圈的安全圈。 ( )

27. 吊篮与导轨接触的滚轮滚动是否自如以及滚轮与轨道间隙不大于5 mm。 ( )

28. 卷扬机应安装在视野宽阔、地面平整的场地，卷扬机与架体距离一般不小于卷筒宽度的15倍。 ( )

29. 钢丝绳的牵引方向应与卷筒轴线相垂直。钢丝绳应从卷筒下方绕入，并略高于地面。不得与地面或其他障碍物摩擦。 ( )

30. 卷扬机上应设立防晒、防雨、防高空落物的操作棚。 ( )

31. 应对架体的垂直度用经纬仪在两个方向上进行测量，新制作的提升机不超过1.5‰，原有的提升机不超过3‰。 ( )

32. 在空载条件下，提升机以各种工作速度进行上升、下降、变速、制动等动作，在全程范围内，反复试验不少于2次。 ( )

33. 吊篮停层装置要在吊篮实际上下运行中检验。 ( )

34. 物料提升机的金属结构的设计、制作应满足运输、安装、使用等各种工况下的强度、刚度和稳定性的要求。 ( )

35. 物料提升机架体工作状态下荷载包括自重、升降荷载和非工作状态下的风荷载。 ( )

36. 物料提升机的架体或缆风绳与架空线路的必须符合最小安全距离。 ( )

37. 自动停层装置要保证动作无卡阻、有效，并保证不影响吊篮的正常升降。 ( )

38. 物料提升机在安装调试完毕后，检查减速器油箱油量和纯度，查看各润滑部分是否有油。 ( )

39. 凡储运中引起的构件变形，须修复检验合格后方可使用。 ( )

四、复习题答案

(一)单项选择题

1. A	2. C	3. A	4. B	5. C
6. C	7. B	8. A	9. B	10. A
11. C	12. B	13. B	14. C	15. A
16. B	17. A	18. B	19. C	20. C
21. A				

(二)多项选择题

1. ABC	2. AB	3. ABCD	4. ABCD	5. ABC
6. ABCD	7. BC	8. ABC	9. BCD	10. ABCD
11. ABC	12. ABCD	13. ABCD	14. ABC	15. ABC
16. ABD				

(三)判断题

1.√	2.×	3.√	4.√	5.×
6.×	7.√	8.×	9.√	10.√
11.×	12.√	13.√	14.×	15.√
16.√	17.√	18.√	19.√	20.√
21.√	22.×	23.√	24.×	25.×
26.√	27.√	28.×	29.√	30.√
31.√	32.×	33.√	34.√	35.×
36.√	37.√	38.√	39.√	

第八篇 建筑起重机械维保工

建筑起重机械维保工，主要负责施工现场建筑起重机械的保养维护工作，需要掌握建筑起重机械分类、参数、型号与技术性能，建筑起重机械基本构造及功能，建筑起重机械安全装置及附属装置，建筑起重机械电气系统与电气设备等知识，以及掌握建筑起重机械维护保养的基本要求。

本篇叙述了建筑起重机械维保工应掌握的相关知识点，主要包括 6 个部分。

1. 建筑起重机械分类、参数、型号与技术性能。详见第一篇第一章相关内容。

2. 建筑起重机械基本构造与工作原理。详见第二篇第三章；第三篇第三章；第四篇第六章相关内容。

3. 建筑起重机械安全装置的构造，工作原理。详见第二篇第六章；第三篇第五章相关内容。

4. 建筑起重机械电气系统与电气设备。详见第五篇第二章相关内容。

5. 建筑起重机械常见故障的判断与处置方法。详见第二篇第九章；第三篇第十章，第四篇第九章；第二篇第十三章；第六篇第五章；第七篇第五章相关内容。

6. 塔式起重机的维护与保养。包括：塔式起重机维护保养；施工升降机维护保养。

第一章 建筑起重机械的维护与保养

第一节 塔式起重机的维护与保养

塔式起重机同其他建筑机械一样，在运行使用中和停用拆卸后，都必须做好维护保养。由于施工现场的塔式起重机具有一次安装使用时间长，安装高度高，现场维护困难，工作繁忙等特点，传统的预期检修制难以在塔机维护保养中得以有效的实施。因此近年来，塔机的维护保养多以“预期检修制”、“定检维修制”和“事后检修制”相结合的原则，来做好塔机的维护保养工作。具体可分为例行保养、定检维修，故障维修以及拆塔后整修等保养。

一、塔式起重机例行保养

例行保养又称日常保养，或每班保养。由塔机驾驶员负责进行，是保证塔机正常工作，消除故障隐患的基础，必须认真地完成。

(一)工作班前保养

1. 用测电笔检查机体及钢轨是否带电。检查仪表上电压值是否达到额定要求，电压波动是否符合规定。

2. 消除轨道上的建筑垃圾及其他障碍物。

3. 检查各制动系统是否灵敏可靠。

4. 检查各减速箱润滑油的油面。

5. 检查各连接螺栓是否紧固。

6. 检查轨道是否平直。

7. 检查各安全装置是否有效。

8. 检查吊钩、大车行走机构、回转机构、变幅机构的润滑情况。

9. 检查电缆是否完好无损。

10. 检查钢丝绳的技术状况。

(二)工作班中的保养

1. 注意细听起升、变幅、小车、大车及回转在运转中有无异响。

2. 注意细听电动机、制动器及接触器有无异响。

3. 在塔机停歇时，仔细检查轴承、电动机、电磁铁及电阻器等温升是否异常。

4. 在塔机停歇时，仔细检查制动系统，检查制动轮与制动瓦表面是否沾有油污。检查制动轮与制动瓦的接触面积是否异常，检查制动轮及制动瓦磨损情况。

(三)工作班后的保养

1. 清除塔机结构上和机构上的积存尘垢和油污。

2. 打扫驾驶室，保持室内清洁卫生，玻璃门窗干净明亮。

3. 切断配电柜的电源、锁好配电柜，收回电缆。

4. 认真仔细填写当班工作日记、保养记录和故障排除记录。

二、塔式起重机定检维修

1. 定检维修特点

定检维修制的特点是"定期检查，按需修理"，即根据机械运行周期，通过检测和诊断，确定需修项目，进行定期修理。根据实际情况进行适时检修，既可保证机械处于完好状态，又可避免过度的修理。

2. 定期检查周期和内容

塔机的定期检查通常参照表1－1推荐内容进行。

表1－1 塔机定期检查周期及检查内容

周 期	定检部件	检查内容
每日	起升机构、变幅机构、小车牵引机构、回转机构、大车行走机构	减速箱油面高度
每日	液压制动器制动瓦、电磁制动器制动瓦、钢丝绳	磨损情况
安装50 h后及间隔1 000 h	全部螺栓联接、紧固件，各金属构件杆件焊逢及有无变形扭曲	有无松动，是否达到规定扭力，杆件是否有缺陷
每运行50～100 h	液压爬升系统、液压顶升接高系统回油过滤器	过滤器是否洁净
200 h	控制柜内全部接线端子	按线端子位置加以固定
运行1 000 h以后	液压爬升系统回油过滤器、全部螺栓联接	至少每两年清洗一次，检查联接螺栓并加以紧固
每周	限位开关触头及凸轮	清洁并滴注稀油
每三个月	减速器、排气旋塞、绕线式电动机滑环和电刷、集电环	清扫磨耗和清洁
每六个月	接触器、开关触点 滑环接触面、电刷铰点	清洁 清洁、滴注稀油
每年	吊钩扁担梁止推轴承，锁紧螺母、电缆及导线	清洁、外观检查视需要换新
运行2年之后	电动机、滚动轴承、涡流制动器	磨损、清洁

对于现场使用塔式起重机，很难计算其实际运转时间，一般将保养级别分为例行保养、初级保养、高级保养共三个级别。例行保养即为日保，要求每天进行，由操作人员在每班前、中、后进行；初级保养要求每月进行一次，由维保人员配合操作人员执行；高级保养要求工作一年内进行一次(或转移工地，现场安装前)，由技术人员维保人员执行，操作人员配合。

各级保养与机械设备的小修、大修均不产生冲突与交叉，若在保养工作中出现了修理，只能理解为保养加修理，即在保养作业中增加了修理的项目。塔机各级维护保养的作业项目和技术要求如表1—2、表1—3、表1—4所示执行。

表1—2 塔机日保作业项目和技术要求

部位	序号	维护部件	作业项目	技术要求
钢结构	1	基础	检查、紧固	各联接螺栓紧固可靠，基础无沉陷、无积水
	2	标准节	检查、紧固	联接螺栓联接可靠，无松动，无锈蚀
	3	平台、扶梯、栏杆等	检查、清洁	安全可靠，防滑，无污垢和积水
钢结构	4	驾驶室	检查、清洁	1. 安全可靠，无污垢和积水 2. 室内无易燃易爆物品，窗户洁净明亮
	5	附着装置	检查	1. 附着框架和塔身固定可靠 2. 各附着装置的联接螺栓、轴、销等固定可靠，无松动
传动机构	6	吊钩	检查	1. 吊钩转动灵活，无裂纹、剥落等缺陷 2. 防脱钩装置安全可靠
	7	钢丝绳	检查	1. 绳端绳夹固定可靠，无松动现象 2. 钢丝绳无压扁、弯折、断股等现象
	8	各工作机构减速器	检查	1. 无卡阻、无异响、无渗漏、密封良好 2. 油面高度符合要求
	9	各制动器	检查加油	1. 制动灵敏可靠 2. 每工作50 h用油壶在铰点加机械油润滑
	10	回转机构开式齿轮、外齿圈、上下座圈啮道	检查、加油	1. 无卡阻、无异响 2. 每工作50 h涂抹和加注一次钙基脂(冬：ZG—2、夏ZG—4)
	11	操纵台	检查	1. 操纵手柄反应灵敏、可靠 2. 操纵台无尘土，显示灯、数字表显示正常
	12	空载运转	检查	作业前，先空运转检查起升、回转、变幅机构运行应无振动、过热等异常现象，各电气开关动作灵敏、可靠
电气系统	13	电动机	检查、清洁	绝缘良好，无异响，温升正常，清除尘土
	14	各控制箱、配电箱	检查、清洁	1. 保持箱内、干燥、所有电气元件无尘土 2. 箱内的电线、电缆固定牢靠，无松动、脱落 3. 各保护开关和保险安全可靠
	15	各电线及电缆	检查	所有电线、电缆无磨损、破裂、漏电、老化等现象
	16	接地保护	检查	接地安全可靠
安全装置	17	吊钩的高度限位	检查	反应灵敏、安全可靠
	18	起升机构的载重限制器和力矩限制器	检测	反应灵敏、安全可靠
	19	变幅机构的幅度限制器	检测	反应灵敏、安全可靠
	20	回转机构的回转限位器	检查	反应灵敏、安全可靠

续上表

部位	序号	维护部件	作业项目	技术要求
其他	21	电笛	检查	声音清脆、明亮
	22	风速仪	检查	风速仪指示正常
	23	障碍灯	检查	线路畅通，灯泡显示正常
	24	整机	检查、清洁	1. 做好班前、班后的清洁工作 2. 下班后收起吊钩，小车停在起重臂端部，并切断总电源 3. 关好驾驶室门窗及各电气控制箱

表1—3 塔机月保作业项目和技术要求

部位	序号	维护部件	作业项目	技术要求
金属结构	1	基础	检查、紧固	各联接螺栓紧固可靠，基础无下沉现象
	2	塔身标准节	检查、紧固	1. 各联接螺栓紧固可靠 2. 钢结构无变形、裂纹、脱焊等现象
	3	起重臂、平衡臂、塔顶、爬升架	检查、维护	1. 联接螺栓、轴、销等无松动、缺损现象 2. 结构无扭曲变形，焊缝开裂等现象 3. 平台、梯子、栏杆及所圈等安全可靠 4. 各联接部位涂抹钙基脂 5. 有锈蚀部位须除锈补漆
	4	所有滑轮	检查	无磨损、损坏
	5	附着装置	检测、调整	1. 塔身轴线对水平面垂直度 4/1 000 2. 与建筑物的联接螺栓、轴、销等固定可靠、无松动
传动结构	6	吊钩	检查、润滑	1. 防脱钩装置安全、可靠 2. 吊钩转动灵活，无裂纹、剥裂等缺陷 3. 加注钙基润滑脂
	7	钢丝绳	检查、润滑	1. 钢丝绳绳端卡扣固定可靠，无松动现象 2. 钢丝绳无压偏、弯折、断股等现象 3. 钢丝绳磨损不大于公称直径 7% 4. 钢丝绳表面涂抹石墨润滑脂
	8	所有滚动轴承	检查、润滑	1. 每工作 200 h 适当加油(ZG—3 钙基润滑脂) 2. 每半年清洁一次
	9	各工作机构减速器	检查、加油	1. 无异响、渗漏，密封良好 2. 每工作 200 h 添加齿轮油
	10	各工作机构制动器	检查、清洁调整	1. 调整制动摩擦片和制动轮间隙 2. 在常闭状态下接触良好，制动牢靠 3. 在摩擦表面无污物，如有须用汽油清洗
顶升结构	11	液压缸及液压管路	检查	1. 液压油每半年分析一次，根据污染程序确定更换期 2. 管路无开裂、老化现象、各接头紧固严密、无漏油现象
	12	压力表、控制阀等各液压元件	检查	动作准确，作用良好，无卡滞，无渗漏，压力表显示正常
	13	液压顶升系统	检查	1. 在每次加节前，须试运转，应无渗漏，压力表显示在一定时间内无压降，整个系统无异常现象，操作手柄动作准确、可靠 2. 顶升套架牢固可靠，无变形，焊缝无开裂

续上表

部位	序号	维护部件	作业项目	技术要求
电气系统	14	电动机	检查、清洁	1. 绝缘良好，无异响和过热，轴承润滑良好 2. 清洁机体及通风道内的尘土、杂物
	15	接地装置	检测	每年摇测保护接地电阻两次(春、秋)，保证不大于 4 Ω
	16	电线、电缆	检查	1. 所有电线、电缆无磨损、破裂漏电、老化等现象 2. 无短路、断路 3. 无接头松动、绝缘破损等情况
	17	各控制箱、电阻箱及操作箱	检查、清洁	1. 保持箱内清洁、干燥，电气元件无尘土 2. 箱内的电线、电缆固定固靠，无松动、脱落 3. 各电气元件的触点开闭须可靠，触点弧坑应及时磨光 4. 驾驶室内的操作台应灵敏、可靠
安全装置	18	吊钩的高度限位	检查、测试	1. 高度限位器接触了，反应灵敏 2. 当吊钩上升到调定高度时，高度限位器能适时起作用，使吊钩不再上升
	19	起升机构的重量限制器及力矩限制器	检查、测试	1. 力矩限位开关接触良好，反应灵敏 2. 当起重力矩超过额定值或吊重超过最大起重量时，起升机构应自动停止提升
	20	小车牵引机构的幅度限位器	检查、测试	1. 变幅限位器接触良好，反应灵敏 2. 当小车行至最大或最小幅度时应能停止运行
	21	回转机构的回转限位器	检查、测试	1. 回转限位器接触良好，反应灵敏 2. 当起重机向一个方向旋转超过 1.5 圈时，应能停止回转
整机	22	空载试运转	检查	在空载状态下，检查起升、回转、变幅、顶升等机构运行应无振动、过热、啃轨等异常现象。各电气元件的动作应灵敏、准确
	23	执行日检所有作业项目		

表 1—4　塔机年保作业项目和技术要求

部位	序号	维护部件	作业项目	技术要求
金属结构	1	基础	检测	基础无变形、无下沉，各部联接螺栓坚固可靠
	2	塔身、起重臂、平衡臂、塔顶、爬升套架	检测、维护	1. 无裂纹、扭曲、变形、严重腐蚀、焊缝开裂等现象 2. 平台、梯子、栏杆及护圈安全可靠 3. 联接螺栓、轴销等无松动、缺损现象 4. 如有锈蚀部分，应予以除锈、补油
	3	附着装置	检测、调整	1. 塔身轴线对水平面垂直度不大于 4/1 000 2. 与建筑物联接的螺栓、轴、销等固定可靠无松动
传动结构	4	吊钩	检测	1. 防脱钩保险装置安全可靠 2. 吊钩转动灵活，无裂纹、剥落等缺陷
	5	钢丝绳	检测、润滑	1. 固定可靠，无扭结、压扁、弯折、笼状畸变、断股、绳心挤出等现象，断丝不超过报废规定 2. 全部钢丝绳油煮(用石墨润滑脂)

续上表

部位	序号	维护部件	作业项目	技术要求
传动结构	6	各工作机构减速器	拆检	1. 更换齿轮油(每工作 1 000 h),更换时要清洗箱体,清除杂质 2. 拆检并清洗齿轮、轴、轴承、销子等,并更换密封圈 3. 传动齿轮应完好,啮合正常,轴承不松旷,测量齿轮磨损程度,侧向间隙不大于 1.8 m 4. 液动轴承径向间隙 不大于 0.25 mm
	7	各工作机构制动器	拆检	1. 制动摩擦片磨损超过原厚度 30%应更换 2. 制动轮表面磨痕深于 0.5 mm 时,要进行磨削修整 3. 制动摩擦片和制动轮间隙应在 0.5～1 mm 之间,制动时无打滑现象
	8	联轴器	拆检	弹性胶圈和销孔间隙不得小于 2 mm,两边轴同心度不得大于 0.3 mm
顶升结构	9	液压油箱	拆洗	解体清洗,清除箱内油垢,更换密封圈及液压油
	10	液压系统	检测	1. 系统无漏油,滤油器不堵塞,各管接头紧固严密,更换损坏及老化的密封圈 2. 在规定转速内起动和试运转,检测液压系统各参数:顶升速度 0.6 m/ min,工作流量 16 L/min,安全阀调定压力 20 MPa,顶升行程 1 850 mm,顶升力 450 kN
电气系统	11	电动机	拆检	1. 清除转子,定子绕组及风扇的尘土 2. 通气孔内无尘垢及杂物阻塞 3. 清洗轴承并加注润滑脂 4. 调整定子和转子的间隙 5. 测量绝缘强度,绝缘电阻值不低于 0.5 MΩ
	12	电气系统	检测	1. 电路的短路和过流保护、失压保护及零位保护应有效 2. 在主电路、控制电路中,对地绝缘电阻,不得小于 0.5 MΩ 3. 接地电阻不大于 4Ω 4. 各控制箱内的电气元件应安全可靠,反应灵敏,接触不良或损坏的予以更换 5. 电缆和电线无破损、老化
安全装置	13	吊钩的高度限位	检测	当吊钩上升到规定高度时(一般距起重臂 1～2 m),高度限位起作用,吊钩不再上升
	14	起升机构的重量限制器及力矩限制器	控制	当起重力矩达到规定值的 90%或载荷达到最大起重量的 90%时,应发出声响或灯光预警信号。当超过起重力矩额定值并不小于此值的 110%时,或载荷超过最大起重量并小于最大起重量的 110%时,应能自动停止提升及向外变幅,并发出声光报警信号
	15	小车牵机构的幅度限位器	检测	1. 当小车以低速档向外或向内(空载)行至最大或最小幅度处时,小车应能停止运行,再启动时,小车只能反方向运行 2. 小车高速向外或向内运行时,当起重力矩达到 80%,应自动转换为慢速运行,如继续运行,将碰到限位开关而停止

续上表

部位	序号	维护部件	作业项目	技术要求
安全装置	16	回转机构的回转限位器	检测	当起重机向一个方向旋转超过 1.5 圈时，回转机构的回转限位器起作用，起重机停止回转，再起动时应只能向反方向回转
整机	17	空载试运转	检测	1. 在空载状态下，检查起升、回转、变幅、顶升等各工作机构运行应无振动、过热、啃轨等异常现象，各部动作应灵敏、可靠准确 2. 应达到以下主要参数：最大起升高度 120 m；最大起重量 8 t；小车行程 50 m；小车速度 18.1/36.2 m/min；起升速度最大 110.36 m/min；最小 3.47 m/min；回转速度 0.6 m/min
	18	确定载荷试验	检测	起升、回转、变幅等机构起动和制动应平稳，在最大额定起重量或最大幅度下的额定起重量工况下进行
	19	静载试验	检测	超载 125%离地 0.5 m，停留 10 min，试验后钢结构无永久变形，焊缝无开裂，起升机构制动可靠
	20	动载试验	检测	起升、回转、变幅各机构在超载 110%的作用下，起动、制动应平稳，无过大冲击的振动，连接无松动，制动器工作可靠
	21	执行所有目检作业项目		

三、塔式起重机故障修理

虽然塔机按规定进行了例行保养和定检维修，但是在运行中故障发生的可能性还是存在的，因此，塔机一旦发生故障，要及时请修理工或电气维修工对故障进行排除和修理，尽快恢复塔机正常运转，减少停机时间。常见故障及排除方法详见建筑起重机械的有关章节。

四、塔式起重机拆塔后整修

塔机在一个工地长期使用拆卸后，在进入新的工地安装前，必须进行一次全面的整修，以确保塔机以良好的技术状态进入新的工地安装使用，降低故障停机率，提高生产效率，延长使用寿命。

整修主要是根据使用时的机械技术状况以及使用时间长短，拆解零部件检查。主要做好以下检修工作：

1. 钢结构部分

(1)调直并校正变形和扭弯的杆件。

(2)补焊裂损的焊缝。

(3)补强或更换严重变形的杆件和腐蚀过甚的钢板。

(4)配齐短缺的拉杆、斜杆、平台栏杆、扶梯支撑、防护圈以联接销、连接螺栓等易损件。

2. 机械设备部分

(1)减速箱清洗换油，更换磨损的油封以及损坏的齿轮、轴承、垫圈，补齐短缺的油嘴、油杯。

(2)检查并适当调整各开式传动的啮合间隙，以消除杂音并保证运转平稳，必要时更换齿轮。

(3)检查并适当调整各联轴节的轴向和径向间隙,添配联轴节的皮垫、弹簧、螺栓和固定键等件。

(4)补焊和修复磨损的走行轮缘,添配油嘴和油杯。

(5)必要时拆检回转支承。

3.电动机部分

拆检电动机,并完成以下工作:

(1)调整碳刷压力并清洁集电环上的积尘。

(2)更换磨损过大的碳刷。

(3)测量定子与转子的间隙及绝缘。

(4)检查轴承间隙。

4.制动器部分

(1)检查和调整衔铁的行程、线圈的固定情况,测量线圈绝缘电阻。

(2)更换磨损过大的闸瓦和制动带。

(3)更换磨损过大的刹车片。

(4)更换塑性变形的弹簧。

5.控制器部分

(1)测量控制器元件对外壳的绝缘。

(2)调整接触点的间隙及压力。

(3)调整棘轮机构的间隙,以保证起动调速时分段的准确性。

(4)更换磨损过大的元件。

6.电阻器部分

(1)紧固各联接螺栓,测量电阻片对外壳的绝缘电阻。

(2)检查并更换断损的电阻元件及配件,保证各片间的良好接触与绝缘。

7.限位开关部分

(1)清除触头塌陷,调整弹簧压力及撞杆角度。

(2)测量触头元件与外壳的绝缘电阻。

8.保护盘部分

(1)打磨凹凸不平的触头。

(2)检查各主触头、辅助触头及活动触头的接触情况。

(3)测量接触器线圈与磁铁外壳的绝缘。

(4)测量相间的绝缘。

(5)调整和校正过电流继电器的整定值。

(6)清除各元器件上的尘土和积垢,紧固各种大小端子固定螺栓。

9.布线部分

(1)检查全部主电源线、辅助线、照明线的绝缘及磨损,视需要加以换新。

(2)紧固各连接件。

10.钢结构件进行除锈、油漆。

五、塔式起重机的润滑

塔式起重机是长期停放于露天的机械,作业环境较差,更需要按规定要求对各运动部位进行适当润滑，以减少机件的磨损和腐蚀。因此，塔式起重机维护保养的重点是润滑。一般使用说明书中，都有润滑图表，明确规定了各个机构、部件的润滑部位、润滑周期及使用润滑油料的牌号等。驾驶员必须严格按照润滑图表中的规定要求做好润滑作业，注意以下各点：

1.润滑油必须保持清洁。加注或更换润滑油时，必须使用专用工具，并先清除油嘴、油塞及周围的尘土，防止杂质进入油内。

2.加注润滑油必须适量。加注润滑油可根据油面标尺；加注润滑脂时，当润滑脂在油杯口溢出就表明已超过饱和量。

3.润滑油和润滑脂的牌号不得混杂使用，否则会产生不良后果。

4.各种减速器应定期更换润滑油。换油前应先开动机器运转片刻，趁减速器内润滑油温热时排出，使旧油排净。

5.液压顶升系统油箱应定期补加液压油。如油色极为清洁明亮，可适当延长使用期；如油色混浊，应立即更换。换油时，应对滤网及油箱进行冲洗，不得留有沉淀物。

6.向回转支承滚道压注润滑脂时，应使塔式起重机慢慢转动，随转随注，以密封处有润滑脂挤出为止。如起重机须长期停用，也要对回转支承注油，以防止滚道附近的污垢及积水造成滚道生锈。

塔机使用说明书中对各个润滑部位的润滑周期及润滑材料均有明确规定，要严格按使用说明书中的要求润滑。如手头无说明书资料可参考，则按表1—5所示执行。

表1—5　塔式起重机定期润滑表

润滑周期	润滑部位	润滑材料	润滑方式
每周	回转支承大齿圈、走行轮齿圈、排绳机构蜗杆传动	钙基润滑脂：夏季用ZG—5 冬季用ZG—2	涂抹
	回转支承上、下座圈滚道、塔顶滑轮及滑环的轴承套筒、链条、走行轮轴承	钙基润滑脂：夏季用ZG—5，冬季用ZG—3	涂抹
每两周	行走台车竖轴	钙基润滑脂＋二硫化钼或M_OS_2复合钙基润滑脂	压注
每六周	水母式底架活动支腿，卷筒支座，行走机构小齿轮支座，回转机构竖轴支座，电缆卷筒支座	钙基润滑脂：ZG—2	压注
500 h	齿轮传动、蜗杆传动及行星传动等轴承	钙基润滑脂：ZG—2	压注
每次安装前及每1 000 h	吊钩扁担梁推力轴承	钙基润滑脂：ZG—2＋二硫化钼	压注
每次安装前及每1 000 h	吊钩滑轮轴承，钢丝绳滑轮轴承，小车走行轮油承	钙基润滑脂：ZG—2	压注
每次安装之前	液压油缸球铰支座、拆装式塔身，基础节的斜撑支座	钙基润滑脂、复合钙基润滑脂	涂抹
	全部螺栓连接及销轴连接	钙基润滑脂	涂抹

续上表

润滑周期	润滑部位	润滑材料	润滑方式
1 000～2 000 h	齿轮减速器、蜗杆减速器、行星齿轮减速器	夏季用齿轮油(凝固点 5℃) 冬季用齿轮油(凝固点 5℃)	换油
4 000～5 000 h	回转机构液力联轴器、走行机构液力联轴器	22 号汽轮机油	换油
4 000～5 000 h	液压推杆制动器、液压电磁制动器	刹车油液压油	换油
3 000 h	电动机轴承	钙基润滑脂	换油
根据需要	起升机构限位开关链传动、小车牵引机构限位开关链传动	钙基润滑脂	涂抹
根据需要	制动器铰点限位开关及接触器的活动铰点	稀机油	油壶滴入

第二节　施工升降机维护保养

一、润　　滑

1. 每次安装后，在正式使用之前，必须对所有部件进行一次全面润滑。正常运行时如表1—6所示规定的周期进行。

2. 首次运行 40 h 之后，减速器必须更换润滑油，其他部件进行全面润滑如表 1—6 所示。

表 1—6　升降机润滑一览表

间隔	润滑部位	润滑剂	用量	说明
40 工作小时或至少每月一次	1. 减速器	N320 蜗轮润滑油	1.5 L	检查油位
	2. 齿条	2# 钙基润滑脂		上润滑脂时降下升降机并停止使用 2～3 h，使润滑脂凝结
	3. 安全器	2# 钙基润滑脂		油嘴加注
100 工作小时或至少一年 6 次	4. 滚轮	2# 钙基润滑脂		油嘴加注
	5. 背轮	2# 钙基润滑脂		油嘴加注
	6. 门导轮	20# 齿轮油		滴注
400 工作小时或至少一年 4 次	7. 电箱门铰链	20# 齿轮油		滴注
	8. 电机制动器锥套	20# 齿轮油		滴注，切勿滴到摩擦盘上
1 000 工作小时或至少一年一次	9. 减速器	N320 蜗轮润滑油	1.5 L	换油

3. 不同牌号的润滑油不可混用。

二、维护保养

升降机的正确保养，对于减少机器的故障率，延长其使用寿命至关重要。除进行日常保养外，还应按表 1—7 的规定定期进行保养。

表 1—7 升降机维护保养周期及内容

间 隔	部 件	说 明
40 工作小时或至少每月一次	1. 防坠安全器	如果安全器突发制停或运行时有异常响声，应立即停机检查，或送交制造厂检查
	2. 标牌	保证机器上所有标牌清晰、完整
	3. 减速器	润滑油有无泄漏，检查减速箱油位，必要时更换或加注润滑油
	4. 滚轮及背轮	保证所有螺栓联接紧固、无松动，保证合理间隙
	5. 驱动板	保证所有螺栓联接紧固、无松动
	6. 电机制动器	保证固定盘与旋转盘之间的间隙不小于 0.5 mm，必要时更换制动盘
	7. 制动距离	保证吊笼满载下降时，制动距离不超过 0.3 m
	8. 电气系统	检查各接线柱及接触器等联接有无松脱
	9. 电缆	检查电缆有无磨损或扭曲
	10. 齿条	齿面涂润滑脂，齿条螺栓不得松动
100 工作小时或至少每年 6 次	11. 标准节联接螺栓	检查有无松动现象，及时紧固
	12. 附墙架联接螺栓	检查有无松动现象，及时紧固
	13. 限位、极限开关及其碰块	检查开关动作是否灵活，各碰块是否移动位置
	14. 电缆导向装置	检查电缆臂通过时顺利与否，导向架固定是否牢靠，橡皮磨损情况
	15. 齿轮、齿条	按“磨损和调整极限”检查磨损量
	16. 润滑间隔	按润滑要求进行
400 工作小时或至少一年 4 次	17. 滚轮	检查滚轮与立柱管的间隙及磨损量
	18. 防坠安全器	按照坠落试验要求做坠落试验
	19. 电动机	参照“电动机使用说明书”规定
1000 工作小时或至少一年 1 次	20. 联轴节橡胶块	检查橡胶块挤压及磨损情况
	21. 润滑间隔	见“润滑一览表”
	22. 腐蚀和磨损	检查整个设备，对于经常腐蚀的部位，必须采取相应的保护措施

对于现场使用的施工升降机，根据土建项目施工的实际情况，很难计算其实际运转时间，一般将保养级别分为例行保养、初级保养、高级保养共三个级别。例行保养即为日保，要求每天进行，由操作人员在每班前、中、后进行；初级保养要求每月、每季进行一次，月度维护保养工作由维保人员为主，操作人员参加进行，季度维护保养工作由技术人员、维保人员执行，操作人员参加执行；高级保养要求工作一年内进行一次（或转移工地，现场安装前），年度维护保养工作由技术人员维保人员执行，操作人员配合。

各级保养与机械设备的小修、大修均不产生冲突与交叉，若在保养工作中出现了修理，只能理解为保养加修理，即在保养作业中增加了修理的项目。升降机各级维护保养的作业项目和技术要求可以参照表 1—8、表 1—9、表 1—10、表 1—11 执行。

表 1—8 施工升降机日保作业项目和技术要求

序号	维护部件	作业项目	技术要求
1	电源电压	检查	满载运行电压波动不大于±5%
2	各限位开关	检查	安全可靠，动作有效

续上表

序号	维护部件	作业项目	技术要求
3	传动机构	检查	运行正常,无异响
4	导向滚轮	检查	运行时导向滚轮应和导轨架立柱抱合,受力均匀,无轴向窜动
5	各部联接螺栓	检查、紧固	各部联接螺栓齐全,紧固可靠
6	电控线路及电缆	检查	各接线端子连接良好,导线及电缆绝缘良好
7	整机	清洁	清除各部油污和脏物,保护机体清洁
8	润滑部位	加注润滑油	按润滑规定进行

表 1—9　施工升降机月保作业项目和技术要求

序号	维护部件	作业项目	技术要求
1	吊笼	检查、紧固	吊笼各受力杆件及转角节点应完整无变形,各连接螺栓及地脚螺栓应紧固
2	限速器	检查	限速器的转动应正常有效,无异响
3	齿轮和齿条	检查、测量、调整	齿轮与齿条的啮合间隙:侧隙应为 0.2 mm～0.3 mm,顶隙应为 2 mm
4	导向滚轮及滚轮组件	检查、紧固	确保上下左右滚轮紧固可靠,所有螺栓连接件拧紧
5	电动机电磁制动器	测量、调试	固定制动盘和旋转制动盘之间的间隙应不小于 0.5 mm,当间隙接近 0.5 mm 时,必须更换制动垫片。吊笼在满载下降时,制动距离不超过 0.3 m
6	电缆及导向装置	检查、调整	电缆无磨损,绝缘良好;导向装置位置正确,电缆滑车、电缆盘和各导向轮转动灵活
7	导轨架、附墙架、标准节	检查、紧固	各主要结构件的联接螺栓无松动、无弯曲变形、焊口裂缝等现象
8	对重及天轮	检查、紧固	对重导向轮转动灵活,导板无异常磨损,天轮转动灵活,无异响
9	电动机	清洁	保护电动机散热翼片和冷却风扇的清洁
10	润滑部位	加注润滑油	按润滑规定进行

表 1—10　施工升降机季保作业项目和技术要求

序号	维护部件	作业项目	技术要求	结果
1	传动齿轮	测量	检查齿轮磨损,用公法线千分尺测量,跨二齿侧公法线:新齿 37.1 mm,允许磨损到 35.8 mm	
2	传动齿条	测量	检查齿条磨损,用齿厚游标卡尺测量,新齿齿厚 12.566 mm,允许磨损到 11.6 mm	
3	吊笼导向滚轮	检查、调整	检查滚轮的磨损情况,调整滚轮和标准节立柱管之间的间隙到 0.5 mm,方法是先松开螺母,再转动偏心轴校准后紧固	
4	电动机和蜗轮减速器	检查、测量	电动机和蜗轮减速器无异常发热现象。电动机按规定负载持续率运行,温升不超过铭牌规定,减速器油温不超过 60℃	

续上表

序号	维护部件	作业项目	技术要求	结果
5	电动机电磁制动器	检查、调整	用一杠杆和弹簧秤测量制动力矩应为 120 N·m±2.5%，测量前必须切断总电源	
6	金属结构及电气设备外壳	测量	测量接地电阻应≤4 Ω	
7	限速器	试验	按坠落试验要求进行试验，检查限速器的可靠性	
8	润滑部位	润滑	按润滑规定进行	

表 1—11　施工升降机年保作业项目和技术要求

序号	维护部件	作业项目	技术要求
1	传动机构	重新装配	拆卸清洗各零部件，检查更换磨损件，清洗后重新装配合适
2	天轮和对重	拆检修复	修复或更换磨损、变形的零件
3	电气元件	检查调整	更换老化失效的元件，对破损的电缆和导线予以包扎或更新
4	蜗轮减速器	检查调整	更换磨损的联轴节弹性垫，调整蜗轮、蜗杆的轴向游隙和径向跳动量
5	润滑部位	润滑	按润滑规定进行

三、修　理

(一)电气及机械常见故障与分析(表 1—12)

表 1—12　电气及机械常见故障与分析

序号	故障现象	故障分析
1	总电源开关合闸，熔芯熔断	电路内部损伤，短路或相线接地
2	电源正常，但主接触器不吸合	1. 有电气联锁开关没复位 2. 相序接错 3. 元件损坏或线路开路断路
3	按上升或下降控制按钮，上升或下降接触器无动作	1. 上下限位不通 2. 操作按钮线路断路
4	电机启动困难，并有异常响声	1. 制动器没有打开 2. 严重超载 3. 电机缺相
5	上下运行时限位开关不起作用，但极限开关起作用	1. 上下限位开关损坏 2. 限位碰块移位 3. 接触器黏接
6	交流接触器释放时有延时现象	接触器复位受阻或黏连
7	电路正常，但操作时有时动作正常，有时不正常	有线路接触不好或虚接
8	吊笼不能起动，电动机堵转	1. 制动器未打开 2. 超载、供电电压低于 360 V 或供电阻抗过大

续上表

序号	故障现象	故障分析
9	吊笼上下运行时有自停现象	1. 超载运行，热继电器动作 2. 线路接触不良 3. 吊笼门未关好，门限位开关接触不好
10	传动机构温升过大	1. 润滑油不足或变质 2. 吊笼运行时有异常阻力
11	正常运行时安全器动作	1. 标定速度太低 2. 离心甩块弹簧松脱
12	电机制动器不脱开	1. 升、降接触器辅助触点损坏 2. 制动器线圈损坏 3. 整流桥损坏
13	吊笼运行时有抖动现象	1. 齿轮啮合侧隙太大 2. 滚轮间隙过大

(二)维修与更换

1. 滚轮的更换

当滚轮轴承损坏或滚轮磨损超差(参考“调整及磨损极限”)时必须进行更换。方法如下：

(1)将吊笼落至地面用木块垫稳。

(2)用扳手松开并拆下滚轮轴定位螺栓，取下旧滚轮。

(3)装上新滚轮，调整好滚轮与导轨架立柱管之间的间隙，最后拧紧滚轮轴定位螺栓。

2. 背轮的更换

当背轮轴承损坏或背轮外圈磨损超差(参考“调整与磨损极限”)时必须进行更换，方法如下：

(1)将吊笼降至地面用木块垫稳。

(2)将背轮轴定位螺栓拆下，取下旧背轮。

(3)重新装好新背轮并调整其偏心量，使齿条与齿轮的啮合间隙在 0.3～0.5 mm 之间，背轮与齿条背面间隙小于 0.5 mm，拧紧背轮联接螺栓。

3. 减速器驱动齿轮的更换

当减速器驱动齿轮齿形磨损已达到极限时(参考“调整及磨损极限”)必须进行更换，(如图 1－1 所示)方法如下：

(1)将吊笼降至地面并用木块垫稳。

(2)拆掉电机接线，松开电动机制动器，拆下背轮。然后松开驱动板联接螺栓，将驱动板从驱动架上取下，置于笼顶或地面。

(3)拆下减速器驱动齿轮外端面轴端圆螺母及锁片，拔出旧的驱动齿轮。

(4)将轴颈表面擦洗干净并涂上黄油。

(5)将新齿轮装到轴上，上好圆螺母及锁片。

(6)将驱动板重新装回驱动架上，穿好联接螺栓(先不要拧紧)并安装好背轮。

(7)调整好齿轮啮合间隙。将背轮轴定位螺栓拧紧，驱动板联接螺栓拧紧。

(8)恢复电机制动器并接好电机及制动器接线。

(9)通电试运行。

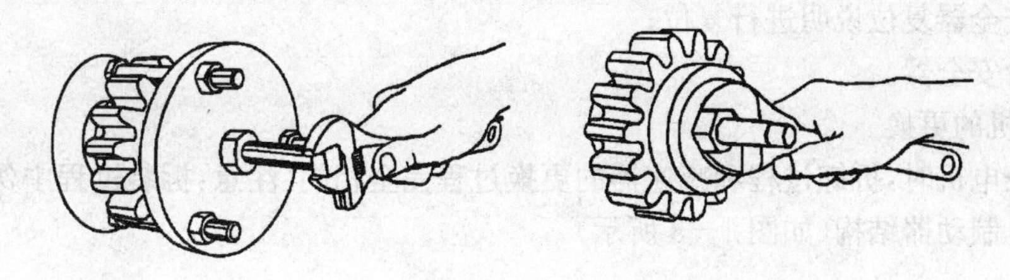

图 1—1

4.减速器的更换

当吊笼在运行过程中,减速器出现异常发热、漏油、梅花形弹性橡胶块损坏等情况,导致机器运转出现振动,或减速器由于吊笼撞底而使齿轮轴发生弯曲等故障时,须更换减速器或其零部件,步骤如下:

(1)将吊笼降落至底部,用方木块垫稳。

(2)拆掉电动机接线,电磁制动器松闸,拆下背轮。松开驱动板联接螺栓,将驱动板从驱动架上取下,置于笼顶或地面。

(3)取下电机抱箍和顶撑装置,松开减速器与驱动板间的联接螺栓,取下驱动单元。

(4)松开电动机与减速器之间的法兰盘联接螺栓,并将其分开。

(5)将减速箱内剩余油放掉,取下旧减速器输入轴的半联轴器。检查联轴器的橡胶件,对老化、变形的应予以更换。

(6)将新减速箱输入轴擦洗干净并涂抹黄油,装好半联轴器(注意:如联轴器装入时较紧,切勿用锤重击,以免损坏减速器)。

(7)将新减速器的半连轴器与塑胶缓冲块对准装好在电机与减速器的法兰盘用螺栓穿好并紧固。

(8)将新驱动单元装在驱动板上,螺栓紧固,装好电机包箍和顶撑。

(9)安装驱动板,拧紧驱动板联接螺栓。安装背轮,拧紧背轮轴定位螺栓。

(10)重新调整好齿轮与齿条之间的啮合间隙,电机重新接电。

(11)恢复电磁制动器,通电试运行。

5.齿条的更换(见图 1—2)。

当齿条损坏或已达到磨损极限时应予以更换(磨损标准见"调整和磨损极限")。

(1)松开齿条内六角螺栓,拆掉磨损或损坏了的齿条,必要时可对齿条进行局部火焰加热,清洁齿条联接块。

(2)按图示尺寸安装新齿条,螺栓预紧力矩为 200 N·m。

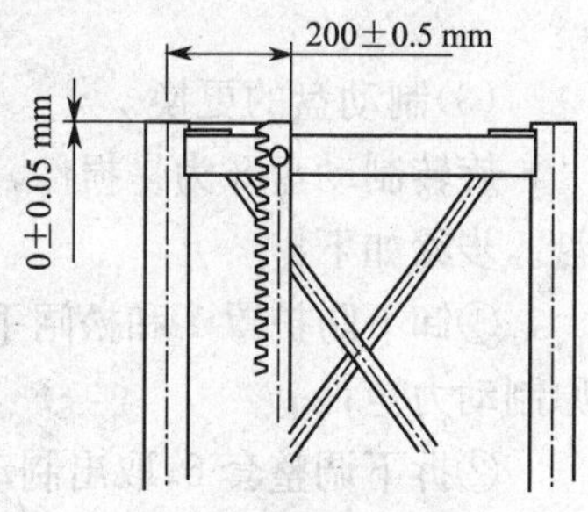

图 1—2

6.安全器的更换

按照防坠安全器国家标准中关于安全器报废标准的规定,报废后新安全器的更换可按下面程序进行:

(1)拆下安全器下部开关罩,拆下微动开关接线;

(2)松开安全器与驱动板之间的联接螺栓,取下安全器;

(3)装上新安全器,拧紧连接螺栓,调整安全器齿轮与齿条之间的啮合间隙;

(4)接好微动开关线,装好下部开关罩;

(5)按坠落试验说明进行坠落试验，检查安全器的制动情况；

(6)按安全器复位说明进行复位；

(7)润滑安全器。

7.电动机的更换

(1)更换电机时，拆卸过程和减速器的更换过程完全相同(注意：拆装过程中勿用锤重击)。

(2)电机制动器结构(如图1—3所示)

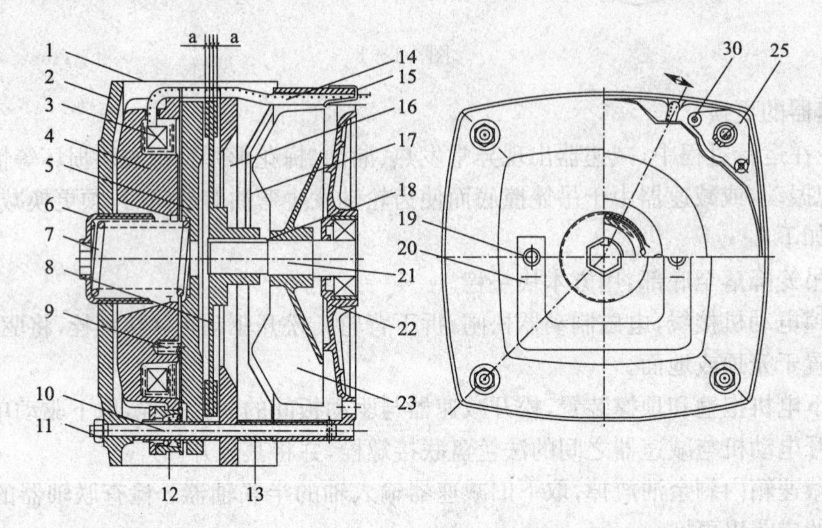

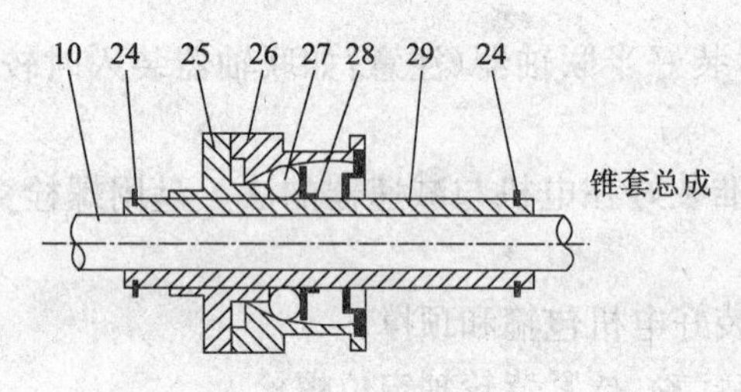

1—防护罩；2—端盖；3—电磁线圈；4—电磁铁座；
5—电磁衔铁；6—调整套；7—制动弹簧；8—旋转制动盘；
9—压缩弹簧；10—螺栓；11—螺母；12—锥套总成；
13—隔套；14—线圈电缆；15—电缆夹；16—固定制动盘；
17—风扇罩；18—键；19—制动螺栓；20—释放手柄；
21—主轴；22—后罩；23—风扇；24—轴用挡圈；
25—托架；26—锥套；27—滚珠；28—压簧；
29—套管；30—螺钉

图1—3 电机制动器

(3)制动盘的更换

旋转制动盘8为易损件，当其磨损到摩擦材料单面厚度a接近1 mm时，必须更换制动盘。步骤如下：

①卸下防护罩1和松闸手把20，测定并记录调整套6的位置，以便更换制动盘后能保持原制动力矩；

②拆下调整套6，取出制动弹簧7，松开螺母11，将端盖2取下；

③拆下电磁铁座4和衔铁5，注意摩擦面向上放置，拆下旧制动盘，换上新盘；

④重新装入电磁铁座4和街铁5，并使衔铁靠近新的旋转制动盘8；

⑤把电磁铁座4和衔铁5装到固定螺栓10上，电缆凹槽要正对固定制动盘16上的凹槽；慢慢旋紧螺母11，防止电磁铁座和衔铁在螺栓上翘曲；

⑥装好端板2，拧紧螺母11，重新装好弹簧7和调整套6，并旋紧到上述①步骤测定的位置；

⑦使制动器工作若干次，检查工作是否正常；

⑧最后装上防护罩1及松闸手把20，注意制动螺栓19绝对不能拧紧。

注意：在投入正常使用前要对制动器进行多次试验，如制动器不能松闸，应检查：

——整流桥是否正常；

——接触器是否正常；

——测量线圈电压值，如线圈有故障，则需更换带线圈的电磁铁座。

8. 电磁铁座的更换

(1)拆下防护罩 2、机械释放手柄 20、电缆 14 和电缆夹 15，测定并记录好调整轴套 6 的位置，以便重装时复位；

(2)用内六角扳手拆下轴套 6 和制动弹簧 7，拆下螺母 11，取下端盖 2 和电磁铁座 4，并将电磁铁座竖放；

(3)拆下螺钉 30，电磁铁座工作面向上；

(4)拆下四个弹簧卡圈 24，取出衔铁 5，拆掉弹簧 9。注意：切勿把套管 29 从锥套 26 中拉出；

(5)从电磁铁座上取出止退器(包括件 25、26、27、28、29)，装入新电磁铁座，小心别让套管拉出锥套；

(6)装好弹簧 9；

(7)把衔铁 5 穿在套管上，使其凹槽对着线圈电缆 14；

(8)装好弹簧卡圈 24；

(9)把电磁铁座压向衔铁 5，装上轴套 6 和螺钉 30；

(10)确保电磁铁座和衔铁间间隙均匀，尺寸为 1.6±0.1 mm；

(11)把电磁铁座和衔铁装到固定螺栓 10 上，电缆凹槽要对正固定制动盘 16 上的凹槽；

(12)端盖 2 装到固定螺栓 10 上，慢慢拧紧螺母 11，防止电磁铁座和衔铁在螺栓上翘曲；

(13)装好制动弹簧 7 和调整轴套 6，按第(1)步骤标记的位置旋紧调整套 6；

(14)接好线圈电缆 14，给制动器通电上闸几次，检查工作是否正常；

(15)装上防护罩 1 和松闸手把 20，注意制动螺栓 19 绝对不能拧紧。

9. 止退器的更换

按“电磁铁座的更换”中所述，拆下制动器；

从需要更换的调节机构的盘上拆下螺钉；

(1)拆下弹簧卡簧 24；

(2)将托架 25 压向锥套 26，松开套管；

(3)不要将套管拉出锥套，将衔铁取下，径向取下止退器；

(4)把新的止退器装到电磁铁座上，装好衔铁；

(5)按“电磁铁座的更换”装上电磁铁和其他零件。

(三)升降机的大修

升降机的大修时间应不大于 8 000 h，修理内容如下：

1. 拆卸所有的导向滚轮、滑轮或更换壳体轴及轴承；

2. 拆卸电机，更换轴承、碳刷、刹车衬垫；

3. 拆卸减速器，检修或更换超差磨损件、油封、联轴器和传动齿轮；

4. 更换老化的电气线路和电气元件；

5. 检查、补焊、加固各钢结构部件；

6. 各钢构件除锈刷漆。

第二章　建筑起重机械维保工复习题

维保工除了应掌握本章复习题内容外，还应学习第二、三、四、五、六、七篇复习题的内容。

一、单项选择题

1. 选用滑轮时，轮槽宽度应比钢丝绳直径大（　　）。

A. 1 mm 以内　B. 1～2.5 mm　C. 2.5 mm 以上　D. 没要求

2. 吊挂和捆绑用钢丝绳的安全系数是（　　）。

A. 2.5　B. 3.5　C. 6　D. 8

3. 钢丝绳的安全系数是（　　）。

A. 钢丝绳破短拉力与允许拉力的比　B. 钢丝绳允许拉力与破断拉力的比

C. 钢丝的破断拉力与允许拉力的比　D. 随意定

4. 主要用来夹紧钢丝绳末端或将两根钢丝绳固定在一起的是（　　）。

A. 卡环　B. 绳夹　C. 吊钩　D. 吊环

5. 钢丝绳在破断前一般有（　　）预兆，容易检查，便于预防事故。

A. 表面光亮　B. 生锈　C. 断丝、断股　D. 表面有泥

6. 多次弯曲造成的（　　）是钢丝绳破坏的主要原因之一。

A. 拉伸　B. 扭转　C. 弯曲疲劳　D. 变形

7. 吊装中的主要绳索是（　　）。

A. 钢丝绳　B. 麻绳　C. 化纤绳　D. 链条

8. 一般情况下不仅可以润滑钢丝，防止钢丝生锈，又能减少钢丝间的摩擦，但不能受重压和较高温下工作的钢丝绳绳芯为（　　）。

A. 棉、麻芯　B. 铜芯　C. 石棉芯　D. 以上都不是

9. 钢丝绳在卷筒上缠绕时，应（　　）。

A. 逐圈紧密地排列整齐，不应错叠或离缝　B. 逐圈排列整齐，不可以错叠但可以离缝

C. 逐圈紧密地排列整齐，但可错叠或离缝　D. 随意排列，但不能错叠

10. 在起重机作业中广泛用于吊索、构件或吊环之间的连接的栓连工具是（　　）。

A. 链条　B. 卡环　C. 绳夹　D. 钢丝绳

11. 使用滑轮的直径，通常不得小于钢丝绳直径的（　　）倍。

A. 16　B. 12　C. 8　D. 4

12. 塔机的主要参数是（　　）。

A. 起重量　B. 公称起重力矩　C. 起升高度　D. 起重力矩

13. 塔机主要由（　　）组成。

A. 基础、塔身和塔臂　B. 基础、架体和提升机构

C. 金属结构、提升机构和安全保护装置　D. 金属结构、工作机构和控制系统

14. 下列对起重力矩限制器主要作用的叙述(　　)是正确的。

A. 限制塔机回转半径　　B. 防止塔机超载

C. 限制塔机起升高度　　D. 防止塔机出轨

15. 对小车变幅的塔机，起重力矩限制器应分别由(　　)进行控制。

A. 起重量和起升速度　　B. 起升速度和幅度

C. 起重量和起升高度　　D. 起重量和幅度

16. 对动臂变幅的塔机，当吊钩装置顶部升至起重臂下端的最小距离为 800 mm 处时，(　　)应动作，使起升运动立即停止。

A. 起升高度限位器　　B. 起重力矩限制器　　C. 起重量限制器　　D. 幅度限位器

17. 塔机的拆装作业必须在(　　)进行。

A. 温暖季节　　B. 白天

C. 晴天　　D. 良好照明条件的夜间

18. 当吊重超过最大起重量并小于最大起重量的 110％时，(　　)应当动作，使塔机停止提升方向的运行。

A. 起重力矩限制器　　B. 起重量限制器　　C. 变幅限制器　　D. 行程限制器

19. 当吊重超过最大起重量并小于最大起重量的 110％时，起重量限制器应当动作，使塔机停止向(　　)方向运行。

A. 上升　　B. 下降　　C. 左右　　D. 上下

20. (　　)能够防止塔机超载、避免由于严重超载而引起塔机的倾覆或折臂等恶性事故。

A. 力矩限制器　　B. 吊钩保险　　C. 行程限制器　　D. 幅度限制器

21. 塔机工作时，风速应低于(　　)级。

A. 4　　B. 5　　C. 6　　D. 7

22. 下列哪个安全装置是用来防止运行小车超过最大或最小幅度的两个极限位置的安全装置。(　　)。

A. 起重量限制器　　B. 超高限制器　　C. 行程限制器　　D. 幅度限制器

23. (　　)是设于小车变幅式起重臂的头部和根部，用来切断小车牵引机构的电路，防止小车越位。

A. 幅度限制器　　B. 力矩限制器

C. 大车行程限位器　　D. 小车行程限位器

24. 臂架根部铰点高度大于(　　)的起重机，应安装风速仪。

A. 30 m　　B. 40 m　　C. 50 m　　D. 60 m

25. 风速仪应安装在起重机顶部至吊具的(　　)。

A. 中间部位　　B. 最高的位置间的不挡风处

C. 最高的位置间的挡风处　　D. 最高位置

26. (　　)能够防止钢丝绳在传动过程中脱离滑轮槽而造成钢丝绳卡死或损伤。

A. 力矩限制器　　B. 超高限制器

C. 吊钩保险　　D. 钢丝绳的防脱槽装置

27. (　　)是防止起吊钢丝绳由于角度过大或挂钩不妥时，造成起吊钢丝绳脱钩的安全装置。

A. 力矩限制器　　B. 超高限制器

C. 吊钩保险　　D. 钢丝绳防脱槽装置

28. 塔机拆装工艺由(　　)审定。

A. 企业负责人　　B. 检验机构负责人

C. 企业技术负责人　　D. 验收单位负责人

29. 风力在(　　)级以上时,不得进行塔机顶升作业。

A. 4　　B. 5　　C. 6　　D. 7

30. 塔机顶升作业,必须使(　　)和平衡臂处于平衡状态。

A. 配重臂　　B. 起重臂　　C. 配重　　D. 小车

31. 在装设附着框架和附着杆时,要通过调整附着杆的距离,保证(　　)。

A. 平衡臂的稳定性　　B. 起重臂的稳定性

C. 塔身的稳定性　　D. 塔身的垂直度

32. 附着框架应尽可能设置在(　　)。

A. 塔身 2 个标准节之间　　B. 起重臂与塔身的连接处

C. 塔身标准节的节点连接处　　D. 平衡臂与塔身的连接处

33. 附着装置以上的塔身自由高度一般不得超过(　　)。

A. 40 m　　B. 35 m　　C. 30 m　　D. 25 m

34. 内爬升塔机的固定间隔不得大于(　　)个楼层。

A. 2　　B. 3　　C. 4　　D. 5

35. 施工升降机是一种使用工作笼(吊笼)沿(　　)作垂直(或倾斜)运动来运送人员和物料的机械。

A. 标准节　　B. 导轨架　　C. 导管　　D. 通道

36. 施工升降机吊笼内净高度不得小于(　　)。

A. 1.5 m　　B. 1.8 m　　C. 2 m　　D. 2.2 m

37. 人货两用施工升降机提升吊笼钢丝绳的安全系数不得小于(　　)。

A. 6　　B. 8　　C. 10　　D. 14

38. 施工升降机操作按钮中,(　　)必须采用非自动复位器。

A. 上升按钮　　B. 下降按钮　　C. 停止按钮　　D. 急停按钮

39. 施工升降机的(　　)与基础进行连接。

A. 吊笼　　B. 底笼　　C. 底架　　D. 导轨架

40. "用来传递和承受荷载,是吊笼上下运动的导轨"表述的是施工升降机的(　　)部件。

A. 导轨架　　B. 底架　　C. 标准节　　D. 限速器

41. 物料提升机附墙架可采用(　　)与架体及建筑物连接。

A. 木杆　　B. 竹竿　　C. 钢丝绳　　D. 钢管

42. 物料提升机吊笼(吊篮)的两侧应设置不低于(　　)高的安全挡板或挡网。

A. 80 cm　　B. 90 cm　　C. 100 cm　　D. 110 cm

43. 物料提升机缆风绳与地面的夹角不应大于(　　)。

A. 45°　　B. 50°　　C. 60°　　D. 65°

44. 塔机的任何部件与输电线路的水平距离不得小于(　　)。

A. 4 m　　B. 3 m　　C. 2 m　　D. 1 m

45. 下列对物料提升机使用的叙述,(　　)是正确的。

A. 只准运送物料，严禁载人上下

B. 一般情况下不准载人上下，遇有紧急情况可以载人上下

C. 安全管理人员检查时可以乘坐吊篮上下

D. 维修人员可以乘坐吊篮上下

46.《井架及龙门架物料提升机安全技术规范》规定，物料提升机额定载重量为（　　）。

A. 3 000 kg 以上　　B. 1 500 kg 以下　　C. 2 000 kg 以下　　D. 2 000 kg 以上

47. 物料提升机按结构形式分类，分为（　　）。

A. 龙门架式和井架式　　B. 上回转式和下回转式

C. 高架和低架　　D. 行走式和固定式

48. 物料提升机的天梁应使用型钢，其截面高度应经计算确定，但不得小于 2 根（　　）的槽钢。

A. [10　　B. [12　　C. [14　　D. [16

49.（　　）是安装在物料提升机吊笼上沿导轨运行，可防止吊笼运行中偏移或摆动，保证吊笼垂直上下运行的装置。

A. 滑轮　　B. 地轮　　C. 导靴　　D. 天轮

50. 超过（　　）高的塔机，必须在起重机的最高部位（臂架、塔帽或人字架顶端）安装红色障碍指示灯，并保证供电不受停机影响。

A. 20 m　　B. 30 m　　C. 40 m　　D. 50 m

51. 物料提升机的基础浇筑 C20 混凝土，厚度不得少于（　　）。

A. 150 mm　　B. 200 mm　　C. 250 mm　　D. 300 mm

52. 多塔作业时，处于高位的塔机（吊钩升至最高点）与低位塔机的垂直距离在任何情况下不得小于（　　）。

A. 1 m　　B. 1.5 m　　C. 2 m　　D. 3 m

53. 物料提升机基础周边（　　）范围内不得挖排水沟。

A. 2 m　　B. 3 m　　C. 4 m　　D. 5 m

54. 出现（　　）情况，吊钩应报废。

A. 挂绳处断面磨损量超过原高的 20%　　B. 挂绳处断面磨损量超过原高的 15%

C. 挂绳处断面磨损量超过原高的 10%　　D. 挂绳处断面磨损量超过原高的 5%

55. 各种垂直运输接料平台，除两侧设防护栏杆外，平台口还应设置（　　）或活动防护栏杆。

A. 安全围栏　　B. 安全门　　C. 安全立网　　D. 竹笆

56. 施工现场的机动车道与 220/380 V 架空线路交叉时的最小垂直距离应是（　　）。

A. 4 m　　B. 5 m　　C. 6 m　　D. 7 m

57. 施工现场用电工程的基本供配电系统应按（　　）设置。

A. 一级　　B. 二级　　C. 三级　　D. 四级

58. 施工现场用电工程中，PE 线的重复接地点不应少于（　　）。

A. 一处　　B. 二处　　C. 三处　　D. 四处

59. 架空线路的同一横担上，L_1(A)、L_2(B)、L_3(C)、N、PE 五条线的排列次序是面向负荷侧从左起依次为（　　）。

A. L_1、L_2、L_3、N、PE　　B. L_1、N、L_2、L_3、PE

C. L_1、L_2、N、L_3、PE　　D. PE、N、L_1、L_2、L_3

60. 总配电箱中漏电保护器的额定漏电动作电流 $I_\triangle$ 和额定漏电动作时间 $T_\triangle$ 的选择要求是(　　)。

A. $I_\triangle>30$ mA, $T_\triangle=0.1$ s

B. $I_\triangle=30$ mA, $T_\triangle>0.1$ s

C. $I_\triangle>30$ mA, $T_\triangle>0.1$ s

D. $I_\triangle>30$ mA, $T_\triangle=0.1$ s, $I_\triangle\cdot T_\triangle\leqslant30$ mA·0.1s

61. 铁质配电箱箱体的铁板厚度为大于(　　)。

A. 0.1 mm　　B. 1.2 mm　　C. 1.5 mm　　D. 2.0 mm

62. 移动式配电箱、开关箱中心点与地面的相对高度可分为(　　)。

A. 0.3 m　　B. 0.6 m　　C. 0.9 m　　D. 1.8 m

63. 开关箱中的刀开关可用于不频繁操作控制电动机的最大容量是(　　)。

A. 2.2 kW　　B. 3.0 kW　　C. 4.0 kW　　D. 5.5 kW

64. 开关箱中设置刀型开关 DK、断路器 KK、漏电保护器 RCD，则电源进线端开始其联接次序应依次是(　)。

A. DK－KK－RCD　　B. DK－RCD－KK

C. KK－RCD－DK　　D. RCD－KK－DK

65. 间接接触触电的主要保护措施是在配电装置中设置(　　)。

A. 隔离开关　　B. 漏电保护器　　C. 断路器　　D. 熔断器

66. 分配电箱与开关箱的距离不得超过(　　)。

A. 10 m　　B. 20 m　　C. 30 m　　D. 40 m

67. 开关箱与用电设备的水平距离不宜超过(　　)。

A. 3 m　　B. 4 m　　C. 5 m　　D. 6 m

68. 固定式配电箱、开关箱中心点与地面的相对高度应为(　　)。

A. 0.5 m　　B. 1.0 m　　C. 1.5 m　　D. 1.8 m

69. 一般场所开关箱中漏电保护器，其额定漏电动作电流为(　　)。

A. 10 mA　　B. 20 mA　　C. 30 mA　　D. ≤20 mA

70. 开关箱中漏电保护器的额定漏电动作时间为(　　)。

A. 0.1 s　　B. ≤0.1 s　　C. 0.2 s　　D. ≤0.2 s

71. 施工现场专用电力变压器或发电机中性点直接接地的工作接地电阻值，一般情况下取为(　　)。

A. 4 Ω　　B. ≤4 Ω　　C. 10 Ω　　D. ≤10 Ω

72. Ⅱ类手持式电动工具适用场所是(　　)。

A. 潮湿场所　　B. 金属容器内　　C. 地沟中　　D. 管道内

73. 室外固定式灯具的安装高度应为(　　)。

A. 2 m　　B. 2.5 m　　C. >2.5 m　　D. ≥3 m

74. 焊机一次侧电源线长度最大不得超过(　　)。

A. 5 m　　B. 10 m　　C. 15 m　　D. 20 m

75. 焊机二次侧电源线长度最大不得超过(　　)。

A. 20 m　　B. 30 m　　C. 40 m　　D. 50 m

76. 瓦块式制动片磨损达原厚度的(　　)或露出铆钉应报废,制动轮凸凹不平不得大于(　　)。

A. 50%　1 mm　　B. 10%　1.5 mm　　C. 50%　1.5 mm　　D. 10%　1 mm

77. 施工升降机的防坠安全器不得随意调整,铅封或漆封应完好无损,动作速度标定有效期为(　　)。

A. 0.5 年　　B. 1 年　　C. 2 年　　D. 3 年

78. 钢丝绳直径 28～37 mm 时,应安装(　　)绳卡。

A. 3 个　　B. 4 个　　C. 5 个　　D. 6 个

79. 提升速度小于 0.8 m/s 的施工升降机上限位开关的安装位置应保证上部安全距离不得小于(　　)。

A. 0.15 m　　B. 0.5 m　　C. 1.2 m　　D. 1.8 m

80. 架设高度≤70 m 的施工升降机,安装垂直度不应大于架设高度的(　　)。

A. 1/1 000　　B. 2/1 000　　C. 3/1 000　　D. 4/1 000

二、多项选择题

1. 钢丝绳按捻制方向可分为(　　)。

A. 同向捻　　B. 交互捻　　C. 混合捻

D. 反向捻　　E. 一致捻

2. 钢丝绳的破坏原因主要有(　　)。

A. 截面积减少　　B. 质量发生变化　　C. 变形

D. 突然损坏　　E. 连接过长

3. 电动卷扬机主要由(　　)等部分组成。

A. 卷筒　　B. 减速器　　C. 电动机

D. 控制器　　E. 地锚

4. 在起重安装过程中,广泛使用滑轮与滑轮组配合(　　)等,进行设备的运输与吊装工作。

A. 卷扬机　　B. 地锚　　C. 吊具

D. 索具　　E. 桅杆

5. 卡环可分为(　　)。

A. 销子式　　B. 骑马式　　C. L 形或 U 形

D. 螺旋式　　E. C 形

6. 起重吊装作业中使用的吊钩、吊环,其表面要光滑,不能有(　　)等缺陷。

A. 剥裂　　B. 刻痕　　C. 锐角

D. 接缝　　E. 裂纹

7. 电动卷扬机的固定方法有(　　)。

A. 固定拖拉绳　　B. 固定基础法　　C. 平衡重法

D. 地锚法　　E. 平放在地面利用自重就可固定

8. 地锚一般用(　　)等作埋件埋入地下做成。

A. 钢丝绳　　B. 钢管　　C. 钢筋混凝土预埋件

D. 圆木　　E. 型钢制作格构件

9. 吊钩、吊环不准超负荷进行作业，使用过程中要定期进行检查，如发现危险截面的磨损高度超过(　　)时，应立即降低负荷使用。

A. 5%　　B. 10%　　C. 20%

D. 25%　　E. 已达到报废标准

10. 塔机金属结构基本部件包括哪些？(　　)。

A. 底架　　B. 塔身　　C. 平衡臂

D. 卷扬机　　E. 转台

11. 塔机最基本的工作机构包括(　　)。

A. 起升机构　　B. 限位机构　　C. 回转机构

D. 行走机构　　E. 变幅机构

12. 力矩限制器可安装在以下哪些部位？(　　)。

A. 塔帽　　B. 起重臂根部　　C. 底架

D. 吊钩　　E. 起重臂端部

13. 对动臂变幅的塔机，设置幅度限制器时，应设置什么装置？(　　)。

A. 最小幅度限位器　　B. 小车行程限位开关

C. 终端缓冲装置　　D. 防止小车出轨装置

E. 防止臂架反弹后倾装置

14. 对小车变幅的塔机，设置幅度限制器时，应设置什么装置？(　　)。

A. 最小幅度限位器　　B. 小车行程限位开关

C. 终端缓冲装置　　D. 防止小车出轨装置

E. 防止臂架反弹后倾装置

15. 下列哪些是塔机拆装工艺编制的主要依据？(　　)。

A. 国家有关塔机的技术标准和规范、规程

B. 随机的使用、拆装说明书

C. 随机的整机、部件的装配图、电气原理及接线图

D. 已有的拆装工艺及过去拆装作业中积累的技术资料

E. 其他单位的拆装工艺或有关资料

16. 塔机爬升过程中，禁止进行下列哪些动作？(　　)。

A. 起升　　B. 变幅　　C. 回转

D. 起升和回转　　E. 起升和变幅

17. 塔机日常检查和使用前的检查的主要内容包括哪些？(　　)。

A. 基础　　B. 主要部位的连接螺栓

C. 金属结构和外观结构　　D. 安全装置

E. 配电箱和电器开关

18. 固定式塔机的安装装置主要有哪些？(　　)。

A. 起重力矩限制器　　B. 起重量限制器　　C. 限速器

D. 起升高度限位器　　E. 小车变幅限位器

19. 起重机的拆装作业应在白天进行，当遇有下列哪些天气时应停止作业？(　　)。

A. 大风　　B. 潮湿　　C. 浓雾

D. 雨雪　　E. 高温

20. 塔机上必备的安全装置有哪些？(　　)。

A. 起重量限制器　　B. 力矩限制器
C. 起升高度限位器　　D. 回转限位器
E. 幅度限制器

21. 塔机力矩限制器起作用时，允许下列哪些运行？(　　)。

A. 载荷向臂端方向运行　　B. 载荷向臂根方向运行
C. 吊钩上升　　D. 吊钩下降
E. 载荷自由下降

22. 操作塔机严禁下列哪些行为？(　　)。

A. 拔桩　　B. 斜拉、斜吊　　C. 顶升时回转
D. 抬吊同一重物　　E. 提升重物自由下降

23. 施工升降机按驱动方式可分为下列哪些？(　　)。

A. SC 型　　B. 单柱型　　C. 双柱型
D. SH 型　　E. SS 型

24. 施工升降机主要由下列哪些部分组成？(　　)。

A. 金属结构　　B. 驱动机构　　C. 附着
D. 安全保护装置　　E. 电气控制系统

25. 下列哪些属于施工升降机的金属结构？(　　)。

A. 吊笼　　B. 导轨架　　C. 天轮架及小起重机构
D. 电动机　　E. 对(配)重

26. 施工升降机标准节的截面可以采取下列哪些形状？(　　)。

A. 矩形　　B. 菱形　　C. 正方形
D. 三角形　　E. 圆形

27. 吊钩禁止补焊，下列哪些情况应予报废？(　　)。

A. 用 20 倍放大镜观察表面由裂纹及破口　　B. 挂绳处断面磨损量超过原高的 10%
C. 心轴磨损量超过其直径的 5%　　D. 表面有磨损
E. 开口度比原尺寸增加 15%

28. 物料提升机的稳定性能主要取决于物料提升机的下列哪些部件？(　　)。

A. 基础　　B. 缆风绳　　C. 附墙架
D. 标准节　　E. 地锚

29. 塔机驾驶员患有下列哪些疾病和生理缺陷的不能做驾驶员工作？(　　)。

A. 色盲　　B. 心脏病　　C. 断指
D. 癫痫　　E. 矫正视力低于 5.1(1.0)

30. 钢丝绳出现下列哪些情况时必须报废和更新？(　　)。

A. 钢丝绳断丝现象严重
B. 断丝的局部聚集
C. 当钢丝绳磨损或锈蚀严重，钢丝的直径减小达到其直径的 10%时
D. 钢丝绳失去正常状态，产生严重变形时
E. 当钢丝磨损或锈蚀严重，钢丝的直径减小达到其直径的 40%时

31. 滑轮达到下列任意一条件时即应报废？(　　)。

A. 轮缘破损

B. 槽底磨损量超过相应钢丝绳直径的 25%

C. 槽底壁厚磨损达原壁厚的 20%

D. 转动不灵活

E. 有裂纹

32. 高处作业中的哪些工具和设施，必须在施工前进行检查确认其完好后，方可投入使用？（　　）。

A. 安全标志　　B. 工具　　C. 仪表

D. 电器设施　　E. 各种设备

33. 进行高处作业前，应逐级进行安全技术教育及交底，落实所有（　　）。

A. 安全思想教育　　B. 安全技术　　C. 技术交底

D. 安全技术措施　　E. 人身防护用品

34. 架空线路可以架设在（　　）上。

A. 木杆　　B. 钢筋混凝土杆　　C. 树木

D. 脚手架　　E. 高大机械

35. 电缆线路可以（　　）敷设。

A. 沿地面　　B. 埋地　　C. 沿围墙

D. 沿电杆或支架　　E. 沿脚手架

36. 对外电线路防护的基本措施是（　　）。

A. 保证安全操作距离　　B. 搭设安全防护设施

C. 迁移外电线路　　D. 停用外电线路

E. 施工人员主观防范

37. 搭设外电防护设施的主要材料是（　　）。

A. 木材　　B. 竹材　　C. 钢管

D. 钢筋　　E. 安全网

38. 直接接触触电防护的适应性能措施是（　　）。

A. 绝缘　　B. 屏护　　C. 安全距离

D. 采用 24 V 及以下安全特底电压　　E. 采用漏电保护器

39. 总配电箱电器设置种类的组合应是（　　）。

A. 刀开关、断路器、漏电保护器　　B. 刀开关、熔断器、漏电保护器

C. 刀开关、断路器、熔断器、漏电保护器　　D. 刀开关、熔电器

E. 断路器、漏电保护器

40. 配电箱中的刀型开关在正常情况下可用于（　　）。

A. 接通空载电路　　B. 分断空载电器　　C. 电源隔离

D. 接通负载电器　　E. 分断负载电路

41. 配电箱中的断路器在正常情况下可用于（　　）。

A. 接通与分断空载电器　　B. 接通分断负载电路

C. 电源隔离　　D. 电路的过载保护

E. 电路的短路保护

42. 总配电箱中的漏电断路器在正常情况下可用于（　　）。

A. 电源隔离　　B. 接通与分断路电器
C. 过载保护　　D. 短路保护
E. 漏电保护

43. 开关箱中的漏电断路器在正常情况下可用于(　　)。
A. 电源隔离　　B. 频繁通、断电路　　C. 电路的过载保护
D. 电路的短路保护　　E. 电路的漏电保护

44. 照明开关箱中电器配置组合可以是(　　)。
A. 刀开关、熔断器、漏电保护器　　B. 刀开关、断路器、漏电保护器
C. 刀开关、漏电断路器　　D. 断路器、漏电保护器
E. 刀开关、熔断器

45. 5.5 kW 以上电动机开关箱中电器配置组合可以是(　　)。
A. 刀开关、断路器、漏电保护器　　B. 断路器、漏电保护器
C. 刀开关、漏电保护器　　D. 刀开关、熔断器、漏电保护器
E. 刀开关、断路器

46. 配电箱、开关箱的箱体材料可以采用(　　)。
A. 冷轧铁板　　B. 环氧树脂玻璃布板
C. 木板　　D. 木板包铁板
E. 电木板

47. 人工接地体材料可采用(　　)。
A. 圆钢　　B. 角钢　　C. 螺纹钢
D. 钢管　　E. 铝板

48. 行灯的电源电压可以是(　　)。
A. 220 V　　B. 110 V　　C. 36 V
D. 24 V　　E. 12 V

49. 选择漏电保护器额定漏电动作参数的依据有(　　)。
A. 负荷的大小　　B. 负荷的种类
C. 设置的配电装置种类　　D. 设置的环境条件
E. 安全界限值

50. 总配电箱中漏电保护器的额定漏电动作电流 $I_{\triangle}$ 和额定漏电动作时间 $T_{\triangle}$，可分别选择为(　　)。
A. $I_{\triangle}=50$ mA　$T_{\triangle}=0.2$ s　　B. $I_{\triangle}=75$ mA　$T_{\triangle}=0.2$ s
C. $I_{\triangle}=100$ mA　$T_{\triangle}=0.2$ s　　D. $I_{\triangle}=200$ mA　$T_{\triangle}=0.15$ s
E. $I_{\triangle}=500$ mA　$T_{\triangle}=0.1$ s

51. 配电系统中漏电保护器的设置位置应是(　　)。
A. 总配电箱总路、分配电箱总路　　B. 分配电箱总路、开关箱
C. 总配电箱总路、开关箱　　D. 总配电箱各分路、开关箱
E. 分配电箱各分路、开关箱

52. 可采取以下哪几种措施来控制噪声的传播？(　　)。
A. 消声　　B. 吸声　　C. 隔声
D. 隔振　　E. 阻尼

53. 建筑工地噪声主要有(　　)几种。

A. 机械性噪声　　　　B. 施工人员叫喊声

C. 空气动力性噪声　　　　D. 临街面的嘈杂声

54. 塔式起重机安装后，塔身轴心线对支撑面的侧向垂直度要求下列说法正确的是(　　)。

A. 安装高度 15 m，垂直度偏差不大于 5 cm

B. 安装高度 23 m，垂直度偏差不大于 10 cm

C. 安装高度 8 m，垂直度偏差不大于 4 cm

D. 安装高度 35 m，垂直度偏差不大于 12 cm

E. 安装高度 35 m，垂直度偏差不大于 14 cm

55. 以下哪种情况下，不得进行塔身升降作业？(　　)。

A. 在作业高度处的风力超过说明书的规定　　　　B. 在大雾、雨、雪等容易打滑的环境里

C. 在烟雾熏呛的环境里　　　　D. 在有噪音的环境里

E. 风力 4 级以下

三、判断题

1. 地锚一般用钢丝绳、钢管、钢筋混凝土预埋件、圆木等作埋件埋入地下做成。(　　)

2. 钢丝绳可以作任意选用，且可超负荷使用。(　　)

3. “十不吊”是吊装作业必须遵循的原则。(　　)

4. 吊钩由于长期使用产生剥裂，必须对其焊接修补后方可继续使用。(　　)

5. 多台电焊机集中使用时，应接在三相电源同一网络上。(　　)

6. 当塔机吊重超过最大起重量并小于最大起重量的 110%时，应停止提升方向的运行，但允许机构有下降方向的运动。(　　)

7. 高架提升机可以采用摩擦式卷扬机。(　　)

8. 当起重力矩超过其相应幅度的规定值并小于规定值的 110%时，起重力矩限制器应起作用使塔机停止提升方向及向臂根方向变幅的动作。(　　)

9. 驾驶员对任何人发出的紧急停止信号，均应服从。(　　)

10. 吊笼(梯笼)是物料提升机运载人和物料的构件，笼内有传动机构、限速器及电气箱等。(　　)

11. 动臂式和尚未附着的自升式塔机，塔身上不得悬挂标语牌。(　　)

12. 用钢丝绳作物料提升机缆风绳时，直径不得小于 9.3mm。(　　)

13. 卷扬机卷筒与钢丝绳直径的比值应不小于 50。(　　)

14. 施工升降机运行到最上层或最下层时，可以采用限位装置作为停止运行的控制开关。(　　)

15. 风力在四级以上时，塔机不得进行顶升作业。(　　)

16. 井架与施工升降机和脚手架等与建筑物通道的两侧边，必须设置防护栏。(　　)

17. 施工现场用电工程的二级漏电保护系统中，漏电保护器可以分设于分配电箱和开关箱中。(　　)

18. 需要三相五线制配电的电缆线路必须采用五芯电缆。(　　)

19. 塔机的机体已经接地，其电气设备的外露可导电部分可不再与 PE 线连接。(　　)

20. 配电箱和开关箱中的N、PE接线端子板必须分别设置。其中N端子板与金属箱体绝缘;PE端子板与金属箱体电气连接。 ( )

21. 配电箱和开关箱中的隔离开关可采用普通断路器。 ( )

22. 总配电箱总路设置的漏电保护器必须是三相四极型产品。 ( )

23. 需要三相五线制配电的电缆线路可以采用四芯电缆外加一根绝缘导线替代。 ( )

24. 施工现场停、送电的操作顺序是:送电时,总配电箱→分配电箱→开关箱;停电时,开关箱→分配电箱→总配电箱。 ( )

25. 用电设备的开关箱中设置了漏电保护器以后,其外露可导电部分可不需连接PE线。 ( )

26. 井架式物料提升机连接螺栓强度等级不应低于8.8级。 ( )

27. 物料提升机宜选用摩擦式卷扬机和可逆式卷扬机。 ( )

28. 物料提升机的金属结构应接地,接地电阻应不大于10 Ω。 ( )

29. 对小车变幅的塔机,上回转式塔机4倍率时,高度限位器应保证在吊钩装置顶部至小下端的最小距离为1 m处停止作业。 ( )

30. 塔式起重机起吊重物时必须将重物吊起离地面1 m左右停止,确定制动、物料绑扎、吊点和吊具无问题后方,可指挥操作。 ( )

31. SS型人货两用升降机的钢丝绳安全系数不得小于8直径不得小于9 mm。 ( )

32. 施工升降机的吊笼可作对重使用。 ( )

33. 有资质的检验检测单位均可以检测防坠安全器并出具检测报告。 ( )

34. 液压系统的平衡阀或液压锁与液压缸之间可以用软管连接。 ( )

35. 使用单位应根据塔机原制造商提供的荷载参数设计制造混凝土基础。 ( )

36. 有雷击可能的起重机,其整体结构可以作为接闪器和引下线。 ( )

37. 风力在三级及以上时,起重机不得进行升降作业。 ( )

38. 测量起重机械接地电阻所用的仪器为万用表。 ( )

39. 起重机械的附着锚固,在最高锚固点以下垂直度允许偏差为2/10 000。 ( )

40. 施工单位编制的起重吊装工程专项施工方案需经总监理工程师签字后方可实施。 ( )

四、复习题答案

(一)单项选择题

1. B	2. D	3. A	4. B	5. C
6. C	7. A	8. D	9. A	10. B
11. A	12. B	13. D	14. B	15. D
16. A	17. B	18. B	19. A	20. A
21. C	22. D	23. D	24. C	25. B
26. D	27. C	28. C	29. A	30. B
31. D	32. C	33. A	34. B	35. B
36. C	37. D	38. D	39. C	40. A
41. D	42. C	43. C	44. C	45. A
46. C	47. A	48. C	49. C	50. B

51. D　52. C　53. D　54. C　55. B
56. C　57. C　58. C　59. B　60. D
61. C　62. C　63. B　64. A　65. B
66. C　67. A　68. C　69. C　70. B
71. B　72. A　73. D　74. A　75. B
76. C　77. B　78. C　79. D　80. A

(二)多项选择题

1. ABC　2. ABCD　3. ABCD　4. ABCDE　5. AD
6. ABCDE　7. BCD　8. ABCDE　9. BE　10. ABCE
11. ACDE　12. ABE　13. AE　14. BC　15. ABCD
16. ABCDE　17. ABCDE　18. ABDE　19. ACD　20. ABCE
21. BD　22. ABCE　23. ADE　24. ABDE　25. ABCE
26. ACD　27. ABCE　28. ABCE　29. ABCDE　30. ABDE
31. ABCE　32. ABCDE　33. DE　34. AB　35. BCD
36. ABCD　37. AB　38. ABCDE　39. ABC　40. ABC
41. ABDE　42. BCDE　43. CDE　44. ABC　45. AC
46. ABE　47. ABD　48. CDE　49. BCDE　50. ABCD
51. CD　52. ABD　53. ACD　54. AD　55. ABC

(三)判断题

1. √　2. ×　3. √　4. ×　5. ×
6. √　7. ×　8. ×　9. √　10. ×
11. √　12. √　13. ×　14. ×　15. √
16. √　17. ×　18. √　19. ×　20. √
21. ×　22. √　23. ×　24. √　25. ×
26. √　27. ×　28. √　29. ×　30. ×
31. ×　32. ×　33. ×　34. ×　35. √
36. √　37. ×　38. ×　39. ×　40. √

第九篇　建筑起重机械核验员

在定期检验检测有效期内，两工地有设备转场，位移安装后需进行验收检查，而进行验收检查的人员就是机械核验员。

建筑起重机械验收是指建筑起重机械安装完毕，经安装单位自检合格后，由建筑施工（总包）单位组织，安装、使用、产权（租赁）、监理单位共同参加，对安装后的建筑起重机械按照国家有关规程进行检验，并在核查验收记录后签署意见的活动。

建筑起重机械核验员需要了解掌握建筑起重机械分类、参数、型号与技术性能；建筑起重机械基本构造及功能；建筑起重机械安全装置及附属装置；建筑起重机械电气系统与电气设备；建筑起重机械安拆及使用注意事项；建筑起重机械故障检查分析与排除（见建筑起重机械司机、起重机械拆装工有关章节）。还要掌握建筑起重机械技术检验的内容。

本篇叙述了物料提升机安装拆卸工应掌握的相关知识点，主要包括9个部分。

1. 建筑起重机械分类、参数、型号与技术性能。详见第一篇第一章相关内容。

2. 建筑起重机械基本构造与工作原理。详见第二篇第三章；第三篇第三章；第四篇第六章相关内容。

3. 建筑起重机械安全装置的构造、工作原理。详见第二篇第六章；第三篇第五章相关内容。

4. 建筑起重机械电气系统与电气设备。详见第五篇第二章相关内容。

5. 建筑起重机械安拆及使用注意事项。详见第五篇第三章；第六篇第一章、第二章；第七篇第一章、第二章相关内容。

6. 建筑起重机械常见故障的判断与处置方法。详见第二篇第九章；第三篇第十章；第四篇第九章；第二篇第十三章；第六篇第五章；第七篇第五章相关内容。

7. 建筑起重机械安装后技术检验。

8. 施工升降机安装后技术检验。

9. 施工升降机安装后技术检验。

第一章　塔式起重机安装后技术检验

建筑起重机械安装完毕后，安装单位应当按照安全技术标准及安装使用说明书的有关要求对建筑起重机械进行自检、调试和试运转。自检合格的，应当出具自检合格证明，并向使用单位进行安全使用说明。

使用单位（实行施工总承包的，由施工总承包单位组织验收）应当组织出租、安装、监理等有关单位进行验收，或者委托具有相应资质的检验检测机构进行验收。建筑起重机械经验收合格后方可投入使用，未经验收或者验收不合格的不得使用。

塔式起重机安装后使用前，核验员要按照塔式起重机安装验收表(见表1—1)的内容进行查验，并填写记录归入拆装技术档案备查。

表1—1　塔式起重机安装验收表

<table>
<tr><td>使用单位</td><td colspan="2"></td><td colspan="3">设备产权单位</td><td></td><td colspan="2">安装单位</td><td></td></tr>
<tr><td>工程名称</td><td colspan="2"></td><td colspan="3">注册登记编号</td><td></td><td colspan="2">使用登记编号</td><td></td></tr>
<tr><td>规格型号</td><td></td><td>幅度</td><td>m</td><td>最大起重量</td><td>t</td><td>起升高度</td><td>m</td><td>塔高</td><td>m</td></tr>
<tr><td>验收部位</td><td colspan="7">验收要求</td><td>结果</td><td>结论</td></tr>
<tr><td rowspan="5">技术资料</td><td colspan="7">制造许可证、产品合格证、制造监督检验证明、产权备案证明齐全有效</td><td></td><td></td></tr>
<tr><td colspan="7">安装单位的相应资质、安全生产许可证及特种作业岗位证书齐全有效</td><td></td><td></td></tr>
<tr><td colspan="7">安装方案、安全技术交底记录齐全有效</td><td></td><td></td></tr>
<tr><td colspan="7">隐蔽工程验收记录和混凝土强度报告齐全有效</td><td></td><td></td></tr>
<tr><td colspan="7">塔机安装前零部件的验收记录齐全有效</td><td></td><td></td></tr>
<tr><td rowspan="2">标识与环境</td><td colspan="7">产品名牌和产权备案标识齐全</td><td></td><td></td></tr>
<tr><td colspan="7">塔机尾部与建筑物及施工设施之间的距离不小于0.6 m，两台塔机水平与垂直方向距离不小于2 m，与输电线的距离符合《塔式起重机安全规程》的规定</td><td></td><td></td></tr>
<tr><td rowspan="4">塔吊结构</td><td colspan="7">部件、附件、连接件安装齐全，位置正确</td><td></td><td></td></tr>
<tr><td colspan="7">螺栓拧紧力矩达到技术要求，开口销完全撬开</td><td></td><td></td></tr>
<tr><td colspan="7">结构无变形、开焊、疲劳裂纹</td><td></td><td></td></tr>
<tr><td colspan="7">压重、配重重量、位置达到说明书要求</td><td></td><td></td></tr>
<tr><td rowspan="5">绳轮钩系统</td><td colspan="7">钢丝绳在卷筒上面缠绕整齐、润滑良好</td><td></td><td></td></tr>
<tr><td colspan="7">钢丝绳规格正确、断丝和摩损未达到报废标准</td><td></td><td></td></tr>
<tr><td colspan="7">钢丝绳固定和编插符合国家标准</td><td></td><td></td></tr>
<tr><td colspan="7">各部位滑轮转动灵活、可靠、无卡塞现象</td><td></td><td></td></tr>
<tr><td colspan="7">吊钩磨损未达到报废、保险装置可靠</td><td></td><td></td></tr>
<tr><td rowspan="3">转动系统</td><td colspan="7">各机构转动平稳、无异常响声</td><td></td><td></td></tr>
<tr><td colspan="7">各润滑部位润滑良好、润滑油牌号正确</td><td></td><td></td></tr>
<tr><td colspan="7">制动器动作灵活可靠，联轴节连接良好，无异常</td><td></td><td></td></tr>
<tr><td rowspan="5">路基复验</td><td colspan="7">复查路基或基础隐蔽工程资料齐全、准确</td><td></td><td></td></tr>
<tr><td colspan="7">钢轨顶面纵、横方向上的倾斜度不大于1/1 000</td><td></td><td></td></tr>
<tr><td colspan="7">塔身对支撑面垂直度≤4/1 000</td><td></td><td></td></tr>
<tr><td colspan="7">止挡装置距钢轨两端距离≥3 m</td><td></td><td></td></tr>
<tr><td colspan="7">行走限位装置距止挡装置距离≥3 m</td><td></td><td></td></tr>
<tr><td rowspan="4">电气系统</td><td colspan="7">供电系统供电充分、正常工作、电压380±5%</td><td></td><td></td></tr>
<tr><td colspan="7">碳刷、接触器、继电器接触良好</td><td></td><td></td></tr>
<tr><td colspan="7">仪表、照明、报警系统完好、可靠</td><td></td><td></td></tr>
<tr><td colspan="7">控制、操纵装置动作灵活、可靠，电气按要求设置短路和过电流失压及零位保护，切断总电源的紧急开关符合要求，必须实施二级漏电保护。</td><td></td><td></td></tr>
</table>

续上表

验收部位	验收要求	结果	结论
安全限位和保险装置	力矩限制器灵敏、可靠，其综合误差不大于额定值的 8%		
	重量限制器灵敏、可靠其误差不大于额定值 5%		
	回转限位器灵敏可靠		
	行走限位器灵敏可靠		
	变幅限位器灵敏可靠		
	超高限位器灵敏可靠		
	吊钩保险灵敏可靠		
	滑轮及卷筒钢丝绳防脱装置完整可靠		
	变幅小车断绳保护装置完整可靠		
	变幅小车防坠落装置完整可靠		
	臂架根部铰点高于 50 m 应设风速仪，且灵敏可靠		
附着锚固装置	锚固框架安装位置符合规定要求		
	塔身与锚固框架固定可靠		
	框架、锚杆、墙板等各处螺栓、销轴齐全、正确可靠		
	垫铁、楔块等零、部件齐全可靠		
	最高附着点以下塔身轴线对支承面垂直不得大于相应高度 2/1 000		
	最高附着点以上塔身轴线对支承面垂直度不得大于 4/1 000		
	锚固点以上塔机自由高度不得大于规定要求		
试运转	空载荷：各传动机构无异响		
	额定载荷：钢结构无变化，制动器灵敏、可靠		
监督检验情况	监督检验报告有效		

安装单位意见	核验员签字： 安装单位（盖章） 年　月　日	使用单位意见	核验员签字： 使用单位（盖章） 年　月　日
产权单位意见	核验员签字： 产权单位（盖章） 年　月　日	施工单位意见	项目经理签字： 施工单位（盖章） 年　月　日
监理单位核查验收记录并提出意见	总监理工程师签字： 监理单位（盖章） 年　月　日		

一、工作条件检查

1. 根据使用现场所在地区历年的气象资料检查工作环境温度，应符合 GB 5144 的要求；最大风力不应超过设计规定的非工作风力。

2. 检查塔式起重机运动部分与建筑物及外围施工设施之间的安全操作距离，应符合不小于 0.6 m 的要求；与附近其他塔式起重机在水平和垂直方向的距离，应符合不小于 2.0 m 的要求；与输电线路的距离，则应符合相关规范的规定。

3. 检查供给电源的电压误差不应大于±5%，供电总容量则不小于使用说明书的规定，可用电压表在总电源进线端测量。

4. 检查轨道与基础的铺设，应符合要求。

5. 根据使用单位提供的预计吊重质量、使用频度等作业情况，检查是否符合设计规定的工作级别(利用等级、载荷状态)。

二、轨道运行安全检查

1. 检查安装塔式起重机后，轨道全长上轨顶面坡度不应大于 5‰。

2. 检查轨面及周围不应有障碍物妨碍运行。

3. 检查安全装置是否设置，并符合有关规定。

(1)安全止挡必须保证能与塔式起重机上的缓冲装置接触，并固定牢靠。

(2)扫轨板与轨顶面间隙不得大于 5 mm。

(3)行走限位器和行程挡铁动作灵活准确，挡铁位置和长度应保证在制动行程内运行的塔式起重机自动安全停车。

(4)夹轨器卡放自如。应通过试动作，检查非工作状态时夹紧是否可靠，工作状态放松后能否固定牢靠而无脱落可能。

(5)检查运行台车车轮与轨道的接触情况，不应有严重啃轨现象。

三、与建筑物锚固或在建筑物内爬的固定式塔式起重机的安全检查

检查项目与要求见上节相关部分。如由轨行式转为固定式使用，应注意检查夹轨器应卡牢，行走机构的电源应切断。

四、压重与配重的检查

压重与配重的数量、质量、位置应符合使用说明书规定，并与塔身、臂架的安装高度和长度相适应。压重与配重的固定必须牢固可靠，固定用的螺杆、拉板、销轴应安装正确，保证无摆动、摇晃、滑移、跌落，能抵抗振动、倾斜。

五、通道和平台的检查

1. 检查梯子的宽度，不应小于 300 mm；梯杆间距应为 250～300 mm；梯杆后面，应有不少于 160 mm 深度的自由空间。

2. 检查梯子护圈或其他类似防护措施的设置。

3. 检查供通行的走台，宽度不应小于 500 mm；在梯子高度上，每隔 6～8 m 应设休息平台。

4. 检查栏杆，高度不得低于 1.0 m。

5. 对上回转的塔式起重机，检查回转与不回转部分之间的通道，要符合设计规定，保证畅通、无干涉。

6. 检查所有通道、平台、栏杆、把手的安装情况，应正确、牢固、可靠。

六、主要部件连接的检查

1. 检查销轴与孔的配合情况，各种安全销、保险销、轴端卡板、开口销安装应正确、齐全。

2. 检查螺栓连接、防松是否可靠，塔体连接螺栓应从上往下穿，锁母应齐全，预紧力应符合使用说明书要求。

七、塔身垂直度的检测

塔身垂直度在垂直臂架纵向轴线平面内，不得大于被测高度的4‰。

测量方法：标尺固定在被测高度上，与地面平行，坐标原点位于塔身中心线，将臂架转到使其纵向轴线与塔身截面中心线重合的位置，经纬仪镜筒轴线与臂架纵向轴线重合，经纬仪对准塔身底部中心，向上仰起镜筒到标尺位置。经线与标尺坐标原点在纬线上的距离，即垂直度误差。对此误差，还要用塔身支承面坡度去修正，以排除坡度影响。

八、臂架上翘值的检测

为减小水平变幅臂架的挠度，通常设计时都将空载状态的臂架端部上翘一定高度。例如，安装或制造错误，臂架拉杆长度增大、拉臂绳过长，没有保证这个上翘值，则吊重后臂端挠度过大，变幅小车运行阻力增大，变幅绳破断或制动失灵，则使变幅小车溜坡，造成幅度增大，起重力矩也随之增大，导致严重事故。

九、塔身顶升加节后的检查

1. 检查最上面的塔身节与回转支座的连接，应符合使用说明书规定。

2. 检查顶升加节专用附件，如专用吊具、引进塔身节用的导轨、滚轮、小车等，要按规定拆换或转移他处，不得妨碍正常起重作业。

3. 检查顶升套架，按规定降至塔身最底部。

十、司机室的安全检查

1. 检查司机室的安装位置及连接固定，应符合设计规定，准确、牢固。

2. 检查司机室内设施(如通风、取暖、照明、雨刷器、座椅、操作指示标牌等)，应符合设计规定。

3. 检查门窗和通道，应开闭可靠，进出方便、安全。

十一、钢丝绳的检查

在塔机吊运行过程中，钢丝绳不停地通过滑轮绳槽和卷筒绳槽，钢丝绳不仅受拉、挤压、摩擦而且还要不定期受扭转等作用。同时，随着钢丝绳通过一系列滑轮，又受到弯曲和挤压的反复作用，疲劳断丝现象便逐渐发展，最终由量变转为质变，而使钢丝绳安全失效。因此，加强对钢丝绳的定期全面检查，对于消除钢丝绳的隐患和保证塔机的安全作业，是非常必要的。

按严格要求，每周应对钢丝绳进行一次外观检查，每周至少进行一次全面的、深入细致的详细检查。塔机在长时间停置后重新投入生产之前，应对钢丝绳进行一次全面检查。

检查钢丝绳时，应注意每一个局部段落，不放过每一个磨损细节，只有在全面、仔细的检查后，才有可能对钢丝绳的磨损和疲劳现象作出正确的分析和判断，并判断钢丝绳是否有可能延续作用一段时间，或者立即予以报废。

每根钢丝绳在投入使用初期，均有可能出现非常有规律的早期断丝。对于这种现象，不必急于作出判断，而应加强观察和检查，注意其有无发展，以及发展的速度。对于个别断丝、毛刺，应尽可能立即用夹钳反复弯曲去除，以免钢丝断茬伸出绳股之外而产生有害影响（切断其他钢丝，或造成其他钢丝磨损）。

正常拉伸或磨损而造成的断丝一般都出现在绳股外表拱起部分。在两条绳股之间的凹沟出现的断丝，是由于疲劳破损及绳股内部不可见的断丝所造成的。如一个节距内出现两处这样的断丝，应作报废处理。

如在钢丝绳固定处发现有断丝现象，表明该处应力比较集中，属于疲劳断损。凡发现有此现象的，应立即将该绳端部分（长约 2～3 m）截去，并换用合乎标准的索套或索夹等夹具。

十二、安装架设用附件的检查

检查安装架设用附件，应按规定先将其拆卸下来或转移固定妥当。对自行架设的塔式起重机尤其要注意检查，各种架设附件不能妨碍正常起重作业。

十三、架设机构的检查

架设机构与起升机构共用同一动力时，起重作业前要检查离合器是否转换过来，不允许有脱档的可能。一般都采用手动离合器，通过目测即可检查其啮合位置和啮合情况。单独的专用架设机构安装架设结束后，应检查其锁紧和固定的情况，如棘爪、销轴是否进入正确位置。

十四、安全装置的检查和调整

除了前面提到的安全装置，根据有关规定，还应检查下列安全装置：

1. 起升高度限位器。
2. 幅度限位器。
3. 回转限位器。
4. 起重力矩限制器。
5. 起重量限制器。
6. 动臂变幅防止臂架反弹后倾装置。
7. 风速仪。
8. 小车变幅断绳保护装置、防断轴保护装置。

十五、标牌与信号装置的检查

1. 检查所有标牌，其形状大小和安装位置均应符合设计规定，且应与实物相符。

2. 检查各种灯光、音响、仪表等信号指示装置，应通过不危及塔式起重机安全的模拟方法检查其指示的可靠性、灵敏性、准确性。例如，人为触动各种限位开关，检查信号指示。

十六、主要零部件的安全检查

吊钩、滑轮、卷筒、制动器、减速器、回转支承等，方法应符合相关标准要求。

十七、润滑状态的检查

按使用说明书规定，对所有润滑点进行检查，包括对润滑油（脂）牌号、油位、回转支承、减速器、滑轮轴承等的检查。

十八、电气系统的安全检查

1.检查电缆卷筒的安装、方向和位置是否正确，电缆接头牢固，保证接线部分不受拉曳；传动机构调整合适，保证收放自如，不堆积，也不会被拉断。检验方法为空载往返运行观察。

2.电缆检查：检查电缆的型号规格、布置和固定情况，要符合使用说明书规定，并无挤伤、摩擦、折断的可能。

3.绝缘检查：检查主电路、控制电路，对地绝缘电阻不得小于0.5 MΩ。检验方法见本节。

4.接地检查：检查接地装置，应正确可靠，接地电阻不大于4 Ω。

检查方法和使用仪器：一般采用接地电阻测量仪或普通兆欧表，测量前应拆除塔式起重机上电源进线端的零线，测量后将零线接好。

5.电气接线和控制：检查电气接线，应与电气接线图一致，接头牢固，标示清楚；检查控制部分，操纵系统应灵活可靠，各种接触器、继电器等动作灵敏准确，紧急开关和零位保护应安全可靠。

检查方法：在空载试验中检查以上各项。

十九、整机试验

经上述检验合格后，进行整机空载试验、额定载荷试验、超载25%静载试验、超载10%动载试验。

第二章　施工升降机安装后技术检验

施工升降机安装后使用前，核验员要按照施工升降机安装验收表（如表 2—1 所示）的内容进行查验，并填写记录归入拆装技术档案备查。

表 2—1　施工升降机安装验收表

<table>
<tr><td>使用单位</td><td colspan="2"></td><td colspan="2">设备产权单位</td><td></td><td>安装单位</td><td></td></tr>
<tr><td>工程名称</td><td colspan="2"></td><td colspan="2">注册登记编号</td><td></td><td>使用登记编号</td><td></td></tr>
<tr><td>用户设备编号</td><td></td><td>规格型号</td><td></td><td>安装高度</td><td>m</td><td>最大载重量</td><td>t</td></tr>
<tr><td>验收部位</td><td>序号</td><td colspan="4">验收要求</td><td>结果</td><td>结论</td></tr>
<tr><td rowspan="5">技术资料</td><td>1</td><td colspan="4">制造许可证、产品合格证、制造监督检验证明、产权备案证明齐全有效</td><td></td><td></td></tr>
<tr><td>2</td><td colspan="4">安装单位的相应资质、安全生产许可证及特种作业岗位证书齐全有效</td><td></td><td></td></tr>
<tr><td>3</td><td colspan="4">安装方案、安全技术交底记录齐全有效</td><td></td><td></td></tr>
<tr><td>4</td><td colspan="4">隐蔽工程验收记录和混凝土强度报告齐全有效</td><td></td><td></td></tr>
<tr><td>5</td><td colspan="4">施工升降机安装前零部件的验收记录齐全有效</td><td></td><td></td></tr>
<tr><td rowspan="2">标识与环境</td><td>6</td><td colspan="4">产品名牌和产权备案标识齐全</td><td></td><td></td></tr>
<tr><td>7</td><td colspan="4">安装位置符合有关规定的要求</td><td></td><td></td></tr>
<tr><td rowspan="2">基础</td><td>8</td><td colspan="4">基础隐蔽工程验收资料齐全，并签字</td><td></td><td></td></tr>
<tr><td>9</td><td colspan="4">应有排水设设施，基础无裂纹，平整度符合要求</td><td></td><td></td></tr>
<tr><td rowspan="5">钢结构</td><td>10</td><td colspan="4">不应有明显变形，脱焊和开裂，外形整洁、油漆不漏</td><td></td><td></td></tr>
<tr><td>11</td><td colspan="4">立管接缝处错位节差<0.8 m</td><td></td><td></td></tr>
<tr><td>12</td><td colspan="4">螺栓连接安装准确、紧固可靠，不得有松动</td><td></td><td></td></tr>
<tr><td rowspan="2">13</td><td colspan="4">垂直度要求</td><td rowspan="2"></td><td rowspan="2"></td></tr>
<tr><td colspan="2">架设高度（m）
≤70
>70～100
>100～150
>150～200
>200</td><td colspan="2">垂直度公差值（mm）
≤架设高度 1/1 000
70
90
110
130</td></tr>
<tr><td rowspan="4">围栏防护</td><td>14</td><td colspan="4">吊笼底部对重升降通道周围应设置防护围栏。
地面防护围栏的高度不低于 1.8 m</td><td></td><td></td></tr>
<tr><td>15</td><td colspan="4">升降机周围三面应搭设双层防坠棚、上下层间距不小于0.6 m</td><td></td><td></td></tr>
<tr><td>16</td><td colspan="4">吊笼顶部四周应有护栏，高底不低于 1.1 m</td><td></td><td></td></tr>
<tr><td>17</td><td colspan="4">停层点处层门净高度应不低于 1.8 m，宽与吊笼净出口宽度之差不得大于 0.12 m</td><td></td><td></td></tr>
</table>

续上表

验收部位	序号	验收要求	结果	结论
对重钢丝绳绳头固接	18	绳卡固接时其数量不得少于3个，间距不小于绳径的6倍，滑鞍放在受力绳的一侧，绳卡应有绳径匹配		
钢丝绳	19	钢丝绳应有出厂合格证，及未达到报废标准		
传动防护	20	传动系统的转动零应有防护罩等防护装置		
导向轮、背轮	21	轮子连接及润滑良好，导向轮灵活，无明显倾侧现象		
制动器	22	应设常闭式制动器，并装有手动紧急操作机构及手动松闸功能		
导向和缓冲装置	23	吊笼与对重导向应正确可靠，吊笼采用滚轮导向，对重采用滑轮或导轨导向，导轨接头平滑		
	24	底座应设置吊笼和对重缓冲器，无缺损和变形		
安全装置	25	吊笼应设有安全器和安全钩，安全开关等安全装置		
	26	安全器由标定有效期的年限牌，安全器的有效期为1年		
	27	安全开关设有笼门限位，极限开关和放松绳开关，性能良好		
	28	上限位和上极限位开关之间的越程距离为不小于0.15 m		
安全装置	29	施工升降机应装有超载保护装置，该装置应对吊笼内载荷、吊笼顶部载荷均有效。		
电气	30	电气装置应防护良好，金属机构及电机等外壳均应接地，接地电阻不大于4 Ω，并设置三组漏电保护		
	31	电路应设有相序和断相保护器及过载保护		
	32	电路应设总接触器、断路、失压、零位保护，电箱无明显变形锈蚀，开启自如、箱内线路排列整齐，接地、零线分开，电气元件安装牢固、无松动、过热现象		
	33	操纵控制应安装非自行复位的急停开关		
其他	34	安装调试后的坠落试验及记录完整		
	35	经空载、额定荷载试验无异常		
监督检验情况	36	监督检验报告有效		
安装单位意见	核验员签字： 安装单位（盖章） 年 月 日	使用单位意见	核验员签字： 使用单位（盖章） 年 月 日	
产权单位意见	核验员签字： 产权单位（盖章） 年 月 日	施工单位意见	项目经理签字： 施工单位（盖章） 年 月 日	
监理单位核查验收记录并提出意见		总监理工程师签字： 监理单位（盖章） 年 月 日		

一、基础和围栏的检查

1. 施工升降机基础应按使用说明书规定进行处理，该基础应能承受升降机工作最不利工况条件下的全部载荷，并应附有隐蔽工程验收报告。

2. 混凝土标号不低于 350 ＃，混凝土基础表面倾斜度不得超过 1/10。

3. 预埋地脚螺栓长度≥0.5 m，预埋钢筋长度≥0.8 m。

4. 基础应有排水道或排水设施。

5. 基础防护围栏要焊接牢固，并能承受一物体垂直施加 380 N 作用力而不产生永久变形。

6. 如果有机器附件或操作箱位于升降机基础防护围栏内部，应另设置带锁紧门的专用区域并与基础分开。

7. 基础围栏的高度不低于 1.5 m，并应装有联锁装置。机械联锁应使吊笼只在位于底部所规定的位置时，基础围栏门才能开启；电气联锁应使防护围栏门开启后吊笼停止且不能起动。

二、金属结构的检查

1. 标准节、顶节、基节之间的销轴、螺栓连接不得松动，连接件齐全，无损伤。

2. 架体、外套架、附墙架、吊笼等主要受力构件的焊缝不允许存在开焊等缺陷。

3. 主要受力构件应无扭曲、弯曲及疲劳裂纹。

4. 螺栓、销轴、齿条等表面不得有严重腐蚀和缺陷。

5. 表面油漆质量完好。

6. 导轨安装垂直度应符合说明书的规定。

7. 标准节的立柱接合面对接应平直，相互错位形成的阶差≤0.8 mm。

8. 标准节上的齿条连接应牢固，对接平整准确，齿高阶差≤0.3 mm，齿周误差≤0.6 mm。

9. 可升降的司机室与吊笼悬挂或支撑部分的连接必须牢固。

10. 吊笼、司机室要有良好的视野和足够的净空，净空高度应≥2 m，顶部有棚的要在任一点上能承受 500 N 载荷的作用。

11. 司机室门应有门锁，并应设紧急出口。吊笼门应有联锁装置，翻板门应考虑到运送货物应有的承载能力。

12. 司机室内应有报警器，必要时应设置通讯联系装置。

13. 吊笼顶部四周应设置高度≥1.05 m 的护身栏杆。

14. 吊笼内应有足够的照明。

15. 升降机运动部件与建筑物和固定施工设备(如脚手架)之间的距离≥0.25 m。

三、停层和停层栏杆的检查

1. 各停层点应设置层门或停层栏杆，层门净高度不应低于 1.80 m。

2. 层门或停层栏杆不应突出到吊笼的升降通道上。

3. 层门在关闭时应保证人员不能进出。

4. 机械传动层门的开关门过程应由司机操作，不得受吊笼运动的直接控制。

5. 层门上的擘锁装置应保证吊笼位于停层点±0.25 m 时，层门才能开启，并且只有当全部层门关闭时，吊笼才能起动运行。

6. 层门锁紧装置应牢固可靠，有防护罩，且维修方便。

7. 不设通道层门处应设停层栏杆。

8. 停层栏杆的开关可采用手动，但不得受吊笼运动的直接控制。

四、对重的检查

1. 如升降机基础下有一空间或通道，则该机的对重应设有防坠落的安全措施。

2. 对重在导轨上应采取措施防止其移动，对重应用两根或两根以上的拉杆固定。

五、传动系统的检查

电动机、减速器、制动器、联轴器等的检验要求，在前述各章中已有介绍，不再重复，这里仅介绍一些特殊要求。

1. 传动系统的安装位置及安全防护均应考虑到人身安全，其零部件应有安全防护设施。

2. 传动零件应防止雨雪、砂浆、混凝土、灰尘等物质侵入。

3. 传动系统要机构完整，附件齐全，地脚螺栓固定可靠。

4. 机构运转平稳，无异常噪声。

5. 齿轮与齿条啮合良好。

6. 卷筒若采用多层缠绕，应有排绳措施。

7. 当吊笼停在完全压缩的缓冲器上时，卷筒上至少有 3 圈钢丝绳，卷筒两端应有侧边，其高度高出最外层钢丝绳不小于 2 倍的钢丝绳直径。

8. 卷扬机的支承面应平整牢固，并要用地锚固定，防止工作时滑动或倾覆。

9. 传动系统中的制动器应是常闭的，并应有足够的制动力矩。人货两用，不低于作业时额定力矩 1.75 倍。货用不低于作业时额定力矩的 1.5 倍。当升降机在动态试验时，超载 25% 运行，应能够可靠制动。

10. 离合器、制动装置安全可靠无异常。

11. 蜗轮、蜗杆啮合良好，不得有缺陷。

六、导向和缓冲装置的检查

1. 对重导轨应平直，轨距偏差≤3 mm。

2. 对重导轨应牢固，能承受相应附加应力。

3. 吊笼应采用滚轮导向，滚轮应保证吊笼不脱离导轨，导向正确可靠。

4. 对重应使用滚轮或导靴导向，导靴与导轨接触均匀，运动灵活。

5. 吊笼和对重底部均应有缓冲器。

6. 当吊笼停在全部被压缩的缓冲器上时，对重上面的自由行程不得小于 0.5 m。

七、安全防护装置的检查

1. 限速钢丝绳的检验要求与起重钢丝绳要求相同，不得有断丝、压痕、折曲等现象。

2. 限速器不得有异常撞击声或敲击声，离心锤和固定板与离心锤的连接螺钉不得有松动现象。

3. 张紧轮、导向轮不得有裂纹，槽轮磨损按起重机滑轮处理。

4. 吊笼在空载情况下，以慢速下降，用手扳动限速器，断绳保护装置应能可靠地动作，迫使吊笼停止运行，并不允许造成结构的严重损坏。

5. 双面作用的捕捉器要求两侧同时动作，且两边作用力应均匀。

6. 限速制动器的动作速度不能随意调整，限速器应有铅封。

7. 升降机均应设置上下限位开关，限位开关是能够自动复位的。

8. 应设上下极限开关，且均为非自动复位。

9. 基础围栏应装有机械联锁和电气联锁装置。机械联锁应使吊笼只有在位于底部规定的位置时，才能开启基础围栏门，电气联锁应使围栏门开启后吊笼不能起动。

10. 层门应装有机械和电气联锁装置。吊笼运行时，仅当吊笼位于停层点上下 250 mm 范围内门才能开启，并且只有当全部层门处于关闭位置时，吊笼才能起动运行。

11. 吊笼门应有电气或机械联锁装置，只有当笼门完全关闭后吊笼才能起动。

12. 吊笼顶部活动板门应设联锁保护开关。门打开时，吊笼不能起动运行。

13. 施工升降机应装有超载保护装置，该装置应对吊笼内荷载、吊笼顶部荷载均有效。

八、电气的检查

1. 外观检验，电气设备及电气元件构件应齐全完整，机械固定部位应牢固、无松动，传动部分应灵活、无卡阻，绝缘材料应良好、无破损、无变质，螺栓、触头、电刷等连接部位的电气连接应可靠、无接触不良。检验时，一般不必将设备解体。

2. 各保护用电器均应严格按图纸和其他通用技术要求进行整定和选择。

3. 电机绕组的绝缘电阻每千伏不低于 1 MΩ。

4. 额定工作电压不大于 500 V 时，电气及电气元件(电子原件除外)的对地绝缘电阻不应低于 0.5 MΩ；电气线路的对地绝缘电阻应不低于 1 MΩ。

5. 电气设备及电气元件的铭牌和编号、电气原理图或接线图，应清晰完好。

6. 所有电气设备均应能防止雨雪、混凝土砂浆及尘埃等的侵入，在需要排水的地方应设排水孔。

7. 拖行电缆在吊笼的全程运动中，应自由拖行，不受阻碍。

8. 升降机上应设置总电源开关，能够切断除照明电源外的总电源。

9. 采用不能自动复位的控制器操纵升降机运行时，应设有零位保护。

10. 电机应设置过电流保护、短路保护、过载保护。

11. 控制电源回路应设熔断器做短路保护。

12. 吊笼内应有合适照明，照明电源设独立的控制开关及短路保护，不得采用金属结构或接地线做电源回路。

13. 吊笼上的电气设备正常不带电的金属外壳，应与吊笼金属结构相连接。

14. 供电电源是中性点不接地的低压系统时，金属结构、电动机、配电箱应接地，接地电阻 ≤4 Ω。

15. 供电电源是中性点直接接地低压系统时，金属结构、电动机、配电箱应接零，校验相零回路阻抗应合格，零线应重复接地，重复接地电阻 ≤10 Ω。

九、整机试验

1. 空载试验

试验前应先确认，当对重压在缓冲器上时，空载吊笼不能提升。

升降机应进行全程不少于三个工作循环的空载运行。每一工作循环的升降过程中，应进行不少于两次的正常制动。其中在行程上部应至少进行一次吊笼上升的制动试验，观察有无制动瞬时滑移现象。

双笼升降机的两个吊笼应分别进行空载试验。

2.载荷试验

吊笼内装载额定载荷进行全行程的升降工作循环，工作循环不应少于三次，每一工作循环应进行不少于一次的正常制动。试验后，应测量减速器和液压系统油的温升。

其他试验及检验要求与空载试验相同。

3.动载试验

吊笼内装载125%的额定载荷，载荷在吊笼内均匀布置，工作行程为全行程，工作循环不得少于三次，每一工作循环的升降过程中应进行不少于一次正常制动。

4.吊笼坠落试验

作坠落试验时，应确保制动器工作正常；试验吊笼有对重时，应配上对重。试验时吊笼内不允许有人。

第三章　建筑起重机械核验员复习题

核验员复习题可参阅第二、三、四、五、六、七、八篇复习题的内容。